波动分析导论:理论与实验

庄国志 著

ZHEJIANG UNIVERSITY PRESS
浙江大学出版社

图书在版编目(CIP)数据

波动分析导论：理论与实验 / 庄国志著. —杭州：
浙江大学出版社，2022.2
ISBN 978-7-308-22259-4

Ⅰ.①波… Ⅱ.①庄… Ⅲ.①波动(流体)—研究
Ⅳ.①O353.2

中国版本图书馆 CIP 数据核字(2022)第 016201 号

波动分析导论：理论与实验

庄国志　著

责任编辑	范洪法　樊晓燕
责任校对	李　琰
封面设计	雷建军
出版发行	浙江大学出版社
	（杭州市天目山路 148 号　邮政编码 310007）
	（网址：http://www.zjupress.com）
排　　版	浙江时代出版服务有限公司
印　　刷	杭州杭新印务有限公司
开　　本	787mm×1092mm　1/16
印　　张	21.5
字　　数	523 千
版印次	2022 年 2 月第 1 版　2022 年 2 月第 1 次印刷
书　　号	ISBN 978-7-308-22259-4
定　　价	69.00 元

前　言

　　波动是我们感知外界物质世界的重要基础。为了帮助学生深入了解波动现象并利用波动理论,本人在浙江大学航空航天学院开设了研究生专业选修课程"工程中的波动分析"。虽然本人的专长在于力学,且修课同学以力学系的居多,但是该课程的内容并不局限于弹性波。本书系整理和完善本人的自编讲义而成,内容除了基本的波动理论外,还包括本人所在课题组的相关研究成果。波动的数学表达形式在不同的学科领域是一致的。本书涵盖了弹性波、声波、光波、水波等内容,旨在向读者传授完整、系统的波动分析理论及知识。通过本书,读者不仅可以清楚认识自然界中的波动现象,了解其在工程中的应用,还可以更容易地阅读和理解与波动相关的文献,从而进一步了解波动分析的前沿。本书可以促进学科间的交叉与融合,在复杂事物间构建一条清晰的脉络。

　　"工程中的波动分析"共 32 课时,涵盖以下内容:

　　第一讲,杆波,通过一维杆波介绍波动分析的基本理论与现象。

　　第二讲,声波,通过声波理论介绍声波的指向性、号筒的作用和消声器的设计等知识。

　　第三讲,水波,通过水波现象来说明波的频散,介绍水波的基本现象、船行波和孤立波等。

　　第四讲,光波,通过麦克斯韦电磁理论,以及光波相关理论,介绍光的偏振、干涉、衍射、全息术和光在各向异性晶体中的传播等知识。

　　第五讲,固体弹性波,介绍相对复杂的三维弹性波现象并帮助读者建立相关的理论基础。

　　第六讲,波导,从声波导出发,说明波导的分析方法,重点介绍板波和光纤波导。

　　第七讲,周期结构中的波,介绍声子晶体和弹性超材料。

　　第八讲,瞬态弹性波,说明稳态振型和瞬态弹性波之间的关系,介绍瞬态弹性波的分析和计算方法,以及相关研究结果。

　　本书在上述内容安排的基础上,增添了与波动相关的实验技术内容及课题组的研究成果。另外,多年来修课同学认真完成的报告使本书的内容更加多元和完善。目前在国内,整合不同学科领域波动问题的教材较少,并且大部分波动教材都是以理论分析为主,疏于联系实验技术。本书的特色是在理论的支持下,向读者提供相关的波动实验技术以及实验结果,理论联系实验,帮助读者更容易地掌握本书介绍的理论知识。此外,我们还设计了一些实验,帮助读者"看"到相关的波动现象。

　　波动现象广而复杂,因此,本书只针对不同领域中最重要的波动现象进行介绍,难以面面俱到。更深入的内容还需要读者自行查阅相关文献或专著。

　　在本书从萌芽到成形的过程中,浙江大学陈伟球教授的激励给予了本人撰写本书的动力，台湾大学马剑清教授激发了本人对波动问题的兴趣，并对本书的撰写给予了支持。感谢美国普渡大学 C. T. Sun 教授的鼓励。同时还要感谢浙江大学黄志龙教授对本人实验室建立的帮助，感谢台湾大学周元昉教授、西安交通大学刘咏泉教授、北京大学李法新教授、浙江大学王惠明教授和林颖典教授、长春理工大学李明宇教授、湖南大学夏百战教授对本书初稿部分章节提供宝贵意见。感谢兰州大学郭永强教授、台湾交通大学尹庆中教授、台湾中央大学廖展谊教授、台北科技大学张敬源教授、台湾大学黄育熙教授等人对本书部分章节的协助。书后所列的波动教材及相关文献也对本书的撰写有所帮助，在此谨向这些作者表示诚挚的感谢。

课题组研究生徐少峰、袁志文、吕旭峰、王丹凤、王宇涵、许著龙、方翔、汪华鑫、张志强、楚铭帅、于士博等同学的研究和实验为部分内容的撰写提供了思路。历年来修课研究生（王瑜琪、孙伟奇、左盟、李剑、张笑飞、钟旦明、尹腾昊、冯博、程若然、李春江、崔浩杰、郑斯峥、刘韬、沈嘉伟等）的优秀报告也为本书添色不少。2021 年本课程的修课同学（游镇宇、王海俊、叶超、孙吴雪鹏、褚弓瑶、彭静若等）对本书的校样做了仔细的校对，并提出了修正建议。为此本人深表感谢。最后，感谢课题组的同学、浙江大学本科生方倩艺和庄梦园同学及研究生张伯禄同学投入大量的时间和精力协助校正本书，并在校正过程中给予我很多宝贵的建议。最后，感谢我的妻子刘秀雯女士和家人长期以来的支持与鼓励。

感谢国家自然科学基金项目（11272282，11672263，11972318）和浙江大学 2020 年度校级研究生教材项目的支持。

由于本人学识有限加之时间仓促，书中难免存在疏漏和不足之处，欢迎读者批评指正，我将努力使之臻于完美。

庄国志

2022 年 1 月于浙江大学求是园

目　录

第1章 一维杆波的基本理论

什么是波？当空间中的某一点受到扰动时，受到扰动的物理量将随着时间的推移把能量和动量传播到空间中的不同位置，这样的扰动我们称为波。其中，机械波的传播需要媒介，作为媒介的质点本身并不会随着波的传播离开初始平衡位置。而电磁波则不受传播媒介的限制，可以在真空中传播。

波动作为自然界最普遍的物理现象之一，是我们能察觉和感知外部世界的基础。不同的物体对光波的反射及吸收能力不同，使我们可以看到五彩缤纷的世界。我们可以听到周围的声音，如对话、虫鸣、鸟叫，是由于声波使耳内的鼓膜振动，该振动转化为耳蜗内液体的波动动量，从而推动纤毛运动产生神经信号，最终进入大脑产生声音反应。提到波，许多人脑海里最先浮现出的画面可能是雨滴打在地上积水区形成的圈圈涟漪或是海岸边翻腾的波浪。对于涟漪，我们可以观察到水波自雨滴下落点处以同心圆的方式从中心往外传播；对于海岸边的波浪，我们可以观察到平行岸边的水波不断地拍打着岸边。当我们用力甩一条绳子的时候，也很容易观察到一个向绳子尾端传播的绳波。波动现象的应用为人们的日常生活带来了便利，手机通话、商品的条形码识别以及电子不停车收费系统（ETC）等都是电磁波在生活中的应用。另一方面，波也可能带来灾害，例如地壳急剧的板块运动所造成的地震或海啸往往会造成巨大的人员伤亡和财产损失。波的研究虽然已有超过百年的历史，但其仍是现今科学和工程研究领域中的重要课题之一。近年来，随着人工周期结构研究的推进，波的控制与应用更是日益受到研究者的重视。

本章将通过一维杆波介绍与波动相关的基本知识，为后面的学习打好基础。

1.1 波函数

我们首先建立波的基本表达式。如图 1-1(a)所示，考虑一维空间中波的传播，即扰动物理量 ϕ（例如位移、应力等）从空间中一点随着时间传播到空间中另外一点，假设扰动的形貌不会随着空间改变。若 ϕ 的初始形貌为 $f(x)$，经过时间 t 后，扰动由原点向右传播到 a 点，原来在 $x=0$ 的扰动值 $f(0)$ 现在就必须在 $x=a$ 才能被观察到。此时，扰动量 ϕ 的表达式变为 $f(x-a)$，即 $f(0)=f(a-a)=f(x-a)\big|_{x=a}$，所以 $f(x-a)$ 代表扰动量 ϕ 向右平移了距离 a。假设扰动传播的速度是 c，则 $x=ct=a$，这样，就可以得到行进波的一般表达式 $\phi(x,t)=f(x-ct)$。

另一方面，如图 1-1(b)所示，若观察者以波的传播速度紧紧跟随着波的尾端前进，此时以观察者的位置建立 x' 坐标系，则我们可以看到在任意时刻，该波形保持不变，因此可用

$f(x')$ 的形式来描述,并且经过时间 t 后,观察者和 x 坐标系原点间的距离为 ct,则 x' 坐标系和 x 坐标系的关系是 $x' = x - ct$。 可见就观察者而言,保持形状不变的波 $f(x')$ 可以描述为 $\phi(x,t) = f(x') = f(x - ct)$。

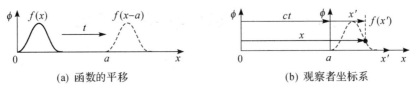

(a) 函数的平移   (b) 观察者坐标系

图 1-1　波的基本表达式

通过观察足球比赛时形成的人浪,即以排为单位的观众依次起立和坐下推进的波,可以得到一些关于波的基本性质。令观众坐下时头部的位置为质点的初始位置,波扰动的最大值是观众站直后头部的位置。当几十个观众一起起立和坐下造成观众席的扰动时,假设相邻观众的距离是 1 m,观众的反应时间估算为 0.1 s(这里考虑了观众很容易"抢跑",事实上人的反应速度没这么快),则人浪传播的速度约为 10 m/s,扰动的宽度约为 15 个座位的宽度。而成人的平均跑步速度约为 5 m/s。可以看出,相较于质点的运动速度,波的传播速度是极快的。波速需要和质点的运动速度区分清楚。就人浪的例子而言,质点的速度指的是观众头部上下移动的速度。

同样,我们也可以从时间轴的角度来描述波。比如示波器上所显示的空间中某一点传感器的测量信号在原点处受扰动的波形随时间的变化是 $f(t)$,则在距离原点 x 处,扰动变为 $f(t - a)$。 也就是说,对于距离原点 x 的传感器而言,它需要等到 $t = a$ 时才可以看到 $f(0)$ 的到达。而 $x = ct = ca$,所以扰动物理量可以表示为 $\phi(x,t) = f\left(t - \dfrac{x}{c}\right)$。

波的表达式 $\phi(x,t) = f(x - ct)$ 说明了波传播需要时间,因此波传播的速度是有限的。可以发现,给定任意一个空间扰动形貌 $f(x)$ 后,将 x 替换为 $x - ct$,就可以得到行进波的表达式,因此 $\phi(x,t) = f(x - ct)$ 也称为波函数。同样,给定任意一个时间扰动形貌 $f(t)$ 后,将 t 替换为 $t - \dfrac{x}{c}$,也可以得到行进波的表达式。有界函数 $f(x - ct)$ 代表以速度 c 往右传播的波;有界函数 $f(x + ct)$ 代表以速度 c 往左传播的波。这里需要强调 $f(x)$ 是有界数学函数,否则上述结论不成立。例如,对于函数 $f(x) = a e^{-c\kappa x}$ $(c\kappa > 0)$,其在 $x = -\infty$ 的地方值为无穷大,所以即使将 x 替换为 $x - ct$,也不会得到往右传播的波。事实上,$f(x - ct) = a e^{-c\kappa(x - ct)}$ 所满足的方程不是波动方程而是导热微分方程或扩散方程。

1.2　标准波动方程

在这一节,我们将研究 $\phi(x,t) = f(x - ct)$ 所满足的偏微分方程。通过链式法则,将波函数分别对独立变量 x(空间)和 t(时间)进行微分,有

$$\frac{\partial \phi}{\partial x} = \frac{\partial f}{\partial (x - ct)} \cdot \frac{\partial (x - ct)}{\partial x} = \frac{\partial f}{\partial (x - ct)} \tag{1-2-1}$$

$$\frac{\partial \phi}{\partial t} = \frac{\partial f}{\partial (x-ct)} \cdot \frac{\partial (x-ct)}{\partial t} = -c \frac{\partial f}{\partial (x-ct)} \tag{1-2-2}$$

可知

$$\left(\frac{\partial}{\partial x} + \frac{1}{c} \cdot \frac{\partial}{\partial t}\right) \phi = 0 \tag{1-2-3}$$

式(1-2-3)是最简单的波动方程(因为波函数 $\phi(x,t)=f(x-ct)$ 满足式(1-2-3))。但是,对于往左传播的波函数 $f(x+ct)$ 而言,其无法满足式(1-2-3),所以我们必须再进行一次微分,可以得到

$$\frac{\partial^2 \phi}{\partial x^2} = \frac{\partial^2 f}{\partial (x \mp ct)^2} \tag{1-2-4}$$

$$\frac{\partial^2 \phi}{\partial t^2} = (\mp c)^2 \frac{\partial^2 f}{\partial (x \mp ct)^2} \tag{1-2-5}$$

可得

$$\left(\frac{\partial^2}{\partial x^2} - \frac{1}{c^2} \cdot \frac{\partial^2}{\partial t^2}\right) \phi = 0 \tag{1-2-6}$$

或

$$\frac{\partial^2 \phi}{\partial x^2} = \frac{1}{c^2} \cdot \frac{\partial^2 \phi}{\partial t^2} \tag{1-2-7}$$

式(1-2-7)是一维波动方程,其解是向右($\phi(x,t)=f(x-ct)$)或向左($\phi(x,t)=f(x+ct)$)传播可以保持波形不变的波。一维波动方程是二阶线性偏微分方程,通解中包含任意两个函数。基于波传播过程中扰动保持波形不变的假设,且波速 c 是常数(不是 x 或 t 的函数),式(1-2-6)可以分解为

$$\left(\frac{\partial}{\partial x} - \frac{1}{c} \cdot \frac{\partial}{\partial t}\right)\left(\frac{\partial}{\partial x} + \frac{1}{c} \cdot \frac{\partial}{\partial t}\right) \phi = 0 \tag{1-2-8}$$

观察式(1-2-8)可知,分解项分别包含向右传播的波以及向左传播的波。我们可以分别以向右和向左跟随着波传播的坐标系进行如下的变量替换,令 $\xi = x - ct$,$\eta = x + ct$,则

$$\frac{\partial \phi(x,t)}{\partial x} = \frac{\partial \phi}{\partial \xi} \cdot \frac{\partial \xi}{\partial x} + \frac{\partial \phi}{\partial \eta} \cdot \frac{\partial \eta}{\partial x} = \frac{\partial \phi(\xi,\eta)}{\partial \xi} + \frac{\partial \phi(\xi,\eta)}{\partial \eta} \tag{1-2-9}$$

且

$$\frac{\partial \phi(x,t)}{\partial t} = \frac{\partial \phi}{\partial \xi} \cdot \frac{\partial \xi}{\partial t} + \frac{\partial \phi}{\partial \eta} \cdot \frac{\partial \eta}{\partial t} = -c \frac{\partial \phi(\xi,\eta)}{\partial \xi} + c \frac{\partial \phi(\xi,\eta)}{\partial \eta} \tag{1-2-10}$$

可知

$$\frac{\partial}{\partial x} - \frac{1}{c} \cdot \frac{\partial}{\partial t} = 2 \frac{\partial}{\partial \xi}, \quad \frac{\partial}{\partial x} + \frac{1}{c} \cdot \frac{\partial}{\partial t} = 2 \frac{\partial}{\partial \eta} \tag{1-2-11}$$

所以,式(1-2-8)变成

$$4 \frac{\partial^2 \phi}{\partial \xi \partial \eta} = 0 \tag{1-2-12}$$

对 η 积分,可得

$$\frac{\partial \phi}{\partial \xi} = F(\xi) \tag{1-2-13}$$

其中:F 是 ξ 的任意函数。进一步对 ξ 积分,可得

$$\phi(\xi,\eta) = \int_b^\xi F(s)\mathrm{d}s + g(\eta) = f(\xi) + g(\eta) \tag{1-2-14}$$

其中:b 是任意积分下限,g 是 η 的任意函数。

将 $\xi = x - ct$,$\eta = x + ct$ 代入式(1-2-14),得到波动方程的通解

$$\phi(x,t) = f(x-ct) + g(x+ct) \tag{1-2-15}$$

式(1-2-15)称为达朗贝尔解。其物理意义为:一维波的传播可以是一个以波速 c 向右传播的扰动(形貌是任意函数 f)和一个向左传播的扰动(形貌是任意函数 g)的叠加。

现在考虑某个波传播的初值问题。扰动的初始条件为初始位移 $\phi(x,0) = U(x)$,初始速度 $\dfrac{\partial \phi}{\partial t}(x,0) = V(x)$,则由式(1-2-15)有

$$\phi(x,0) = f(x) + g(x) = U(x) \tag{1-2-16}$$

又由

$$\begin{aligned}
\frac{\partial \phi}{\partial t} &= \frac{\partial f(x-ct)}{\partial(x-ct)} \cdot \frac{\partial(x-ct)}{\partial t} + \frac{\partial g(x+ct)}{\partial(x+ct)} \cdot \frac{\partial(x+ct)}{\partial t} \\
&= -cf'(x-ct) + cg'(x+ct)
\end{aligned} \tag{1-2-17}$$

所以

$$\frac{\partial \phi}{\partial t}(x,0) = -cf'(x) + cg'(x) = V(x) \tag{1-2-18}$$

将上式从 0 积分到 x,可得

$$-[f(x) - f(0)] + [g(x) - g(0)] = \frac{1}{c}\int_0^x V(s)\mathrm{d}s \tag{1-2-19}$$

联立(1-2-16)和式(1-2-19)可得

$$\begin{cases}
f(x) = \dfrac{1}{2}U(x) - \dfrac{1}{2}[-f(0) + g(0)] - \dfrac{1}{2c}\int_0^x V(s)\mathrm{d}s \\[2mm]
g(x) = \dfrac{1}{2}U(x) + \dfrac{1}{2}[-f(0) + g(0)] + \dfrac{1}{2c}\int_0^x V(s)\mathrm{d}s
\end{cases} \tag{1-2-20}$$

所以

$$\begin{aligned}
\phi(x,t) &= f(x-ct) + g(x+ct) \\
&= \frac{1}{2}[U(x-ct) + U(x+ct)] + \frac{1}{2c}\int_{x-ct}^{x+ct} V(s)\mathrm{d}s
\end{aligned} \tag{1-2-21}$$

由式(1-2-21)可以看出,针对初值问题,达朗贝尔解是受初始扰动大小和初始扰动速度影响的。

1.3　特征线

由前一节初值问题解的形式(式(1-2-21))可知,激励点的扰动量会由局部随着时间传播到空间中的其他位置,且波的形貌和传播行为会受到初始条件的影响。本节将通过图解的方式,分别以独立的空间变量为横轴、时间变量为纵轴作 $x\text{-}t$ 图,追踪波的传播过程,从而观察初始条件对空间中不同点在不同时间下的影响情况。我们将研究初始扰动量 $\phi(x,0)$

（例如绳或杆的扰动位移）和初始扰动量变化率 $\frac{\partial \phi}{\partial t}(x,0)$ 随着时间推移自局部对其他点的波动方程解的影响。本节主要介绍一种针对一维波传播问题的图解法。读者可以作为拓展性知识了解，如果跳过本节也不会影响其对后续内容的理解。

改写式(1-2-21)。显然，处于任何位置 x_a，在任何时间 t_a 的扰动量都可以表示为

$$\phi(x_a,t_a)=\frac{1}{2}\left[\phi(x_a-ct_a,0)+\phi(x_a+ct_a,0)\right]+\frac{1}{2c}\int_{x_a-ct_a}^{x_a+ct_a}\frac{\partial \phi}{\partial t}(s,0)\mathrm{d}s \quad (1\text{-}3\text{-}1)$$

可见在 (x_a,t_a) 的扰动量 $\phi(x_a,t_a)$ 仅和 x 轴上 $(x_a-ct_a,0)$ 到 $(x_a+ct_a,0)$ 两点之间的扰动量 ϕ 和扰动量变化率 $\frac{\partial \phi}{\partial t}$ 的初始值有关。如果 $(x_a-ct_a,0)$ 到 $(x_a+ct_a,0)$ 两点之间的初始扰动量变化率为零，则在 (x_a,t_a) 的扰动量仅与介质中 $(x_a-ct_a,0)$ 和 $(x_a+ct_a,0)$ 两点的初始扰动量有关，且为两者的平均值。对于杆波来说，如果在 $(x_a-ct_a,0)$ 到 $(x_a+ct_a,0)$ 两点之间初始扰动位移为零，则在 (x_a,t_a) 的扰动位移仅和这两个点之间质点初始扰动速度的积分有关。

上述分析可以通过图 1-2 的图解的方式来理解。假设初始时刻扰动的范围在 $(-x_1,0)$ 到 $(+x_1,0)$ 两点之间，且初始扰动位移为 ϕ，初始扰动速度为零。首先绘制 $x\text{-}t$ 图，我们可以从点 (x_a,t_a) 分别以斜率 $\frac{1}{c}$ 和 $-\frac{1}{c}$ 往横轴方向画两条斜射线，称为特征线，其与横轴两交点之间（即 $(x_a-ct_a,0)$ 和 $(x_a+ct_a,0)$ 之间）的初始扰动情况会影响点 (x_a,t_a) 的扰动位移。因此 $(x_a-ct_a,0)$ 和 $(x_a+ct_a,0)$ 之间的范围代表了任何位置 x_a 在任何时间 t_a 的扰动位移 $\phi(x_a,t_a)$ 的依赖区间（domain of dependence）。在初始时间下，这个范围内介质（比如一维绳波的绳子，一维杆波的杆）的扰动情况决定了任意点 (x_a,t_a) 的扰动位移。

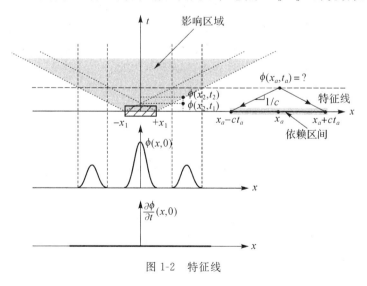

图 1-2　特征线

在初始扰动速度为零的情况下，$\phi(x_a,t_a)$ 仅与 $(x_a-ct_a,0)$ 和 $(x_a+ct_a,0)$ 两个点初始时刻的扰动位移有关，且为两者的平均值。我们可根据特征线先找到点 $(x_a-ct_a,0)$ 和点 $(x_a+ct_a,0)$，再计算 $\frac{1}{2}\left[\phi(x_a-ct_a,0)+\phi(x_a+ct_a,0)\right]$ 即可求出 $\phi(x_a,t_a)$。就图 1-2

的例子而言，在初始时刻，点$(x_a-ct_a,0)$和点$(x_a+ct_a,0)$处没有扰动，因此这两个点上的初始扰动位移都为零，可得$\phi(x_a,t_a)=0$，即在t_a时位置x_a处不会出现扰动位移，所以不会看到波的到达。反之，如果考虑的坐标点(x_a,t_a)的左特征线和横轴的交点介于$-x_1$和$+x_1$之间，右特征线和横轴的交点为$x>x_1$，则$\phi(x_a,t_a)=\dfrac{1}{2}[\phi(x_a-ct_a,0)+\phi(x_a+ct_a,0)]=\dfrac{1}{2}(\phi+0)=\dfrac{1}{2}\phi$，所以点$x_a$在时刻$t_a$有波到达，且扰动位移为$\dfrac{1}{2}\phi$。在扰动位移为零仅有初始扰动速度的情况下，$\phi(x_a,t_a)=\dfrac{1}{2c}\displaystyle\int_{x_a-ct_a}^{x_a+ct_a}\dfrac{\partial\phi}{\partial t}(s,0)\mathrm{d}s$，扰动位移仅与初始时刻$(x_a-ct_a,0)$和$(x_a+ct_a,0)$两个点之间的质点扰动速度的积分有关。

另一方面，如图 1-2 所示，由于初始时刻扰动的范围在$(-x_1,0)$到$(+x_1,0)$之间，且初始扰动位移为ϕ，我们可以分别从点$(x_1,0)$和点$(-x_1,0)$作斜率为$\dfrac{1}{c}$和$-\dfrac{1}{c}$的特征线，两条特征线内的区域为初始扰动在适当时间点可能的影响范围$(-x_1-ct\leqslant x\leqslant x_1+ct)$，称为影响区域（range of influence）。两条斜率为$\dfrac{1}{c}$和$-\dfrac{1}{c}$的特征线分别代表往右和往左传播的波，每一条特征线上面代表的波的大小是固定的，其代表波最前端（波前）的轨迹。就影响区间之外的位置点而言，例如图中点(x_2,t_1)，必须等到时间t_2，波才会恰好到达。由此，我们可以再次确认，即使波速很快，波的传播也都需要时间。换句话说，波以有限的速度传播。

最后，在任意时刻t，可以通过在纵轴上时刻t处画一条水平线并计算该水平线上每一点的扰动值（如图 1-2 所示，由特征线找到相关区间再代入达朗贝尔解计算），就可以很轻易地画出任意时刻下的波形。初始扰动速度为零的扰动会分为两个行进波，它们的扰动形貌一样，大小是初始扰动的一半，分别往右和往左传播。解的行为与认知相符，扰动不会只往右传播，且没有理由会使两个方向的扰动的传播大小不同。

简单介绍了特征线的概念后，我们接下来将从一维杆内传播的弹性波问题出发介绍一些波动的行为。

1.4　一维杆件内的纵波

到目前为止，我们是在仅考虑空间和时间两个基本概念的情况下，以运动学（kinematics）的方式构建波动方程。而在本节，我们将从动力学（kinetics）的角度研究最简单的一维杆内的纵波传播问题。

如图 1-3（a）所示，考虑一个受轴向应力扰动的无限长细杆中一段单元体的纵向运动，杆在x处的纵向位移为$u(x,t)$。虽然扰动应力随着位置和时间变化，但其在横截面上是均匀分布的。假设横截面在平移过程中始终保持为平面，则杆的运动状态完全可以用杆的纵向位移描述。假设纵向应变很小，即$|\varepsilon_x|=\left|\dfrac{\partial u}{\partial x}\right|\ll1$，另外又由于此处考虑的是细杆，因而

泊松效应造成的横向应变 $-\nu\dfrac{\partial u}{\partial x}$ 的影响可以忽略,即横向尺寸改变和横向惯量可以忽略。

(a) 一维杆件的纵向运动（忽略体积力）　　(b) 单元体的纵向受力状态

图 1-3　一维杆件内的纵波

杆 x 处单元体的纵向受力状态如图 1-3(b)所示,在 x 方向运用牛顿运动定律

$$-f_x+\left\{f_x+\frac{\partial f_x}{\partial x}\mathrm{d}x+O[(\mathrm{d}x)^2]\right\}=\rho A\,\mathrm{d}x\frac{\partial^2 u}{\partial t^2} \tag{1-4-1}$$

其中:f_x 是动态轴向力;A 是横截面的面积;ρ 是杆件的材料密度。

根据线弹性体的胡克定律

$$f_x=AE\frac{\partial u}{\partial x} \tag{1-4-2}$$

其中 E 为杨氏模量,则式(1-4-1)可以表示为如下的纵向运动微分方程

$$\frac{\partial}{\partial x}\left(AE\frac{\partial u}{\partial x}\right)=\rho A\frac{\partial^2 u}{\partial t^2} \tag{1-4-3}$$

对于等直均质杆,式(1-4-3)可以写为如下的标准波动方程形式

$$\frac{\partial^2 u}{\partial x^2}=\frac{1}{c^2}\cdot\frac{\partial^2 u}{\partial t^2},\quad c=\sqrt{\frac{E}{\rho}} \tag{1-4-4}$$

可以看出,在不考虑耗散的情况下,纵向运动的等直均质细杆内的纵波可以在传播时保持波形不变。杨氏模量越大,密度越小,波速越大。由上述推导过程我们不难看出,波动的本质是回复力与惯性力的动态平衡。质点在回复力的作用下返回平衡位置,又在惯性力的作用下继续向平衡位置的另一侧运动,从而形成波的传播。

动力学的研究对象是运动速度远小于光速的宏观物体。现在我们将进一步探讨标准波动方程中对于波速的限制。杆内质点的速度为 $\dfrac{\partial u}{\partial t}$（注意:此处与杆的波速 c 不同,例如 1.1 节人浪的例子,质点速度是某位观众站起、坐下的速度,而波速为相邻观众之间扰动传递的速度）,假设杆内质点的位移为 $u=f(x-ct)$,由式(1-2-3)可知

$$\left(\frac{\partial}{\partial x}+\frac{1}{c}\cdot\frac{\partial}{\partial t}\right)u=0 \tag{1-4-5}$$

其中 $\left|\dfrac{\partial u}{\partial x}\right|\ll 1$,所以,在线弹性理论的框架下,必有 $\left|\dfrac{\partial u}{\partial t}\right|\ll c$。换句话说,只要细杆质点的速度远小于杆纵波的波速,杆波就会满足标准波动方程且波形在传播的过程中保持不变。

由于应力满足 $\sigma=\dfrac{f_x}{A}=E\dfrac{\partial u}{\partial x}$,结合式(1-4-5),我们可以建立质点速度 $\dfrac{\partial u}{\partial t}$ 和应力的关系方程

$$\frac{\partial u(x,t)}{\partial t}=-\frac{c}{E}\sigma(x,t) \tag{1-4-6}$$

在弹性变形范围内,由于应力的数值远小于杨氏模量的数值,质点速度自然远小于波速。

波是一种物理量的扰动,因此就杆波而言,传播的物理量可以是质点的位移 $u(x,t)$、应变 $\varepsilon_x = \dfrac{\partial u(x,t)}{\partial x}$ 和应力 $E \dfrac{\partial u(x,t)}{\partial x}$。将标准波动方程(式(1-4-4))对 x 微分

$$\frac{\partial^3 u}{\partial x^3} = \frac{1}{c^2} \cdot \frac{\partial}{\partial x}\left(\frac{\partial^2 u}{\partial t^2}\right) \tag{1-4-7}$$

可变换得

$$\frac{\partial^2}{\partial x^2}\left(\frac{\partial u}{\partial x}\right) = \frac{1}{c^2} \cdot \frac{\partial^2}{\partial t^2}\left(\frac{\partial u}{\partial x}\right) \tag{1-4-8}$$

即

$$\frac{\partial^2 (\varepsilon_x)}{\partial x^2} = \frac{1}{c^2} \cdot \frac{\partial^2 (\varepsilon_x)}{\partial t^2} \tag{1-4-9}$$

可知,在细杆中,应变扰动也是以波形保持不变的方式传播的,而应变波和应力波仅差一个杨氏模量的倍数。

1.5　边界的影响

当波传播遇到界面时会发生反射和透射。这里我们先通过半无限长的直杆来分析边界条件对于入射波反射的影响。此处考虑两种边界条件:固定和自由边界条件。首先考虑固定边界条件,如图 1-4(a)所示,其边界没有位移,即

$$u(0,t) = 0 \tag{1-5-1}$$

位移波的通解为

$$u(x,t) = f(x - ct) + g(x + ct) \tag{1-5-2}$$

其中 $f(x-ct)$ 为往右传播的入射波,$g(x+ct)$ 为待求的反射波。将边界条件代入通解

$$u(0,t) = f(-ct) + g(ct) = 0 \tag{1-5-3}$$

所以

$$g(ct) = -f(-ct) \tag{1-5-4}$$

将式(1-5-4)里面的 ct 替换为 $x+ct$,可得待求的反射波

$$g(x+ct) = -f(-x-ct) \tag{1-5-5}$$

由式(1-5-5)可知,就数学图形而言,对于固定边界,从位置 x 在时刻 t 往左传播的反射波可以由入射波建构,只要将入射波先关于纵轴(u 轴)左右对调,再对横轴(x 轴)上下对调,最后和虚拟波相向传播,就可以画出固定边界情况下反射波当下的位置,至于应力波可以由位移波对空间进行一次微分后(得到应变),再乘上杨氏模量(得到应力)求得。

固定边界条件下波反射问题的实际操作如图 1-4(b)所示,我们想象一个与入射波(实际波)关于原点中心对称的虚拟波,两波相向而行,在原点交汇。由于实际波和虚拟波偏离平衡位置的位移等值反向,所以合成波在原点必定满足 $u(0,t)=0$ 的边界条件。这样就可以通过图解的方法画出反射波的波形。当 $t=2$ 时两波在边界相遇,位移为零,之后波上质点的移动方向反向。如图 1-4(c)所示,与两波位移等值反向不同,因为应力与质点位移的微分成正比,两镜像波应力等值同号,边界处的应力会发生加倍现象,但入射张(压)力波在反

射后还是张(压)力波。图 1-4(d)也绘制了特征线图解法供读者参考。

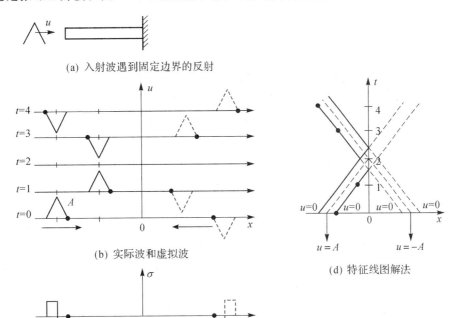

(a) 入射波遇到固定边界的反射

(b) 实际波和虚拟波

(d) 特征线图解法

(c) 应力波

图 1-4　边界的影响

接着考虑自由边界条件。自由边界条件为

$$E \frac{\partial u(0,t)}{\partial x} = 0 \tag{1-5-6}$$

应力波的表达式为

$$\sigma(x,t) = E f'(x-ct) + E g'(x+ct) \tag{1-5-7}$$

将边界条件代入通解

$$g'(ct) = -f'(-ct) \tag{1-5-8}$$

对 ct 积分后可得

$$g(ct) = f(-ct) \tag{1-5-9}$$

将式(1-5-9)里面的 ct 替换为 $x+ct$，也可得待求的反射位移波

$$g(x+ct) = f(-x-ct) \tag{1-5-10}$$

由式(1-5-10)可知，就数学图形而言，对于自由边界，位置 x 在时刻 t 的反射波也可以由入射波建构，只要将入射波先关于纵轴(u 轴)左右对调，然后让入射波再与虚拟波相向传播，就可以画出自由边界情况下反射波当下的位置。同样，应力波可以通过位移波对空间进行一次微分求得。

和固定边界不同，当在自由边界反射时，反射波与入射波位移等值同号，位移在边界处会加倍，但是两波应力等值异号，即应力波反射后会反向。因此，入射压力波遇到自由边界反射后会变成张力波，在这种情况下，激励压力波可能会造成脆性材料(抗压不抗拉)的断裂。

1.6 简谐波

悦耳的乐器声、电磁辐射等都是由简谐波组成的。声波是由声源的简谐振动所产生,而电磁波一般是由带电质点的振动所发射。扰动在空间中以简谐波的形式传递,其波函数为正弦或余弦函数的形式。必须注意的是,简谐波是理想的稳态波,在时间或是空间上没有起点和终点,因此在真实世界中不会存在真正完美的简谐波。但是,生活中常见的非周期性瞬态波(有起点和终点)也可以是无限多个简谐波的叠加。在这一节,我们将介绍简谐波的一些重要参数。

首先考虑单一频率的简谐波。学习了 1.1 节后,我们在建构简谐波的时候,可能会错误地先建构一个函数 $\cos x$,然后将 x 替换为 $x \mp ct$ 让其变为行进波。事实上,就波传播而言,$\cos x$ 是没有意义的,原因是 x 的单位是空间尺寸(例如米),而从余弦函数 $\cos \theta$ 的定义可知,θ 的余弦值是直角三角形中任意一锐角 θ 的邻边与斜边的比,因此,三角函数是无量纲的。综上,正确的做法应该是构建一个无量纲的函数 $\cos(kx)$,其中 k 的量纲为 L^{-1}(长度的倒数),然后再替换 x 为 $x \mp ct$ 让其变为行进波 $\cos k(x \mp ct)$。

考虑简谐波 $\phi(x,t) = \cos k(x-ct)$,在 $t=t_0$ 时观察空间中的波形为 $\cos k(x-ct_0)$,如图 1-5 是一个在 $t=t_0$ 时观察到的部分简谐波,可知

$$\phi(x_1,t_0) = \cos k(x_1-ct_0) \tag{1-6-1}$$

$$\phi(x_2,t_0) = \cos k(x_2-ct_0)$$

若 $\phi(x_1,t_0) = \phi(x_2,t_0)$,且 x_1 与 x_2 之间有且仅有一个波峰或波谷,则称 x_1 与 x_2 之间的距离为一倍波长,以 λ 表示。由余弦函数的周期特性可知

$$\cos k(x_2-ct_0) = \cos[k(x_1-ct_0)+2\pi] \tag{1-6-2}$$

所以,$kx_1+2\pi = kx_2$,$k(x_2-x_1) = k\lambda = 2\pi$,这样,我们得到了简谐波的一个重要关系式 $k = \dfrac{2\pi}{\lambda}$,其中 k 称为波数,波数也可以理解为在 2π 长度上最多能够出现的全波数目。

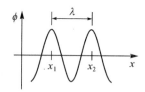

图 1-5 波长为 λ 的简谐波

前述我们从空间函数开始建构简谐波,现在我们从时间轴来建构简谐波。同样地,由于量纲问题,我们必须从函数 $\cos(\omega t)$ 而不是 $\cos t$ 开始建构波函数,则 $\phi(x,t) = \cos \omega\left(t-\dfrac{x}{c}\right)$。在固定位置 $x=x_0$ 观察空间中的波形为 $\cos \omega\left(t-\dfrac{x_0}{c}\right)$,图 1-6 所示是一个在 $x=x_0$ 观察到的部分简谐波,可知

$$\phi(x_0,t_1) = \cos \omega\left(t_1-\dfrac{x_0}{c}\right) \tag{1-6-3}$$

$$\phi(x_0,t_2)=\cos \omega\left(t_2-\frac{x_0}{c}\right)$$

若 $\phi(x_0,t_1)=\phi(x_0,t_2)$，且 t_1 与 t_2 之间有且仅有一个波峰或波谷，则称 t_1 与 t_2 之间的间隔为一个周期，以 T 表示，且由余弦函数的周期特性可知

$$\cos \omega\left(t_2-\frac{x_0}{c}\right)=\cos\left(\omega\left(t_1-\frac{x_0}{c}\right)+2\pi\right) \tag{1-6-4}$$

所以，$\omega(t_2-t_1)=2\pi$。我们得到了简谐波的另一个重要关系式 $\omega=\dfrac{2\pi}{T}$，其中 ω 称为角频率。周期 T 的倒数 f 称为频率，其单位是赫兹（Hz）。

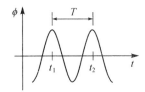

图 1-6　周期为 T 的简谐波

由 $\phi(x,t)=\cos \omega\left(t-\dfrac{x}{c}\right)=\cos\left(\omega t-\dfrac{\omega}{c}x\right)=\cos(kx-kct)$ 可知波数和角频率以及波速之间的重要关系如下

$$kc=\omega \tag{1-6-5}$$

将 $k=\dfrac{2\pi}{\lambda}$ 及 $\omega=\dfrac{2\pi}{T}=2\pi f$ 代入式（1-6-5），可得

$$c=\frac{\lambda}{T}=f\lambda \tag{1-6-6}$$

假如波源每秒振动 f 次，每次振动 T 时间，每次波的波峰前进 λ，则波速 c 为 $f\lambda$。此外，由 $\phi(x,t)=\cos k(x-ct)=\cos(kx-kct)=\cos(kx-\omega t)$ 可知，kx 和 ωt 对应，因此，波数 k 又称为空间频率。

从 1.1 节的讨论及图 1-1 可知，若观察者紧紧跟随着波前进，则就观察者的坐标系 $x'=x-ct$ 来说，波以波速前进而波形保持不变。换句话说，只要 $x'=x-ct$ 保持为常数，扰动波的大小就固定。就简谐波而言，$k(x-ct)$ 表示相位，当相位 $k(x-ct)$ 保持为常数时，简谐波以波速 c 前进而形貌保持不变（就 $\phi(x,t)=\cos k(x-ct)$ 而言，相位 $k(x-ct)=0$ 对应的是以速度 c 向右前进的波峰，相位 $k(x-ct)=\pi$ 对应的是以速度 c 向右前进的波谷）。此时的波速称为相速度 c_p（这里下标 p 代表相位（phase）），是简谐波的相位保持固定时波传播的速度。相速度的值为 $c_p=\dfrac{\omega}{k}$。给定一个介质的 $\omega\text{-}k$ 曲线，任一频率 ω 对应的波数 k 点与原点连线的斜率即为波的相速度。

一般而言，物理领域常用 $\phi_0\cos(kx-\omega t)$ 的形式来描述简谐波，而工程领域更常用 $\phi_0\cos(\omega t-kx)$ 的形式，其中 ϕ_0 称为简谐波的振幅。由欧拉公式 $\mathrm{e}^{\mathrm{i}\theta}=\cos \theta+\mathrm{i}\sin \theta$ 可知，$\mathrm{Re}(\phi_0\mathrm{e}^{\mathrm{i}\theta})=\phi_0\cos \theta$。因此，简谐波函数可以表示为 $\phi(x,t)=\mathrm{Re}[\phi_0\mathrm{e}^{\mathrm{i}(kx-\omega t+\varphi)}]=\phi_0\cos(kx-\omega t+\varphi)$，其中 φ 是初始相位。为了阅读和使用方便，实部符号可以省略，即有 $\phi(x,t)=$

$\phi_0 \mathrm{e}^{\mathrm{i}(kx-\omega t+\varphi)}$。 此外,另一种可能的表达式为

$$\phi(x,t) = \mathrm{Re}[\tilde{\phi}_0 \mathrm{e}^{\mathrm{i}(kx-\omega t)}] = \phi_0 \cos(kx - \omega t + \varphi) \tag{1-6-7}$$

其中 $\tilde{\phi}_0 = \phi_0 \mathrm{e}^{\mathrm{i}\varphi}$,为复数振幅,包含了初始相位的信息。基于欧拉公式表达简谐波函数可以让计算更加便捷。

由于标准的波动方程是线性方程,所以任何波动方程的解叠加后也还是波动方程的解,这种性质称为叠加原理。周期函数的解可以用傅里叶级数表示,非周期函数的解可以用傅里叶积分表示。所以,任意初始波形的波函数 $\phi(x,t) = f(x \mp ct)$ 可以用傅里叶积分表示为

$$f(x \mp ct) = \int_{-\infty}^{\infty} a(k) \mathrm{e}^{\mathrm{i}k(x \mp ct)} \mathrm{d}k \tag{1-6-8}$$

可见,任意一个波都可以利用叠加原理和最基础的简谐波 $\mathrm{e}^{\mathrm{i}k(x \mp ct)}$ 来进行构建。

1.7　波动携带的能量

波在介质内传播时也会传播能量和动量。我们首先探讨杆波中传递的能量。根据动能的定义,介质质点的运动所产生的动能密度(单位体积的动能)为 $U_k(x,t) = \frac{1}{2}\rho \left[\frac{\partial u(x,t)}{\partial t}\right]^2$。由介质变形所产生的应变能密度为 $U_v(x,t) = \frac{1}{2}E\left[\frac{\partial u(x,t)}{\partial x}\right]^2$。所以总机械能密度为

$$U_e(x,t) = \frac{1}{2}\rho \left[\frac{\partial u(x,t)}{\partial t}\right]^2 + \frac{1}{2}E\left[\frac{\partial u(x,t)}{\partial x}\right]^2 \tag{1-7-1}$$

由式(1-2-3)可知,对于往右(或往左)传播的扰动而言,波动因变量对时空坐标是耦合的,将耦合关系 $\left(\left|\frac{\partial u}{\partial x}\right| = \left|\frac{1}{c} \cdot \frac{\partial u}{\partial t}\right|\right)$ 与波速 $\left(c = \sqrt{\frac{E}{\rho}}\right)$ 代入式(1-7-1)可得

$$U_k(x,t) = U_v(x,t) \tag{1-7-2}$$

可见波动的总机械能密度为动能或应变能密度的两倍,且在传播过程中,动能密度和应变能密度保持相等。值得注意的是,对于两个反向行进波的叠加而言,叠加后的波不一定满足动能密度和应变能密度始终保持相等的特性。

假设 $u(x,t) = f(x-ct)$,则由 $\frac{\partial u(x,t)}{\partial x} = f'(x-ct)$ 与 $\frac{\partial u(x,t)}{\partial t} = -cf'(x-ct)$,可得

$$U_e(x,t) = \rho c^2 f'^2(x-ct) \tag{1-7-3}$$

其中,$f'(x-ct)$ 是 $f(x-ct)$ 对其括号内宗量的导数。可见,除了传播过程中波的动能密度和应变能密度始终保持相等这个性质之外,杆中扰动的能量传播速度是波速 c。

对于具有单位面积的杆而言,在位置 x 处,单位时间内通过单位截面积的能量,即单位面积的功率,可以如下计算:

$$I_a(x,t) = -E\frac{\partial u}{\partial x} \cdot \frac{\partial u}{\partial t} \tag{1-7-4}$$

由式中的负号可知,如果压应力$\left(-E\dfrac{\partial u}{\partial x}\right)$和质点速度$\left(\dfrac{\partial u}{\partial t}\right)$同方向就可以得到正的单位面积功率。

现在考虑杆中的能量守恒。首先由式(1-7-1)结合波动方程和波速的关系(式(1-4-4)),可以计算

$$
\begin{aligned}
\frac{\partial U_{\mathrm{e}}}{\partial t} &= \frac{\partial\left[\dfrac{1}{2}\rho\left(\dfrac{\partial u}{\partial t}\right)^{2}+\dfrac{1}{2}E\left(\dfrac{\partial u}{\partial x}\right)^{2}\right]}{\partial t} \\
&= \rho\frac{\partial u}{\partial t}\cdot\frac{\partial^{2}u}{\partial t^{2}}+E\frac{\partial u}{\partial x}\cdot\frac{\partial^{2}u}{\partial x\partial t} \\
&= \rho\left(\frac{\partial u}{\partial t}\right)\left(c^{2}\frac{\partial^{2}u}{\partial x^{2}}\right)+\frac{\partial}{\partial x}\left(E\frac{\partial u}{\partial x}\cdot\frac{\partial u}{\partial t}\right)-\frac{\partial}{\partial x}\left(E\frac{\partial u}{\partial x}\right)\frac{\partial u}{\partial t} \\
&= \frac{\partial}{\partial x}\left(E\frac{\partial u}{\partial x}\cdot\frac{\partial u}{\partial t}\right)=-\frac{\partial I_{\mathrm{a}}}{\partial x}
\end{aligned}
\tag{1-7-5}
$$

所以

$$
\frac{\partial U_{\mathrm{e}}}{\partial t}+\frac{\partial I_{\mathrm{a}}}{\partial x}=0
\tag{1-7-6}
$$

式(1-7-6)的本质是连续性方程。连续性方程是描述无源环境下守恒量传输行为的偏微分方程。三维空间中连续性方程的标准形式为

$$
\frac{\partial Q}{\partial t}+\nabla\cdot\boldsymbol{J}=0
\tag{1-7-7}
$$

其中:Q 是某物理量的密度;$\boldsymbol{J}$ 是单位时间内通过单位面积的该物理量。对于式(1-7-6),对应的物理量指的是单位体积的总能量 U_{e}。所以,式(1-7-6)是能量守恒的微分式,其在任意位置都成立。对于任意有限区域,我们可以进一步将式(1-7-6)从位置 x_1 到位置 x_2 积分

$$
\int_{x_1}^{x_2}\left(\frac{\partial U_{\mathrm{e}}}{\partial t}+\frac{\partial I_{\mathrm{a}}}{\partial x}\right)\mathrm{d}x=0
\tag{1-7-8}
$$

可得能量守恒的积分式

$$
\frac{\partial}{\partial t}\int_{x_1}^{x_2}U_{\mathrm{e}}(x,t)\mathrm{d}x=I_{\mathrm{a}}(x_1,t)-I_{\mathrm{a}}(x_2,t)
\tag{1-7-9}
$$

其代表单位时间内的一段长度区间中(位置 x_1 到 x_2 之间)流入的单位面积杆的能量等于该区间杆的能量密度的增加率。$I_{\mathrm{a}}(x,t)$ 反映了单位时间通过单位面积的能量传播率(能量通量)。

假设 $u(x,t)=f(x-ct)$,则

$$
I_{\mathrm{a}}(x,t)=cEf'^{2}(x-ct)=cU_{\mathrm{e}}(x,t)
\tag{1-7-10}
$$

就简谐波 $u(x,t)=\mathrm{Re}[u_0\mathrm{e}^{\mathrm{i}(kx-\omega t)}]=u_0\cos(kx-\omega t)$ 而言,在传播过程中,任何位置的动能密度和应变能密度变化会是同相位的(同时增大或同时减小),动能达到最大值的时候,应变能也同时达到最大值,能量和行波一起传递。这和弹簧振子自由振动时能量储存在保守系统中的特性不同。弹簧振子系统在振动时各个时刻的总能量是一常数,动能增大,位能就减小。同相位的能量变化是简谐行波的一个特征。由式(1-7-1),杆单位体积的总能量为

$$
U_{\mathrm{e}}(x,t)=\rho\omega^{2}u_0^{2}\sin^{2}(kx-\omega t)
\tag{1-7-11}
$$

可以看出,对于简谐波而言,波能量与频率以及扰动量大小的平方成正比。

1.8　波动携带的动量

当杆波在界面反射(或吸收)时,由于动量变化,其会对界面施加一定大小的力。这一节,我们讨论杆中传播的动量。我们再次考虑一个受轴向应力的无限长杆内远离端部的一段单元体的纵向运动。原长为 dx 的单元体受力后变形为 $dx + \frac{\partial u}{\partial x}dx$。单元体变形前后质量不变,所以

$$\rho A\,dx = (\rho + d\rho)A\left(dx + \frac{\partial u}{\partial x}dx\right) \tag{1-8-1}$$

展开式(1-8-1)后化简可得

$$d\rho = -\frac{\rho\,\dfrac{\partial u}{\partial x}}{1 + \dfrac{\partial u}{\partial x}} \tag{1-8-2}$$

假设纵向应变很小,$|\varepsilon_x| = \left|\dfrac{\partial u}{\partial x}\right| \ll 1$,密度变化量可以化简为

$$d\rho = -\rho\frac{\partial u}{\partial x} \tag{1-8-3}$$

所以,单位体积变形后的动量为

$$g = (\rho + d\rho)\frac{\partial u}{\partial t} = \rho\frac{\partial u}{\partial t} - \rho\frac{\partial u}{\partial x}\cdot\frac{\partial u}{\partial t} = g_1 + g_2 \tag{1-8-4}$$

可见,就简谐波 $u(x,t) = \mathrm{Re}[u_0 e^{i(kx-\omega t)}] = u_0\cos(kx - \omega t)$ 而言,动量密度的第一项为

$$g_1 = \rho\frac{\partial u}{\partial t} = \rho\omega u_0\sin(kx - \omega t) \tag{1-8-5}$$

其平均值为零,所以杆波携带的净动量 $\int g_1\,dx = \int \rho\dfrac{\partial u}{\partial t}dx = 0$。事实上,只有在杆波传播后,存在杆内的质量传递,才会携有非零值的总动量 $\int g_1\,dx$。此外,由于 $g_1 = \rho\dfrac{\partial u}{\partial t}$,其具有空间平移对称性,也就是说,动量并不依赖于空间坐标原点的选择,如果把杆系在空间中整体平移到另一个位置,系统的动量不受影响。依据经典力学的诺特定理,符合空间平移对称性即满足动量守恒定律,因此,当杆波遇到不连续界面的反射和透射时,动量密度 $g_1 = \rho\dfrac{\partial u}{\partial t}$ 会守恒。

动量密度表达式的第二项 g_2 包含因式 $\dfrac{\partial u}{\partial x}$,所以它不是波传播真正携带的动量。在固体物理中 g_2 对应于周期晶格中声子(用来描述周期晶格的简谐振动)准动量的极限,而声子并不携带真实动量。所以总动量不可以由 $\int g_2\,dx = \int -\rho\dfrac{\partial u}{\partial x}\cdot\dfrac{\partial u}{\partial t}dx$ 计算。事实上,空间平移对称性包含连续平移对称性和离散平移对称性。与连续平移对称性相联系的守恒量是真

实的动量 g_1。对于固体物理中的声子来说,由于晶格结构的存在,连续平移对称性被破坏,它只具有离散平移对称性,因此其动量由 g_2 描述。

准动量和能量密度有特别的关系。由式(1-2-3)的一阶偏微分的关系,对于往右传播的扰动,可得

$$g_2 = \frac{\rho}{c}\left(\frac{\partial u}{\partial t}\right)^2 \tag{1-8-6}$$

可见即使就简谐波 $u(x,t) = u_0\cos(kx - \omega t)$ 而言,$g_2 = \frac{\rho}{c}\left(\frac{\partial u}{\partial t}\right)^2$ 的平均值也不会是零。流经单位面积的动量变化率为

$$G = cg_2 = \rho\left(\frac{\partial u}{\partial t}\right)^2 = U_e \tag{1-8-7}$$

所以

$$c = \frac{U_e}{g_2} \tag{1-8-8}$$

又已知

$$c = f\lambda \tag{1-8-9}$$

可见

$$U_e = \lambda g_2 f = hf \tag{1-8-10}$$

可得

$$\lambda = \frac{h}{g_2} \tag{1-8-11}$$

这非常有趣,g_2 满足物质波的德布罗意波长公式。

1.9　阻抗的概念

本节将介绍阻抗的概念,这对于理解 1.10 节中波在界面的反射与透射以及第 2 章的声波理论有极大助益。力学系统主要关心结构的质点速度、受力和位移等物理量的变化;声学系统则主要关心介质中质点的流动速度、压力和密度等物理量的变化。这些物理量都可以和电学系统的电路中的电流、电压、电荷等物理量进行类比。电路系统的理论已较为成熟,可以通过电路图直观且迅速地描述机械或声学系统中不同元件之间的关系,并分析系统的特点和工作状态。

在电路中,可以用常微分方程来描述的系统称为集中参数系统。描述集中参数系统特征的参数量集中在空间中的某一点,其状态物理量和空间位置无关,比如力学模型中的弹簧振子,声学系统中的短管、空腔、共鸣器等。相对的,如果还需要考虑空间分布,对应的系统被称为分布参数系统,例如电路系统中的传输线,力学系统中的杆、梁模型,以及声学系统中短距离的两壁之间的颤动回声现象。集中参数模型和分布参数模型的选取由元件的特征尺寸和最短的工作波长之比决定。如果元件的特征尺寸相对波长而言可以忽略(比如小于波长的 $\frac{1}{10}$),那么就可以用集中参数模型分析。

　　首先理解电路中的基本概念。图 1-7 所示为一个基本的串联电路,它包括电阻器、电感线圈、电容器三种基本电路元件和恒压电源。我们关心的是元件两端的电压差和流过元件的电流。假设电压源为 $\widetilde{V} = \widetilde{V}_0 \mathrm{e}^{-\mathrm{i}\omega t}$ 的稳态振荡(对应的真实电压为 $\mathrm{Re}(\widetilde{V})$,其中 $\widetilde{V}_0 = V_0 \mathrm{e}^{\mathrm{i}\phi}$ 为复数振幅,包含了交流电的初始相位),则由图 1-7 的电路可得到对应于复数电流 $\widetilde{I}$ 的常微分方程为

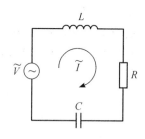

图 1-7　电阻、电感、电容的串联电路

$$L \frac{\mathrm{d}\widetilde{I}}{\mathrm{d}t} + R\widetilde{I} + \frac{\widetilde{q}}{C} = \widetilde{V} \tag{1-9-1}$$

其中 $\widetilde{q}$ 为电容器储存的电荷。因为 $\widetilde{I} = \dfrac{\mathrm{d}\widetilde{q}}{\mathrm{d}t}$,所以上式可以改写为

$$L \frac{\mathrm{d}\widetilde{q}^2}{\mathrm{d}t^2} + R \frac{\mathrm{d}\widetilde{q}}{\mathrm{d}t} + \frac{\widetilde{q}}{C} = \widetilde{V} \tag{1-9-2}$$

假设 $\widetilde{q} = \widetilde{q}_0 \mathrm{e}^{-\mathrm{i}\omega t}$,则 $\dfrac{\mathrm{d}\widetilde{q}}{\mathrm{d}t} = -\mathrm{i}\omega\widetilde{q}$,且 $\dfrac{\mathrm{d}^2\widetilde{q}}{\mathrm{d}t^2} = -\omega^2\widetilde{q}$,代入式(1-9-2),可得

$$\left(-\omega^2 L - \mathrm{i}\omega R + \frac{1}{C}\right)\widetilde{q}_0 \mathrm{e}^{-\mathrm{i}\omega t} = \widetilde{V}_0 \mathrm{e}^{-\mathrm{i}\omega t} \tag{1-9-3}$$

所以

$$\widetilde{q}_0 = \frac{\widetilde{V}_0}{-\mathrm{i}\omega\left[R - \mathrm{i}\left(\omega L - \dfrac{1}{\omega C}\right)\right]} \tag{1-9-4}$$

所以复数电流可以表示为

$$\widetilde{I} = \frac{\mathrm{d}\widetilde{q}}{\mathrm{d}t} = -\mathrm{i}\omega\widetilde{q} = \frac{\widetilde{V}_0 \mathrm{e}^{-\mathrm{i}\omega t}}{\left[R - \mathrm{i}\left(\omega L - \dfrac{1}{\omega C}\right)\right]} = \frac{\widetilde{V}}{Z} \tag{1-9-5}$$

其中阻抗 $Z = \dfrac{\widetilde{V}}{\widetilde{I}} = R - \mathrm{i}X = R - \mathrm{i}(X_L - X_C) = R - \mathrm{i}\left(\omega L - \dfrac{1}{\omega C}\right)$。 阻抗可以理解为在电路系统中电阻、电感和电容对交流电所起的阻碍作用。对于一个交流电路来说,阻抗是随着频率变化而变化的。电阻、电感、电容构成的串联电路的共振频率发生在电阻抗为零的时候,即发生在容抗 $X_C = \dfrac{1}{\omega C}$ 与感抗 $X_L = \omega L$ 相等时($\omega L - \dfrac{1}{\omega C} = 0$),所以共振频率为 $\omega_0 = \dfrac{1}{\sqrt{LC}}$,此时电路的阻抗角为 $\theta = \tan^{-1}\dfrac{X}{R} = 0$,说明电压与电流同相,电学上称为串联谐振。

　　从基本串联电路可以理解为什么电路图可以用来与力学系统或声学系统进行类比。图 1-8 所示为一个质量—弹簧—阻尼系统,包括三种基本力学元件:弹簧、阻尼、质量。受力为 $\widetilde{F} = \widetilde{F}_0 \mathrm{e}^{-\mathrm{i}\omega t}$[①]。 由牛顿第二运动定律可知

---

　　① 　为便于对比理解,此处和位移等用复数形态表示。

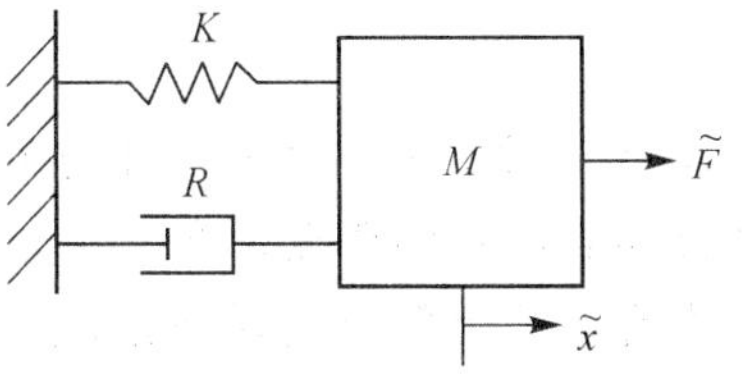

图 1-8　质量—弹簧—阻尼系统

$$M \frac{\mathrm{d}^2 \tilde{x}}{\mathrm{d}t^2} + R \frac{\mathrm{d}\tilde{x}}{\mathrm{d}t} + K\tilde{x} = \tilde{F} \tag{1-9-6}$$

和式(1-9-2)比较,可以看出质量 M 和电感 L 对应,阻尼 R 和电阻 R 对应,弹簧常数的倒数(又称为力顺 $C = \frac{1}{K}$)和电容 C 对应,力和电压源对应,以及速度和电流对应。由电路阻抗为 $Z = \frac{\tilde{V}}{\tilde{I}} = R - \mathrm{i}X$,其中 $X = X_L - X_C = \omega L - \frac{1}{\omega C}$,可以类比得到力阻抗为 $Z = \frac{\tilde{F}}{\tilde{v}} = R - \mathrm{i}X$,其中 $\tilde{v}$ 为质点的运动速度且 $X = \omega M - \frac{K}{\omega}$,则质点的运动速度 $\tilde{v}$ 可以表示为

$$\tilde{v} = \frac{\tilde{F}_0 \mathrm{e}^{-\mathrm{i}\omega t}}{R - \mathrm{i}\left(\omega M - \dfrac{K}{\omega}\right)} \tag{1-9-7}$$

共振频率发生在 $\omega M - \dfrac{K}{\omega} = 0$,即 $\omega_0 = \sqrt{\dfrac{K}{M}}$ 时,此时机械系统的阻抗角为 $\theta = \tan^{-1} \dfrac{\omega M - \dfrac{K}{\omega}}{R} = 0$,这说明机械系统共振时力与速度同相。

由于电感的感抗是 ωL,可以看出频率越高,感抗越大,即电感阻止高频交流信号,或者说在高频范围(频率远高于共振频率 ω_0)内,感抗起主导作用。反之,电容的容抗是 $\dfrac{1}{\omega C}$,因此,电容呈现通高频而阻低频的特性,在低频范围内,容抗占主导作用。从电路的阻抗特性可以类比看出图 1-8 的机械振动系统的特性,当力的频率处于远小于共振频率的低频范围内时,弹性起主导作用(类比容抗主导)。反之,当力的频率处于远高于共振频率的高频范围内时,质量或惯性起主导作用(类比感抗主导)。

对于一维无限长杆件内的纵波,在 1.4 节我们已经知道质点速度 $\dfrac{\partial u}{\partial t}$ 和应力的关系为

$$\frac{\partial u(x,t)}{\partial t} = -\frac{c}{E} \sigma(x,t) \tag{1-9-8}$$

类比机械系统的力阻抗 $\dfrac{\tilde{F}}{\tilde{v}}$,我们定义声阻抗率为杆中某位置的应力与该位置的质点速度的比值,$z = \left| \dfrac{\sigma}{\dfrac{\partial u}{\partial t}} \right|$。杆的声阻抗率为

$$z = \frac{E}{c} = \frac{\rho c^2}{c} = \rho c \tag{1-9-9}$$

其中:E 为杨氏模量;c 为波速;ρ 为杆件的材料密度。杆的声阻抗率 ρc 表示介质的特征,代表介质中需要给定多少应力才能达到给定的质点速度。

为了方便下一节讨论杆波在界面的反射与透射问题,这里我们简单地介绍电学中阻抗匹配的概念。对于图 1-9 所示的简单高频电路系统(高频代表波长短,需要考虑波的反射问题),导线以无阻抗传输线看待,电源有输出阻抗 Z_S(输出阻抗就是一个信号源的内阻)。我们关心的是如何选择负载阻抗 Z_L,使得电源的最大平均电功率可以输送到负载。

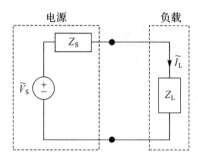

图 1-9 电路的阻抗匹配

电源有输出阻抗 $Z_S = R_S - iX_S$,负载阻抗为 $Z_L = R_L - iX_L$,电流为

$$\tilde{I}_L = \frac{\tilde{V}_S}{Z_S + Z_L} = \frac{\tilde{V}_S}{(R_S + R_L) - i(X_S + X_L)} \tag{1-9-10}$$

负载平均功率为

$$\begin{aligned}
\overline{P}_L &= \frac{1}{2}|\tilde{I}_L|^2 R_L \\
&= \frac{1}{2} \cdot \frac{|\tilde{V}_S|^2}{(R_S + R_L)^2 + (X_S + X_L)^2} R_L
\end{aligned} \tag{1-9-11}$$

如果选择 $Z_L = Z_S^*$(其中上标 $*$ 代表取共轭复数),则负载可得最大平均功率

$$\overline{P}_{L,max} = \frac{1}{8} \cdot \frac{|\tilde{V}_S|^2}{R_S} \tag{1-9-12}$$

可见,当交流电路中含有容性或感性阻抗时,为使负载得到最大功率,需要信号源与负载的阻抗达到阻抗匹配(impedance matching),即要求负载阻抗和传输线特征阻抗的实部相等、虚部互为相反数。在这种情况下,如果是高频的微波信号,信号就能传至负载点而没有信号反射回发射点,表明所有能量都被负载吸收而没有传输的能量损失。如果是纯电阻电路,当负载电阻和信号源内阻相等时,负载可以获得最大输出功率,这称为阻抗匹配。借助基本电路原理介绍完阻抗以及阻抗匹配的概念后,下一节我们将讨论一维杆波在界面的反射与透射。

1.10　波在界面的反射与透射

在这一节,我们将研究波在两杆之间的界面的反射和透射行为。如图 1-10 所示,假设波在一个杆(左杆 1)内传播,遇到另外一个截面积相同的杆(右杆 2),两杆的杨氏模量相同,但是密度不同,所以波速不同。假设界面结点坐标为 $x=0$,向右为正,两边密度分别为 ρ_1 和 ρ_2,波速分别为 c_1 和 c_2。分析波遇到不连续界面的反射和透射问题时,通常用 $\phi(x,t)=f\left(t-\dfrac{x}{c}\right)$ 的波函数形式,这样可以让数学运算较为简洁。

图 1-10　杆波遇到不连续界面时的反射和透射

设一个扰动波具有如下形式

$$u_{\mathrm{i}}(x,t)=f\left(t-\frac{x}{c_1}\right) \tag{1-10-1}$$

扰动在 $t=-\infty$ 时刻从 $x=-\infty$ 处向右传播并最终遇到结点,造成左杆 1 内的反射波和右杆 2 内的透射波,分别具有如下形式

$$u_{\mathrm{r}}(x,t)=A_{\mathrm{r}}f\left(t+\frac{x}{c_1}\right) \tag{1-10-2}$$

$$u_{\mathrm{t}}(x,t)=A_{\mathrm{t}}f\left(t-\frac{x}{c_2}\right) \tag{1-10-3}$$

其中,下标 r 代表反射(reflection),下标 t 代表透射(transmission)。因为两杆的杨氏模量相同,所以有

$$\rho_1 c_1^2=\rho_2 c_2^2 \tag{1-10-4}$$

A_{r} 和 A_{t} 分别是反射波和透射波的振幅,由结点处的边界条件确定。这里假设两杆杨氏模量相同的好处是,ρc^2 也对应了绳波中绳子介质的张力,两段不同的绳子有一样的张力,因此本节结果也适用于一维绳波。

将式(1-8-4)的"真实"动量密度 $g_1=\rho\,\dfrac{\partial u}{\partial t}$ 对时间微分,可得

$$\frac{\partial g_1}{\partial t}=\rho\,\frac{\partial^2 u}{\partial t^2}=\rho c^2\,\frac{\partial^2 u}{\partial x^2}=\frac{\partial}{\partial x}\left(E\,\frac{\partial u}{\partial x}\right) \tag{1-10-5}$$

所以

$$\frac{\partial g_1}{\partial t}+\frac{\partial}{\partial x}\left(-E\,\frac{\partial u}{\partial x}\right)=0 \tag{1-10-6}$$

式(1-10-6)也符合连续性方程的标准形式(见式(1-7-7)),其控制了单位时间内通过单位面积的动量。由于其在界面处必须保持连续,所以得到结点处的平衡边界条件为

$$\left.\frac{\partial u(x,t)}{\partial x}\right|_{\mathrm{l}}=\left.\frac{\partial u(x,t)}{\partial x}\right|_{\mathrm{r}} \tag{1-10-7}$$

这里不考虑界面处有波源或吸收边界的情况,再由关于能量的连续性方程(见式(1-7-6))

$\dfrac{\partial U_e}{\partial t}+\dfrac{\partial I_a}{\partial x}=0$,其中单位面积的功率 $I_a(x,t)=-E\left(\dfrac{\partial u}{\partial x}\cdot\dfrac{\partial u}{\partial t}\right)$,可得结点处的连续边界条件

$$\left.\frac{\partial u(x,t)}{\partial t}\right|_1=\left.\frac{\partial u(x,t)}{\partial t}\right|_r \tag{1-10-8}$$

式(1-10-7)(力或平衡边界条件)和式(1-10-8)(速度或连续边界条件)构成了完整的边界条件。

将式(1-10-2)和式(1-10-3)代入边界条件式(1-10-7)和式(1-10-8),可得

$$1-A_r=\frac{c_1}{c_2}A_t \tag{1-10-9}$$

$$1+A_r=A_t \tag{1-10-10}$$

联立式(1-10-9)和式(1-10-10),可解得

$$\begin{cases} A_r=\dfrac{1-\dfrac{c_1}{c_2}}{1+\dfrac{c_1}{c_2}} \\[4mm] A_t=\dfrac{2}{1+\dfrac{c_1}{c_2}} \end{cases} \tag{1-10-11}$$

由于 $\sigma=E\dfrac{\partial u}{\partial x}$,可进一步得到

$$\frac{\sigma_r}{\sigma_i}=\frac{\rho_2 c_2-\rho_1 c_1}{\rho_1 c_1+\rho_2 c_2}=\frac{z_2-z_1}{z_1+z_2} \tag{1-10-12}$$

$$\frac{\sigma_t}{\sigma_i}=\frac{2\rho_2 c_2}{\rho_1 c_1+\rho_2 c_2}=\frac{2z_2}{z_1+z_2} \tag{1-10-13}$$

其中:σ_i、σ_r 和 σ_t 分别表示入射应力波、反射应力波和透射应力波。在推导上面两式的时候,用到了式(1-10-4)的关系。如果读者从杆在界面处需满足应力连续(平衡关系)和位移连续(几何关系)这两个条件出发,即使对于杨氏模量不同的杆,也可以得到式(1-10-13)。可见,当两个介质的阻抗匹配时($z_2=z_1$),界面处不会有反射波,透射波和入射波的大小一样,此时的界面称为声学匹配界面,虽然是不同的材料,但是对于入射波而言,波却不觉得遇到了界面。如果 $z_2\ll z_1$,即是软界面,则 $\sigma_t\ll\sigma_i$ 且 $\sigma_r\approx-\sigma_i$,所以 $|\sigma_t|\ll|\sigma_r|$,极端情况就是自由边界,$\sigma_r\approx-\sigma_i$,这对应之前提过的,入射压力波遇到自由边界反射后会变成张力波并且可能造成脆性材料的断裂。反之,如果 $z_2\gg z_1$,即是硬界面,则 $\sigma_t\approx 2\sigma_i$ 且 $\sigma_r\approx\sigma_i$,两倍的透射应力波容易导致界面处发生破坏。

下面,我们将分别计算波的动量和能量,证明不同成分的波的动量的代数和以及能量的代数和都是常数。对于不同成分的波,通过将动量密度 $g_1=\rho\dfrac{\partial u}{\partial t}$ 对时间积分并利用变量替换 $\left(s=t\pm\dfrac{x}{c}\right)$ 可得

$$P_i(t) = \int_{-\infty}^{0} \rho_1 \frac{\partial f\left(t - \dfrac{x}{c_1}\right)}{\partial t} \mathrm{d}x$$

$$= -\rho_1 c_1 \int_{\infty}^{t} \left[\frac{\mathrm{d}f(s)}{\mathrm{d}s}\right] \mathrm{d}s = \rho_1 c_1 \left[f(\infty) - f(t)\right] \tag{1-10-14}$$

$$P_r(t) = \int_{-\infty}^{0} \rho_1 A_r \frac{\partial f\left(t + \dfrac{x}{c_1}\right)}{\partial t} \mathrm{d}x$$

$$= \rho_1 c_1 A_r \int_{-\infty}^{t} \left[\frac{\mathrm{d}f(s)}{\mathrm{d}s}\right] \mathrm{d}s = \rho_1 c_1 A_r \left[f(t) - f(-\infty)\right] \tag{1-10-15}$$

$$P_t(t) = \int_{0}^{\infty} \rho_2 A_t \frac{\partial f\left(t - \dfrac{x}{c_2}\right)}{\partial t} \mathrm{d}x$$

$$= -\rho_2 c_2 A_t \int_{t}^{-\infty} \left[\frac{\mathrm{d}f(s)}{\mathrm{d}s}\right] \mathrm{d}s = \rho_2 c_2 A_t \left[f(t) - f(-\infty)\right] \tag{1-10-16}$$

显然,不同成分的波的动量是时间 t 的显函数。在任意时刻 t,净动量 $P_n(t)$ 是这三个瞬时动量的代数和,考虑到式(1-10-4)和式(1-10-11),可得

$$P_n(t) = P_i(t) + P_r(t) + P_t(t) = \rho_1 c_1 \left[f(\infty) - f(-\infty)\right] \tag{1-10-17}$$

由上式可以明显看出,总动量是不随时间 t 变化的常数,因此,总动量是守恒的。同先前的论点相吻合,即 g_1 具有空间平移对称性,对于杆波遇到不连续界面时的反射和透射问题,动量密度 $g_1 = \rho \dfrac{\partial u}{\partial t}$ 会守恒。

左杆扰动波的总能量 E(见式(1-7-1))为

$$E_{x<0}(t) = \int_{-\infty}^{0} U_e(x, t) \mathrm{d}x$$

$$= \frac{1}{2} \int_{-\infty}^{0} \rho_1 \left\{ \left[\frac{\partial(u_i + u_r)}{\partial t}\right]^2 + c^2 \left[\frac{\partial(u_i + u_r)}{\partial x}\right]^2 \right\} \mathrm{d}x \tag{1-10-18}$$

结合式(1-10-1)和式(1-10-2),可以推导得到下面的关系式

$$E_{x<0}(t) = \int_{-\infty}^{0} \rho_1 \left[\left(\frac{\partial u_i}{\partial t}\right)^2 + \left(\frac{\partial u_r}{\partial t}\right)^2\right] \mathrm{d}x \tag{1-10-19}$$

此外,将能量守恒的积分式(见式(1-7-9))对时间积分,可得

$$E(t) = \int U_e(x, t) \mathrm{d}x = \int I_a(x_1, t) \mathrm{d}t - \int I_a(x_2, t) \mathrm{d}t \tag{1-10-20}$$

由于 $u(x, t) = f\left(t \pm \dfrac{x}{c}\right)$,所以由式(1-7-4)可得

$$I_a(x, t) = -\frac{E}{c} f'^2(s) \tag{1-10-21}$$

其中 $s = t \pm \dfrac{x}{c}$,则

$$\int I_a(x, t) \mathrm{d}t = -\rho c \int \left[\frac{\mathrm{d}f(s)}{\mathrm{d}s}\right]^2 \mathrm{d}s \tag{1-10-22}$$

所以式(1-10-20)变成

$$E_{x<0}(t) = \int_{-\infty}^{0} U_e(x,t)\mathrm{d}x = \int_{-\infty}^{0} -\rho c\left[\frac{\mathrm{d}f(s)}{\mathrm{d}s}\right]^2\mathrm{d}s - \int_{t}^{0} -\rho c\left[\frac{\mathrm{d}f(s)}{\mathrm{d}s}\right]^2\mathrm{d}s$$

$$(1\text{-}10\text{-}23)$$

若定义

$$I_0 \equiv \int_{0}^{\infty}\left[\frac{\mathrm{d}f(s)}{\mathrm{d}s}\right]^2\mathrm{d}s \tag{1-10-24}$$

和

$$I_1(t) \equiv \int_{0}^{t}\left[\frac{\mathrm{d}f(s)}{\mathrm{d}s}\right]^2\mathrm{d}s \tag{1-10-25}$$

则

$$E_i(t) = \int_{-\infty}^{0}\rho_1\left(\frac{\partial u_i}{\partial t}\right)^2\mathrm{d}x = \rho_1 c_1 [I_0 - I_1(t)] \tag{1-10-26}$$

$$E_r(t) = \int_{-\infty}^{0}\rho_1\left(\frac{\partial u_r}{\partial t}\right)^2\mathrm{d}x = \rho_1 c_1 A_r^2 [I_0 + I_1(t)] \tag{1-10-27}$$

$$E_t(t) = \int_{-\infty}^{0}\rho_2\left(\frac{\partial u_t}{\partial t}\right)^2\mathrm{d}x = \rho_2 c_2 A_t^2 [I_0 + I_1(t)] \tag{1-10-28}$$

同理,考虑式(1-10-4)和式(1-10-11)可得,在时刻 t,总机械能为

$$E(t) = E_i(t) + E_r(t) + E_t(t) = 2\rho_1 c_1 I_0 \tag{1-10-29}$$

可见,总机械能守恒。

作为一个具体范例,考虑波形为 Lorentzian 函数的扰动

$$f(s) = L\frac{r^2}{r^2 + s^2} \tag{1-10-30}$$

其中:r 代表每个扰动的宽度;L 决定着扰动幅值的最大值;$s = t \pm \dfrac{x}{c}$,则先计算 I_0 和 $I_1(t)$,根据式(1-10-24)和(1-10-25)有

$$I_1(t) = \int_{0}^{t}\left[\frac{\mathrm{d}f(s)}{\mathrm{d}s}\right]^2\mathrm{d}s = 4L^2 r^4 \int_{0}^{t}\frac{s^2}{(s^2 + r^2)^4}\mathrm{d}s$$

$$= 4L^2 r^4 \int_{0}^{x}\frac{x^2}{(x^2 + r^2)^4}\mathrm{d}x \tag{1-10-31}$$

将被积函数因式分解可得

$$\frac{x^2}{(x^2 + r^2)^4} = \frac{-r^2}{(x^2 + r^2)^4} + \frac{1}{(x^2 + r^2)^3} \tag{1-10-32}$$

于是有

$$I_1(t) = \int_{0}^{t}\frac{-r^2}{(x^2 + r^2)^4}\mathrm{d}x + \int_{0}^{t}\frac{1}{(x^2 + r^2)^3}\mathrm{d}x \tag{1-10-33}$$

其中 $\displaystyle\int\frac{\mathrm{d}x}{(x^2 + r^2)^n}$ 可以根据以下递推公式计算:

$$K_n = \frac{1}{2r^2(n-1)}\left[\frac{t}{(x^2 + r^2)^{n-1}} + (2n - 3)I_{n-1}\right] \tag{1-10-34}$$

$$K_1 = \int\frac{1}{(x^2 + r^2)}\mathrm{d}x = \frac{1}{r}\tan^{-1}\left(\frac{x}{r}\right)$$

$$K_2 = \int \frac{1}{(x^2+r^2)^2} dx = \frac{1}{2r^2}\left(\frac{x}{x^2+r^2} + K_1\right)$$

$$K_3 = \int \frac{1}{(x^2+r^2)^3} dx = \frac{1}{4r^4}\left[\frac{x}{(x^2+r^2)^2} + 3K_2\right]$$

$$K_4 = \int \frac{1}{(x^2+r^2)^4} dx = \frac{1}{6r^2}\left[\frac{x}{(x^2+r^2)^3} + 5K_3\right]$$

$$-r^2 K_4 = -\frac{1}{6} \cdot \frac{x}{(x^2+r^2)^3} - \frac{5}{6}K_3$$

所以

$$I_1(t) = \int_0^t 4L^2 r^4 \left[\frac{1}{6}K_3 - \frac{1}{6} \cdot \frac{x}{(x^2+r^2)^3}\right] dx \qquad (1\text{-}10\text{-}35)$$

将 K_1 的表达式代入 K_2，再将 K_2 的表达式代入 K_3，得到 $I_1(t)$ 的具体表达式，积分后可得

$$I_1(t) = \frac{L^2}{4}\left\{\frac{t}{(t^2+r^2)}\left[1 + \frac{2r^2}{3(t^2+r^2)} - \frac{8r^4}{3(t^2+r^2)^2}\right] + \frac{1}{r}\tan^{-1}\left(\frac{t}{r}\right)\right\} \qquad (1\text{-}10\text{-}36)$$

求得 $I_1(t)$ 后可得

$$I_0 = \frac{\pi I^2}{8r} \qquad (1\text{-}10\text{-}37)$$

于是有动量表达式

$$P_i(t) = -\rho_1 c_1 L \frac{r^2}{t^2+r^2} \qquad (1\text{-}10\text{-}38)$$

$$P_r(t) = \rho_1 c_1 A_r L \frac{r^2}{t^2+r^2} \qquad (1\text{-}10\text{-}39)$$

$$P_t(t) = \rho_2 c_2 A_t L \frac{r^2}{t^2+r^2} \qquad (1\text{-}10\text{-}40)$$

和能量表达式

$$E_i(t) = \rho_1 c_1 \left[\frac{\pi L^2}{8r} - I_1(t)\right] \qquad (1\text{-}10\text{-}41)$$

$$E_r(t) = \rho_1 c_1 A_r^2 \left[\frac{\pi L^2}{8r} + I_1(t)\right] \qquad (1\text{-}10\text{-}42)$$

$$E_t(t) = \rho_2 c_2 A_t^2 \left[\frac{\pi L^2}{8r} + I_1(t)\right] \qquad (1\text{-}10\text{-}43)$$

下面，我们以 Lorentzian 函数为例，绘制出当入射波为 Lorentzian 函数时，某一时刻入射波、反射波以及透射波的形状，并且绘制出不同时刻入射波、反射波以及透射波的形状，最后进行一些讨论。为此，我们取 $E=200$ GPa，$\rho_1=7850$ kg/m^3，$\rho_2=5000$ kg/m^3，进而根据式(1-10-11)可以求出 A_r 和 A_t。

图 1-11 给出了 $t=0.05$ s 时，入射波、反射波和透射波的形状。由图中可以看出，当入射波最大峰值给定为 0.5 时，透射波的峰值大于 0.5，而反射波的峰值远小于 0.5，这是由式(1-10-11)决定的。在本问题中，$c_1=5.05$ km/s，$c_2=6.32$ km/s。

图 1-12 给出了不同时刻入射波、反射波和透射波的形状。可以清楚地看到，随着时间的增加，透射波保持波形不变向右移动，而反射波保持波形不变向左移动。与图 1-11 相同，

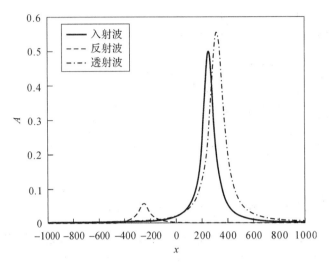

图 1-11　$t = 0.05$ s 时，入射波、反射波和透射波的波形

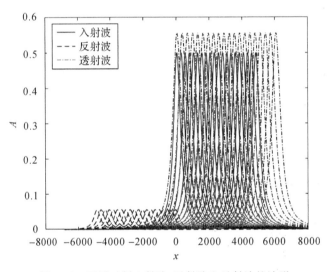

图 1-12　不同时刻入射波、反射波和透射波的波形

透射波的峰值要大于入射波的峰值，而反射波的峰值要远小于入射波的峰值，这说明波在经过结点时大部分发生了透射，只有一小部分发生了反射。

图 1-13 和图 1-14 分别给出了随着时间的推移，不同成分波的动量和能量的变化情况。由图 1-13 可以看出，入射动量和透射动量均在 $t = 0$ s 时达到极值，总动量为一直线（$P = 0$），这是由式(1-10-17)决定的。由图 1-14 可以看出，$t = 0$ s 时是入射能量和透射能量的拐点。此外，反射能量不断增加。图中总能量是一条直线，说明整个过程中，系统的能量是守恒的。当时间趋于正无穷时，$I_1(t) \to I_0$，入射波的能量趋向于零，而反射波和透射波的能量均逐渐增大，最后分别收敛于定值。

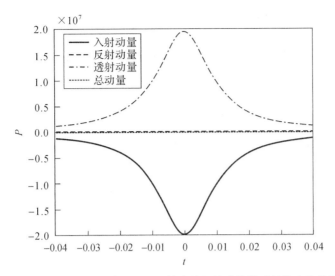

图 1-13　入射动量、反射动量、透射动量和总动量随时间的变化情况

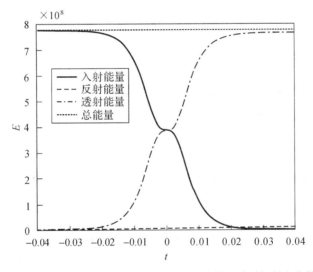

图 1-14　入射能量、反射能量、透射能量和总能量随时间的变化情况

1.11　有限长度杆的振动

到目前为止,我们所讨论的杆都是无限长度杆或半无限长度杆。本节我们讨论有限长度杆的振动问题。虽然在 1.4 节的图 1-3 考虑的是无限长度杆,但是有限长度杆的单元体的纵向运动和无限长度杆是没有差别的。因此,有限长度杆内的振动行为也满足与无限长度杆相同的偏微分方程(见式(1-4-4)的波动方程)。事实上,杆内波传播和振动的差别主要在于是否存在边界,对于有限长度杆,单一频率(波长)的简谐波或构建不同频率(波长)的简谐波遇到边界会反射,反射波与入射波传播方向相反,振幅和频率都相同,因此入射波与反

射波的叠加形成驻波,造成杆的振动。下面我们首先讨论杆的自由振动,然后再研究杆的受迫振动。

应用分离变量法,假设有限杆的标准波动方程存在下面的解

$$u(x,t) = X(x)T(t) \tag{1-11-1}$$

代入标准波动方程,可得

$$c^2 \frac{X''}{X} = \frac{\ddot{T}}{T} = -|C| \tag{1-11-2}$$

其中,对于空间变量项和时间变量项,上式在任意时刻和位置都要满足常数 $|C|$,取负号是为了得到合理的简谐运动解。对于时间变量,可得具有角频率 $\omega = \sqrt{|C|}$ 的简谐运动解

$$T(t) = A_1 \sin \omega t + A_2 \cos \omega t \tag{1-11-3}$$

对于空间变量,可得

$$X(x) = B_1 \sin kx + B_2 \cos kx, \quad k^2 = \frac{\omega^2}{c^2} \tag{1-11-4}$$

长度为 l 的有限杆会有两个边界条件,将式(1-11-4)代入不同的边界条件后可以得到关于 kl 的特征方程。

以两端自由的杆为例,边界条件为

$$\frac{\partial u(0,t)}{\partial x} = \frac{\partial u(l,t)}{\partial x} = 0 \tag{1-11-5}$$

通过分离变量法可得 $B_1 = 0$ 以及特征方程

$$\sin kl = 0, \quad kl = n\pi, \quad n = 0,1,2,3,\cdots \tag{1-11-6}$$

所以

$$X_n(x) = \cos k_n x \tag{1-11-7}$$

$X_n(x)$ 称为固有模态(特征函数),其对应的自然频率(特征值)为

$$\omega_n = \frac{n\pi c}{l}, \quad n = 0,1,2,3,\cdots \tag{1-11-8}$$

可见,对于有限长度的杆,虽然会有无限个解满足方程,但解是离散分布的。值得注意的是,对于两端自由的杆,会得到 $n=0$ 的解,其对应杆的刚体运动。由于 $\omega_n = 2\pi f_n$,可得

$$f_n = \frac{nc}{2l} \tag{1-11-9}$$

其中: $f_1 = \frac{c}{2l}$ 称为基本频率。最后,根据线性叠加原理,通解由给定 n 的特解 $u_n(x,t)$ 叠加而得

$$u(x,t) = \sum_{n=1}^{\infty} (A_{1n} \sin \omega_n t + A_{2n} \cos \omega_n t) X_n(x) \tag{1-11-10}$$

可知,有限长度杆的振动解具有下面的形式

$$u(x,t) = (A_1 \sin \omega t + A_2 \cos \omega t)(B_1 \sin kx + B_2 \cos kx) \tag{1-11-11}$$

质点的位移 $u(x,t)$ 由正余弦之积的组合所叠加。由三角函数的积化和差公式可知

$$u(x,t) = C_1 \sin(kx + \omega t) + C_2 \sin(kx - \omega t)$$
$$+ C_3 \cos(kx + \omega t) + C_4 \cos(kx - \omega t) \tag{1-11-12}$$

可见,分离变量法本质上还是保留行进波 $k(x \pm ct)$ 的内涵,其基本形式为

$$u(x,t) = C_+ \mathrm{e}^{\mathrm{i}k(x-ct)} + C_- \mathrm{e}^{\mathrm{i}k(x+ct)} \tag{1-11-13}$$

若 $C_+ = C_- = C$,可得

$$u(x,t) = \mathrm{Re}(2C\mathrm{e}^{\mathrm{i}kx}\cos \omega t) \tag{1-11-14}$$

可知,叠加后的波没有随空间传播,而是在原地上下振动或是静止不动的驻波。式 (1-11-11) 中,满足 $B_1 \sin kx + B_2 \cos kx = 0$ 的位置称为杆振动的节点。事实上,基本频率的数值可以通过行进波的概念理解。杆内的一点扰动会同时往杆的左右边界传播,由于杆的长度是 l,所以扰动会以波速 c 传播 $2l$ 的距离后再次回到扰动点,因此所经过的时间(周期)为 T_1,其倒数即为 f_1。

现在考虑有限长度杆的受迫振动。由式 (1-11-12) 可知,杆中的波也可以假设为下面的表达式

$$u(x,t) = \mathrm{Re}\,\tilde{u}(x,t) = \mathrm{Re}[\tilde{A}_r \mathrm{e}^{\mathrm{i}(\omega t - kx)} + \tilde{A}_1 \mathrm{e}^{\mathrm{i}(\omega t + kx)}] \tag{1-11-15}$$

这里指数项表示为 $\omega t \pm kx$ 而不是 $kx \pm \omega t$ 是为了计算方便。杆的一端受到 $F_0 \mathrm{e}^{\mathrm{i}\omega t}$ 的简谐力的激励,另一端自由。所以边界条件分别为

$$EA\,\frac{\partial \tilde{u}(x,t)}{\partial x}\bigg|_{x=0} = -F_0 \mathrm{e}^{\mathrm{i}\omega t}, \quad \frac{\partial \tilde{u}(x,t)}{\partial x}\bigg|_{x=l} = 0 \tag{1-11-16}$$

将式 (1-11-15) 代入上面的边界条件,可得

$$\tilde{A}_r = \frac{-F_0 \mathrm{e}^{\mathrm{i}kl}}{2kEA\sin kl} \tag{1-11-17}$$

和

$$\tilde{A}_1 = \frac{-F_0 \mathrm{e}^{-\mathrm{i}kl}}{2kEA\sin kl} \tag{1-11-18}$$

所以,受迫振动为

$$\tilde{u}(x,t) = \frac{-F_0 \cos[k(l-x)]}{EAk\sin kl}\mathrm{e}^{\mathrm{i}\omega t} \tag{1-11-19}$$

质点的速度为

$$\dot{\tilde{u}}(x,t) = \frac{-\mathrm{i}\omega F_0 \cos[k(l-x)]}{EAk\sin kl}\mathrm{e}^{\mathrm{i}\omega t} \tag{1-11-20}$$

在激励点处的输入阻抗为

$$Z_{\mathrm{in}} = \frac{\mathrm{i}EAk}{\omega}\tan kl \tag{1-11-21}$$

可见,对于有限无阻尼杆的受迫振动问题,其输入阻抗为纯电抗。就电路系统而言,电抗仅代表电容或电感对电流的阻碍作用,仅引起电流或电压的相位变化。类比电路系统可知,其代表杆没有吸收功率,或者说,因为是有限长度,没有能量可以"逃离"有限杆。在 $\sin kl = 0$ 的时候,即激励频率和两端自由的杆的自然频率一致的时候 $\left(\omega = \dfrac{n\pi c}{l} = \omega_n\right)$,输入阻抗为零,杆发生共振,杆的位移响应无限大。

本章参考文献

杜功焕，朱哲民，龚秀芬. 声学基础[M]. 2 版. 南京:南京大学出版社，2001.

杜修力. 工程波动理论与方法[M]. 北京:科学出版社，2009.

何祚镛，赵玉芳. 声学理论基础[M]. 北京:国防工业出版社，1981.

黄德波. 水波理论基础[M]. 北京:国防工业出版社，2011.

廖振鹏. 工程波动理论导引[M]. 北京:科学出版社，1996.

Blackstock D T. Fundamentals of Physical Acoustics [M]. New York：Wiley，2000.

Elmore W C，Heald M A. Physics of Waves [M]. New York：Dover Publications，1985.

Fitzpatrick R. Oscillations and Waves：an Introduction [M]. 2nd ed. Boca Raton，FL：CRC Press，2018.

Freegarde T. Introduction to the Physics of Waves [M]. Cambridge：Cambridge University Press，2012.

Gauthier N，Rochon P. Mechanical energy and momentum of wave pulses in a dispersionless, lossless elastic medium, according to the linear theory[J]. American Journal of Physics，2004，72(9)：1227-1231.

Giurgiutiu V. Structural Health Monitoring with Piezoelectric Wafer Active Sensors [M]. Amsterdam：Academic Press，2014.

Graff K F. Wave Motion in Elastic Solids [M]. New York：Dover Publications，1991.

Hecht E. Optics [M]. 5th ed. Boston：Pearson Education，Inc.，2017.

Hirose A，Lonngren K E. Introduction to Wave Phenomena [M]. Malabar，Fla.：R. E. Krieger Pub. Co.，1991.

Kinsler L E，Frey A R，Coppens A B，et al. Fundamentals of Acoustics [M]. 2nd ed. New York：Wiley，1962.

Kittel C. Introduction to Solid State Physics [M]. 8th ed. Hoboken，NJ：Wiley，2005.

Knobel R. An Introduction to the Mathematical Theory of Waves [M]. Providence，RI：American Mathematical Society：Institute for Advanced Study，2000.

Pearson J M. A Theory of Waves [M]. Boston：Allyn and Bacon，1966.

Poon T C，Kim T. Engineering Optics with MATLAB[M]. Singapore：World Scientific，2006.

Rowland D R. The missing wave momentum mystery[J]. American Journal of Physics，1999，67(5)：378-388.

Serway R A，Jewett J W. Physics for Scientists and Engineers with Modern Physics [M]. 8th ed. Belmont，CA：Brooks/Cole，Cengage Learning，2010.

Towne D H. Wave Phenomena [M]. New York：Dover，1988.

第 2 章　声　波

当物体的振动频率为 20 Hz(对应波长为 17m)～20 kHz(对应波长为 17mm)时,该物体就成为发声体,产生向四面八方传播的声波。通过前面对杆波的学习可以知道,波动的本质是介质中质点回复力(来自弹性)与惯性(来自质量)的动态平衡。对于声波而言,回复力指的是流体介质的压缩性,即流体在压力作用下发生体积或密度改变的性质。

声波在空气介质中传播,传到人耳使得耳内的鼓膜发生振动,刺激听觉神经,最后由大脑觉察并接受神经信号。当振动频率大于 20 kHz 或小于 20 Hz 时,产生的声波被称为超声波或次声波,不属于人的听力范围。超声波在生活中有广泛的应用,例如,医学超声诊断仪常用的频率范围是 1～10 MHz,相应的波长在 1.5～0.15 mm。传播声波的介质可以是固体、气体或液体,在本章,我们主要关心声波在气体中的传播。

由于声波是在三维空间中传播,我们首先介绍平面波和球面波的概念,然后介绍推导机械波的波动方程所需要用到的两个基本方程,分别是连续性方程和动量方程。作为认识管乐器和声学听诊器的基础,本章也将介绍声波在管中的传播。同时,我们将会认识滤波器等声学元件,了解声号筒和驻波管中的隔声测量方法。

2.1　平面波

在本章,我们将研究声波在三维空间中的传播。我们首先探讨平面波的表达式,因为平面波是空间直角坐标系下波动方程最简单的解。波传播时,介质中同一时刻振动相位相同的点(例如波峰)组成的面称为波阵面。波阵面为平面的波即为平面波,如图 2-1 所示。经过时间 t 后,波阵面移动了 ct 的距离,其中 c 是波速。

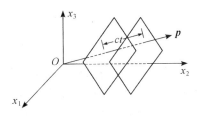

图 2-1　空间平面波

我们可以对平面波的表达式进行如下思考。回顾 1.1 节,往 x 轴正方向传播的波函数 $\phi(x,t)=f(x-ct)$ 如果被放在三维空间中考虑,其一般表达式应为 $\boldsymbol{\phi}=f(x-ct)\boldsymbol{d}$ 的形式,其中单位常向量 $\boldsymbol{d}$ 为介质质点物理量(例如位移矢量)的变化方向,不一定和波传播的

方向相同。进一步拓展到在三维空间中往任意方向传播的平面波(如图 2-1 所示),假设波传播的方向是 p(p 是单位常向量,即波阵面的单位法向量),则波函数中的 x 可以替换为 $p \cdot x$,其中 x 代表位置矢量。在数学上,对于与 p 垂直的平面上任一点 x 和该平面上固定点 x_0 来说,$p \cdot (x - x_0)$ 都恒为 0。因此,$p \cdot x =$ 常数 代表与 p 垂直的平面,即波传播方向 p 和平面波阵面垂直。或者说,以该平面上的任何一点 x 计算 $p \cdot x$ 都会得到同样的值,与原点的连线在方向 p 上有相同的投影距离,这些点的轨迹集合就是一个平面。和 1.1 节的方法一样,要描述波形保持不变的行波,需要将 $f(p \cdot x)$ 内的 $p \cdot x$ 以 $(p \cdot x - ct)$ 替换,得到 $\phi(x,t) = f(p \cdot x - ct)d$。对于简谐平面波(波阵面是平面,但是在某一时刻观察不同位置的波阵面,其值呈现简谐变化),其可以表示为 $\phi(x,t) = A\exp[ik(p \cdot x - ct)]d$。这里给出的是平面波的一般表达式,稍后我们会知道,声波是纵波,其物理量的扰动方向和传播方向一致,因此对于声波而言,平面波用 $\phi = f(p \cdot x - ct)$ 或 $\phi = A\exp[ik(p \cdot x - ct)] = A\exp[i(k \cdot x - \omega t)]$ 表示即可。其中,$k = kp$ 称为波矢量或传播矢量,其大小表示波数 $k = |k| = \dfrac{2\pi}{\lambda}$,在空间中又称为传播常数。

容易验证,平面波 ϕ($f(p \cdot x - ct)$ 或 $A\exp[i(k \cdot x - \omega t)]$)满足下面三维空间中的标准波动方程

$$\nabla^2 \phi = \frac{\partial^2 \phi}{\partial x_1^2} + \frac{\partial^2 \phi}{\partial x_2^2} + \frac{\partial^2 \phi}{\partial x_3^2} = \frac{1}{c^2} \cdot \frac{\partial^2 \phi}{\partial t^2} \tag{2-1-1}$$

其中 ∇^2 是拉普拉斯算子。∇ 的定义是

$$\nabla \equiv \mathbf{i}_1 \frac{\partial}{\partial x_1} + \mathbf{i}_2 \frac{\partial}{\partial x_2} + \mathbf{i}_3 \frac{\partial}{\partial x_3} \tag{2-1-2}$$

拉普拉斯算子 ∇^2 的定义是

$$\nabla^2 \equiv \nabla \cdot \nabla = \frac{\partial^2}{\partial x_1^2} + \frac{\partial^2}{\partial x_2^2} + \frac{\partial^2}{\partial x_3^2} \tag{2-1-3}$$

平面波的描述简单,因此在我们讨论声波(或其他种类的波)的特性时,使用平面波的模型可以让声学分析更加方便。然而实际上,要在自由空间中产生完美的平面波是不可能的,因为这代表波源必须是无限大的平面。不过,在波阵面可以近似看作平面的情况下,一般就可以用平面波来描述。

2.2　球面波

本节我们讨论球面波的表达式,球面波的来源是均匀胀缩振动的脉动球形声源。一般情况下,当辐射体(发出声波的声源)的尺寸远小于介质中传播的声波波长时,该辐射体就可以被近似看作球形声源。本章不对脉动球声源的辐射问题做深入的探讨,我们仅对其数学形式做一个简介。球面波的波阵面是同心球面,因此球面波的描述在球坐标系中进行最简便。拉普拉斯算子 ∇^2 在球坐标系中可以表示为

$$\nabla^2 \equiv \frac{1}{r^2} \cdot \frac{\partial}{\partial r}\left(r^2 \frac{\partial}{\partial r}\right) + \frac{1}{r^2 \sin\theta} \cdot \frac{\partial}{\partial \theta}\left(\sin\theta \frac{\partial}{\partial \theta}\right) + \frac{1}{r^2 \sin^2\theta}\left(\frac{\partial^2}{\partial \varphi^2}\right) \tag{2-2-1}$$

其中：r 是原点到波阵面上任意点的距离；θ 是天顶角，代表波阵面上任意点与原点的连线和 z 轴正方向的夹角；φ 是原点到波阵面上任意点的连线在 Ox_1x_2 平面的投影线与 x_1 轴正方向之间的方位角。(r,θ,φ) 和 (x_1,x_2,x_3) 的关系是 $x_1 = r\sin\theta\cos\varphi$，$x_2 = r\sin\theta\sin\varphi$，$x_3 = r\cos\theta$。所以式(2-1-1)的三维空间波动方程在球坐标系下可以表示为

$$\nabla^2\phi = \frac{1}{r^2}\cdot\frac{\partial}{\partial r}\left(r^2\frac{\partial\phi}{\partial r}\right) + \frac{1}{r^2\sin\theta}\cdot\frac{\partial}{\partial\theta}\left(\sin\theta\frac{\partial\phi}{\partial\theta}\right) + \frac{1}{r^2\sin^2\theta}\left(\frac{\partial^2\phi}{\partial\varphi^2}\right) = \frac{1}{c^2}\cdot\frac{\partial^2\phi}{\partial t^2}$$

$$(2\text{-}2\text{-}2)$$

当讨论各向同性介质中点波源的声发射问题时，我们用同心球面波阵面来描述声压扰动波函数，因此该问题是球对称问题，波函数 $\phi(r,\theta,\varphi,t) = \phi(r,t)$ 仅与空间变量 r 和时间变量 t 有关，与 θ 和 φ 无关。所以

$$\nabla^2\phi = \frac{1}{r^2}\cdot\frac{\partial}{\partial r}\left(r^2\frac{\partial\phi}{\partial r}\right) = \frac{\partial^2\phi}{\partial r^2} + \frac{2}{r}\cdot\frac{\partial\phi}{\partial r} \qquad (2\text{-}2\text{-}3)$$

由于

$$\frac{\partial^2\phi}{\partial r^2} + \frac{2}{r}\cdot\frac{\partial\phi}{\partial r} = \frac{1}{r}\cdot\frac{\partial^2(r\phi)}{\partial r^2} \qquad (2\text{-}2\text{-}4)$$

所以，对球对称波阵面而言，其满足的波动方程为

$$\frac{1}{r}\cdot\frac{\partial^2(r\phi)}{\partial r^2} = \frac{1}{c^2}\cdot\frac{\partial^2\phi}{\partial t^2} \qquad (2\text{-}2\text{-}5)$$

或

$$\frac{\partial^2(r\phi)}{\partial r^2} = \frac{1}{c^2}\cdot\frac{\partial^2(r\phi)}{\partial t^2} \qquad (2\text{-}2\text{-}6)$$

可见，式(2-2-6)对于扰动 $r\phi$ 来说是一维标准波动方程，因此其通解为

$$\phi(r,t) = \frac{1}{r}f(r-ct) + \frac{1}{r}g(r+ct) \qquad (2\text{-}2\text{-}7)$$

其中 $f(r-ct)$ 代表由球心以速度 c 向外传播的波，其振幅以 r^{-1} 衰减，但是在相同的波阵面上，振幅是相同的。简谐球面波可以表示为

$$\phi(r,t) = \frac{A}{r}\exp[ik(x\mp ct)] \qquad (2\text{-}2\text{-}8)$$

由于波阵面上从原点到距离为 r 的任意点的球面积正比于 r^2，而由 1.7 节可知单位时间通过单位面积的能量（功率）与扰动量大小的平方成正比，所以振幅以 r^{-1} 衰减的球面波符合能量守恒定律。

除了空间直角坐标系和球坐标系外，声波还可以用柱坐标系表示，此时的声波称为柱面声波。例如，在无限均匀介质中有一无限长的均匀线声源，或是一列火车所发出的声波，都可以用柱面声波描述。在径向方向，声压振幅和距离轴线长度的平方根成反比。

2.3　连续性方程

机械振动在介质中的传播称为机械波。机械波包括声波、水波、弹性波等。在正式探讨声波之前，我们将先介绍后续推导机械波的波动方程所需要用到的两个基本方程，分别是连

续性方程和动量方程。我们已经知道,声波的本质是介质流体的压缩性与惯性的动态平衡。压缩性与压力作用下流体的密度变化有关,相关方程是连续性方程,而连续性方程是质量守恒定律在流体中的具体表述形式;质量是惯性大小的量度,动态扰动下,动量的变化率和作用力成正比,因此惯性和动量定律相关。

连续性方程的推导是基于输运定理的,因此我们首先推导输运定理。首先介绍物质体积(material volume,本章特指流体,尤其是气体)。物质体积是不论物质如何变化(变形或移动),在不同时间内包含同样物质质点的体积。在物质变化的过程中,物质体积的大小会变,但是物质体积内包含的物质质点是不变的,同变化前选定的物质体积内的物质质点一样。

考虑流场中的某物质体积 $V(t)$,内部流体的质量为

$$M(t) = \int_{V(t)} \rho(x_1, x_2, x_3, t) \mathrm{d}V \tag{2-3-1}$$

其中,$\rho(x_1, x_2, x_3, t)$ 为密度函数。因为质量守恒,故 $\dfrac{\mathrm{d}M}{\mathrm{d}t} = 0$,所以

$$\frac{\mathrm{d}}{\mathrm{d}t} \int_V \rho \mathrm{d}V = 0 \tag{2-3-2}$$

如图 2-2 所示,考虑物质表面 S 所包围的体积 V,$\boldsymbol{n}$ 是向外的单位法向量,$\boldsymbol{u}(\boldsymbol{x}, t)$ 是流体在任意位置的速度(注意,本章的声学讨论中,采用大部分声学理论的习惯,用符号 $\boldsymbol{u}$ 代表空间中质点的速度),则

$$
\begin{aligned}
\frac{\mathrm{d}}{\mathrm{d}t} \int_V \rho \mathrm{d}V &= \lim_{\Delta t \to 0} \frac{\int_{V(t+\Delta t)} \rho(x_1, x_2, x_3, t+\Delta t) \mathrm{d}V - \int_{V(t)} \rho(x_1, x_2, x_3, t) \mathrm{d}V}{\Delta t} \\
&= \lim_{\Delta t \to 0} \frac{\int_{V(t)} \left(\rho + \frac{\partial \rho}{\partial t} \Delta t\right) \mathrm{d}V + \int_{\Delta V(t)} \left(\rho + \frac{\partial \rho}{\partial t} \Delta t\right) \mathrm{d}V - \int_{V(t)} \rho \mathrm{d}V}{\Delta t} \\
&= \lim_{\Delta t \to 0} \frac{\int_{V(t)} \left(\frac{\partial \rho}{\partial t} \Delta t\right) \mathrm{d}V + \int_{\Delta V(t)} \rho \mathrm{d}V + \int_{\Delta V(t)} \left(\frac{\partial \rho}{\partial t} \Delta t\right) \mathrm{d}V}{\Delta t} \\
&= \lim_{\Delta t \to 0} \frac{\int_{V(t)} \left(\frac{\partial \rho}{\partial t} \mathrm{d}V\right) \Delta t + \int_{\Delta V(t)} \rho \mathrm{d}V}{\Delta t} \\
&= \lim_{\Delta t \to 0} \frac{\int_{V(t)} \left(\frac{\partial \rho}{\partial t} \mathrm{d}V\right) \Delta t + \int_S \rho \boldsymbol{u} \cdot \boldsymbol{n} \Delta t \mathrm{d}S}{\Delta t} \\
&= \int_{V(t)} \left(\frac{\partial \rho}{\partial t} \mathrm{d}V\right) + \int_S \rho \boldsymbol{u} \cdot \boldsymbol{n} \mathrm{d}S
\end{aligned}
\tag{2-3-3}
$$

其中:由于 $V(t)$ 的改变量 $\Delta V(t) = \dfrac{\partial V}{\partial t} \Delta t + O[(\Delta t)^2]$,所以 $\displaystyle\int_{\Delta V(t)} \left(\dfrac{\partial \rho}{\partial t} \Delta t\right) \mathrm{d}V$ 是小量,可以忽略不计。最后我们运用 $\mathrm{d}V = \boldsymbol{u} \cdot \boldsymbol{n} \Delta t \mathrm{d}S$ 的关系,其中 S 是物质表面(包围物质体积的表面),其法线方向 $\boldsymbol{n}$ 变化的速度与该点处流体质点的速度 $\boldsymbol{u}(x_1, x_2, x_3, t)$ 在物质表面法线方向的投影量是相等的。

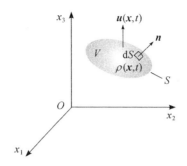

图 2-2　一个由物质表面 S 所包围的物质体积 V

由散度定理

$$\int_S (\rho \boldsymbol{u}) \cdot \boldsymbol{n}\, \mathrm{d}S = \int_V \nabla \cdot (\rho \boldsymbol{u})\, \mathrm{d}V \tag{2-3-4}$$

可知

$$\frac{\mathrm{d}}{\mathrm{d}t} \int_V \rho\, \mathrm{d}V = \int_V \left[\frac{\partial \rho}{\partial t} + \nabla \cdot (\rho \boldsymbol{u}) \right] \mathrm{d}V \tag{2-3-5}$$

联系式(2-3-2)和式(2-3-5)可知

$$\frac{\partial \rho}{\partial t} + \nabla \cdot (\rho \boldsymbol{u}) = 0 \tag{2-3-6}$$

式(2-3-6)即为流体微分形式的连续性方程。式(2-3-6)符合第 1 章式(1-7-7)的连续性方程的标准形式。对于式(2-3-6)，单位体积的物理量的密度就是 ρ，而单位时间内通过单位面积的物理量是 $\rho \boldsymbol{u}$。

流场中运动质点的位置函数为 $[x_1(t), x_2(t), x_3(t)]$，通过固定点的流体质点的速度（速度场）是 $\boldsymbol{u} = (x_{1,t}, x_{2,t}, x_{3,t})$，如果我们在质点速度的切线方向（在流场中每一点上都与速度矢量相切的曲线叫做流线（stream lines））紧紧跟随流体质点运动，我们看到的密度变化率可以表示为 $\dfrac{\mathrm{D}}{\mathrm{D}t}\rho$，其可以展开为

$$\begin{aligned}
\frac{\mathrm{D}}{\mathrm{D}t}\rho &= \frac{\partial \rho}{\partial t}\bigg|_{x_i = 常数} + \left(\frac{\partial \rho}{\partial x_1}\bigg|_{t = 常数} \frac{\mathrm{d}x_1}{\mathrm{d}t} \right) \\
&\quad + \left(\frac{\partial \rho}{\partial x_2}\bigg|_{t = 常数} \frac{\mathrm{d}x_2}{\mathrm{d}t} \right) + \left(\frac{\partial \rho}{\partial x_3}\bigg|_{t = 常数} \frac{\mathrm{d}x_3}{\mathrm{d}t} \right) \\
&= \left(\frac{\partial}{\partial t}\bigg|_{x_i = 常数} + \boldsymbol{u} \cdot \nabla \right) \rho
\end{aligned} \tag{2-3-7}$$

其中：第一项代表在空间中的固定点密度随着时间的当地（局部）变化率；第二项代表质点的密度随着空间位置的不同的变化率，所以又称为对流变化率。在稳态下有 $\dfrac{\partial p}{\partial t} = 0$，但 $\dfrac{\mathrm{D}\rho}{\mathrm{D}t}$ 不一定等于 0。由式(2-3-7)可得

$$\frac{\mathrm{D}}{\mathrm{D}t} = \frac{\partial}{\partial t} + \boldsymbol{u} \cdot \nabla \tag{2-3-8}$$

$\dfrac{\mathrm{D}}{\mathrm{D}t}$ 又称为物质导数算子或随体导数算子。在物质导数的定义下，式(2-3-6)的流体微分形式

的连续性方程可以改写为

$$\frac{\partial \rho}{\partial t} + \nabla \cdot (\rho \boldsymbol{u})$$

$$= \frac{\partial \rho}{\partial t} + \boldsymbol{u} \cdot \nabla \rho + \rho \, \nabla \cdot \boldsymbol{u}$$

$$= \frac{\mathrm{D}}{\mathrm{D}t} \rho + \rho \, \nabla \cdot \boldsymbol{u}$$

$$= 0 \tag{2-3-9}$$

在下一章,我们会考虑不可压缩流体,则 $\frac{\mathrm{D}\rho}{\mathrm{D}t} = 0$。 因此,对于不可压缩流体,连续性方程变为

$$\nabla \cdot \boldsymbol{u} = 0 \tag{2-3-10}$$

这里需要说明的是,式(2-3-8)的物质导数算子也是数学上的全导数算子 $\frac{\mathrm{d}}{\mathrm{d}t}$,用来描述空间中运动的点所在位置的某个物理量的变化率,只不过,在 x 为流体团质点位置函数时,这个全导数算子有物质导数算子的意义。

2.4　动量方程

这一节我们介绍动量方程,它是推导声波波动方程的第二个重要方程。同样考虑一个运动中的物质体积与物质表面,如图 2-3 所示。物质表面有分布在表面的面力,内部有分布在物质体积内的体力,例如重力。牛顿第二运动定律指出,动量的变化率等于物质体积所受到的合力。物质体积内流体的动量为 $\int_V \rho \boldsymbol{u} \, \mathrm{d}V$。 若考虑重力造成的体力,则作用在物质体积的总外力为 $\int_V \rho \boldsymbol{g} \, \mathrm{d}V$($\boldsymbol{g}$ 是铅垂往下的重力加速度矢量)。其次,若物质表面受到的局部应力为 $\boldsymbol{t}$(这里考虑 $\boldsymbol{t}$ 与法线方向 $\boldsymbol{n}$ 不平行的一般情况),则物质表面受到的表面力为 $\int_S \boldsymbol{t} \, \mathrm{d}S$。

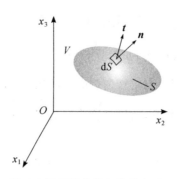

图 2-3　运动中的物质体积上物质表面 S 的受力

则由动量关系式

$$\frac{d}{dt}\int_V \rho \boldsymbol{u}\,dV = \int_V \rho \boldsymbol{g}\,dV + \int_S \boldsymbol{t}\,dS \tag{2-4-1}$$

运用指标记号及 $t_i = \tau_{ji}n_j$ 的关系（$\tau_{ij}(i,j=1,2,3)$ 是某一点的应力张量，因为平衡关系，应力张量是对称张量，$\tau_{ij} = \tau_{ji}$）可将式(2-4-1)表示为

$$\frac{d}{dt}\int_V \rho u_i\,dV = \int_V \rho g_i\,dV + \int_S \tau_{ji}n_j\,dS \tag{2-4-2}$$

再次通过式(2-3-4)的散度定理可知

$$\int_V \nabla \cdot \boldsymbol{Q}\,dV = \int_S \boldsymbol{Q} \cdot \boldsymbol{n}\,dS \tag{2-4-3}$$

或用指标记号表示为

$$\int_V \frac{\partial q_k}{\partial x_k}\,dV = \int_S q_k n_k\,dS \tag{2-4-4}$$

所以式(2-4-2)变成

$$\int_V \left(\frac{d}{dt}\rho u_i - \rho g_i - \tau_{ji,j}\right)dV = 0 \tag{2-4-5}$$

结合式(2-3-5)，将式(2-3-5)中的 ρ 替换为目前的 ρu_i，可得

$$\int_V \left[\frac{\partial}{\partial t}(\rho u_i) + \frac{\partial}{\partial x_j}(\rho u_i u_j) - \rho g_i - \tau_{ji,j}\right]dV = 0 \tag{2-4-6}$$

由于 V 是任意的物质体积，可得

$$\frac{\partial}{\partial t}(\rho u_i) + \frac{\partial}{\partial x_j}(\rho u_i u_j) - \rho g_i - \tau_{ji,j} = 0 \tag{2-4-7}$$

其中

$$\frac{\partial}{\partial t}(\rho u_i) + \frac{\partial}{\partial x_j}(\rho u_i u_j) = \rho\,\frac{\partial u_i}{\partial t} + \rho u_j\,\frac{\partial u_i}{\partial x_j} \tag{2-4-8}$$

对于理想流体（不考虑黏性）而言，$\tau_{ij} = -p\delta_{ij}$，$p$ 是压强。最后，我们得到动量方程的矢量表达式为

$$\rho\left(\frac{\partial \boldsymbol{u}}{\partial t} + \boldsymbol{u} \cdot \nabla \boldsymbol{u}\right) = -\nabla p + \rho \boldsymbol{g} \tag{2-4-9}$$

如果用随体运算子表示，可得

$$\rho\,\frac{D\boldsymbol{u}}{Dt} = -\nabla p + \rho \boldsymbol{g} \tag{2-4-10}$$

式(2-4-10)为理想流体的动量方程，是推导声波波动方程的第二个重要方程。

2.5　声波的波动方程

我们考虑在平衡态的静止气体系统内气体受小振幅扰动后的声波传播现象。在重力影响下，平衡态下的气体压强和密度的关系满足下面的平衡条件（参考式(2-4-10)，对于静止气体系统，气体质点的速度为 $\boldsymbol{u} = 0$）

$$\nabla p_0 = \rho_0 \boldsymbol{g} \tag{2-5-1}$$

其中:p_0 是平衡态未受扰动时气体的压强;ρ_0 是平衡态时的气体密度。由于重力的影响,平衡态时系统的压强 p_0 与位置有关,为 $p_0(\boldsymbol{x})$,密度 ρ_0 也与位置有关,为 $\rho_0(\boldsymbol{x})$。

根据 2.3 节、2.4 节,气体系统的连续性方程和动量方程为

$$\frac{\partial \rho}{\partial t} + \nabla \cdot (\rho \boldsymbol{u}) = 0 \tag{2-5-2}$$

$$\frac{\partial \boldsymbol{u}}{\partial t} + \boldsymbol{u} \cdot \nabla \boldsymbol{u} = -\frac{1}{\rho} \nabla p + \boldsymbol{g} \tag{2-5-3}$$

其中:ρ 是气体密度;p 是气体压强;$\boldsymbol{u}$ 是气体质点的速度。设体积元受声波扰动后压强由 $p_0(\boldsymbol{x})$ 改变为 $p = p_0(\boldsymbol{x}) + \tilde{p}(\boldsymbol{x}, t)$,密度由 $\rho_0(\boldsymbol{x})$ 改变为 $\rho = \rho_0(\boldsymbol{x}) + \tilde{\rho}(\boldsymbol{x}, t)$。其中:$\tilde{p}(\boldsymbol{x}, t)$ 为扰动压强或逾量压强,简称声压;$\tilde{\rho}(\boldsymbol{x}, t)$ 为扰动密度。受扰动后,气体质点的速度为 $\tilde{\boldsymbol{u}}$(速度由 $\boldsymbol{u} = 0$ 改变为 $\boldsymbol{u} = \tilde{\boldsymbol{u}}$)。扰动压强、扰动密度和扰动速度都是小振幅的扰动量($\tilde{p}(\boldsymbol{x}, t) \ll p_0(\boldsymbol{x})$,$\tilde{\rho}(\boldsymbol{x}, t) \ll \rho_0(\boldsymbol{x})$)。考虑扰动和重力对平衡态气体压强和密度的影响,连续性方程和动量方程为

$$\frac{\partial \tilde{\rho}}{\partial t} + \nabla \cdot [(\rho_0 + \tilde{\rho}) \tilde{\boldsymbol{u}}] = 0 \tag{2-5-4}$$

$$(\rho_0 + \tilde{\rho}) \left(\frac{\partial \tilde{\boldsymbol{u}}}{\partial t} + \tilde{\boldsymbol{u}} \cdot \nabla \tilde{\boldsymbol{u}} \right) = -\nabla \tilde{p} + \tilde{\rho} \boldsymbol{g} \tag{2-5-5}$$

可以看出,连续性方程联系了 $\tilde{\boldsymbol{u}}$ 与 $\tilde{\rho}$ 之间的关系,动量方程联系了 $\tilde{\boldsymbol{u}}$ 与 $\tilde{p}$ 之间的关系,从而使 $\tilde{\boldsymbol{u}}$、$\tilde{\rho}$ 和 $\tilde{p}$ 三个物理量建立了联系。在进一步推导声波的波动方程之前,我们需要讨论热力学的状态方程来进一步联系声压 $\tilde{p}$ 和扰动密度 $\tilde{\rho}$ 的关系。

当声波在空气中传播时,受到扰动的局部空气产生小振幅的压缩与膨胀。而声波的传播速度很快,因此在传播过程中局部空气同外界没有显著的热量交换,即局部空气在膨胀与温度降低的过程中不存在热量的流入,在压缩与温度上升的过程中也不存在热量的流出,热传导所需的时间比体积变化的周期长很多,因此可近似地看作绝热过程。综上所述,可以认为压强 p 仅是密度 ρ 的函数,而不考虑温度的影响,热力学的状态方程(联系气体压强、密度和熵的方程)可以表示为

$$p = p(\rho, s) = p(\rho) \tag{2-5-6}$$

其中 s 是单位质量的熵。由于绝热,所以熵是常数,因此式(2-5-6)又称为等熵状态方程,则

$$p_0 + \tilde{p} = p(\rho_0 + \tilde{\rho}) \tag{2-5-7}$$

对于小振幅声波,$|\tilde{p}| \ll p_0$,在平衡态进行泰勒级数展开得

$$p_0 + \tilde{p} \approx p(\rho_0) + \frac{\partial p}{\partial \rho}(\rho_0) \tilde{\rho} \tag{2-5-8}$$

所以

$$\tilde{p} \approx \frac{\partial p}{\partial \rho}(\rho_0) \tilde{\rho} \tag{2-5-9}$$

将式(2-5-9)代入连续性方程式(2-5-4)中,可得

$$\frac{\partial \tilde{p}}{\partial t} + \tilde{\boldsymbol{u}} \cdot \nabla p_0 = -\rho_0 \left(\frac{\partial p}{\partial \rho} \right) \nabla \cdot \tilde{\boldsymbol{u}} \tag{2-5-10}$$

上式用到了恒等式关系:$\nabla \cdot (f\boldsymbol{F}) = f \nabla \cdot \boldsymbol{F} + \boldsymbol{F} \cdot \nabla f$。其中,由于扰动量是小量,$|\tilde{p}| \ll$

p_0，忽略了 $\tilde{u} \cdot \nabla \tilde{p}$ 这一项。同样的，在重力环境的小扰动下，忽略 $\tilde{\rho}\tilde{u} \cdot \nabla \tilde{u}$ 和 $\tilde{\rho}\dfrac{\partial \tilde{u}}{\partial t}$，动量方程可以表示为

$$\frac{\partial \tilde{u}}{\partial t} = \frac{1}{\rho_0}\left(-\nabla \tilde{p} + \tilde{\rho}\frac{\nabla p_0}{\rho_0}\right) \approx \frac{-\nabla \tilde{p}}{\rho_0} \tag{2-5-11}$$

将式(2-5-10)对时间微分可得

$$\frac{\partial^2 \tilde{p}}{\partial t^2} + \nabla p_0 \cdot \frac{\partial \tilde{u}}{\partial t} = -\rho_0\left(\frac{\partial p}{\partial \rho}\right)\nabla \cdot \left(\frac{\partial \tilde{u}}{\partial t}\right) \tag{2-5-12}$$

将式(2-5-11)代入式(2-5-12)，可得

$$\frac{\partial^2 \tilde{p}}{\partial t^2} + \nabla p_0 \cdot \frac{-\nabla \tilde{p}}{\rho_0} = \left(\frac{\partial p}{\partial \rho}\right)\nabla^2 \tilde{p} \tag{2-5-13}$$

整理可得

$$\nabla^2 \tilde{p} = \frac{1}{\left(\dfrac{\partial p}{\partial \rho}\right)} \cdot \frac{\partial^2 \tilde{p}}{\partial t^2} + \frac{1}{\left(\dfrac{\partial p}{\partial \rho}\right)}\left(\nabla p_0 \cdot \frac{-\nabla \tilde{p}}{\rho_0}\right) \tag{2-5-14}$$

由于介质被压缩时，压强和密度都增加，而介质膨胀时，压强和密度都减小，因此，压强和密度的变化方向相同，即 $\dfrac{\partial p}{\partial \rho}$ 恒大于零，所以可令

$$\frac{\partial p}{\partial \rho} = c^2 \tag{2-5-15}$$

若忽略 $\dfrac{1}{\left(\dfrac{\partial p}{\partial \rho}\right)}\nabla p_0 \cdot \dfrac{-\nabla \tilde{p}}{\rho_0}$，则式(2-5-14)成为关于声压的波动方程。

接下来，我们首先得到声速的大小，然后说明重力的影响 $\left(\nabla p_0 \cdot \dfrac{-\nabla \tilde{p}}{\rho_0} = \rho_0 \boldsymbol{g} \cdot \dfrac{-\nabla \tilde{p}}{\rho_0} = \boldsymbol{g} \cdot -\nabla \tilde{p}\right)$ 在声波的研究中一般是可以忽略的。

首先计算声速的大小。在绝热过程中，一定质量的理想气体的压强和密度的关系为(来自 $pV^\gamma = $ 常数)

$$\frac{p}{p_0} = \left(\frac{\rho}{\rho_0}\right)^\gamma \tag{2-5-16}$$

其中 γ 为定压比热和定容比热的比值，即比热比。由式(2-5-16)可得

$$1 + \frac{\tilde{p}}{p_0} = \left(\frac{1+\tilde{\rho}}{\rho_0}\right)^\gamma \approx 1 + \frac{\gamma \tilde{\rho}}{\rho_0} \tag{2-5-17}$$

所以

$$\frac{\tilde{p}}{\tilde{\rho}} = \left[\frac{\partial p(\rho_0)}{\partial \rho}\right] = \gamma \frac{p_0}{\rho_0} \tag{2-5-18}$$

由式(2-5-15)，可得

$$c^2 = \gamma \frac{p_0}{\rho_0} \tag{2-5-19}$$

在标准状态(零摄氏度，一个大气压)下，空气的比热比 $\gamma = 1.41$，空气气压为 $1.013 \times 10^5\,\mathrm{Pa}$，密度为 $1.293\,\mathrm{kg/m^3}$，代入式(2-5-19)可得声速为 $332.5\,\mathrm{m/s}$。

如果是在液体中,可以通过介质的压缩系数(体积弹性系数)来求得声速 c。 在绝热过程中

$$c^2 = \frac{\partial p}{\partial \rho} = \frac{\partial p}{\left(\frac{\partial \rho}{\rho}\right)\rho} \tag{2-5-20}$$

由于介质质量守恒 $(\rho dV + V d\rho = 0)$,有

$$\frac{\partial \rho}{\rho} = -\frac{\partial V}{V} \tag{2-5-21}$$

则

$$c^2 = -\frac{\partial p}{\left(\frac{\partial V}{V}\right)\rho} = \frac{K}{\rho} \tag{2-5-22}$$

其中,$K = \dfrac{\partial p}{-\left(\dfrac{\partial V}{V}\right)}$ 是绝热体积弹性系数或体积模量,其随温度、压强的变化而变化。体积

模量可以用来表示流体的压缩性。体积模量越大,流体越不容易被压缩。另外,体积模量的倒数又称为绝热体积压缩系数。

再考虑式(2-5-14)。对于平面简谐声波而言,将 $\widetilde{p} = \cos(kx - \omega t)$ 代入,可知式(2-5-14)

右边两项分别对应 $\left|\dfrac{2\pi}{\lambda}\right|$ 和 $\left|\dfrac{g}{c^2}\right|$。 只要 $\lambda \ll \left|\dfrac{c^2}{g}\right| = \lambda_g$,重力的影响项就可以忽略,代入空

气声速 332.5 m/s,可知 $\lambda_g = \left|\dfrac{c^2}{g}\right| \simeq 11$ km。 因此,对于一般声波研究或声波器件考虑的

尺度而言,声波波长 λ 确实远小于 λ_g,且对应的频率为 $f_g = \dfrac{c}{\lambda_g} \simeq 0.03$ Hz,远低于人耳能

听到的最小频率 20 Hz。 所以,在声波的研究中可以忽略重力的影响,并使得对于均匀气体而言,p_0、ρ_0 和 c 都不再是位置的函数。 最后,推导出如下的声波方程

$$\nabla^2 \widetilde{p} = \frac{1}{c^2} \cdot \frac{\partial^2 \widetilde{p}}{\partial t^2} \tag{2-5-23}$$

在忽视重力的影响以及小振幅声波假设下,式(2-5-5)的动量方程可以改写为

$$\rho_0 \frac{\partial \widetilde{u}}{\partial t} = -\nabla \widetilde{p} \tag{2-5-24}$$

对式(2-5-24)两边取旋度,由于标量场 $(\widetilde{p})$ 梯度的旋度为零,可以得到

$$\frac{\partial}{\partial t}(\nabla \times \widetilde{u}) = 0 \tag{2-5-25}$$

其中,$\nabla \times \widetilde{u}$ 的值反映了流体在某一点附近的角速度(可以这么理解,假如有一个刚体绕着中心旋转轴转动,则刚体上的质点的速度为 $u = \omega \times r$,对其取旋度,然后通过矢量三重积公式,可以容易地证明 $\omega = \dfrac{1}{2}(\nabla \times u)$。 因此,旋度代表旋转性)。因为流体(这里是气体)最初处于静止状态,所以 $\nabla \times \widetilde{u} = 0$,因此速度场 $\widetilde{u}$ 是无旋场(irrotational),可以表示为

$$\widetilde{u} = \nabla \phi \tag{2-5-26}$$

其中标量 $\phi(x, t)$ 称为速度势函数,速度场 $\widetilde{u}$ 可以由速度势函数得到。

有了速度势函数后,就可以得到声压 $\tilde{p}$。将 $\tilde{\boldsymbol{u}} = \nabla\phi$ 代入忽视重力影响以及小振幅声波假设下的动量方程(式(2-5-24)),可得

$$\frac{\partial \tilde{\boldsymbol{u}}}{\partial t} + \frac{\nabla \tilde{p}}{\rho_0} = \frac{\partial(\nabla\phi)}{\partial t} + \frac{\nabla \tilde{p}}{\rho_0} = 0 \tag{2-5-27}$$

所以

$$\nabla\left(\frac{\partial \phi}{\partial t} + \frac{\tilde{p}}{\rho_0}\right) = 0 \tag{2-5-28}$$

不失一般性,令 ϕ 满足 $\dfrac{\partial \phi}{\partial t} + \dfrac{\tilde{p}}{\rho_0} = 0$,即

$$\tilde{p} = -\rho_0 \frac{\partial \phi}{\partial t} \tag{2-5-29}$$

由式(2-5-9)和式(2-5-15)可知,对于小振幅声波,有

$$\tilde{p} = \tilde{\rho}\left(\frac{\partial p}{\partial \rho}\right) = \tilde{\rho}c^2 \tag{2-5-30}$$

所以

$$\tilde{\rho} = -\frac{\rho_0}{c^2} \cdot \frac{\partial \phi}{\partial t} \tag{2-5-31}$$

将 $\tilde{\boldsymbol{u}} = \nabla\phi$ 和式(2-5-31)代入连续性方程式(2-5-4)中,忽略小量,可得

$$\nabla^2 \phi = \frac{1}{c^2} \cdot \frac{\partial^2 \phi}{\partial t^2} \tag{2-5-32}$$

所以速度势函数 ϕ 也满足三维波动方程。由于 $\nabla\times(\nabla\times\tilde{\boldsymbol{u}}) = \nabla(\nabla\cdot\tilde{\boldsymbol{u}}) - \nabla^2\tilde{\boldsymbol{u}}$,并且已知 $\nabla\times\tilde{\boldsymbol{u}} = 0$,所以 $\nabla(\nabla\cdot\tilde{\boldsymbol{u}}) = \nabla^2\tilde{\boldsymbol{u}}$,代入小振幅声波假设时的式(2-5-10)(连续性方程)和式(2-5-24)(动量方程),并忽略和重力影响相关的 $\tilde{\boldsymbol{u}} \cdot \nabla p_0$ 这一项后,可以进一步发现 $\tilde{\boldsymbol{u}}$ 亦满足三维矢量波动方程

$$\nabla^2 \tilde{\boldsymbol{u}} = \frac{1}{c^2} \cdot \frac{\partial^2 \tilde{\boldsymbol{u}}}{\partial t^2} \tag{2-5-33}$$

可见,只要求出满足初始和边界条件的波动方程(式(2-5-32))的解 $\phi(\boldsymbol{x}, t)$,就可以进一步通过速度势函数 ϕ 推得速度场 $\tilde{\boldsymbol{u}} = \nabla\phi$ 和声压 $\tilde{p} = -\rho_0 \dfrac{\partial \phi}{\partial t}$。由此可知,速度势函数的引入可以帮助我们通过一个单一的标量得到场内的其他物理量。事实上,对波传播研究而言,在数学上引入势函数往往可以简化波动问题的求解过程。

就往 x 方向传播的一维平面声波 $\phi = f(x - ct)$ 而言,速度场为

$$\tilde{u} = \nabla\phi = f'(x - ct) \tag{2-5-34}$$

声压为

$$\tilde{p} = -\rho_0 \frac{\partial \phi}{\partial t} = \rho_0 c f'(x - ct) \tag{2-5-35}$$

因此

$$\tilde{p} = \rho_0 c \tilde{u} \tag{2-5-36}$$

可见声波是纵波,扰动波的传播方向和气体介质质点的运动方向相同。

2.6 声场中的能量关系

随着声波的传播,声场中原先静止的介质质点会在平衡点附近振动,介质的密度会发生变化,因此声场中含有介质质点振动产生的动能和密度变化形变产生的位能。动能是由质点的运动造成的,而位能则是由介质流体的压缩性造成的,动能和位能之和就是声扰动过程中介质所具有且随着声波传播的声能量。

根据动能的定义,声场中的体积元因为气体质点的运动所引起的动能密度(单位体积的动能)可以表示为

$$U_k(\boldsymbol{x},t) = \frac{1}{2}\rho \mid \boldsymbol{u} \mid^2 = \frac{1}{2}\rho \boldsymbol{u} \cdot \boldsymbol{u} \tag{2-6-1}$$

其中 $\boldsymbol{u} = \boldsymbol{u}_0 + \tilde{\boldsymbol{u}} = \tilde{\boldsymbol{u}}$。

对于位能而言,需要考虑介质体积元的体积变化与压强的关系。因为质量守恒,体积元在压缩和膨胀的过程中质量保持一定,即 $\mathrm{d}(\rho V) = 0$,所以 $\dfrac{-\mathrm{d}V}{V} = \dfrac{\mathrm{d}\rho}{\rho}$,可知,体积元由于声扰动而具有的位能密度为

$$U_v(\boldsymbol{x},t) = -\frac{\tilde{p}\,\mathrm{d}V}{V_0} = \tilde{p}\,\frac{\mathrm{d}\tilde{\rho}}{\rho_0} \tag{2-6-2}$$

其中,负号表示在体积元内压强和体积的变化是相反的。当外力对体积元做功时,压强会增加,体积会缩小,位能会增加,即在压缩过程中系统会储存能量。反之,膨胀过程会释放能量而使体积元里的位能减小。

为了联系动能密度以及位能密度同声能量流密度之间的关系,我们首先要在动量方程中引入 $\tilde{\boldsymbol{u}} \cdot \tilde{\boldsymbol{u}}$,得到动能密度。在小振幅的扰动下并忽略重力的影响,考虑动量方程式(2-5-5),在方程两边对速度进行矢量点积运算,可得

$$\tilde{\boldsymbol{u}} \cdot \left(\rho\,\frac{\partial \tilde{\boldsymbol{u}}}{\partial t} + \rho \tilde{\boldsymbol{u}} \cdot \nabla \tilde{\boldsymbol{u}}\right) = -\tilde{\boldsymbol{u}} \cdot \nabla \tilde{p} \tag{2-6-3}$$

通过矢量恒等式

$$\tilde{\boldsymbol{u}} \cdot \nabla \tilde{\boldsymbol{u}} = \nabla\left(\frac{1}{2}\tilde{\boldsymbol{u}} \cdot \tilde{\boldsymbol{u}}\right) - \tilde{\boldsymbol{u}} \times (\nabla \times \tilde{\boldsymbol{u}}) \tag{2-6-4}$$

和 $\tilde{\boldsymbol{u}} \cdot \tilde{\boldsymbol{u}} \times (\nabla \times \tilde{\boldsymbol{u}}) = 0$,式(2-6-3)变成

$$\rho\,\frac{\partial}{\partial t}\left(\frac{1}{2}\tilde{\boldsymbol{u}} \cdot \tilde{\boldsymbol{u}}\right) + \rho \tilde{\boldsymbol{u}} \cdot \nabla\left(\frac{1}{2}\tilde{\boldsymbol{u}} \cdot \tilde{\boldsymbol{u}}\right) = -\tilde{\boldsymbol{u}} \cdot \nabla \tilde{p} \tag{2-6-5}$$

因为

$$\frac{\partial}{\partial t}\left(\frac{1}{2}\rho \mid \tilde{\boldsymbol{u}} \mid^2\right) = \rho\,\frac{\partial}{\partial t}\left(\frac{1}{2}\tilde{\boldsymbol{u}} \cdot \tilde{\boldsymbol{u}}\right) + \frac{1}{2}\mid \tilde{\boldsymbol{u}} \mid^2\,\frac{\partial \rho}{\partial t} \tag{2-6-6}$$

和

$$\nabla \cdot \left(\frac{1}{2}\rho \mid \tilde{\boldsymbol{u}} \mid^2 \tilde{\boldsymbol{u}}\right) = \frac{1}{2}\mid \tilde{\boldsymbol{u}} \mid^2\,\nabla \cdot (\rho \tilde{\boldsymbol{u}}) + \rho \tilde{\boldsymbol{u}} \cdot \nabla\left(\frac{1}{2}\tilde{\boldsymbol{u}} \cdot \tilde{\boldsymbol{u}}\right) \tag{2-6-7}$$

所以式(2-6-5)变成

$$\left[\frac{\partial}{\partial t}\left(\frac{1}{2}\rho\,|\tilde{\boldsymbol{u}}|^2\right)-\frac{1}{2}\,|\tilde{\boldsymbol{u}}|^2\,\frac{\partial\rho}{\partial t}\right]+\left[\nabla\cdot\left(\frac{1}{2}\rho\,|\tilde{\boldsymbol{u}}|^2\tilde{\boldsymbol{u}}\right)-\frac{1}{2}\,|\tilde{\boldsymbol{u}}|^2\,\nabla\cdot(\rho\tilde{\boldsymbol{u}})\right]$$

$$=\tilde{p}\,\nabla\cdot\tilde{\boldsymbol{u}}-\nabla\cdot(\tilde{p}\tilde{\boldsymbol{u}}) \tag{2-6-8}$$

其中利用了矢量恒等式 $\nabla\cdot(\varphi\boldsymbol{F})=\varphi\,\nabla\cdot\boldsymbol{F}+\boldsymbol{F}\cdot\nabla\varphi$ 的关系。另外,在忽略重力影响时,小振幅扰动的连续性方程(式(2-5-4))为

$$\frac{\partial\tilde{\rho}}{\partial t}+\rho_0\,\nabla\cdot\tilde{\boldsymbol{u}}=0 \tag{2-6-9}$$

所以

$$\tilde{p}\,\nabla\cdot\tilde{\boldsymbol{u}}=-\frac{\tilde{p}}{\rho_0}\cdot\frac{\partial\tilde{\rho}}{\partial t} \tag{2-6-10}$$

所以式(2-6-8)可以写为

$$\frac{\partial}{\partial t}\left(\frac{1}{2}\rho\,|\tilde{\boldsymbol{u}}|^2\right)+\frac{\tilde{p}}{\rho_0}\cdot\frac{\partial\tilde{\rho}}{\partial t}$$

$$=\frac{1}{2}\,|\tilde{\boldsymbol{u}}|^2\,\frac{\partial\rho}{\partial t}-\nabla\cdot\left(\frac{1}{2}\rho\,|\tilde{\boldsymbol{u}}|^2\tilde{\boldsymbol{u}}\right)+\frac{1}{2}\,|\tilde{\boldsymbol{u}}|^2\,\nabla\cdot(\rho\tilde{\boldsymbol{u}})-\nabla\cdot(\tilde{p}\tilde{\boldsymbol{u}})$$

$$=-\nabla\cdot\left(\frac{1}{2}\rho\,|\tilde{\boldsymbol{u}}|^2\tilde{\boldsymbol{u}}\right)-\nabla\cdot(\tilde{p}\tilde{\boldsymbol{u}})+\left[\frac{1}{2}\,|\tilde{\boldsymbol{u}}|^2\,\frac{\partial\rho}{\partial t}+\frac{1}{2}\,|\tilde{\boldsymbol{u}}|^2\,\nabla\cdot(\rho\tilde{\boldsymbol{u}})\right]$$

$$=-\nabla\cdot\left(\frac{1}{2}\rho\,|\tilde{\boldsymbol{u}}|^2\tilde{\boldsymbol{u}}\right)-\nabla\cdot(\tilde{p}\tilde{\boldsymbol{u}})+\left[\frac{1}{2}\,|\tilde{\boldsymbol{u}}|^2\left(\frac{\partial\rho}{\partial t}+\nabla\cdot(\rho\tilde{\boldsymbol{u}})\right)\right]$$

$$=-\nabla\cdot\left(\frac{1}{2}\rho\,|\tilde{\boldsymbol{u}}|^2\tilde{\boldsymbol{u}}\right)-\nabla\cdot(\tilde{p}\tilde{\boldsymbol{u}})$$

$$=-\nabla\cdot\left(\tilde{p}+\frac{1}{2}\rho\,|\tilde{\boldsymbol{u}}|^2\right)\tilde{\boldsymbol{u}} \tag{2-6-11}$$

其中:在方程的右边倒数第二项中我们再次使用式(2-5-2)的连续性方程关系。可以看出,式(2-6-11)的左边是动能密度的变化率 $\frac{\partial}{\partial t}U_k(\boldsymbol{x},t)\left[\frac{\partial}{\partial t}\left(\frac{1}{2}\,|\tilde{\boldsymbol{u}}|^2\right)\right]$ 和位能密度的变化率 $\frac{\partial}{\partial t}U_v(\boldsymbol{x},t)\left(\frac{\tilde{p}}{\rho_0}\cdot\frac{\partial\tilde{\rho}}{\partial t}=\frac{\partial}{\partial t}\left(\frac{1}{2}c^2\frac{\tilde{\rho}^2}{\rho_0}\right)\right.$,其中 $\tilde{p}=\tilde{\rho}c^2$)之和,即 $\frac{\partial}{\partial t}U_k(\boldsymbol{x},t)+\frac{\partial}{\partial t}U_v(\boldsymbol{x},t)=\frac{\partial}{\partial t}U_e(\boldsymbol{x},t)$。将式(2-6-11)对体积 V 积分,得到

$$\frac{\partial}{\partial t}\int_V\frac{1}{2}\rho\,|\tilde{\boldsymbol{u}}|^2\mathrm{d}V+\frac{\partial}{\partial t}\int_V\frac{1}{2}\cdot\frac{\tilde{p}}{\rho_0}\tilde{\rho}\mathrm{d}V$$

$$=-\int_V\nabla\cdot\left(\tilde{p}+\frac{1}{2}\rho\,|\tilde{\boldsymbol{u}}|^2\right)\tilde{\boldsymbol{u}}\mathrm{d}V$$

$$\approx-\int_S\tilde{p}\tilde{\boldsymbol{u}}\cdot\boldsymbol{n}\mathrm{d}S \tag{2-6-12}$$

在该式的推导中利用了式(2-3-4)的散度定理 $\int_S(\rho\boldsymbol{u})\cdot\boldsymbol{n}\mathrm{d}S=\int_V\nabla\cdot(\rho\boldsymbol{u})\mathrm{d}V$ 且忽略高阶小量。在第1章杆波的介绍中曾经提到,单位时间内一段长度区间中流入单位面积杆的能量等于该区间杆的能量密度的增加率(能量通量)。对于声波而言,由式(2-6-12)可知,通过垂直于声传播方向的单位面积上的平均声能量流(称为平均声能量流密度或声强)可以表示为

$$\boldsymbol{I}=\tilde{p}\tilde{\boldsymbol{u}} \tag{2-6-13}$$

声强 I 是单位时间、单位面积的声波在传播过程中向前进方向的体积元所做的功,单位是 W/m^2。最后,从式(2-6-11)也可以看出,其微分形式为

$$\frac{\partial U_e}{\partial t} + \nabla \cdot \boldsymbol{I} = 0 \tag{2-6-14}$$

其符合第 1 章的式(1-7-7),为能量守恒的微分式。忽略重力影响,其和小振幅扰动的连续性方程(式(2-6-9))形式一致。

对于一维平面波 $\phi = f(x \mp ct)$ 而言,声压和速度的关系可以从声压和速度势函数的关系求得(见式(2-5-35))

$$\widetilde{p}_{\pm} = -\rho_0 \left(\frac{\partial \phi}{\partial t} \right) = \pm \rho_0 c \left(\frac{\partial \phi}{\partial x} \right) = \pm \rho_0 c \widetilde{u} \tag{2-6-15}$$

所以声强为

$$I = \widetilde{p}\widetilde{u} = \rho_0 c \widetilde{u}^2 = \widetilde{p} \left(\frac{\widetilde{p}}{\rho_0 c} \right) = \frac{\widetilde{p}^2}{\rho_0 c} \tag{2-6-16}$$

对于平面简谐声波而言,平均声强为

$$\begin{aligned}
\langle I \rangle &= \frac{1}{T} \int_{-\frac{T}{2}}^{\frac{T}{2}} \widetilde{p}\widetilde{u}\, \mathrm{d}t \\
&= \frac{1}{T} \int_{-\frac{T}{2}}^{\frac{T}{2}} \frac{\widetilde{p}^2}{\rho_0 c}\, \mathrm{d}t \\
&= \frac{p_+^2}{\rho_0 c} \left[\frac{1}{T} \int_{-\frac{T}{2}}^{\frac{T}{2}} \cos^2(kx - \omega t)\, \mathrm{d}t \right] \\
&= \frac{1}{2} \cdot \frac{p_+^2}{\rho_0 c} \\
&= \frac{1}{2} \rho_0 c \widetilde{u}^2 \tag{2-6-17}
\end{aligned}$$

其中 p_+ 为往 x 轴正方向传播的平面简谐声波的振幅。如果声压 $\widetilde{p}$ 和质点的速度 $\widetilde{u}$ 用复数表示,则在取时间平均的时候必须都取实部,例如

$$\begin{aligned}
\mathrm{Re}(\widetilde{p}) &= \mathrm{Re}(\widetilde{p}(x)\mathrm{e}^{-\mathrm{i}\omega t}) \\
&= \mathrm{Re}((\widetilde{p}_r + \mathrm{i}\widetilde{p}_i)(\cos \omega t - \mathrm{i}\sin\omega t)) \\
&= \widetilde{p}_r \cos \omega t + \widetilde{p}_i \sin\omega t \tag{2-6-18}
\end{aligned}$$

其中,$\widetilde{p}(x)$ 代表复数振幅,则

$$\begin{aligned}
\langle I \rangle &= \frac{1}{T} \int_{-\frac{T}{2}}^{\frac{T}{2}} \widetilde{p}\widetilde{u}\, \mathrm{d}t \\
&= \frac{1}{T} \int_{-\frac{T}{2}}^{\frac{T}{2}} (\widetilde{p}_r \cos \omega t + \widetilde{p}_i \sin\omega t)(\widetilde{u}_r \cos \omega t + \widetilde{u}_i \sin\omega t)\, \mathrm{d}t \\
&= \frac{1}{2} (\widetilde{p}_r \widetilde{u}_r + \widetilde{p}_i \widetilde{u}_i) \\
&= \frac{1}{2} \mathrm{Re}(\widetilde{p}^*(x)\widetilde{u}(x)) \\
&= \frac{1}{2} \mathrm{Re}(\widetilde{p}(x)\widetilde{u}^*(x)) \tag{2-6-19}
\end{aligned}$$

其中 $\widetilde{p}^*(x)$ 是 $\widetilde{p}(x)$ 的共轭复数。如果声强 I 为正值,能量就往 x 轴的正方向传播。

2.7 声波的反射与透射

当声波从一个介质传播到另一个介质时,会发生反射与透射。与杆波类似,声波的反射与透射与介质的阻抗有关。在声场中,声阻抗率为某位置的声压与该位置的质点速度之比,用 $z = \dfrac{\tilde{p}}{\tilde{u}}$ 表示。当声压与质点速度不同相时,声阻抗率为复数。对声波的传播而言,实数表示的声阻抗率代表能量没有储存在声场中的任一位置,而是从一处向另一处传播,可以视为传播损耗。类似第 1 章介绍的杆波,特性阻抗会影响声波的反射与透射行为。

对于一维平面波,由于

$$\tilde{p}_{\pm} = \pm \rho_0 c \tilde{u} \tag{2-7-1}$$

声阻抗率为实数 $\pm \rho_0 c$,其中正号表示波往 x 轴的正方向传播,负号表示波往 x 轴的负方向传播。可见声场中平面波的声压和质点速度同向,且平面波的能量可以从一处向另一处无损地传播。式(2-7-1)中的 $\rho_0 c$ 又称为介质的特性阻抗,是介质的固有属性。如果是简谐球面波,声阻抗率为

$$z = \frac{\tilde{p}}{\tilde{u}} = \rho_0 c \left(\frac{\mathrm{i}kr}{1 + \mathrm{i}kr} \right) \tag{2-7-2}$$

很明显,当 $kr \gg 1$ 时,即距离波源很远的地方,球面波近似为平面波,球面波的声阻抗率近似为平面波的声阻抗率 $\rho_0 c$。

现在考虑声波在特性阻抗为 $z_1 = \rho_1 c_1$ 的介质中传播时遇到特性阻抗为 $z_2 = \rho_2 c_2$ 的另外一种介质。想象界面上有一个面积为 S、厚度可以忽略的质量元,具有质量 ΔM,由于两种介质在界面处有不同的压强差,将造成质量元的运动,且满足

$$\{ [p_0(1) + \tilde{p}_1] - [p_0(2) + \tilde{p}_2] \} S = \Delta M \frac{\mathrm{d}\tilde{u}}{\mathrm{d}t} \tag{2-7-3}$$

由于质量元的厚度可忽略,其质量也可以忽略。又因为加速度必须有限,所以式(2-7-3)成立的条件是

$$p_0(1) + \tilde{p}_1 = p_0(2) + \tilde{p}_2 \tag{2-7-4}$$

式(2-7-4)必须对有无声波扰动的情况都成立。在无声波扰动时,两个介质的静压强在分界面处是连续的,有

$$p_0(1) = p_0(2) \tag{2-7-5}$$

当有声波扰动时,由于在分界面处两个介质的声压是连续的,有

$$\tilde{p}_1 = \tilde{p}_2 \tag{2-7-6}$$

这是界面处的第一个声学边界条件。

另外,由于两种介质保持接触,所以在垂直于界面处声波扰动的法向速度必须相等,有

$$\tilde{u}_1 = \tilde{u}_2 \tag{2-7-7}$$

这是界面处的第二个声学边界条件。对比两个声学边界条件(界面处声压连续和法向速度相等)和杆波的边界条件可以发现,两者形式一致。此外,声波波动方程和杆波方程形式也一致,因此,这里省略推导,直接给出结论。设声压扰动(入射波)具有如下形式:

$$\widetilde{p}_i = \widetilde{p}_i e^{i(\omega t - k_1 x)} \tag{2-7-8}$$

反射波和透射波分别具有如下形式:

$$\widetilde{p}_r = \widetilde{p}_r e^{i(\omega t + k_1 x)} \tag{2-7-9}$$

$$\widetilde{p}_t = \widetilde{p}_t e^{i(\omega t - k_2 x)} \tag{2-7-10}$$

其中, $\widetilde{p}$ 代表复数振幅。通过式(2-7-6)和式(2-7-7)的边界条件(即在界面处有 $\widetilde{p}_i + \widetilde{p}_r = \widetilde{p}_t$ 和 $\widetilde{u}_i + \widetilde{u}_r = \widetilde{u}_t$),可推导得

$$\frac{\widetilde{p}_r}{\widetilde{p}_i} = \frac{z_2 - z_1}{z_2 + z_1} \tag{2-7-11}$$

和

$$\frac{\widetilde{p}_t}{\widetilde{p}_i} = \frac{2z_2}{z_2 + z_1} \tag{2-7-12}$$

可以发现反射波和透射波的关系式与杆波完全相同,只不过这里将应力换成了压强。由于平面简谐声波的声强 $\langle I \rangle = \frac{1}{2} \cdot \frac{p_+^2}{\rho_0 c}$ (p_+ 为往 x 轴正方向传播的平面简谐声波的振幅),所以反射声强系数和透射声强系数分别可以表示为(这里省略了代表平均的符号)

$$R_I = \frac{I_r}{I_i} = \left| \frac{\widetilde{p}_r}{\widetilde{p}_i} \right|^2 \tag{2-7-13}$$

和

$$T_I = \frac{I_t}{I_i} = \frac{z_1}{z_2} \left| \frac{\widetilde{p}_t}{\widetilde{p}_i} \right|^2 \tag{2-7-14}$$

波动传递的功率为声强和声扰动的截面积之积,这里可以定义反射功率系数和透射功率系数,分别可以表示为

$$R_P = \frac{A_r I_r}{A_i I_i} = \left| \frac{\widetilde{p}_r}{\widetilde{p}_i} \right|^2 \tag{2-7-15}$$

和

$$T_P = \frac{A_t I_t}{A_i I_i} = \frac{A_t z_1}{A_i z_2} \left| \frac{\widetilde{p}_t}{\widetilde{p}_i} \right|^2 \tag{2-7-16}$$

由能量守恒,可以进一步得知 $T_P = 1 - R_P$ 。

我们进一步考虑三层介质的问题。假设有一厚度为 L 、特性阻抗为 $z_2 = \rho_2 c_2$ 的中间层介质置于特性阻抗分别为 $z_1 = \rho_1 c_1$ 和 $z_3 = \rho_3 c_3$ 的无限介质中,则三层介质传声的透射声强系数为(这里省略详细推导)

$$T_I = \frac{4\left(\dfrac{z_1}{z_3}\right)}{\left(\dfrac{z_1}{z_3} + 1\right)^2 \cos^2 k_2 L + \left(\dfrac{z_1}{z_2} + \dfrac{z_2}{z_3}\right)^2 \sin^2 k_2 L} \tag{2-7-17}$$

值得说明的是,当 $k_2 L = \dfrac{(2n-1)\pi}{2}$,即频率 f 满足 $f = \dfrac{\left(\dfrac{n-1}{2}\right)c_2}{2L}$,其中 n 是任意整数,且阻

抗关系满足 $\dfrac{z_2}{z_1}=\dfrac{z_3}{z_2}$ 时,有 $T_l=1$,此时可以得到完全的功率传输。当 $n=1$ 时,完全功率传输对应的中间层厚度为 $L=\dfrac{\lambda_2}{4}$。在波动理论应用中,常利用四分之一波长厚度来达到完全功率传输(即抗反射),这在后面的光学章节还会再做探讨。

2.8　声波的辐射

物体在振动时会辐射声能。当声源是一个振动的小球而且其半径相较于波长而言非常小的时候,我们称这种声源为简单声源。复杂声源(例如本节介绍的活塞振动)的辐射问题可以由数个简单声源的辐射来合成。

假设 $Q(\boldsymbol{x},t)$ 代表流体体积在时间 t 与位置 $\boldsymbol{x}$ 处单位体积的变化率,即总流速,当流体内部有声源时,质量守恒定律变为(见式(2-3-2)和式(2-3-5))

$$\frac{\mathrm{d}}{\mathrm{d}t}\int_{V}\rho\,\mathrm{d}V=\int_{V}\left[\frac{\partial\rho}{\partial t}+\nabla\boldsymbol{\cdot}(\rho\boldsymbol{u})-\rho Q(\boldsymbol{x},t)\right]\mathrm{d}V=0 \tag{2-8-1}$$

所以

$$\int_{V}\frac{\partial\rho}{\partial t}\mathrm{d}V=-\int_{V}\nabla\boldsymbol{\cdot}(\rho\boldsymbol{u})\mathrm{d}V+\int_{V}\rho Q(\boldsymbol{x},t)\mathrm{d}V \tag{2-8-2}$$

可得

$$\frac{\partial\rho}{\partial t}+\nabla\boldsymbol{\cdot}(\rho\boldsymbol{u})=\rho Q(\boldsymbol{x},t) \tag{2-8-3}$$

考虑声场中的小振幅扰动,结合式(2-5-11)的动量方程、速度势函数的表达式 $\tilde{\boldsymbol{u}}=\nabla\phi$,和 $\tilde{p}=\tilde{\rho}c^2$(式(2-5-30))可得(这里省略推导细节)

$$-\frac{\partial^2\phi}{\partial t^2}+c^2\,\nabla^2\phi=c^2Q(\boldsymbol{x},t) \tag{2-8-4}$$

和

$$\nabla^2\tilde{p}-\frac{1}{c^2}\boldsymbol{\cdot}\frac{\partial^2\tilde{p}}{\partial t^2}=-\rho_0\frac{\partial Q}{\partial t} \tag{2-8-5}$$

式(2-8-5)为非齐次的波动方程。这里需要说明的是,虽然有声源存在,动量方程需要在式(2-4-2)中的右边加上 $\boldsymbol{u}Q$ 项$\left(\int_{V}\rho u_iQ\mathrm{d}V\text{ 项}\right)$进行修正,但是,修正后的动量方程在线性化后与式(2-5-11)具有一样的形式。

假设声源位于 $\boldsymbol{x}'$,观测点位于 $\boldsymbol{x}$,则 $Q(\boldsymbol{x},t)$ 可以表示为 $Q(\boldsymbol{x},t)=\delta(\boldsymbol{x}-\boldsymbol{x}')Q(t)$。如果 $Q(t)=Q_0\mathrm{e}^{-\mathrm{i}\omega t}$,其中 $Q_0=U_0\int_{S}\mathrm{d}S=4\pi a^2U_0$ 为小脉动球(半径为 a)的体积速度幅值,又称为点源强度,U_0 为脉动球声源表面的质点速度,式(2-8-4)变为

$$\nabla^2\phi+k^2\phi=\delta(\boldsymbol{x}-\boldsymbol{x}')Q(t) \tag{2-8-6}$$

其解为

$$\phi(\boldsymbol{x},t)=-\frac{\mathrm{e}^{\mathrm{i}k\,|\,\boldsymbol{x}-\boldsymbol{x}'\,|}}{4\pi\,|\,\boldsymbol{x}-\boldsymbol{x}'\,|}Q_0\mathrm{e}^{-\mathrm{i}\omega t}=g(\boldsymbol{x},\boldsymbol{x}')Q_0\mathrm{e}^{-\mathrm{i}\omega t} \tag{2-8-7}$$

其中 $g(\boldsymbol{x},\boldsymbol{x}')$ 为格林函数(Green's function)。很明显,$g(\boldsymbol{x},\boldsymbol{x}')$ 具有互易性,即声源和观测点位置互换后解是一样的。由 $\widetilde{p}=-\rho_0\dfrac{\partial\phi}{\partial t}$ (式(2-5-29))可知

$$\widetilde{p}=-\mathrm{i}\omega\,\frac{\rho_0}{4\pi|\boldsymbol{x}-\boldsymbol{x}'|}Q_0\mathrm{e}^{ik(|\boldsymbol{x}-\boldsymbol{x}'|-ct)} \tag{2-8-8}$$

进一步可以改写为

$$\widetilde{p}=-\mathrm{i}\,\frac{\rho_0 f}{2|\boldsymbol{x}-\boldsymbol{x}'|}Q_0\mathrm{e}^{ik(|\boldsymbol{x}-\boldsymbol{x}'|-ct)} \tag{2-8-9}$$

如图 2-4 所示,现在考虑无限大障板中的圆形活塞的声辐射问题。首先,对于嵌在无限大障板中的面声源来说(只要障板尺寸远大于波长,就可以视为无限大障板),其由无数个面元 $\mathrm{d}S$ 上的点球源组成,其只向半空间辐射,因此对于简单脉动球形声源来说,仅有一半的体积对声辐射有贡献,因此,点源强度为 Q_0 的一半,所以对于无限大障板中面元上的点球源来说,式(2-8-9)应该改写为

$$\mathrm{d}\widetilde{p}=-\mathrm{i}\,\frac{\rho_0 f}{|\boldsymbol{x}-\boldsymbol{x}'|}Q_0\mathrm{e}^{ik(|\boldsymbol{x}-\boldsymbol{x}'|-ct)} \tag{2-8-10}$$

如果点源强度为 $Q_0=U_0\mathrm{d}S$,则上式为

$$\mathrm{d}\widetilde{p}=-\mathrm{i}\,\frac{\rho_0 f U_0\mathrm{d}S}{|\boldsymbol{x}-\boldsymbol{x}'|}\mathrm{e}^{ik(|\boldsymbol{x}-\boldsymbol{x}'|-ct)} \tag{2-8-11}$$

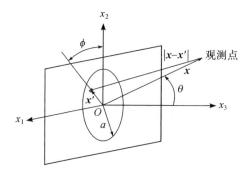

图 2-4　无限大障板中的圆形活塞

对于无限大障板中的圆形活塞声辐射问题,参考图 2-4 的几何关系,考虑 x_1x_2 平面上的观测点的声场,可知

$$\begin{aligned}|\boldsymbol{x}-\boldsymbol{x}'|&=\sqrt{(r\cos\theta\boldsymbol{i}+r\sin\theta\boldsymbol{j})-(r'\cos\phi\boldsymbol{j}+r'\sin\phi\boldsymbol{k})}\\&=\sqrt{r^2+r'^2-2rr'\sin\theta\cos\phi}\end{aligned} \tag{2-8-12}$$

其中:r 是观测点到原点的距离;r' 是声源到原点的距离。当 $r\gg a$ 时,有

$$\begin{aligned}|\boldsymbol{x}-\boldsymbol{x}'|&=r\sqrt{1+\left(\frac{r'}{r}\right)^2-2\left(\frac{r'}{r}\right)\sin\theta\cos\phi}\\&\simeq r\left(1-2\cdot\frac{1}{2}\cdot\frac{r'}{r}\sin\theta\cos\phi+\cdots\right)\\&=r-r'\sin\theta\cos\phi\end{aligned} \tag{2-8-13}$$

其中,符号 $\simeq$ 有"展开为"的含义,表示误差可以"要多小有多小",只要参数足够小。所以,对于 $r\gg a$,有

$$\mathrm{d}\widetilde{p} \simeq -\mathrm{i}\frac{\rho_0 f U_0 (r'\mathrm{d}\phi\,\mathrm{d}r')}{r}\mathrm{e}^{\mathrm{i}k(r-r'\sin\theta\cos\phi - ct)} \tag{2-8-14}$$

对整个面板进行积分,可得总辐射声场为

$$\widetilde{p} \simeq -\mathrm{i}\left(\frac{\rho_0 f U_0}{r}\right)\mathrm{e}^{\mathrm{i}k(r-ct)}\int_0^a r'\mathrm{d}r'\int_0^{2\pi}\mathrm{e}^{-\mathrm{i}kr'\sin\theta\cos\phi}\mathrm{d}\phi \tag{2-8-15}$$

已知

$$J_0(x) = \frac{1}{2\pi}\int_0^{2\pi}\mathrm{e}^{-\mathrm{i}x\cos\phi}\mathrm{d}\phi \tag{2-8-16}$$

所以

$$\widetilde{p} \simeq -2\pi\mathrm{i}\left(\frac{\rho_0 f U_0}{r}\right)\mathrm{e}^{\mathrm{i}k(r-ct)}\int_0^a r'J_0(kr'\sin\theta)\mathrm{d}r' \tag{2-8-17}$$

又因为

$$\int_0^a r'J_0(kr'\sin\theta)\mathrm{d}r' = a^2\,\frac{J_1(ka\sin\theta)}{ka\sin\theta} \tag{2-8-18}$$

所以

$$\widetilde{p} \simeq -\mathrm{i}\pi\rho_0 f U_0 a^2\,\frac{\mathrm{e}^{\mathrm{i}k(r-ct)}}{r}\left[\frac{2J_1(ka\sin\theta)}{ka\sin\theta}\right] \tag{2-8-19}$$

可见,对于无限大障板中的圆形活塞声辐射问题,活塞半径越大或频率越高时,圆形活塞的辐射声压越大。可得平均声强为(见式(2-6-17))

$$\langle I\rangle = \frac{1}{2}\cdot\frac{p_+^2}{\rho_0 c} = \frac{1}{2}\cdot\frac{\pi^2\rho_0 f U_0^2}{\lambda}\cdot\frac{a^4}{r^2}\left[\frac{2J_1(ka\sin\theta)}{ka\sin\theta}\right]^2 \tag{2-8-20}$$

从式(2-8-20)中可以定义活塞的指向性为

$$D(\theta) = \frac{\widetilde{p}(\theta)}{\widetilde{p}(0)} = \left|\frac{\dfrac{2J_1(ka\sin\theta)}{ka\sin\theta}}{2\times\dfrac{1}{2}}\right| = \left|\frac{2J_1(ka\sin\theta)}{ka\sin\theta}\right| \tag{2-8-21}$$

图 2-5 所示为以分贝(dB)为单位的无限大障板中的圆形活塞的指向性图(我们将在第 6 章介绍光纤的宏弯损耗问题的时候解释分贝的概念)。可以看出,指向性和活塞的尺寸与波长的相对比值 ka 有关,ka 越小,代表活塞尺寸相对波长而言越小或辐射频率越低,此时声场中声波的辐射是接近各向同性的。ka 越大,代表活塞尺寸越大或辐射频率越高,指向性越好,这也是为什么古典音乐厅不同座位的售价会有不同的原因之一。

活塞声源在振动的时候不仅会对周围声场产生影响,活塞也会受到自己所辐射的声场的反作用力。我们可以通过活塞的辐射阻抗来研究声场对活塞的反作用。考虑图 2-6 所示的活塞面板,和前面一样,假设声源位于 $\boldsymbol{x}'$,观测点位于 $\boldsymbol{x}$,则振动源 $\mathrm{d}S(\boldsymbol{x}')$ 在活塞面板上的观测点 $\mathrm{d}S(\boldsymbol{x})$ 附近产生的声压为 $\mathrm{d}\widetilde{p}$,所有活塞上的振动源 $\mathrm{d}S(\boldsymbol{x}')$ 在 $\mathrm{d}S(\boldsymbol{x})$ 上所产生的总声压为

$$\widetilde{p} = \int\mathrm{d}\widetilde{p} = -\mathrm{i}\rho_0 f U_0 \mathrm{e}^{-\mathrm{i}\omega t}\int_S\frac{\mathrm{e}^{\mathrm{i}kh}}{h}\mathrm{d}S(\boldsymbol{x}') \tag{2-8-22}$$

其中 h 为 $\mathrm{d}S(\boldsymbol{x}')$ 与 $\mathrm{d}S(\boldsymbol{x})$ 之间的距离。面元 $\mathrm{d}S(\boldsymbol{x})$ 的运动方向和其受到的声场的反作用力 $\mathrm{d}F_\mathrm{r}$ 的方向相反,因此,整个活塞表面受到声场的总反作用力为

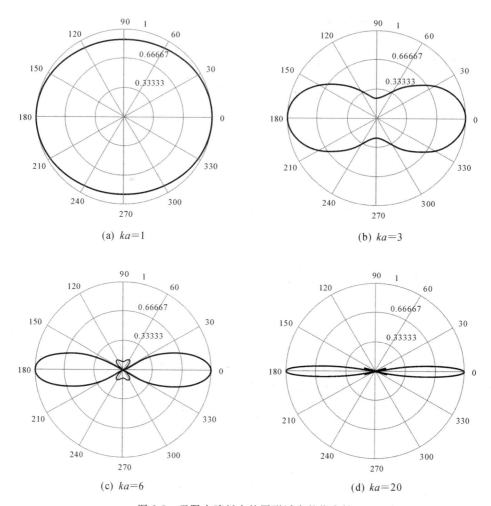

(a) $ka=1$

(b) $ka=3$

(c) $ka=6$

(d) $ka=20$

图 2-5　无限大障板中的圆形活塞的指向性

$$
\begin{aligned}
F_r &= \int \mathrm{d}F_r \\
&= -\int_S \widetilde{p}\,\mathrm{d}S(\boldsymbol{x}) \\
&= \mathrm{i}\rho_0 f U_0 \mathrm{e}^{-\mathrm{i}\omega t}\int_S \mathrm{d}S(\boldsymbol{x})\int_S \frac{\mathrm{e}^{\mathrm{i}kh}}{h}\mathrm{d}S(\boldsymbol{x}')
\end{aligned}
\tag{2-8-23}
$$

但是,经仔细思考可以知道,振动源 $\mathrm{d}S(\boldsymbol{x}')$ 在 $\mathrm{d}S(\boldsymbol{x})$ 所产生的力等于振动源 $\mathrm{d}S(\boldsymbol{x})$ 在 $\mathrm{d}S(\boldsymbol{x}')$ 所产生的力,所以在计算式(2-8-23)的积分式的时候,如果可以仅考虑振动源 $\mathrm{d}S(\boldsymbol{x}')$ 在 $\mathrm{d}S(\boldsymbol{x})$ 所产生的力,最后积分结果的两倍就是最终活塞表面受到的声场的总反作用力。

因此,为了避免重复计算振动源和观测点的相互作用力,合理的积分范围如图 2-6 所示。第一步是计算以圆心到 $\mathrm{d}S(\boldsymbol{x})$ 的距离 l 为半径的圆形之间所有的 $\mathrm{d}S(\boldsymbol{x}')=h\,\mathrm{d}\theta\,\mathrm{d}h$ 对 $\mathrm{d}S(\boldsymbol{x})=l\,\mathrm{d}l\,\mathrm{d}\phi$ 的作用力(此时 h 从 0 积分到 $2l\cos\theta$,θ 从 $-\dfrac{\pi}{2}$ 积分到 $\dfrac{\pi}{2}$)。第二步是让 l 从 0 变化到 a,面元 $\mathrm{d}S(\boldsymbol{x})$ 和活塞面内坐标轴的夹角 ϕ 从 0 变化到 2π,积分整个 $\mathrm{d}S(\boldsymbol{x})$,

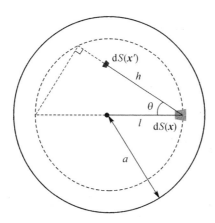

图 2-6 活塞声源辐射阻抗的计算

即由内往外,一开始不考虑外面的 $dS(\boldsymbol{x})$ 对内部的 $dS(\boldsymbol{x}')$ 的作用,如此就可以避免重复计算了。上述过程的积分结果如下:首先对 $dS(\boldsymbol{x}')=h\,d\theta\,dh$ 积分

$$
\begin{aligned}
F_r &= 2i\rho_0 f U_0 e^{-i\omega t}\int_S dS(\boldsymbol{x})\int_S \frac{e^{ikh}}{h}dS(\boldsymbol{x}')\\
&= 2i\rho_0 f U_0 e^{-i\omega t}\int_S dS(\boldsymbol{x})\int_{-\frac{\pi}{2}}^{\frac{\pi}{2}}\int_0^{2l\cos\theta} e^{ikh}\,dh\,d\theta\\
&= 2i\rho_0 f U_0 e^{-i\omega t}\int_S dS(\boldsymbol{x})\int_{-\frac{\pi}{2}}^{\frac{\pi}{2}}\frac{i}{k}(1-e^{i2kl\cos\theta})\,d\theta\\
&= 2i\rho_0 f U_0 e^{-i\omega t}\int_S dS(\boldsymbol{x})\left\{\frac{i\pi}{k}\left[1-J_0(2kl)-iK_0(2kl)\right]\right\}
\end{aligned}
\tag{2-8-24}
$$

其中用到了下面两个关系式

$$
J_0(x)=\frac{\pi}{2}\int_0^{2\pi}\cos(x\cos\theta)\,d\theta
\tag{2-8-25}
$$

和

$$
K_0(x)=\frac{\pi}{2}\int_0^{2\pi}\sin(x\cos\theta)\,d\theta
\tag{2-8-26}
$$

接着对 $dS(\boldsymbol{x})=l\,dl\,d\phi$ 积分,式(2-8-24)变为

$$
F_r=2i\rho_0 f U_0 e^{-i\omega t}\int_S\left\{\frac{i\pi}{k}\left[1-J_0(2kl)-iK_0(2kl)\right]\right\}l\,dl\,d\phi
\tag{2-8-27}
$$

首先积分

$$
\frac{i\pi}{k}\int_0^a\left[1-J_0(2kl)-iK_0(2kl)\right]l\,dl
\tag{2-8-28}
$$

其中

$$
\int_0^a J_0(2kl)l\,dl=\frac{1}{4k^2}\int_0^{2ka}2klJ_0(2kl)\,d(2kl)
\tag{2-8-29}
$$

因为

$$
\int_0^x zJ_0(z)\,dz=xJ_1(x)
\tag{2-8-30}
$$

所以

$$\int_0^a J_0(2kl)l\,\mathrm{d}l = \frac{a}{2k}J_1(2ka) \tag{2-8-31}$$

另外,因为

$$\int_0^x zK_0(z)\mathrm{d}z = K_1(x) \tag{2-8-32}$$

所以,通过类似的积分过程可得

$$\int_0^a K_0(2kl)l\,\mathrm{d}l = \frac{a}{2k}K_1(2ka) \tag{2-8-33}$$

最后对 ϕ 积分后(乘以 2π),可得

$$
\begin{aligned}
F_r &= 2\mathrm{i}\rho_0 f U_0 \mathrm{e}^{-\mathrm{i}\omega t} \cdot 2\pi \cdot \frac{\mathrm{i}\pi}{k} \cdot \frac{a^2}{2}\left[1 - \frac{2J_1(2ka)}{2ka} - \mathrm{i}\frac{2K_1(2ka)}{(2ka)}\right] \\
&= -\rho_0 c \pi a^2 U_0\left[1 - \frac{2J_1(2ka)}{2ka} - \mathrm{i}\frac{2K_1(2ka)}{(2ka)}\right]\mathrm{e}^{-\mathrm{i}\omega t} \\
&= -\rho_0 c \pi a^2 U_0\left[R_1(2ka) - \mathrm{i}X_1(2ka)\right]\mathrm{e}^{-\mathrm{i}\omega t}
\end{aligned} \tag{2-8-34}
$$

其中引入了两个阻抗函数

$$R_1(2ka) = 1 - \frac{2J_1(2ka)}{2ka} = \frac{(ka)^2}{1\cdot 2} - \frac{(ka)^4}{1\cdot 2^2\cdot 3} + \cdots \tag{2-8-35}$$

和

$$X_1(2ka) = \frac{2K_1(2ka)}{2ka} = \frac{4}{\pi}\left[\frac{2ka}{3} - \frac{(2ka)^3}{3^2\cdot 5} + \cdots\right] \tag{2-8-36}$$

可知,当 $ka \ll 1$,即当活塞尺寸相对波长而言较小或辐射频率较低时,有

$$
\begin{cases}
R_1(2ka) = \dfrac{(ka)^2}{2} \\[2mm]
X_1(2ka) = \dfrac{8ka}{3\pi}
\end{cases} \tag{2-8-37}
$$

反之,当 $ka \gg 1$,即当活塞尺寸相对波长而言较大或辐射频率较高时,有

$$
\begin{cases}
R_1(2ka) = 1 \\[2mm]
X_1(2ka) = \dfrac{2}{\pi ka} \approx 0
\end{cases} \tag{2-8-38}
$$

为了探讨声波和激励源或负载的耦合问题(例如之前计算的声场对于声源的反作用力问题),我们需要引入辐射阻抗的概念来描述声源的声辐射特性。激励源通常是机械振动系统,因此辐射阻抗的定义和机械的力阻抗一致,辐射阻抗定义为力和质点速度的比值,其和声阻抗率的关系为

$$z_r = \frac{\widetilde{F}}{\widetilde{u}} = \frac{S\widetilde{p}}{\widetilde{u}} = Sz \tag{2-8-39}$$

所以,我们得到活塞面板的辐射阻抗为

$$z_r = -\frac{F_r}{U_0\mathrm{e}^{-\mathrm{i}\omega t}} = \rho_0 c \pi a^2\left[R_1(2ka) - \mathrm{i}X_1(2ka)\right] \tag{2-8-40}$$

辐射阻抗的实部又称为辐射声阻,或简称辐射阻,辐射阻代表声波向空间传播的能力,即代表声源向介质辐射声功率大小的能力,而其虚部称为辐射声抗,或简称辐射抗。因为产

生声波的声源为力学系统,力学系统的阻抗是 Z_m,而声场对声源有反作用力,声辐射会改变原来的力阻抗(参见 1.9 节),使其变为 $Z_m + z_r$,其中

$$Z_m = R_m - iX_m = R_m - i\left(\omega M_m - \frac{K_m}{\omega}\right) \tag{2-8-41}$$

又因为

$$z_r = R_r - iX_r \tag{2-8-42}$$

所以辐射抗的物理意义为使得声源的质量 M_m 多增加了 $\dfrac{X_r}{\omega}$。$\dfrac{X_r}{\omega}$ 称为辐射质量或同振质量,而 $M_m + \dfrac{X_r}{\omega}$ 称为有效质量。可见,声源似乎是变重了。为了使得声源表面振动发声,必须克服声场对声源的反作用力而做功,然而,能量并没有以波动的方式向空间传播,而是储存在近场中而不辐射出去,这是辐射抗的物理意义。

当 $ka \ll 1$ 时,无限大障板上的活塞辐射阻为式(2-8-40)的第一项,为 $R_r = \rho_0 c S \dfrac{(ka)^2}{2}$。可计算平均声强(见式(2-6-17))为

$$\langle I \rangle = \frac{1}{2} \cdot \frac{p_+^2}{z} = \frac{1}{2} z \tilde{u}^2 \tag{2-8-43}$$

所以平均辐射声功率为平均声强乘以面积,为

$$\langle W_r \rangle = \langle I \rangle S = \frac{1}{2} S z \tilde{u}^2 = \frac{1}{2} \mathrm{Re}(z_r) \tilde{u}^2 \tag{2-8-44}$$

其中,辐射声功率为辐射声阻(辐射阻抗的实部部分)吸收的机械功率。当 $ka \gg 1$ 时,无限大障板上的活塞辐射阻为 $z_r = \rho_0 c S$(因为 $R_1(2ka) = 1$),换句话说,大尺寸的声源会有更好的辐射能力。

由式(2-8-44)可以求得活塞低频时的平均辐射功率为 $\langle W_r \rangle = \dfrac{\rho_0 c \pi a^2 (ka)^2}{4} \tilde{u}^2 = \dfrac{\rho_0 c k^2 S^2}{4\pi} \tilde{u}^2$,可见,低频声源的平均辐射功率和活塞面积的平方($S^2$)成正比。所以,增加声源的面积可以增加低频的声辐射效率。所以,手机(小尺寸音响声源)做不出影院低音喇叭的震撼效果。对于高频声波,由于高频波的指向性更好,高频辐射比较容易,高频时活塞的平均辐射功率为 $\langle W_r \rangle = \dfrac{\rho_0 c S}{2} \tilde{u}^2$,而且高频波的平均辐射功率与波长无关。

2.9　开口管和闭口管

研究管中声波的传播,可以帮助我们理解乐器的发声、一些声学器件的设计和听诊器等的工作原理。如图 2-7 所示,在有限长度管的一端有机械振动源,另一端可为封闭或开口。由辐射阻抗和声阻抗率的关系可以进一步引入探讨管中声波问题会用到的第三种阻抗,即声阻抗 Z。声阻抗 Z 定义为声压和体积速度的比值 $Z = \dfrac{\tilde{p}}{\tilde{U}}$。其中,对于活塞系统、集中参数

系统(短管和空腔等)或管和喇叭中声波的传播,速度考虑的是体积速度 $\widetilde{U}$,即通过截面积 S 的声流量 $\widetilde{U} = \tilde{u}S$,声阻抗和声阻抗率以及辐射阻抗的关系为

$$Z = \frac{\tilde{p}}{\widetilde{U}} = \frac{\tilde{p}}{S\tilde{u}} = \frac{z}{S} = \frac{z_r}{S^2} \tag{2-9-1}$$

其中声流量 $\widetilde{U}$ 和声阻抗率的关系为 $\widetilde{U} = \dfrac{S\tilde{p}}{z}$。声阻抗一般为复数,由声阻(实部)和声抗(虚部)组成。

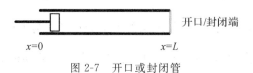

x=0   x=L   开口/封闭端

图 2-7   开口或封闭管

假设管中传播的声压为

$$\tilde{p}(x,t) = (\tilde{p}_+ \, e^{-ikx} + \tilde{p}_- \, e^{ikx}) e^{i\omega t} \tag{2-9-2}$$

由 2.7 节可知,声阻抗率为实数 $\pm \rho_0 c$,往 x 轴的正方向传播的波为正号,往 x 轴的负方向传播为负号,则管中的声体积流量为

$$\widetilde{U}(x,t) = \frac{S}{\rho_0 c}(\tilde{p}_+ \, e^{-ikx} - \tilde{p}_- \, e^{ikx}) e^{i\omega t} \tag{2-9-3}$$

令管的负载阻抗为 $Z_L = \dfrac{\tilde{p}(L,t)}{\widetilde{U}(L,t)}$,管的特征阻抗为 $Z_p = \dfrac{\rho_0 c}{S}$,则

$$Z_L = Z_p \frac{\tilde{p}_+ \, e^{-ikL} + \tilde{p}_- \, e^{ikL}}{\tilde{p}_+ \, e^{-ikL} - \tilde{p}_- \, e^{ikL}} \tag{2-9-4}$$

通过上式可以求得入射和反射声波的振幅比

$$\frac{\tilde{p}_-}{\tilde{p}_+} = e^{-i2kl} \frac{Z_L - Z_p}{Z_L + Z_p} \tag{2-9-5}$$

管中的反射功率比为

$$R = \left| \frac{\tilde{p}_-}{\tilde{p}_+} \right|^2 = \left| \frac{Z_L - Z_p}{Z_L + Z_p} \right|^2 \tag{2-9-6}$$

可以看出,当 Z_L 和 Z_p 相等时,管中没有反射波,而当 Z_L 为零或无限大时,得到完全反射。

管的输入阻抗 Z_0($x=0$ 处的声阻抗)可以表示为

$$Z_0 = Z_p \frac{\tilde{p}_+ + \tilde{p}_-}{\tilde{p}_+ - \tilde{p}_-} \tag{2-9-7}$$

将式(2-9-5)代入式(2-9-6)可得

$$Z_0 = Z_p \frac{\dfrac{Z_L}{Z_p} + i\tan kL}{1 + \dfrac{Z_L}{Z_p}(i\tan kL)} \tag{2-9-8}$$

由式(2-9-8)知,如果令 $\dfrac{Z_L}{Z_p} = R_1 + iX_1$(注意,本节的 i 是 1.9 节或 2.8 节的 $-$i),则 $\dfrac{Z_0}{Z_p}$

可以分解为实部(声阻)和虚部(声抗)的表达式

$$\mathrm{Re}\left(\frac{Z_0}{Z_p}\right) = \frac{\left[R_1(\tan^2 kL + 1)\right]}{(R_1 + X_1)^2 \tan^2 kL - 2X_1 \tan kL + 1} \tag{2-9-9}$$

和

$$\mathrm{Im}\left(\frac{Z_0}{Z_p}\right) = \frac{-\left[X_1 \tan^2 kL + (R_1^2 + X_1^2 - 1)\tan kL - X_1\right]}{(R_1 + X_1)^2 \tan^2 kL - 2X_1 \tan kL + 1} \tag{2-9-10}$$

如果终端 $x = L$ 是封闭的,则 $Z_L = \infty$,管的输入阻抗为纯电抗

$$Z_0 = -\mathrm{i} Z_p \cot kL \tag{2-9-11}$$

管的共振频率可以由令输入阻抗的虚部(电抗部分)为零求得。对于终端为闭管的情况,令 $\cot kL = 0$,可得闭管的共振频率为

$$f_{n(\mathrm{STOP})} = \frac{2n-1}{4} \cdot \frac{c}{L}, \ n = 1, 2, 3, \cdots \tag{2-9-12}$$

通过第 1 章的学习我们知道,如果是简谐杆波入射到封闭端,应力波会同相,位移会反相。对于终端封闭的声波管而言,闭管端是声压的波腹、速度的节点。可以看出,一端是波腹另一端是波节的闭管乐器(例如单簧管)只能发生单数的倍音。

如果终端 $x = L$ 是开口的且 $Z_L = 0$,则管的输入阻抗为纯电抗

$$Z_0 = \mathrm{i} Z_p \tan kL \tag{2-9-13}$$

令输入阻抗的虚部为零,可求得开管的共振频率为

$$f_{n(\mathrm{OPEN})} = \frac{n}{2} \cdot \frac{c}{L}, \ n = 1, 2, 3, \cdots \tag{2-9-14}$$

对于杆波,如果是简谐杆波入射到自由端,应力波会反相,位移会同相。对于终端开口的声波管而言,开管端是速度腹、声压节点。两端敞开的开管乐器(例如竹笛)可以发出半波长为管长的声波的所有倍音。

实际上,速度腹和声压节点会靠近开口端但是不会恰好在开口端,因为开口端会有辐射的声场。因此,如果终端 $x = L$ 是开口的,$Z_L \ll Z_p$ 但 $Z_L \neq 0$,则开口端有辐射阻抗为 $z_r = S^2 Z_L$。 为方便分析,想象管口有镶边(flange,称为法兰),其半径远大于考虑的声波波长,则开口处被视为类似于前一节提过的无限大障板中的活塞声源,当 $ka \ll 1$ 时(见式(2-8-37)和式(2-8-40)),即当活塞尺寸相对波长而言较小或辐射频率较低时,镶边管口的辐射阻抗为

$$\begin{aligned} z_{Lr} &= S^2 Z_L \\ &= \rho_0 c \pi a^2 \left[\frac{(ka)^2}{2} + \mathrm{i}\frac{8ka}{3\pi}\right] \\ &= S^2 Z_p \left[\frac{(ka)^2}{2} + \mathrm{i}\frac{8ka}{3\pi}\right] \end{aligned} \tag{2-9-15}$$

可见

$$\frac{Z_L}{Z_p} = R_1 + \mathrm{i} X_1 = \frac{(ka)^2}{2} + \mathrm{i}\left(\frac{8ka}{3\pi}\right) \tag{2-9-16}$$

由于 $ka \ll 1$,所以 $R_1 = \dfrac{(ka)^2}{2} \ll 1$,且 $X_1 = \dfrac{8ka}{3\pi} \ll 1$,所以式(2-9-10)的纯电抗部分等于零,代表

$$X_1 \tan^2 kL - \tan kL - X_1 \approx 0 \tag{2-9-17}$$

可知当 $\tan kL \approx -X_1 = -\dfrac{8ka}{3\pi}$ 时,开口管发生共振,此时输入阻抗部分的实部(又称为声阻)为

$$\mathrm{Re}\!\left(\frac{Z_0}{Z_p}\right) \approx R_1 \ll 1 \tag{2-9-18}$$

且

$$\tan(n\pi - k_n L) = \frac{8ka}{3\pi} \doteq \tan\!\left(\frac{8ka}{3\pi}\right), \quad n = 1, 2, 3, \cdots \tag{2-9-19}$$

所以可得共振频率为

$$f_n = \frac{n}{2} \cdot \frac{c}{L + \dfrac{8a}{3\pi}} = \frac{n}{2} \cdot \frac{c}{L'} \tag{2-9-20}$$

所以,因为"辐射质量"的存在,管长需要修正为 $L' = L + \dfrac{8a}{3\pi}$ 才会得到速度腹和声压节点。

对于管口没有镶边的最一般情况,通过实验和进阶理论可以得

$$\frac{Z_L}{Z_p} = \frac{(ka)^2}{4} + \mathrm{i}0.6ka \tag{2-9-21}$$

可以得知没有镶边的管的管长需要修正为 $L' = L + 0.6a$。

现在计算开口端有镶边的管的透射功率比

$$
\begin{aligned}
T &= 1 - \left|\frac{\tilde{p}_-}{\tilde{p}_+}\right|^2 \\[2mm]
&= 1 - \left|\frac{\dfrac{Z_L}{Z_p} - 1}{\dfrac{Z_L}{Z_p} + 1}\right|^2 \\[2mm]
&= \frac{2(ka)^2}{\left[1 + \dfrac{1}{2}(ka)^2\right]^2 + \left(\dfrac{8ka}{3\pi}\right)^2} \\[2mm]
&\doteq 2(ka)^2
\end{aligned}
\tag{2-9-22}
$$

可见,当 $ka \ll 1$,即 a 很小而声波波长很长的时候,管口不是有效率的辐射声源。如果是没有镶边的开口端,透射功率比为

$$
\begin{aligned}
T &= \frac{(ka)^2}{\left[1 + \dfrac{1}{4}(ka)^2\right]^2 + (0.6ka)^2} \\[2mm]
&\doteq (ka)^2
\end{aligned}
\tag{2-9-23}
$$

可见,对于低频的声波,和一般的管口相比,镶边的管口可以得到将近两倍的辐射效率。这也可以通过比较式(2-9-21)和式(2-8-37)得知。当 $ka \ll 1$,有障板的声源的辐射阻(辐射阻抗的实部)是无障板辐射阻的两倍,而辐射阻代表声源向介质辐射声功率大小的能力。

2.10　中间插管和旁支管的传输特性

这节我们讨论在管的中间插入一根不同面积的管或旁支管时的传声特性。假设主管的面积是 S，插入管的面积是 S_i，通过在突变截面的声压连续和体积速度连续（即由质量守恒定律约定截面积乘以质点速度连续）两个边界条件，可以得到和三层介质对应的方程。值得注意的是，因为管内传播的声波不完全是平面波，在突变区域存在不均匀的声场，但是如果波长大于声场的不均匀区，则仍然可以给出体积速度连续的近似边界条件。

推导中间插管的声波传播与三层介质中的过程类似，由于这里和三层介质的最大差别在于边界条件出现了截面积，所以中间插管的方程和三层介质的方程的差异在于面积比。回顾三层介质的透射声强系数为（见式（2-7-17），下式将第一层和第三层的阻抗设为相同）

$$T_I = \frac{4}{4\cos^2 k_2 L + \left(\dfrac{z_1}{z_2} + \dfrac{z_2}{z_1}\right)^2 \sin^2 k_2 L} \tag{2-10-1}$$

则中间插管的透射声强系数为

$$T_I = \frac{4}{4\cos^2 kL + \left(\dfrac{S}{S_i} + \dfrac{S_i}{S}\right)^2 \sin^2 kL} \tag{2-10-2}$$

在 2.7 节讨论三层声阻抗率不同的介质的传声特性的时候，我们说中间层厚度为 $L = \dfrac{\lambda_2}{4}$，且若阻抗关系满足 $\dfrac{z_2}{z_1} = \dfrac{z_3}{z_2}$，可以得到完全的功率传输。此处恰好相反，当 $L = \dfrac{\lambda}{4}$（或 $L = \dfrac{(2n-1)\lambda}{4}$，$n = 1, 2, 3, \cdots$）时，透射强度比最小，且

$$T_{I,\min} = \frac{4}{\left(\dfrac{S}{S_i} + \dfrac{S_i}{S}\right)^2} \tag{2-10-3}$$

消声器的工作原理就是利用其对声波的滤波作用，而消声器的滤波作用仅仅是将声波反射回去并没有消耗声能，其消音程度用消音量（单位为 dB）描述，定义为

$$TL = 10\lg \frac{1}{T_I} \tag{2-10-4}$$

所以，中间插入管长为 $L = \dfrac{\lambda}{4}$ 的扩张管的消音量为最大值，其值为

$$TL = 10\lg\left[1 + \frac{1}{4}\left(\frac{S_i}{S} - \frac{S}{S_i}\right)^2\right] \tag{2-10-5}$$

可以看出，只要面积比满足上式的关系，无论中间插入的管是扩张管还是收缩管，都可以满足滤波需求而得到最大的消音量。在实际应用中，如图 2-8 所示，为了减少气流的阻力，中间插入的管一般是扩张管，可以在挂在汽车底盘的消声器中看到，用来减弱声波的传播。另外，由式（2-10-2）可知，如果 $kL \ll 1$，即对应低频的声波，则中间插管的传声透射强度比和中间插管的面积几乎无关，且声波透射强度比接近 1，说明中间插管为低通（频率低才通过）滤波器。

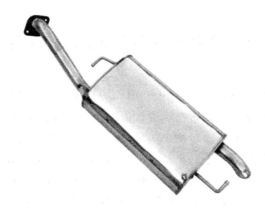

图 2-8　中间插管消声器

我们接着讨论具有旁支的管中的传声特性。图 2-9 所示为一个具有旁支的管。入射声波为 $\tilde{p}_i$，反射声波为 $\tilde{p}_r$，旁支管内的声波为 $\tilde{p}_b$，而透射管内的声波为 $\tilde{p}_t$。将原点置于旁支管的衔接处并进行分析，通过声压连续（$\tilde{p}_i + \tilde{p}_r = \tilde{p}_b = \tilde{p}_t$）和体积速度连续（$\tilde{U}_i + \tilde{U}_r = \tilde{U}_b + \tilde{U}_t$）两个边界条件可以求得透射功率比。

体积速度和声波的关系为 $\tilde{p} = Z\tilde{U}$，其中 Z 为声阻抗。旁支界面处的等效声阻抗为

$$Z_{eq} = \frac{\tilde{p}}{\tilde{U}_b + \tilde{U}_t} = \frac{\tilde{p}}{\dfrac{\tilde{p}}{Z_b} + \dfrac{\tilde{p}}{Z_t}} = \frac{Z_b Z_t}{Z_b + Z_t} \tag{2-10-6}$$

其中 Z_b 为旁支的声阻抗，Z_t 为透射管的声阻抗（入射管的声阻抗也为 Z_t）。

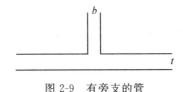

图 2-9　有旁支的管

回顾声波在管中界面处的反射与透射公式（见式（2-9-5），此处考虑为原点处，所以没有 e^{-i2kl} 的系数），可以得到

$$\frac{\tilde{p}_r}{\tilde{p}_i} = \frac{Z_{eq} - Z_t}{Z_{eq} + Z_t} = \frac{-\dfrac{\rho_0 c}{2S}}{\dfrac{\rho_0 c}{2S} + Z_b} \tag{2-10-7}$$

再由声压连续（$\tilde{p}_i + \tilde{p}_r = \tilde{p}_t$）的边界条件，可知

$$\frac{\tilde{p}_t}{\tilde{p}_i} = 1 + \frac{\tilde{p}_r}{\tilde{p}_i} = \frac{Z_b}{\dfrac{\rho_0 c}{2S} + Z_b} \tag{2-10-8}$$

对于 $Z_b = R_b + iX_b$，反射功率比可以表示为

$$R = \left| \frac{\widetilde{p}_r}{\widetilde{p}_i} \right|^2 = \frac{\left(\frac{\rho_0 c}{2S} \right)^2}{\left(\frac{\rho_0 c}{2S} + R_b \right)^2 + X_b^2} \tag{2-10-9}$$

透射功率比可以表示为

$$T = \left| \frac{\widetilde{p}_t}{\widetilde{p}_i} \right|^2 = \frac{R_b^2 + X_b^2}{\left(\frac{\rho_0 c}{2S} + R_b \right)^2 + X_b^2} \tag{2-10-10}$$

透射到旁支的功率为

$$T_{p,b} = 1 - R - T$$

$$= \frac{\dfrac{\rho_0 c}{S R_b}}{\left(\dfrac{\rho_0 c}{2S} + R_b \right)^2 + X_b^2} \tag{2-10-11}$$

有了旁支管的透射功率比之后,在下一节我们将讨论基本声学滤波器的透射功率比,并进一步学习声学滤波器的声学传输特性。

2.11　声学滤波器

如果声学系统中的管内传播的声波波长远大于器件的尺寸,则管中的声学元件可以与电路元件进行动态类比,先求得其阻抗,再进一步和前一节的旁支管的声波分析结合,得到声学滤波器的传输特性。

图 2-10 所示为第一种常见的声学元件,称为颈(constriction),其截面积小,两端开口,一端或两端与大管相接。

图 2-10　声学元件——颈

由于考虑的声波波长远大于颈的长度 L,所以管中所有的质点可以看作在做同相运动,所以管内介质可以当作一个做整体运动的质量元件。由牛顿运动定律可知

$$\Delta \widetilde{p} S = \rho_0 S L' \dot{\widetilde{u}} \tag{2-11-1}$$

其中:$\Delta \widetilde{p}$ 为颈两端的压强差;L' 为颈部的等效长度。这里用等效长度的原因亦与声辐射有关,因为开口端不是声强的节点。假设质点速度扰动为简谐波形式,则

$$-\mathrm{i}\omega \widetilde{u} = \frac{\Delta \widetilde{p} S}{\rho_0 S L'} \tag{2-11-2}$$

所以

$$\tilde{u} = \frac{\Delta \tilde{p} S}{-\mathrm{i}\omega \rho_0 S L'} \tag{2-11-3}$$

可以得知

$$Z = \frac{\Delta \tilde{p}}{S\tilde{u}} = -\mathrm{i}\omega \left(\frac{\rho_0 L'}{S} \right) = -\mathrm{i}\omega L_{\mathrm{e}} \tag{2-11-4}$$

可见,颈可以动态类比为电路系统的电感 $L_{\mathrm{e}} = \dfrac{\rho_0 L'}{S}$（参考 1.9 节,电感阻抗公式为 $Z = -\mathrm{i}\omega L$）。 由式(2-9-20)可知,两端开口的颈的等效长度需要修正为

$$L' \doteq L + 2 \cdot \frac{8a}{3\pi} \tag{2-11-5}$$

由于颈对应电路元件中的电感,则将 2.10 节的中间扩张管替换为颈后,也会拥有低通滤波器的特性。

图 2-11 所示为第二种常见的声学元件,称为腔(tank),其截面积大,两端或一端开口与颈或是小管相接。

弹簧　　　　　　　　　电容

图 2-11　声学元件——腔

因为质量守恒,腔体中的体积元在压缩和膨胀的过程中质量保持一定,即 $\mathrm{d}(\rho V) = 0$,所以,

$$\mathrm{d}\rho = -\rho_0 \frac{\mathrm{d}V}{V_0} \tag{2-11-6}$$

因为 $\dfrac{\partial p}{\partial \rho} = c^2$,所以 $\mathrm{d}p = c^2 \mathrm{d}\rho$。 假设体积为 $\mathrm{d}V = -S\tilde{\xi}$ 的介质从腔内流出,其中 $\tilde{\xi}$ 为介质质点的位移,则

$$\mathrm{d}\tilde{p} = \rho_0 c^2 \frac{-\mathrm{d}V}{V_0} = \rho c^2 \frac{S\tilde{\xi}}{V_0} \tag{2-11-7}$$

类比第 1 章中电容 C_{e} 两端的电压为 $\dfrac{q}{C_{\mathrm{e}}}$,而由式(1-9-2)和式(1-9-6)可知电压和机械系统的力(即声学系统的 $\dfrac{\mathrm{d}\tilde{p}}{S}$）对应,电荷和质点位移(即声学系统的 $\tilde{\xi}$）对应,观察式(2-11-7)可以发现

$$\frac{\mathrm{d}\tilde{p}}{S} = \frac{\tilde{\xi}}{\left(\dfrac{V_0}{\rho_0 c^2} \right)} \tag{2-11-8}$$

可见声学的腔体元件对应电路系统的电容,而电容值为 $\dfrac{V_0}{\rho_0 c^2}$,对应的声抗为(参考 1.9 节,电容阻抗公式为 $Z = \mathrm{i}\dfrac{1}{\omega C}$）

$$Z = \mathrm{i}\,\frac{1}{\omega\left(\dfrac{V_0}{\rho_0 c^2}\right)} = \mathrm{i}\,\frac{1}{\omega C_e} \tag{2-11-9}$$

了解了腔体阻抗后,我们可以通过旁支管的方程式(2-10-10)从阻抗的角度得到其传输特性,此处 $R_b = 0$,$X_b = -\dfrac{1}{\omega\left(\dfrac{V_0}{\rho_0 c^2}\right)} = -\dfrac{\rho_0 c^2}{\omega(S_l L)}$,可得透射功率比为

$$T = \frac{1}{1 + \left(\dfrac{S_l k L}{2S}\right)^2} \tag{2-11-10}$$

其在低频($kL \ll 1$)时几乎可以得到完全传输,因此腔体元件也是低通的声学滤波器。

接下来我们研究旁支是开口短管时主管的透射功率比。首先考虑旁支开口部分的辐射阻抗,在 $ka \ll 1$ 的情况下,没有镶边的开口的声阻抗(见式(2-9-21))为

$$Z_b = Z_L = \frac{\rho_0 c}{S}\left[\frac{(ka)^2}{4} - \mathrm{i}0.6ka\right] \tag{2-11-11}$$

所以,没有镶边的旁支的开口声阻抗的实部可以化简为 $\dfrac{\rho_0 \omega^2}{4\pi c}$。 而旁支的短管部分,其效应等同于颈部,所以声抗为 $Z = -\mathrm{i}\omega\left(\dfrac{\rho_0 L'}{S}\right)$,其中修正后的等效长度为 $L' \doteq L + \dfrac{8a}{3\pi} + 0.6a = L + 1.5a$。在 $kL \ll 1$ 的情况下,可以发现旁支的声阻抗的实部部分 $\left(\dfrac{\rho_0 \omega^2}{4\pi c}\right)$ 比虚部部分 $\left[\omega\left(\dfrac{\rho_0 L'}{S}\right)\right]$ 小很多,最后可以通过式(2-10-10)计算透射功率比为(无镶边、管口较小的辐射声抗部分也可以忽略)

$$T = \frac{1}{1 + \left(\dfrac{\pi a^2}{2SL'k}\right)^2} \tag{2-11-12}$$

可以看出带有没有镶边的旁支短管的主管功能是高通的声学滤波器,高频声波可以通过。这也可以由旁支短管为颈且等效于电路的电感(低通元件)得知。

最后,我们研究如图 2-12 所示的亥姆霍兹共鸣器,其由腔体(可为空心圆壳)插入一根短管组成。短管内的声质量为 $m = \rho_0 S L'$,其中,L' 为修正长度。L' 取决于短管和腔体的接触形式,如果短管没有插入腔体和管中,$L' = L + 2 \cdot \dfrac{8a}{3\pi}$;如果短管插入腔体和管中,$L' = L + 2 \cdot 0.6a$;如果短管没有插入腔体仅插入管中,$L' = L + \left(\dfrac{8a}{3\pi} + 0.6a\right)$。

有镶边的亥姆霍兹共鸣器的等效串联电路如图 2-13 所示。由前文可知,没有镶边的旁支的开口声阻抗的实部(低频辐射声阻)为 $\dfrac{\rho_0 \omega^2}{4\pi c}$,而有镶边的旁支的开口声阻抗因障板的存在而加倍,其实部为 $\dfrac{\rho_0 \omega^2}{2\pi c}$。

因此,有镶边的亥姆霍兹共鸣器的声阻抗为

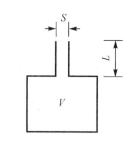

图 2-12　声学元件——亥姆霍兹共鸣器

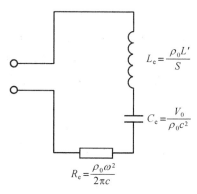

图 2-13　有镶边的亥姆霍兹共鸣器的等效串联电路

$$Z = -\mathrm{i}\omega\left(\frac{\rho_0 L'}{S}\right) + \mathrm{i}\left(\frac{\rho_0 c^2}{\omega V_0}\right) + \frac{\rho_0 \omega^2}{2\pi c} \tag{2-11-13}$$

因为共振发生在声抗为零的时候,所以可得亥姆霍兹共鸣器的共振频率为

$$f = \frac{1}{2\pi} \cdot \frac{1}{\sqrt{L_e C_e}} = \frac{1}{2\pi}\sqrt{\frac{c^2 S}{L' V}} \tag{2-11-14}$$

　　假如旁支是亥姆霍兹共鸣器,声抗为 $X_b = \omega\dfrac{\rho_0 L'}{S} - \dfrac{\rho_0 c^2}{\omega V_0}$,在低频的时候小孔径的、没有镶边开口的辐射效率很低(见式(2-9-23)),所以低频时声阻可以忽略。将声抗代入式(2-10-10),透射功率比可以表示为

$$T = \cfrac{1}{1 + \cfrac{c^2}{4S^2\left(\omega\dfrac{L'}{S} - \dfrac{c^2}{\omega V_0}\right)^2}} \tag{2-11-15}$$

可见旁支为亥姆霍兹共鸣器就可以做成共振式消声器,且当 $f = \dfrac{1}{2\pi}\sqrt{\dfrac{c^2 S}{L' V}}$ 时,透射功率比为零,亥姆霍兹共鸣器做到了带通滤波的功能。

2.12　声号筒

　　回顾之前的讨论,对于图 2-14 这种没有镶边的声学管,开口端的透射功率比为 $T \doteq$

$(ka)^2$(式(2-9-23)),则对于小管径的管而言,在低频时的辐射效率(即辐射阻)很低(几乎为零)。只有当管口的尺寸相对波长而言较大$(ka \geqslant 1$,见式(2-8-38)) 时,管口才可以与空气的特性阻抗匹配,此时声抗趋近于零,可以得到最大的辐射效率。一般而言,振动源的几何尺寸是小的,为了与空气的特性阻抗匹配,必须逐渐变化管径来减少声反射回到声源以达到最大的辐射效率。然而,如果管径大小变化得过快,声波会在匹配前就提早进入空气介质而失去了匹配的效果。在本节,我们将探讨声号筒的传声特性,其本质为声变压器,能将号筒喉部(入口端)的高阻抗$\left(Z = \dfrac{\tilde{p}}{\tilde{U}}\right)$转换为出口端的低阻抗。如果将号筒的截面变化颠倒,就可以得到超声变幅杆,可以放大力或振动速度。

图 2-14　无障板开口管

为方便说明现象,这里我们考虑一维无限长号筒,管截面积的变化规律为指数形式,如图 2-15 所示。

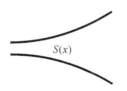

$S(x)$

图 2-15　指数形截面号筒

由位置 x 和 $x + \Delta x$ 之间的质量守恒关系得

$$\frac{\partial}{\partial t}(\rho S \Delta x) = (\rho S u)_x - (\rho S u)_{x+\Delta x} \tag{2-12-1}$$

所以,当 $\Delta x \to 0$,有

$$\frac{\partial}{\partial t}(\rho S) = -\frac{\partial}{\partial x}(\rho S u) \tag{2-12-2}$$

将忽略重力影响的小振幅扰动连续性方程(见式(2-6-9))左右乘以截面积 S 得到

$$S \frac{\partial \tilde{\rho}}{\partial t} + \rho_0 \frac{\partial}{\partial x} S \tilde{u} = 0 \tag{2-12-3}$$

结合线性化的动量方程(见式(2-5-24))

$$\rho_0 \frac{\partial \tilde{u}}{\partial t} = -\frac{\partial \tilde{p}}{\partial x} \tag{2-12-4}$$

结合式(2-12-3)和式(2-12-4)可得

$$\frac{1}{c_0^2} \cdot \frac{\partial^2 \tilde{p}}{\partial t^2} = \frac{1}{S} \cdot \frac{\partial}{\partial x}\left(S \frac{\partial \tilde{p}}{\partial x}\right) \tag{2-12-5}$$

可进一步推得

$$\frac{\partial^2 \tilde{p}}{\partial x^2} + \frac{\partial}{\partial x}(\ln S) \frac{\partial \tilde{p}}{\partial x} = \frac{1}{c_0^2} \cdot \frac{\partial^2 \tilde{p}}{\partial t^2} \tag{2-12-6}$$

式(2-12-6)称为 Webster 号筒方程。

截面积的指数式变化为

$$S = S_0 e^{mx} \tag{2-12-7}$$

其中：S_0 为 $x = 0$ 处的截面积；m 称为蜿展常数,反映截面积变化的快慢。所以 Webster 号筒方程化为

$$\frac{\partial^2 \tilde{p}}{\partial x^2} + m \frac{\partial \tilde{p}}{\partial x} = \frac{1}{c_0^2} \cdot \frac{\partial^2 \tilde{p}}{\partial t^2} \tag{2-12-8}$$

假设简谐声波 $\tilde{p} = \tilde{p}_0 e^{i(\omega t - kx)}$,则可得

$$k^2 + imk - k_0^2 = 0 \tag{2-12-9}$$

其中 $k_0 = \dfrac{\omega}{c_0}$ 为等截面杆中的声波波数,其解为

$$k = \pm k_0 \sqrt{1 - \left(\frac{m}{2k_0}\right)^2} - i \frac{m}{2} \tag{2-12-10}$$

其中波数取负代表反射波。稳态解为

$$\tilde{p}(x) = \tilde{p}_0 \exp\left\{-\frac{m}{2}x + i\left[\omega t - \sqrt{k_0^2 - \left(\frac{m}{2}\right)^2}x\right]\right\} \tag{2-12-11}$$

其中假设号筒无限长,所以没有反射声波。

针对式(2-12-11),我们可以由 k_0 和 $\dfrac{m}{2}$ 的关系分为几个情况来讨论:如果 $k_0 > \dfrac{m}{2}$,声波可以在号筒内传播;如果 $k_0 < \dfrac{m}{2}$,声波会衰减而无法传播,称为消逝波(evanescent waves)。所以,对于指数形截面号筒,会有截止频率 $f_c = \dfrac{mc_0}{4\pi}$,激励频率必须大于截止频率声波才会传播。正向传播的声波波数可以用截止频率表示为

$$k = k_0\left[\sqrt{1 - \left(\frac{f_c}{f}\right)^2} - i\left(\frac{f_c}{f}\right)\right] \tag{2-12-12}$$

因此,号筒中传播的简谐声波可表示为

$$\tilde{p} = \tilde{p}_0 \exp\left[i\left(\omega t - \left\{k_0\left[\sqrt{1 - \left(\frac{f_c}{f}\right)^2} - i\left(\frac{f_c}{f}\right)\right]\right\}x\right)\right] \tag{2-12-13}$$

由式(2-12-4)知号筒中质点速度振幅和声压的关系为

$$\tilde{u} = -\frac{1}{\rho_0}\int \frac{\partial \tilde{p}}{\partial x}dt \tag{2-12-14}$$

并替换 $k_0 = \dfrac{\omega}{c_0}$ 可知

$$\tilde{u} = \frac{1}{\rho_0 c}\left[\sqrt{1 - \left(\frac{f_c}{f}\right)^2} - i\left(\frac{f_c}{f}\right)\right]\tilde{p} \tag{2-12-15}$$

所以,号筒中喉部的声辐射阻抗(喉部声源的负载阻抗)为

$$z_r = S_0 \frac{\tilde{p}}{\tilde{u}} = S_0 \rho_0 c\left[\sqrt{1 - \left(\frac{f_c}{f}\right)^2} - i\left(\frac{f_c}{f}\right)\right]^{-1} \tag{2-12-16}$$

由于声辐射阻抗包含有辐射声阻（实部部分），所以会有辐射损耗，声源所产生的平均损耗功率为

$$\langle W_r \rangle = \frac{1}{2} \mathrm{Re}(z_r) \tilde{u}^2 = \frac{1}{2} \rho_0 c S_0 \sqrt{1 - \left(\frac{f_c}{f}\right)^2} \tilde{u}^2 \tag{2-12-17}$$

可以发现，当激励频率 $f \gg f_c$ 时，有

$$\langle W_r \rangle_{\max} = \frac{1}{2} \rho_0 c S_0 \tilde{u}^2 \tag{2-12-18}$$

式（2-12-18）恰好等于同样的声源进入等截面管中所产生的平均损耗功率，因此，可以实现阻抗匹配（截面积为 S_0 的管的特性阻抗为 $Z_p = \dfrac{\rho_0 c}{S_0}$，而 $z_r = Z S_0^2$）。

此外，从之前针对无限大障板中的圆形活塞的指向性讨论中可以看出，ka 越小，即活塞尺寸相对波长而言较小或是辐射频率较小时，声波的辐射是接近各向同性的。因此，如果在空旷的场所要加强远距离广播的效果，可以使用出口为大口径的号筒式扬声器来加强指向性。如果没有声号筒，当 $ka \ll 1$，无限障板中的活塞声源辐射阻为 $\rho_0 c S \dfrac{(ka)^2}{2}$，所以声源所产生的平均损耗功率仅为

$$\langle W_r \rangle = \frac{1}{4} \rho_0 c S (ka)^2 \tilde{u}^2 \ll \frac{1}{2} \rho_0 c S \tilde{u}^2 \tag{2-12-19}$$

所以，声源加上号筒可以明显放大声音，提高声波的辐射效率。虽然本节考虑的是无限长指数形截面号筒的行为，但是相关结论可以帮助我们了解实际有限长号筒的基本特性。事实上，如果号筒的出口半径足够大，且工作频率远高于号筒的截止频率，则有限长号筒的传输特性和无限长号筒的传输特性相近。

值得一提的是，对于同样构型的实心号筒，如果在大面积端激励有超声应力波，小面积端的质点位移或速度将被放大，超声能量会集中在较小的面积上，可以用来做超声加工，此时的器件被称为超声变幅杆。

2.13 驻波管法

在本章的最后一节中，我们将简单介绍一下隔声量的测量方法。隔声性能是评价材料声学特性的一项重要指标。隔声性能通常借助隔声量表征。常用的测量隔声量的方法有混响室法和驻波管法。由于驻波管法所需的试件较少，系统搭建简单，因此测量材料的隔声量通常借助驻波管法进行。依据传感器数量的多少，驻波管法可以分为三传感器法和四传感器法。三传感器法与四传感器法原理相同，相较于三传感器法，四传感器法的结果更加精确，但模型更加复杂。本节仅介绍三传感器法，对四传感器法感兴趣的读者可以参考相关文献。

驻波管三传感器法的测量原理图如图 2-16 所示。声源布置于驻波管的左端，被测样品布置于驻波管中，驻波管右端布置吸声性能较好的材料，以避免声波在末端发生反射。传感器 A 和 B 布置于声源与被测材料间，传感器 C 布置于被测材料与吸声末端间。当声源发射

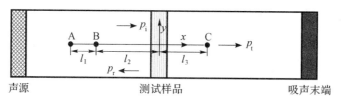

图 2-16 驻波管三传感器法的测量原理

声波后,声波将沿着 x 轴正向传播,遇到被测样品后,入射声波将发生反射和透射。假设入射波的声压大小为 p_i,反射波的声压大小为 p_r,透射波的声压大小为 p_t,传感器 A、B、C 测得的声压大小为 p_A、p_B 和 p_C,传感器测量得到的声压与入射声压、反射声压和透射声压满足如下关系式:

$$p_A = p_i e^{-ik(l_1+l_2)} + p_r e^{ik(l_1+l_2)} \tag{2-13-1a}$$

$$p_B = p_i e^{-ikl_2} + p_r e^{ikl_2} \tag{2-13-1b}$$

$$p_C = p_t e^{-ikl_3} \tag{2-13-1c}$$

通过式(2-13-1),可以得到

$$p_i = \frac{p_B e^{ikl_1} - p_A}{e^{ik(l_1-l_2)} - e^{-ik(l_1+l_2)}} \tag{2-13-2a}$$

$$p_r = \frac{p_B e^{-ikl_1} - p_A}{e^{-ik(l_1-l_2)} - e^{ik(l_1+l_2)}} \tag{2-13-2b}$$

$$p_t = p_C e^{ikl_3} \tag{2-13-2c}$$

因此,借助驻波管法,只需要进行一次试验,便可以测量得到入射波、反射波及透射波的声压大小,随后按照隔声量的定义

$$TL = 20\lg \left| \frac{P_i}{P_t} \right| \tag{2-13-3}$$

即可得到被测材料的隔声量。

本章参考文献

陈文剑,张揽月. MATLAB 在声学理论基础中的应用[M]. 哈尔滨:哈尔滨工程大学出版社,2016.

杜功焕,朱哲民,龚秀芬. 声学基础[M].3 版.南京:南京大学出版社,2012.

顾永伟. 局域共振声子晶体的优化设计与模拟[D]. 上海:上海交通大学,2009.

何祚镛,赵玉芳. 声学理论基础[M]. 北京:国防工业出版社,1981.

胡德绥. 弹性波动力学[M]. 北京:地质出版社,1989.

黄德波. 水波理论基础[M]. 北京:国防工业出版社,2011.

马大猷. 现代声学理论基础[M]. 北京:科学出版社,2004.

曲波,朱蓓丽. 驻波管中隔声量的四传感器测量法[J]. 噪声与振动控制,2002,22(6):44-46.

杨卫东,王建华,李学安,等. 驻波管中的隔声量测试方法[J]. 噪声与振动控制,2000

(6)：41-43.

Achenbach J D. Wave Propagation in Elastic Solids[M]. Amsterdam：North-Holland Pub. Co. ，1973.

Billinghamm J，King A C. Wave Motion：Theory and Appilication[M]. Cambridge：Cambridge University Press，2001.

Blackstock D T. Fundamentals of Physical Acoustics[M]. New York：Wiley，2000.

Boas M L. Mathematical Methods in the Physical Sciences[M]. 3rd ed. Hoboken，NJ：Wiley，2006.

Drumheller D S，Bedford A. Introduction to Elastic Wave Propagation[M]. Chichester，UK：Wiley，1994.

Fitzpcitrick R. Oscillations and Waves[M]. London：Taylor and Francis，2013.

Graff K F. Wave Motion in Elastic Solids[M]. New York：Dover Publications，1991.

Hecht E. Optics[M]. 5th ed. Boston：Pearson Education，2017.

Johnson R S. A Modern Introduction to the Mathematical Theory of Water Waves[M]. Cambridge：Cambridge University Press，1997.

Kinsler L E，Frey A R，Coppens A B，et al. Fundamentals of Acoustics[M]. 2nd ed. New York：Wiley，1962.

Morse P M. Vibration and Sound[M]. New York：McGraw-Hill Book Co. ，1948.

Munjal M L. Noise and Vibration Control [M]. Singapore：World Scientific Publishing，2013.

Nelson P A，Elliott S J. Active Control of Sound[M]. New York：Academic Press，1992.

Olson H F. Acoustical Engineering[M]. London：Van Nostrand Co. ，1957.

Randall R H. An Introduction to Acoustics [M]. Reading，Mass. ：Addison-Wesley Press，1951.

Seto W W. Theory and Problems of Acoustics[M]. New York：McGraw-Hill Book Co. ，1971.

Stork D G，Berg R E. The Physics of Sound[M]. 3rd ed. Upper Saddle River，NJ：Pearson Prentice-Hall，2005.

Temkin S. Elements of Acoustics[M]. New York：Wiley，1981.

第 3 章　水　波

　　水波是生活中最容易观察的波动现象,我们经常能在湖边看到水波的传播、反射以及船行波等现象。水波看似简单,但实际上波动行为却远比声波复杂。比如当雨滴落在水面上时,从中心往外传播的水波并不是等波长的同心圆。事实上,著名的物理学家费曼在其著作《费曼物理学讲义》里曾经写道:"Now, the next waves of interest, that are easily seen by everyone and which are usually used as an example of waves in elementary courses, are water waves. As we shall soon see, they are the worst possible example, because they are in no respects like sound and light; they have all the complications that waves can have."(接着介绍的下一个波是大家常见到的水波。水波通常是在基础物理课程中被用来说明波的现象的例子。我们很快就会看到,它们是最糟糕的例子,因为它们在任何方面都不像声波和光波,它们具有波可能产生的所有复杂情况。)他直接指出了水波的复杂性。受限于本书的篇幅和重点,本章我们主要关心最基本的水波现象,并通过水波介绍一些和波动相关的新现象,例如频散(又称弥散),因为这些现象容易通过水波观察到,所以我们将水波这章提前于光波的介绍。

　　自由表面的存在是水波和其他波动现象不同的一大缘由。因此,我们主要关心的是水的表面波。从让水波波形变化的外部回复力区分,水波可以分为回复力为重力的重力波和回复力为表面张力的毛细波,还可以从水的深浅区分为深水波和浅水波。我们还会介绍船行波,并在最后简单介绍非线性的孤立波。学习本章的基本思路是,先知道水有自由表面和底面,还需要考虑水底面的边界条件。反之,如果忽略底面,就是深水,也就不必考虑水底面的边界条件了。此外,一般来说,在回复力是重力的情况下,如果进一步考虑表面张力,则重力的影响需要修正。

3.1　水波问题的数学模型

　　回顾第 2 章的声波,声波方程是由下面理想流体的连续性方程和动量方程所推得的。

$$\frac{\partial \rho}{\partial t} + \nabla \cdot (\rho \boldsymbol{u}) = 0 \tag{3-1-1}$$

$$\frac{\partial \boldsymbol{u}}{\partial t} + \boldsymbol{u} \cdot \nabla \boldsymbol{u} = -\frac{1}{\rho} \nabla p \tag{3-1-2}$$

　　如同第 2 章所讨论的一样,式(3-1-2)忽略了重力项 $\boldsymbol{g}$。与在空气中传播的声波不同,对于在水中传播的水波而言,当水的压力变化微小的时候,可以被视为密度为常数的不可压缩流体,即意味着密度保持恒定而不发生变化$\left(\dfrac{\mathrm{D}\rho}{\mathrm{D}t}=0\right)$。不可压缩流体的连续性方程可以改写为

$$\nabla \cdot \boldsymbol{u} = 0 \tag{3-1-3}$$

回顾第 2 章,对于无旋流动,必有速度势函数 $\phi(\boldsymbol{x},t)$,使得 $\boldsymbol{u}=\nabla\phi$。波动的本质是质点回复力与惯性的动态平衡。对于在水中传播的水波而言,重力是将水质点拉回到水平状态的回复力,因此动量方程内的重力项一般不可以忽略。水波的动量方程为

$$\frac{\partial \boldsymbol{u}}{\partial t} + \boldsymbol{u} \cdot \nabla \boldsymbol{u} = -\frac{1}{\rho}\nabla p + \boldsymbol{g} \tag{3-1-4}$$

由矢量的恒等式关系 $\boldsymbol{u}\times(\nabla\times\boldsymbol{u})=\nabla\left(\dfrac{1}{2}\boldsymbol{u}\cdot\boldsymbol{u}\right)-\boldsymbol{u}\cdot\nabla\boldsymbol{u}$,代入 $\boldsymbol{u}=\nabla\phi$ 和 $\nabla\times\boldsymbol{u}=0$,可得

$$\boldsymbol{u} \cdot \nabla \boldsymbol{u} = \nabla\left(\frac{1}{2}\nabla\phi \cdot \nabla\phi\right) \tag{3-1-5}$$

假设自由表面($z=0$)往上是 $+z$,重力作用在 $-z$ 方向,则

$$\boldsymbol{g} = \nabla(-gz) \tag{3-1-6}$$

所以动量方程(式(3-1-4))可以写为

$$\frac{\partial}{\partial t}(\nabla\phi) + \nabla\left(\frac{1}{2}\nabla\phi \cdot \nabla\phi\right) = -\frac{1}{\rho}\nabla p + \nabla(-gz) \tag{3-1-7}$$

式(3-1-7)可以进一步改写为

$$\nabla\left(\frac{\partial \phi}{\partial t} + \frac{1}{2}\nabla\phi \cdot \nabla\phi + \frac{p}{\rho} + gz\right) = 0 \tag{3-1-8}$$

所以

$$\frac{\partial \phi}{\partial t} + \frac{1}{2}\nabla\phi \cdot \nabla\phi + \frac{p}{\rho} + gz = A(t) \tag{3-1-9}$$

其中 $A(t)$ 代表任意一个仅随时间变化的函数。将 ϕ 替换为 $\phi+\displaystyle\int_0^t A(s)\mathrm{d}s$,则 $\dfrac{\partial \phi}{\partial t} \mapsto \dfrac{\partial \phi}{\partial t} + A(t)$,上式可以改写为

$$\frac{\partial \phi}{\partial t} + \frac{1}{2}\nabla\phi \cdot \nabla\phi + \frac{p}{\rho} + gz = 0 \tag{3-1-10}$$

式(3-1-10)称为伯努利方程。就水波而言,一旦得到速度势 ϕ,就可以通过伯努利方程得到压强。本章将由连续性方程(式(3-1-3))和伯努利方程(式(3-1-10))推导水波方程。

将 $\boldsymbol{u}=\nabla\phi$ 代入式(3-1-3)可得

$$\nabla \cdot \nabla\phi = \nabla^2\phi = 0 \tag{3-1-11}$$

上式为无黏性、不可压缩流体无旋流动的场方程,称为拉普拉斯方程。可见,对于水波而言,速度势函数并不满足标准波动方程。事实上,对于第 2 章的声波而言,其考虑了密度的变化 $\dfrac{\partial \rho}{\partial t}$,因此推导出了声波的波动方程。而水的密度被视为常数,因此无法从连续性方程和伯努利方程得到标准波动方程。

虽然水波不满足标准波动方程,但是水具有自由表面,因此我们可以进一步考虑自由边界的影响来研究水波的传播。自由表面的存在也是水波区别于其他波动问题的特点。式

(3-1-7) 右边项可以用逾量压强的梯度表示为

$$-\frac{1}{\rho}\nabla p + \nabla(-gz) = -\frac{1}{\rho}(\nabla\widetilde{p})\tag{3-1-12}$$

其中

$$\widetilde{p} = p + \rho gz\tag{3-1-13}$$

为水受扰动后的逾量压强。对于自由表面，$p = p_a$ 是大气压。由于逾量压强 $\widetilde{p}$ 在伯努利方程的推导过程中以 $\nabla\widetilde{p}$ 形式出现，在不影响 $\nabla\widetilde{p}$ 的情况下，我们可以将 p 替换为 $p - p_a$，即令水自由表面的压强为零（$p = p_a - p_a = 0$）。考虑受扰动后的水自由表面 $z = \eta(x,y,t)$，式 (3-1-10) 变为

$$\frac{\partial\phi}{\partial t} + \frac{1}{2}\nabla\phi\cdot\nabla\phi + g\eta = 0\tag{3-1-14}$$

对于小振幅水波而言，有

$$\frac{\partial\phi}{\partial t} + g\eta = 0,\quad z = \eta(x,y,t)\tag{3-1-15}$$

式 (3-1-15) 为水波在自由表面的动力学边界条件。

　　水波的自由表面的另外一个运动学特征是，自由表面的水质点不论如何振动都会保持在自由表面，因此

$$\frac{\mathrm{D}}{\mathrm{D}t}[z - \eta(x,y,t)] = \frac{\partial}{\partial t}[z - \eta(x,y,t)] + \boldsymbol{u}\cdot\nabla[z - \eta(x,y,t)] = 0\tag{3-1-16}$$

其中 $\dfrac{\mathrm{D}}{\mathrm{D}t} = \dfrac{\partial}{\partial t}\Big|_{x_i = 常数} + \boldsymbol{u}\cdot\nabla$ 是第 2 章声波单元提过的物质导数算子且 $z - \eta(x,y,t) = 0$ 代表随水波质点运动的水表面的方程。将 $\boldsymbol{u} = \nabla\phi$ 代入式 (3-1-16)，可得

$$-\frac{\partial\eta}{\partial t} + \left(\frac{\partial\phi}{\partial x}, \frac{\partial\phi}{\partial y}, \frac{\partial\phi}{\partial z}\right)\cdot\left(-\frac{\partial\eta}{\partial x}, -\frac{\partial\eta}{\partial y}, 1\right)$$

$$= -\frac{\partial\eta}{\partial t} - \frac{\partial\phi}{\partial x}\cdot\frac{\partial\eta}{\partial x} - \frac{\partial\phi}{\partial y}\cdot\frac{\partial\eta}{\partial y} + \frac{\partial\phi}{\partial z}$$

$$= 0\tag{3-1-17}$$

因此

$$\frac{\partial\phi}{\partial z} \simeq \frac{\partial\eta}{\partial t},\quad z = \eta\tag{3-1-18}$$

其中，做了其是小振幅水波（振幅远比波长小）的假设。式 (3-1-18) 为水波自由表面的运动学边界条件。最后，在水底部 $z = -h(x,y)$ 需要满足"水质点速度的法向分量为零"的边界条件（$\boldsymbol{u}\cdot\boldsymbol{n} = \left(\frac{\partial\phi}{\partial x}, \frac{\partial\phi}{\partial y}, \frac{\partial\phi}{\partial z}\right)\cdot(0,0,1) = 0$），因此

$$\frac{\partial\phi}{\partial z} = 0,\quad z = -h\tag{3-1-19}$$

　　最后，我们将具有水深 h 的小振幅扰动水波问题整理如下：

$$\nabla^2\phi = 0,\quad -\infty < x < \infty,\quad -\infty < y < \infty,\quad -h \leqslant z \leqslant 0\tag{3-1-20}$$

边界条件为：

　　(1) $\dfrac{\partial\phi}{\partial t} = -g\eta,\quad z = 0$（自由表面动力学边界条件）$\tag{3-1-21}$

(2) $\dfrac{\partial \phi}{\partial z} = \dfrac{\partial \eta}{\partial t}$, $z = 0$(自由表面运动学边界条件) $\hspace{2cm}$ (3-1-22)

(3) $\dfrac{\partial \phi}{\partial z} = 0$, $z = -h$(底面边界条件) $\hspace{2cm}$ (3-1-23)

边界条件(1)和(2)可以进一步整合如下

$$\frac{\partial^2 \phi}{\partial t^2} = -g \frac{\partial \eta}{\partial t} = -g \frac{\partial \phi}{\partial z} \tag{3-1-24}$$

所以得到整合后的水自由表面边界条件

(4) $\dfrac{\partial^2 \phi}{\partial t^2} = -g \dfrac{\partial \phi}{\partial z}$, $z = 0$ $\hspace{2cm}$ (3-1-25)

　　如果是深水,水波在表面传播,就只需要边界条件(4),而不需要用到水底面的边界条件(3)。接下来,我们会从水的深浅(相对波长而言)来分析水波的传播性质。

3.2　浅水波近似理论

　　我们首先考虑线性浅水波的情况,这里水的深浅是相对于水波波长而言的,即浅水波指的是水深远比受扰动的水波的波长小的水波。水波的动量方程为(见式(3-1-4))

$$\frac{D\boldsymbol{u}}{Dt} = -\frac{1}{\rho} \nabla p + \boldsymbol{g} \tag{3-2-1}$$

其中 $\dfrac{D}{Dt} = \dfrac{\partial}{\partial t} + \boldsymbol{u} \cdot \nabla$ 为物质导数算子。对于浅水波,可以假定水质点的加速度的 z 向分量 $\dfrac{Du_z}{Dt}$ 远比重力加速度小而可以忽略,水平面方向的流体速度视为均匀,则

$$-\rho g = \frac{\partial p}{\partial z} \tag{3-2-2}$$

对 z 积分后可得

$$\int_z^{\eta} -\rho g \, dz = \int_z^{\eta} dp = p(\eta) - p(z) = -p(z) \tag{3-2-3}$$

其中,在受扰动的自由表面($z = \eta$)压强为零($p = 0$)。 所以

$$p = \rho g(\eta - z) \tag{3-2-4}$$

　　不考虑黏性时,由于水底面的速度 u_x、u_y 为零,可以进一步假设 u_x、u_y 与 z 无关。若忽略物质导数算子中的非线性项,将式(3-2-4)代入式(3-2-1),可得

$$\begin{cases} \dfrac{\partial u_x}{\partial t} + g \dfrac{\partial \eta}{\partial x} = 0 \\[2mm] \dfrac{\partial u_y}{\partial t} + g \dfrac{\partial \eta}{\partial y} = 0 \end{cases} \tag{3-2-5}$$

结合边界条件式(3-1-18)$\left(\dfrac{\partial \phi}{\partial z} \simeq \dfrac{\partial \eta}{\partial t}, z = \eta\right)$ 和式(3-1-19)$\left(\dfrac{\partial \phi}{\partial z} = 0, z = -h\right)$ 可得边界条件

$$\frac{\partial \eta}{\partial t} = \frac{\partial \phi}{\partial z}\bigg|_{z=\eta} - \frac{\partial \phi}{\partial z}\bigg|_{z=-h} = u_z\big|_{\eta} - u_z\big|_{-h} \tag{3-2-6}$$

但是由不可压缩流体的连续性方程(式(3-1-3),$\nabla \cdot \boldsymbol{u} = 0$)可知

$$\frac{\partial u_x}{\partial x} + \frac{\partial u_y}{\partial y} + \frac{\partial (u_z\big|_{\eta} - u_z\big|_{-h})}{\partial z} = 0 \tag{3-2-7}$$

即

$$u_z\big|_{\eta} - u_z\big|_{-h} = -\int_{-h}^{\eta}\left(\frac{\partial u_x}{\partial x} + \frac{\partial u_y}{\partial y}\right)\mathrm{d}z \tag{3-2-8}$$

所以

$$\frac{\partial \eta}{\partial t} = -\left(\frac{\partial u_x}{\partial x} + \frac{\partial u_y}{\partial y}\right)(\eta + h) \simeq -\left(\frac{\partial u_x}{\partial x} + \frac{\partial u_y}{\partial y}\right)h \tag{3-2-9}$$

于是边界条件可以整理为

$$\frac{\partial \eta}{\partial t} + h\left(\frac{\partial u_x}{\partial x} + \frac{\partial u_y}{\partial y}\right) = 0 \tag{3-2-10}$$

边界条件对时间微分可得

$$\frac{\partial^2 \eta}{\partial t^2} + h\frac{\partial^2 u_x}{\partial x \partial t} + h\frac{\partial^2 u_y}{\partial y \partial t} = 0 \tag{3-2-11}$$

结合式(3-2-5),可得

$$\frac{\partial^2 \eta}{\partial t^2} - gh\left(\frac{\partial^2 \eta}{\partial x^2} + \frac{\partial^2 \eta}{\partial y^2}\right) = 0 \tag{3-2-12}$$

即

$$\nabla^2_{/\!/}\eta = \frac{1}{(\sqrt{gh})^2} \cdot \frac{\partial^2 \eta}{\partial t^2} \tag{3-2-13}$$

其中

$$\nabla^2_{/\!/} = \nabla^2 - \frac{\partial^2}{\partial z^2} \tag{3-2-14}$$

所以浅水波满足波动方程,其波速为

$$c = \sqrt{gh} \tag{3-2-15}$$

我们可以用量纲一致性原则来推测浅水波波速。波速 c 的量纲为 $[LT^{-1}]$。我们可能需要考虑的影响水波参数的物理量有重力加速度 g,量纲为 $[LT^{-2}]$;密度 ρ,量纲为 $[ML^{-3}]$;以及水深 h,量纲为 $[L]$。注意:在这里我们并没有考虑波长或是波数,原因是波长远大于水深,因此在我们考虑的空间内可以忽略波长的影响。量纲一致性原则指出,对于经典物理公式,方程两边所有物理量的基本量纲的因次必须一致。设重力加速度量纲的幂次为 p,密度量纲的幂次为 q,水深量纲的幂次为 r,则可得

$$[c] = [g]^p [\rho]^q [h]^r \tag{3-2-16}$$

量纲关系为

$$[LT^{-1}] = [LT^{-2}]^p [ML^{-3}]^q [L]^r \tag{3-2-17}$$

所以

$$L: p - 3q + r = 1 \tag{3-2-18}$$

$$T: -2p = -1 \tag{3-2-19}$$

$$M: q = 0 \tag{3-2-20}$$

可以解得 $p = \dfrac{1}{2}$ 和 $r = \dfrac{1}{2}$，因此，波速的表达式为 $\sqrt{gh}$。

3.3　深水波

接着考虑深水波。如果是深水，水深远大于波长，水波在远离水底的表面传播，因此只需要考虑水表面的边界条件 $\dfrac{\partial^2 \phi}{\partial t^2} = -g \dfrac{\partial \phi}{\partial z}$（式（3-1-25））就足够了。由于无黏性、不可压缩流体的无旋流动问题对应的是拉普拉斯方程（$\nabla^2 \phi = 0$），先假设速度势 ϕ 可以表示为行进波

$$\phi = \Phi(z) \exp[i(kx - \omega t)] \tag{3-3-1}$$

代入拉普拉斯方程，可得

$$\Phi''(z) - k^2 \Phi(z) = 0 \tag{3-3-2}$$

其通解包含 e^{kz} 和 e^{-kz} 的线性组合，但是其中的 e^{-kz} 不满足水底面的边界条件（会发散），所以

$$\Phi(z) = \Phi_0 e^{kz} \tag{3-3-3}$$

其中 Φ_0 为水面处的速度势的值。因此

$$\frac{\partial^2 \phi}{\partial t^2} = -\omega^2 \phi \tag{3-3-4}$$

以及

$$\frac{\partial \phi}{\partial z} = k\phi \tag{3-3-5}$$

代入水自由表面边界条件（3-1-25）可知

$$\omega^2 = gk \tag{3-3-6}$$

由上式可知，对于某一个波长的水波（也可以说是对应某一个波数 k）而言，式（3-3-1）的 ω 必须满足式（3-3-6）（即 $\omega = \sqrt{gk}$）的频散关系或是色散关系式。此时波速

$$c = \frac{\omega}{k} = \frac{\sqrt{gk}}{k} = \sqrt{\frac{g}{k}} = \sqrt{\frac{g\lambda}{2\pi}} \tag{3-3-7}$$

由于我们是先假设速度势 ϕ 为行进波，代入拉普拉斯方程（非波动方程）和水自由表面边界条件后得到实数的波数，因此，自由表面的存在使得水质点受扰动后呈现波动特性。

我们依然可以用量纲一致性原则来推测频散关系式。对于深水波，必须多考虑波数（量纲为 $[L^{-1}]$）（或波长（量纲为 $[L]$）的影响。角频率 ω 的量纲为 $[T^{-1}]$。设重力加速度量纲的幂次为 p，波数的幂次为 q，密度量纲的幂次为 r，则可得

$$[\omega] = [g]^p [k]^q [\rho]^r \tag{3-3-8}$$

量纲关系为

$$[T^{-1}] = [LT^{-2}]^p [L^{-1}]^q [ML^{-3}]^r \tag{3-3-9}$$

所以

$$L: p - q - 3r = 0 \tag{3-3-10}$$

$$\text{T}: -2p = -1 \tag{3-3-11}$$

$$\text{M}: r = 0 \tag{3-3-12}$$

可以解得 $p = \dfrac{1}{2}$ 和 $q = \dfrac{1}{2}$,因此,频散关系式的表达式为 $\omega = \sqrt{gk}$ 。

3.4　线性重力波

对于一般的情况(水不深不浅),需要考虑水底面($z = -h$)的边界条件 $\left(\dfrac{\partial \phi}{\partial z} = 0\right)$,此处必须把深水波速度势通解中发散的项 e^{-kz} 考虑进来,所以

$$\Phi(z) = \Phi_1 \mathrm{e}^{kz} + \Phi_2 \mathrm{e}^{-kz} \tag{3-4-1}$$

因为 $\Phi'(-h) = 0$,所以

$$\Phi_1 \mathrm{e}^{-kh} = \Phi_2 \mathrm{e}^{kh} \tag{3-4-2}$$

令其等于常数 $\dfrac{A}{2}$,则

$$
\begin{aligned}
\Phi(z) &= \frac{1}{2} A \mathrm{e}^{k(z+h)} + \frac{1}{2} A \mathrm{e}^{-k(z+h)} \\
&= A \cosh[k(z+h)]
\end{aligned} \tag{3-4-3}
$$

所以,速度势 ϕ 为

$$\phi = A \cosh[k(z+h)] \exp[\mathrm{i}(kx - \omega t)] \tag{3-4-4}$$

在 $z = 0$ 处,由于边界条件为 $\dfrac{\partial^2 \phi}{\partial t^2} = -g \dfrac{\partial \phi}{\partial z}$ (式(3-1-24)),所以

$$\left. \frac{\partial^2 \phi}{\partial t^2} \right|_{z=0} = -\omega^2 \phi \big|_{z=0} \tag{3-4-5}$$

以及

$$
\begin{aligned}
\left. \frac{\partial \phi}{\partial z} \right|_{z=0} &= kA \sinh(kh) \exp[\mathrm{i}(kx - \omega t)] \\
&= kA \cosh(kh) \frac{\sinh(kh)}{\cosh(kh)} \exp[\mathrm{i}(kx - \omega t)] \\
&= k \tanh(kh) \phi \big|_{z=0}
\end{aligned} \tag{3-4-6}
$$

代入水表面的边界条件(式(3-1-24)),得到频散关系

$$\omega^2 = gk \tanh(kh) \tag{3-4-7}$$

所以

$$c = \frac{\omega}{k} = \sqrt{gk^{-1} \tanh(kh)} \tag{3-4-8}$$

如果是深水中的短波,$kh \gg 1$,水波波速为 $c = \sqrt{\dfrac{g}{k}}$;如果是浅水中的长波,$kh \ll 1$,$c = \sqrt{gh}$,因此浅水中的长波没有频散,符合 3.2 节的近似理论。

另外,由于 $\boldsymbol{u} = \nabla \phi$,可知质点的水平和竖直的速度分量分别为

$$\frac{\partial \phi}{\partial x} = \mathrm{i}kA\cosh[k(z+h)]\exp[\mathrm{i}(kx-\omega t)] \tag{3-4-9}$$

$$\frac{\partial \phi}{\partial z} = kA\sinh[k(z+h)]\exp[\mathrm{i}(kx-\omega t)] \tag{3-4-10}$$

质点的水平和竖直的位移分量分别为

$$\xi = -\frac{k}{\omega}A\cosh[k(z+h)]\exp[\mathrm{i}(kx-\omega t)] \tag{3-4-11}$$

和

$$\eta = \frac{\mathrm{i}k}{\omega}A\sinh[k(z+h)]\exp[\mathrm{i}(kx-\omega t)] \tag{3-4-12}$$

竖直的位移分量 η 的实部为

$$\eta = -\frac{k}{\omega}A\sinh[k(z+h)]\sin(kx-\omega t) = a\sin(kx-\omega t) \tag{3-4-13}$$

速度势的实部为

$$\phi = A\cosh[k(z+h)]\cos(kx-\omega t) \tag{3-4-14}$$

由水自由表面$(z=0)$运动学的边界条件$\dfrac{\partial \phi}{\partial z} = \dfrac{\partial \eta}{\partial t}$ 可知,

$$A = \frac{-\omega a}{k\sinh(kh)} \tag{3-4-15}$$

所以,在平衡位置(x_0, z_0)水波的水平和竖直的位移分量可以分别表示为

$$\xi = \frac{a}{\sinh(kh)}\cosh[k(z_0+h)]\cos(kx_0-\omega t) \tag{3-4-16}$$

和

$$\eta = \frac{a}{\sinh(kh)}\sinh[k(z_0+h)]\sin(kx_0-\omega t) \tag{3-4-17}$$

所以质点的运动轨迹为一椭圆(长轴在水平方向)

$$\frac{\xi^2}{\left\{\dfrac{a}{\sinh(kh)}\cosh[k(z+h)]\right\}^2} + \frac{\eta^2}{\left\{\dfrac{a}{\sinh(kh)}\sinh[k(z+h)]\right\}^2} = 1 \tag{3-4-18}$$

由式(3-4-17)和式(3-4-18)知,当水波往 x 轴的正方向传播$(k>0)$时,对于初始位置和初始时间分别在 $x_0=0$ 和 $t=0$ 的质点,$x_0=0$ 处质点的水平位移分量是最大值,没有竖直位移分量,随着时间的增加,$x_0=0$ 处质点的水平位移分量 ξ 先是减少,而竖直位移分量 η 是往 z 轴的负方向增加。因此水表面波水质点的运动方向为顺时针方向,如图 3-1 所示。因为 $\dfrac{u}{c} = \dfrac{uk}{\omega} \sim \dfrac{\omega ak}{\omega} = a\dfrac{2\pi}{\lambda}$,所以,在小振幅条件下,水波质点速度远小于水波波速。

图 3-2 为浅水和深水中水波质点的轨迹示意图(水深 $h_a \ll h_b$)。 如图 3-2(a)所示,当 z 是 $-h$ 的时候,椭圆的短轴长度变为 0,因此运动轨迹变成水平方向的简谐运动。如图 3-2(b)所示,当水深 h 趋近无限大,或者说对于波长无限小的短波,运动轨迹变成圆,此时水表面波所引起的水质点的运动主要集中在水表面附近。此外,我们也可以看出,对于浅水波,椭圆轨迹的长轴长度在不同深度都很接近,这代表质点在不同深度下位移的水平振动的幅值是相近的,而竖直振动的幅值随着水深逐步减小。然而,如果是深水波,在距离自由

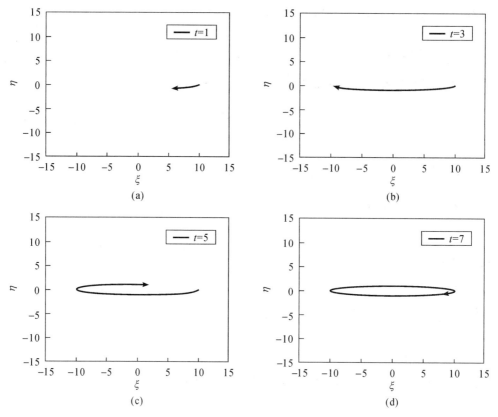

图 3-1　水波质点的运动方向为顺时针

表面越远的深处,圆形轨迹的半径越小,这代表质点在不同深度下位移水平振动的幅值和竖直振动的幅值是一致的。这是浅水波和深水波的另外一个差异。由于水波的波速和水深有关,到了浅水,波速 $c = \sqrt{gh}$ 逐渐变小。

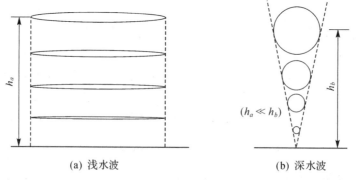

图 3-2　水波质点的运动轨迹示意图

最后,这里给一个简单的例子,说明海浪在近海朝向岸边的运动特性。如图 3-3(a)所示,假设近海深度 h 与至岸边距离 x 的关系式为 $h(x) = \dfrac{1}{20}x$,垂直海浪传播方向上各波峰顶的连线(又称波峰线)为直线并与 y 轴呈 45° 夹角,其中 y 轴代表岸边。海浪波长为 10m,

即 $k = \dfrac{2\pi}{10}$ m^{-1}，探究 $(x,y) = (3 \text{ km},0)$ 至 $(x,y) = (3.1 \text{ km},0.1 \text{ km})$ 之间波的运动规律，并假设这一段海浪在运动过程中保持平面波的形式。

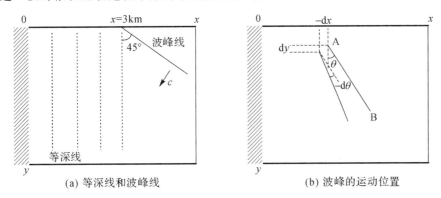

(a) 等深线和波峰线　　　　　(b) 波峰的运动位置

图 3-3　海浪波峰平行于海岸的简单解释（一）

假定在某一时间 t，波峰运动至如图 3-3(b)所示 AB 位置，此时 A 的坐标为 (x,y)，B 的坐标为 $(x + l\sin\theta, y + l\cos\theta)$，其中 θ 为波峰线与 y 轴的夹角，l 为考虑的一段海浪长度，大小为 $100\sqrt{2}$ m。

经历微小时间段 dt 后，AB 运动至一新的位置，与 y 轴夹角 θ 的增量为 dθ，A 点的 x 轴坐标增量为 dx，y 轴坐标增量为 dy。由 $c(h) = \sqrt{gk^{-1}\tanh(kh)}$，可以得到以下关系式

$$d\theta = -\frac{c\left[h(x + l\sin\theta)\right] - c\left[h(x)\right]}{l} dt \tag{3-4-19}$$

$$\frac{dx}{dt} = -c\left[h(x)\right]\cos\theta \tag{3-4-20}$$

$$\frac{dy}{dx} = -\tan\theta \tag{3-4-21}$$

联立式(3-4-20)与式(3-4-21)可得

$$d\theta = \frac{c\left[h(x + l\sin\theta)\right] - c\left[h(x)\right]}{c\left[h(x)\right] \cdot \cos\theta} dx \tag{3-4-22}$$

由式(3-4-21)与式(3-4-22)可以得到 θ 与 A 点 x 轴坐标之间的关系和 A 点 y 轴坐标与 x 轴坐标的关系。θ 与 A 点 x 轴坐标的关系如图 3-4(a)所示，A 点 y 轴坐标值与 x 轴的坐标值的关系，即 A 点运动轨迹如图 3-4(b)所示。

从图 3-4(a)中可以看到，在海浪距岸边比较远(>1km)时，波峰线与 y 轴的夹角 θ 变化相对较慢；在海浪距岸边比较近(<1 km)时，波峰线与 y 轴的夹角 θ 变化相对较快，尤其是在接近岸边时，波峰线很快变得与岸边平行。图 3-4(b)展示了 A 点的运动轨迹，运动轨迹的切线方向即 A 点的运动方向，我们可以推测出与图 3-4(a)相符的结果，即在海浪距岸边比较远时，A 点的速度方向变化较小；在海浪距岸边比较近时，A 点的速度方向很快变得与岸边接近于垂直。

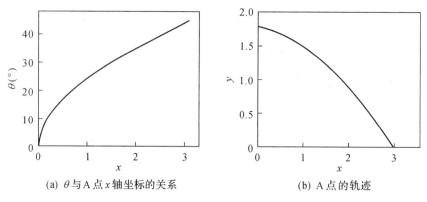

(a) θ 与 A 点 x 轴坐标的关系　　　　　　(b) A 点的轨迹

图 3-4　海浪波峰平行于海岸的简单解释(二)

3.5　毛细波

　　除了重力之外,水与空气的界面上存在着表面张力,其为单位宽度的力(N/m),其因次和量值都和水与空气界面的表面能密度相同。顾名思义,表面张力的作用方向与表面相切,表面张力的存在将使得水与空气界面的表面积最小。因此,表面张力也担任着回复力的角色,使得水表面平坦。当水波通过一个如图 3-5 所示的表面时,出纸面方向为单位宽度,纸面方向的长度为 $\mathrm{d}l$。

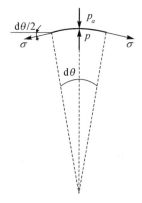

图 3-5　考虑表面张力效应的动力学边界条件

　　由于外界压力恒定,表面张力的存在将导致水表面下的压力增加,力平衡关系为

$$p\,\mathrm{d}s = p_a\,\mathrm{d}s + 2\sigma \sin\!\left(\frac{\mathrm{d}\theta}{2}\right) \tag{3-5-1}$$

其中 $\sigma \sin\!\left(\dfrac{\mathrm{d}\theta}{2}\right)$ 为两侧表面张力沿着竖直方向的净力,$\mathrm{d}s = R\,\mathrm{d}\theta$ 为弧长,且 $\mathrm{d}\theta$ 趋近于零。所以

$$p - p_a = \frac{\sigma}{R} \tag{3-5-2}$$

其中曲率半径满足

$$\frac{1}{R} = -\frac{\dfrac{\partial^2 \eta}{\partial x^2}}{\left[1 + \left(\dfrac{\partial \eta}{\partial x}\right)^2\right]^{\frac{3}{2}}} \approx -\frac{\partial^2 \eta}{\partial x^2} \tag{3-5-3}$$

其中 η 为水表面在竖直方向的位移 $\left(\dfrac{\mathrm{d}\eta}{\mathrm{d}x} = \tan\theta\right)$，所以

$$p - p_a = -\sigma \frac{\partial^2 \eta}{\partial x^2} \tag{3-5-4}$$

可以看出当曲率半径趋近于无穷大的时候，$\dfrac{1}{R} \simeq 0$，所以 $p \rightarrow p_a$。因此，对于波长极短的水表面波才需要考虑表面张力的作用。

当考虑表面张力的时候，自由表面动力学边界条件为（将式(3-1-10)线性化后的伯努利方程，这里和之前不同，由于表面张力的存在，现在做变量变换 $p \mapsto p - p_a$ 后不等于零）

$$\frac{\partial \phi}{\partial t} + \frac{p - p_a}{\rho} + g\eta = \frac{\partial \phi}{\partial t} - \frac{\sigma}{\rho} \cdot \frac{\partial^2 \eta}{\partial x^2} + g\eta = 0 \tag{3-5-5}$$

再结合式(3-1-22)的自由表面运动学边界条件，可以得到整合后的边界条件，在 $z = \eta(x,t)$ 处（扰动后的水表面位置），水波必须满足

$$\frac{\partial^2 \phi}{\partial t^2} + g\frac{\partial \phi}{\partial z} - \frac{\sigma}{\rho} \cdot \frac{\partial}{\partial z}\left(\frac{\partial^2 \phi}{\partial x^2}\right) = 0 \tag{3-5-6}$$

令 $\phi = \Phi(z)\exp[\mathrm{i}(kx - \omega t)]$，则在 $z = \eta(x,t)$ 处边界条件变为

$$\frac{\partial^2 \phi}{\partial t^2} + g\frac{\partial \phi}{\partial z} + \frac{\sigma k^2}{\rho} \cdot \frac{\partial \phi}{\partial z} = 0 \tag{3-5-7}$$

对比不考虑表面张力的边界条件

$$\frac{\partial^2 \phi}{\partial t^2} = -\left(g + \frac{\sigma k^2}{\rho}\right)\frac{\partial \phi}{\partial z} \tag{3-5-8}$$

可知在存在表面张力的时候，重力加速度可以修正为

$$g' = g + \frac{\sigma k^2}{\rho} \tag{3-5-9}$$

由于在不考虑表面张力的情况下线性重力波的频散关系为

$$\omega^2 = gk\tanh(kh) \tag{3-5-10}$$

则考虑表面张力后，频散关系会修正为

$$\omega^2 = \left(g + \frac{\sigma k^2}{\rho}\right)k\tanh(kh) \tag{3-5-11}$$

由 $g \geqslant \dfrac{\sigma k^2}{\rho}$ 可计算 $k_m = \sqrt{\dfrac{g\rho}{\sigma}}$，如果 $k \leqslant k_m$ 或 $\lambda \geqslant \lambda_m = \dfrac{2\pi}{k_m} = 2\pi\sqrt{\dfrac{\sigma}{\rho g}}$，即长波下可以得到不考虑表面张力的重力波（gravity waves）。

如果重力和表面张力都考虑，波速为

$$c = \frac{\omega}{k} = \sqrt{\left(\frac{g}{k} + \frac{\sigma k}{\rho}\right)\tanh(kh)} \tag{3-5-12}$$

反之,如果 $k \geqslant k_m = \sqrt{\dfrac{\rho g}{\sigma}}$ 或 $\lambda \leqslant \lambda_m = \dfrac{2\pi}{k_m} = 2\pi\sqrt{\dfrac{\sigma}{\rho g}}$,可以得到仅考虑表面张力的毛细波 (capillary waves),或称为涟漪(ripples)。

一般条件下水的密度为 1000 kg/m^3,水的表面张力和温度有关,19.7 ℃下纯水的表面张力为 0.074 N/m,对应的临界水波波长 λ_m 为 17 mm,深水中($kh \gg 1$)对应的最小水波波速约为

$$
\begin{aligned}
c_m &= \sqrt{\left(\frac{g}{k_m} + \frac{\sigma k_m}{\rho}\right)} \\
&= \sqrt{\left(\frac{\sigma k_m}{\rho} + \frac{\sigma k_m}{\rho}\right)} \\
&= \sqrt{\frac{2g}{k_m}}
\end{aligned}
\tag{3-5-13}
$$

所以水波的最小波速为 0.23 m/s。当水波波长远短于 17 mm 时,可以忽略重力的影响,水波需要的回复力以表面张力为主。图 3-6 所示为深水中($kh \gg 1$)水波波速随着波长的变化。

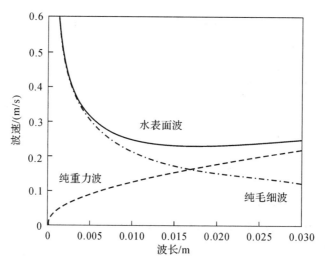

图 3-6 水波波速随着波长的变化

式(3-5-12)再次表示水波波速和水波的频率有关。而之前由浅水波的近似推导知道浅水波(波长远大于水深)可以认为是非频散波。如果我们将式(3-5-12)中的 $\tanh(kh)$ 项进行泰勒级数展开,忽略 k^4 以上的高次项,则式(3-5-12)可以变为

$$
\begin{aligned}
c &= \sqrt{\left(\frac{g}{k} + \frac{\sigma k}{\rho}\right)\left(kh - \frac{(kh)^3}{3} + \cdots\right)} \\
&= \sqrt{gh + \left(\frac{\sigma k^2 h}{\rho} - \frac{gk^2 h^3}{3}\right) + \cdots}
\end{aligned}
\tag{3-5-14}
$$

可以得知,当括弧内的项等于零的时候,即当水深为

$$
h = \sqrt{\frac{3\sigma}{\rho g}}
\tag{3-5-15}
$$

水波可以是非频散波。将水的相关常数代入式(3-5-15),可知当水波槽实验的水波深度为 5 mm 时,可以用水波来观察或呈现声波(非频散波)的基本现象(例如干涉、衍射等)。

最后,如果考虑表面张力的量纲 $[MT^{-2}]$,可以很容易地求出

$$[\sigma] = [\rho][g][k]^{-2} \tag{3-5-16}$$

所以 $\dfrac{\sigma k^2}{\rho g}$ 为无量纲量,故频散关系式可以表示为

$$\omega = \sqrt{gk} \, f\left(\frac{\sigma k^2}{\rho g}\right) \tag{3-5-17}$$

而由理论推导所得的角频率为

$$\omega = \sqrt{\left(g + \frac{\sigma k^2}{\rho}\right) k \tanh(kh)} \tag{3-5-18}$$

当考虑表面张力的时候,必定是短波长,所以 $kh \gg 1, \tanh(kh) \to 1$,可以得出

$$
\begin{aligned}
\omega &= \sqrt{\left(g + \frac{\sigma k^2}{\rho}\right) k} \\
&= \sqrt{gk\left(1 + \frac{\sigma k^2}{\rho g}\right)} \\
&= \sqrt{gk}\,\sqrt{1 + \frac{\sigma k^2}{\rho g}} \\
&= \sqrt{gk}\, f\left(\frac{\sigma k^2}{\rho g}\right)
\end{aligned} \tag{3-5-19}
$$

顺带提一下,水黾因为表面张力而可以停在水表面上。我们最后讨论一下水黾的运动成因。按照牛顿第三运动定律,水必须传递动量给水黾。由于水黾的特征尺寸很短(约为 1 cm),长久以来科学家认为毛细波是水黾在水面移动所需动量传递的媒介。美国斯坦福大学的 Mark Denny 指出,由于水波存在最小波速 0.23 m/s,为了产生水表面波,水黾的移动速度必须大于 0.23 m/s,换句话说,0.23 m/s 就应该是水黾的最小运动速度。他认为对于成年的水黾而言,这样的运动速度是没问题的,但是对于幼年的水黾而言,它的腿长只有 2 mm,为了达到 0.23 m/s 的速度,其腿划动的角速度必须达到 115 rad/s,这对于幼年水黾而言几乎是不可能的事情,这就是著名的 Denny's paradox,有兴趣的读者可以阅读相关的参考文献。事实上,水黾在水面运动的时候用上了漩涡来传递动量,不过这已经不是本书所涵盖的范围了,这里就不继续拓展。

3.6 群速度的概念

对于单一频率的稳态波,即使是水波这样的频散波,水波的传播波形也不会变化。然而,对于任意波形而言,由傅里叶分析可知,其可以由不同频率的简谐波叠加而成。由于频散,频率不同的波所对应的波长就不同,也就对应不同的波速,所以,因为扰动所产生的水波在传播时无法保持形貌不变,这是频散波的特征。

根据傅里叶积分的概念,对于任意非周期函数,如果对于波数 k 展开,可以表示为

$$f(x) = \int_{-\infty}^{\infty} a(k) e^{ikx} \, dk \tag{3-6-1}$$

如果上述函数为形貌保持不变的行进波波形,即如果波速对于不同的频率(不同的波长)都一样,则将 x 替换为 $x \pm ct$,可得

$$f(x,t) = \int_{-\infty}^{\infty} a(k) e^{ik(x \pm ct)} \, dk = f(x \pm ct) \tag{3-6-2}$$

现在考虑由频率相近的波叠加而成的波的传播。将 ω 对 ω_0 进行泰勒级数展开,得到

$$\omega = \omega_0 + \left(\frac{d\omega}{dk} \right) \Big|_{k=k_0} (k - k_0) + \cdots \tag{3-6-3}$$

代入式(3-6-2),可得

$$
\begin{aligned}
f(x,t) &= \int_{-\infty}^{\infty} a(k) e^{i\left\{ kx \pm \left[\omega_0 + \left(\frac{d\omega}{dk} \right)(k-k_0) \right] t \right\}} \, dk \\
&= \int_{-\infty}^{\infty} a(k) e^{i(k_0 x \pm \omega_0 t)} e^{i(k-k_0)\left[x \pm \left(\frac{d\omega}{dk} \right) t \right]} \, dk \\
&= e^{i(k_0 x \pm \omega_0 t)} \int_{-\infty}^{\infty} a(k) e^{i(k-k_0)\left[x \pm \left(\frac{d\omega}{dk} \right) t \right]} \, dk \\
&= F\left[x \pm \left(\frac{d\omega}{dk} \right) t \right] e^{i(k_0 x \pm \omega_0 t)}
\end{aligned}
\tag{3-6-4}
$$

可见,合成波群的波包以 $c_g = \dfrac{d\omega}{dk}\Big|_{k=k_0}$ 的群速度传播。这里下标 g 代表波群(group)。注意:这是近似值,以上推导忽略了频率展开的高次项。

通过水波可以很容易地观察到波的频散现象。回顾之前的讨论,这里整理各种水波的群速度和相速度的关系。

(1)深水波 $(kh \gg 1)$

深水波的频散关系为 $\omega = \sqrt{gk}$,相速度为 $c_p = \dfrac{\omega}{k} = \sqrt{\dfrac{g}{k}}$,群速度为 $c_g = \dfrac{d\omega}{dk} = \dfrac{1}{2}\sqrt{\dfrac{g}{k}}$ $= \dfrac{1}{2}c_p$。所以对于深水波,相速度快,群速度慢,而且波长长的波快,因为 $c_p = \sqrt{\dfrac{g}{k}} = \sqrt{\dfrac{g\lambda}{2\pi}}$。

(2)浅水波 $(kh \ll 1)$

浅水波无频散,相速度为 $c_p = \sqrt{gh}$,群速度和相速度相等,即 $c_g = c_p$。

(3)毛细波

毛细波的频散关系为 $\omega = \sqrt{\dfrac{\sigma k^3}{\rho}}$,相速度为 $c_p = \sqrt{\dfrac{\sigma k}{\rho}}$,群速度为 $c_g = \dfrac{d\omega}{dk} = \dfrac{1}{2}\left(\dfrac{\sigma k^3}{\rho} \right)^{-\frac{1}{2}}$ $\dfrac{3\sigma}{\rho}k^2 = \dfrac{3}{2}\sqrt{\dfrac{\sigma k}{\rho}} = \dfrac{3}{2}c_p$。所以对于毛细波(涟漪),群速度快,相速度慢,而且波长短的波快,因为 $c_p = \sqrt{\dfrac{\sigma k}{\rho}} = \sqrt{\dfrac{2\sigma\pi}{\rho\lambda}}$。

这里我们将通过一个简单的实验来展示水波的频散。图 3-7(a)所示为把一颗直径为 68 mm(>17 mm)的市售钢珠垂直落下水池后水波的传播现象。直径为 68 mm 的钢珠所

产生的扰动在空间中主要由波长为 68 mm 的空间正弦波和其谐波组成,高次空间谐波的振幅很小可以忽略。可以很容易看出,长波长的波在外围,短波长的波在内圈,即长波长的波速快。这里也可以看出,和之前介绍的杆波或自由空间中的声波不同,水波有频散现象,不同频率(对应不同波长)的波的传播速度不同。图 3-7(b)所示为直径为 3 mm(<17 mm)的钢珠落下水池后波的传播现象。可以看出,短波长的波在外围,长波长的波在内圈,即短波长的波速快。即使水波波长远短于 17 mm,例如观察雨滴打在池塘中所产生的涟漪,也可以很清楚地看到极小波长是在最外圈的。这里值得一提的是,我们也尝试过用直径为 2 mm 的钢珠进行实验,虽然与直径为 3 mm 的钢珠只有 1 mm 的差别,却因为其以更小的波长为主,波速极快,因而不容易取得清晰的照片。另外,理论上,内圈的速度是 0.18 m/s,这是水波的最小群速度。

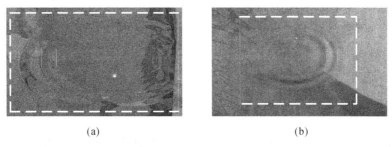

(a)　　　　　　　　　　　(b)

图 3-7　水的频散现象观察

3.7　船行波

观察水上移动的船只可以发现,船尾处会有一个 V 字形的尾迹,这种波通常称为船行波(ship waves)。船尾迹与船舶的设计有关,也可以应用于舰船速度反演等。这里我们只介绍船行波的基本特征,更深入的理论可以参考相关文献。

图 3-8(a)所示为一艘船由 A 点以船速 v 经过时间 t 驶向 B 点,A 点激发出各种波长的波,由于水波是频散的,各种不同的波有不同的波速,对于给定的波长 λ,其相速度为 $c_p(\lambda)$。经过同样时间 t 后,船上观察者看到的恒定尾迹则对应了相速度为 $c_p(\lambda)$ 的波,尾迹角度必须满足

$$\theta(\lambda) = \cos^{-1}\left[\frac{c_p(\lambda)}{v}\right] \tag{3-7-1}$$

换句话说,到达尾迹的波必须满足 $v\cos\theta(\lambda) = c_p(\lambda)$,不满足式(3-7-1)的角度的波就无法和船速匹配。

图 3-8(b)显示了不同波长的波有不同的波速,每一种波长的波,其波速都满足式(3-7-1),因此,对于不同波长的波,其最外围的轨迹应该为一个圆(图 3-8(b)仅仅显示了一半的轨迹)。不过,由于水波有频散,能量传播的波速应该是群速度,或者说波以波群的方式传播,群速度为相速度的一半($c_g = \dfrac{\mathrm{d}\omega}{\mathrm{d}k} = \dfrac{1}{2}\sqrt{\dfrac{g}{k}} = \dfrac{1}{2}c_p$),如同图 3-8(c)所示,不同波长的波

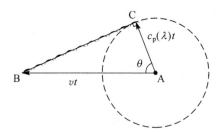

(a) 船由A点以船速 v 经过时间 t 驶向B点

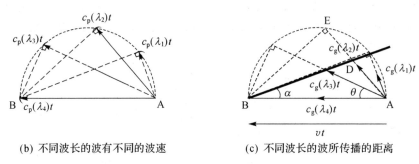

(b) 不同波长的波有不同的波速　　　　(c) 不同波长的波所传播的距离

图 3-8　船行波的尾迹角度

所传播的距离分别为图 3-8(b)相应距离的一半。但是就观察者而言,看得最清楚的波为波所形成的小半圆的外切线,如图 3-8(c)的粗实线所示。如果把下半部也画出来就可以看出船行波的 V 字形轨迹了。

现在考虑船行波的尾迹角度 α。将式(3-7-1)用波数表示,因为是深水波,可得

$$v\cos\theta(k) = c_p(k) = \sqrt{\frac{g}{k}} \tag{3-7-2}$$

深水波的相速度和波长的关系为

$$\lambda = \frac{2\pi c_p^2}{g} \tag{3-7-3}$$

对于由船的起始位置 A 到目前位置 B 传播的波,其对应的波长为

$$\lambda_{A \to B} = \frac{2\pi c_p^2}{g} = \frac{2\pi v^2}{g} \tag{3-7-4}$$

其中,水平方向传播的水波的相速度为船速,对应的波数为

$$k_{A \to B} = \frac{2\pi}{\lambda_{A \to B}} = \frac{g}{v^2} \tag{3-7-5}$$

则由图 3-8(c)的几何关系可知

$$\begin{aligned}
\tan\alpha &= \frac{c_g t \sin\theta}{vt - c_g t\cos\theta} \\
&= \frac{c_g t\sqrt{1 - \cos^2\theta}}{vt - c_g t\cos\theta}
\end{aligned}$$

$$= \frac{\frac{1}{2}\sqrt{\frac{g}{k}}\left(\sqrt{\frac{kv^2-g}{kv^2}}\right)}{v-\frac{1}{2}\sqrt{\frac{g}{k}}\left(\sqrt{\frac{g}{k}}\ \frac{1}{v}\right)}$$

$$= \frac{\sqrt{\dfrac{k}{k_{A\to B}}-1}}{2\dfrac{k}{k_{A\to B}}-1} \tag{3-7-6}$$

可以发现,当

$$k = \frac{3}{2}k_{A\to B} \tag{3-7-7}$$

可以得到最大的尾迹角度

$$\alpha = \tan^{-1}\left(\frac{1}{\sqrt{8}}\right) \simeq 19.47° \tag{3-7-8}$$

对应的 θ 的值为 $35.26°$。

船行波的尾迹角度也可以用几何关系配合极值的概念简单地求出。令图 3-8(c)的 $\overline{BE}=1$,$\overline{AD}=a$,$\overline{DE}=a$,则

$$\angle EBA = \tan^{-1}(2a) \tag{3-7-9}$$

且

$$\angle EBA - \alpha = \tan^{-1}(a) \tag{3-7-10}$$

所以

$$\alpha = \tan^{-1}(2a) - \tan^{-1}(a) \tag{3-7-11}$$

所以通过将 α 对 a 微分

$$\frac{d\alpha}{da} = \frac{2}{1+4a^2} - \frac{1}{1+a^2} = 0 \tag{3-7-12}$$

可以求出,当 $a = \dfrac{1}{\sqrt{2}}$ 时,α 的极值为 $19.47°$。

最后我们看尾迹上面的波长。由深水波的相速度和波长的关系可知

$$\lambda = \frac{2\pi c_p^2}{g} = \frac{2\pi v^2\cos^2\theta}{g} = \frac{2}{3}\cdot\frac{2\pi v^2}{g} = \frac{2}{3}\lambda_{A\to B} \tag{3-7-13}$$

注意到刚刚得到尾迹角度的极值时,对应的波数关系为 $k=\dfrac{3}{2}k_{A\to B}$,也可以由此得到上面的波长关系。

我们接着推导船行波尾迹的具体图案,几何关系如图 3-9 所示。

船由 A 点行驶到 B 点,D 点是船尾迹的边界点,坐标为 (x,y),几何关系为

$$\begin{cases} \overline{AB} = 2\overline{AC} = 2\overline{BC} = X = vt \\ \overline{AD} = \dfrac{1}{2}X\cos\theta \\ \overline{DE} = \dfrac{1}{2}X\cos\theta\sin\theta \end{cases} \tag{3-7-14}$$

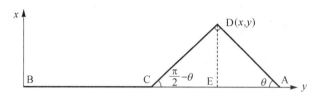

图 3-9　推导船行波尾迹图案的几何关系

可知 $(x,y)=(X-\dfrac{1}{2}X\cos^2\theta,\dfrac{1}{2}X\cos\theta\sin\theta)$。所以尾迹上波峰（wave crest）的斜率为

$$\frac{\mathrm{d}y}{\mathrm{d}x}=\cot\theta=\frac{-\dfrac{1}{2}X\sin^2\theta+\dfrac{1}{2}X\cos^2\theta}{-X\cos\theta} \tag{3-7-15}$$

可以解出 $X=a\cos\theta$。因此

$$\begin{cases} x=a\cos\theta(1-\dfrac{1}{2}\cos^2\theta) \\[2mm] y=\dfrac{1}{2}a\cos^2\theta\sin\theta \end{cases} \tag{3-7-16}$$

图 3-10 所示为船行波的轨迹。

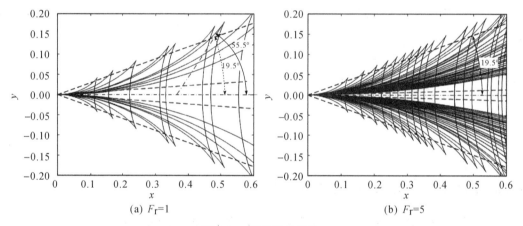

(a) $F_r=1$　　　　　　　　　　　(b) $F_r=5$

图 3-10　船行波的轨迹

由式(3-7-13)可以看出，船行波的特征尺寸为 $\dfrac{v^2}{g}$。所以，可以定义一个参数 $F_r=\dfrac{v^2}{gl}$，称为弗劳德数（Froude number），其中 l 为船身长。如图 3-10(a)所示，F_r 小表示船身 l 长（比如龙舟），对应长波，波速快，所以尾迹的波长几乎垂直于船的行驶路径。反之，如图 3-10(b)所示，F_r 大表示船身 l 短（比如快艇），对应短波，波速慢，所以尾迹的波长偏向平行于船的行驶路径。

3.8　非线性孤立波

到目前为止，我们用了水自由表面受扰动的振幅远比波长小的假设，所以忽略了方程中

的非线性项 $\left(\dfrac{1}{2} \nabla\phi \cdot \nabla\phi\right)$，只考虑线性化的水波方程和边界条件。如果忽略表面张力的影响，令水自由表面的压强为零，且将原点设在水底面，则往 x 方向传播的水波的非线性方程和边界条件如下：

$$\begin{cases} \phi_{xx} + \phi_{zz} = 0, & -\infty < x < \infty, \quad 0 \leqslant z \leqslant \eta(x,t) = h_0 + aH(x,t) \\ \phi_z = \eta_t + \phi_x \eta_x, & z = h_0 + aH(x,t) \\ \phi_t + \dfrac{1}{2}(\phi_x^2 + \phi_z^2) + g\eta = A(t), & z = h_0 + aH(x,t) \\ \phi_z = 0, & z = 0 \end{cases} \tag{3-8-1}$$

其中：h_0 为水深；a 为波高；H 为波的形貌。式(3-8-1)的非线性水波方程所描述的水波是频散波，而且波长长的波速快。因此，在 1834 年以前，人们认为水波在传播过程中，形貌是一定会改变的。

1834 年 8 月，英国工程师 J. S. Russell 观察到水波传播的一种特殊现象，下面是 Russell 于 1844 年 9 月在英国科学促进会第 14 次会议上做报告时的相关生动叙述："I believe I shall best introduce the phenomenon by describing the circumstances of my own first acquaintance with it. I was observing the motion of a boat which was rapidly drawn along a narrow channel by a pair of horses，when the boat suddenly stopped—not so the mass of water in the channel which it had put in motion；it accumulated round the prow of the vessel in a state of violent agitation，then suddenly leaving it behind，rolled forward with great velocity，assuming the form of a large solitary wave elevation，a rounded，smooth and well—defined heap of water，which continued its course along the channel apparently without change of form or diminution of speed. I followed on the horseback，and overtook it still rolling on at a rate of some eight to nine miles an hour，preserving its original figure some thirty feet long and a foot to a foot and a half in height. Its height gradually diminished and after a chase of one or two miles I lost it in the windings of the channel. Such，in the month of August 1834 was my first chance interview with that singular and beautiful phenomenon which I have called the Wave of Translation...（我认为我最好通过描述我自己第一次遇到它的情况来介绍这一现象。我正在观察一条小船的运动，它被两匹马拉着迅速地沿着一条狭窄的水道前进。这时小船突然停了下来——水道中的水在剧烈搅动的状态下聚集在船头周围，然后突然将小船抛在身后，以极高的速度向前滚动，成为一个清晰的孤波沿着水道继续前进，显然没有改变形状或降低速度。我在马背上跟着孤波，以每小时 8 到 9 英里的速度追上了它，孤波保持着它原来的形貌，大约 30 英尺长，1 英尺到 1 英尺半高。经过一两英里的追逐，孤波的高度逐渐降低，最后消失在水道中。在 1834 年 8 月的秋季，我第一次有机会遇到这种奇特而美丽的现象，我称之为波的平移……）"

Russell 在偶然间发现了形貌保持不变的水波后，进行了实验，并在实验室观察到该现象。本节我们分析浅水中的长波（所以忽略表面张力，且 $kh \ll 1$），希望找到如同 Russell 所描述的形貌保持不变的恒速波。

如果可以把变量无量纲化，就可以比较公式中各项的量级大小，类似前一节定义了 Froude number $\left(F_r = \dfrac{v^2}{gl}\right)$ 后，当 F_r 远小于 1，就可以知道 $l \gg \dfrac{v^2}{g}$，所以相对大小关系可以变成和1相比的绝对大小关系,则非线性方程各项的取舍变得有所依据。

(1)对于速度,对比量是不会频散的浅水长波波速 $c_0 = \sqrt{gh_0}$。所以,有量纲波速和无量纲波速的关系为 $c = \sqrt{gh_0}\bar{c}$。

(2)水平位移,对比量是波长 λ。所以,有量纲水平位移和无量纲水平位移的关系为 $x = \lambda \bar{x}$。

(3)竖直位移,对比量是水深 h_0。所以,有量纲竖直位移和无量纲竖直位移的关系为 $z = h_0 \bar{z}$。

(4)时间,对比量是频率的倒数, $t = \dfrac{1}{f} = \dfrac{2\pi}{\omega} = \dfrac{\lambda}{c_0}$。所以,有量纲时间和无量纲时间的关系为 $t = \dfrac{\lambda}{c_0}\bar{t}$。

我们考虑速度势无量纲 $\bar{\phi}$ 的表示 $\bar{\phi} = m\phi$。若 $\lim\limits_{x \to x_0} \dfrac{f(x)}{g(x)}$ 为不为零的有限值,则可以将 $f(x)$ 表示为 $f(x) = O[g(x)]$。我们希望 $\bar{\phi} = O(1)$。由之前的推导(见式(3-4-14)和式(3-4-15))可知

$$\phi = \frac{-\omega a}{k \sinh(kh_0)}\cosh[k(z+h_0)]\cos(kx-\omega t) \tag{3-8-2}$$

对于浅水中的长波($kh_0 \ll 1$),有

$$\phi_x = \frac{\partial\left(\frac{1}{m}\bar{\phi}\right)}{\partial(\lambda\bar{x})} = \frac{1}{m\lambda}\bar{\phi}_{\bar{x}} \tag{3-8-3}$$

又

$$\phi_x = \frac{\omega a}{\sinh(kh_0)}\cosh[k(z+h_0)]\sin(kx-\omega t)$$

$$\cong \frac{\omega a}{kh_0}\sin(kx-\omega t)$$

$$\cong \frac{ac_0}{h_0}\sin(kx-\omega t) \tag{3-8-4}$$

如果希望 $\bar{\phi}_{\bar{x}} = O(1)$,需要

$$m = \frac{h_0}{\lambda a c_0} \tag{3-8-5}$$

则 $\bar{\phi} = \dfrac{h_0}{\lambda a c_0}\phi$。所以可得无量纲的参数和有量纲的参数之间的关系

$$(\bar{x},\bar{z},\bar{t},\bar{\phi}) = \left(\frac{1}{\lambda}x, \frac{1}{h_0}z, \frac{c_0}{\lambda}t, \frac{h_0}{\lambda a c_0}\phi\right) \tag{3-8-6}$$

此外,为了看出是否是长波以及振幅是否够小,我们进一步定义两个参数:第一个是长波参数 $\varepsilon = \dfrac{h_0}{\lambda}$;第二个是振幅参数 $\alpha = \dfrac{a}{h_0}$。可以看出,如果是长波且是小振幅扰动,这两个参数都会是小量,或者说,当这两个参数够小,波长 λ 就够长,振幅 a 就够小,符合线性化的长波假设。振幅参数是度量非线性强弱的量,长波参数是度量弥散性强弱的量。

利用无量纲参数、长波及振幅参数,可以得到如下无量纲化的水波方程和边界条件

$$
\begin{cases}
\varepsilon^2 \bar{\phi}_{\bar{x}\bar{x}} + \bar{\phi}_{\bar{z}\bar{z}} = 0, & -\infty < \bar{x} < \infty, \quad 0 \leqslant \bar{z} \leqslant 1 + \alpha H(\bar{x}, \bar{t}) \\
\bar{\phi}_{\bar{z}} = \varepsilon^2 (H_{\bar{t}} + \alpha \bar{\phi}_{\bar{x}} H_{\bar{x}}), & \bar{z} = 1 + \alpha H(\bar{x}, \bar{t}) \\
\bar{\phi}_{\bar{t}} + \dfrac{1}{2} \alpha (\bar{\phi}_{\bar{x}}^2 + \varepsilon^{-2} \bar{\phi}_{\bar{z}}^2) + H = 0, & \bar{z} = 1 + \alpha H(\bar{x}, \bar{t}) \\
\bar{\phi}_{\bar{z}} = 0, & \bar{z} = 0
\end{cases}
\tag{3-8-7}
$$

其中,在不影响速度 $\boldsymbol{u} = \nabla \phi$ 的情况下,将 $\bar{\phi}$ 变换为 $\bar{\phi} + \displaystyle\int_0^{\bar{t}} \dfrac{(A(s) - gh)}{ag} ds$,因此,式(3-8-7)中就没有出现 $A(t)$ 。

因为式(3-8-7)的方程和边界条件中有小量 ε^2 ,我们可以采用摄动法,将原来复杂水波问题的解用某个摄动渐进展开式的前几项进行近似,代入原来的方程,用以简化原来的问题。接下来的说明将以介绍推导概念为主,而省略了推导细节。

当 $\displaystyle\lim_{x \to x_0} \dfrac{f(x)}{g(x)}$ 为 1 时,可以将 $f(x)$ 表示为 $f(x) \sim g(x)$ 。 对于小量的长波参数 ε ,无量纲的速度势可以展开为如下渐进展开形式

$$
\bar{\phi}(\bar{x}, \bar{z}, \bar{t}; \varepsilon) \sim \sum_{n=0}^{\infty} \varepsilon^{2n} \bar{\phi}_n(\bar{x}, \bar{z}, \bar{t}), \quad \varepsilon \to 0
\tag{3-8-8}
$$

其中 $\bar{\phi}_0 = \theta_0(\bar{x}, \bar{t})$ 为任意可以满足水底面边界条件($\bar{\phi}_{\bar{z}} = 0$)的函数。

将

$$
\begin{cases}
\bar{\phi}_{\bar{z}\bar{z}} = \bar{\phi}_{0\bar{z}\bar{z}} + \varepsilon^2 \bar{\phi}_{1\bar{z}\bar{z}} + \varepsilon^4 \bar{\phi}_{2\bar{z}\bar{z}} + \cdots \\
\bar{\phi}_{\bar{x}\bar{x}} = \bar{\phi}_{0\bar{x}\bar{x}} + \varepsilon^2 \bar{\phi}_{1\bar{x}\bar{x}} + \varepsilon^4 \bar{\phi}_{2\bar{x}\bar{x}} + \cdots
\end{cases}
\tag{3-8-9}
$$

代入水波方程($\varepsilon^2 \bar{\phi}_{\bar{x}\bar{x}} + \bar{\phi}_{\bar{z}\bar{z}} = 0$),可得

$$
\begin{cases}
\bar{\phi}_{0\bar{z}\bar{z}} = 0 \\
\bar{\phi}_{1\bar{z}\bar{z}} + \bar{\phi}_{0\bar{x}\bar{x}} = 0 \Rightarrow \bar{\phi}_{1\bar{z}\bar{z}} = -\bar{\phi}_{0\bar{x}\bar{x}} \\
\bar{\phi}_{2\bar{z}\bar{z}} + \bar{\phi}_{1\bar{x}\bar{x}} = 0 \Rightarrow \bar{\phi}_{2\bar{z}\bar{z}} = -\bar{\phi}_{1\bar{x}\bar{x}} \\
\cdots
\end{cases}
\tag{3-8-10}
$$

所以

$$
\bar{\phi}_{n+1\bar{z}\bar{z}} = -\bar{\phi}_{n\bar{x}\bar{x}}, \quad n = 0, 1, 2, \cdots
\tag{3-8-11}
$$

因此

$$
\bar{\phi}_1 = -\dfrac{1}{2} \bar{z}^2 \theta_{0\bar{x}\bar{x}} + \theta_1(\bar{x}, \bar{t})
\tag{3-8-12}
$$

如此一来 $\bar{\phi}_1$ 满足 $\bar{\phi}_{1\bar{z}\bar{z}} = -\theta_{0\bar{x}\bar{x}} = -\bar{\phi}_{0\bar{x}\bar{x}}$,且

$$
\bar{\phi}_2 = \dfrac{1}{24} \bar{z}^4 \theta_{0\bar{x}\bar{x}\bar{x}\bar{x}} - \dfrac{1}{2} \bar{z}^2 \theta_{1\bar{x}\bar{x}} + \theta_2(\bar{x}, \bar{t})
\tag{3-8-13}
$$

其中 $\theta_n(\bar{x}, \bar{t})$ 都是任意函数,且 $\bar{\phi}_n$ 都满足水底面的边界条件。式(3-8-7)有两个水表面的边界条件,将 $\bar{\phi}$ 代入式(3-8-7)后,在 $\alpha \to 0$ 和 $\varepsilon \to 0$ 的条件下,可以得到首项满足

$$
-\theta_{0\bar{x}\bar{x}} \sim H_{\bar{t}}
\tag{3-8-14}
$$

和

$$\theta_{0\bar{t}} \sim -H \tag{3-8-15}$$

以及 θ_0 满足波动方程的形式

$$\theta_{0\bar{x}\bar{x}} \sim \theta_{0\bar{t}\bar{t}} \tag{3-8-16}$$

这暗示我们可以寻求行波解。我们令 $\xi = \bar{x} - \bar{t}$ 和 $\tau = \alpha\bar{t}$（称为慢时变量,目的是消除当参数（如时间）较大时摄动展开式中出现的后项不是前项小量修正的奇异性,这些有奇异性的项又称为长期项(secular term)）。我们希望得到符合 Russell 所观察的 $H = f(\xi - V\tau)$ 的行波解形式。考虑小量项,且利用 $\dfrac{\partial}{\partial\bar{x}} = \dfrac{\partial}{\partial\xi}$ 和 $\dfrac{\partial}{\partial\bar{t}} = \alpha\dfrac{\partial}{\partial\tau} - \dfrac{\partial}{\partial\xi}$ 的关系,式(3-8-7)两个水表面的边界条件可以在消去 $\theta_1(\bar{x}, \bar{t})$ 后整合为

$$2H_\tau + 3HH_\xi + \frac{1}{3}H_{\xi\xi\xi} = 0 \tag{3-8-17}$$

式(3-8-17)是 Korteweg－de Vries（KdV）方程的一种形式,由 Korteweg 和 de Vries 在 1895 年所导出。KdV 方程描述了浅水中的孤立波现象。如果是深水中的孤立波,会由非线性薛定谔(NLS)方程描述。本书限于篇幅,仅讨论浅水中的孤立波。

接着我们求出 KdV 方程的解,令 $H = f(\xi - v\tau) = f(\zeta)$,则可得

$$-2vf' + 3ff' + \frac{1}{3}f''' = 0 \tag{3-8-18}$$

积分一次后,可得

$$-2vf + \frac{3}{2}f^2 + \frac{1}{3}f'' = 0 \tag{3-8-19}$$

其中,由于希望当 $\zeta \to \infty$ 时,$f \to 0$ 且 $f'' \to 0$,令积分常数等于零。将式(3-8-19)两边同乘 f' 后再次积分,可得

$$-6vf^2 + 3f^3 + (f')^2 = 0 \tag{3-8-20}$$

其中,再次因为无穷远处的边界条件令积分常数等于零,则对于右行进波,有

$$f' = (\sqrt{6v - 3f})f \tag{3-8-21}$$

令 $g^2 = 6v - 3f$,整理后可得

$$\left[\frac{\frac{1}{3}\sqrt{\frac{1}{2v}}}{\left(\sqrt{2v} + \dfrac{g}{\sqrt{3}}\right)} + \frac{\frac{1}{3}\sqrt{\frac{1}{2v}}}{\left(\sqrt{2v} - \dfrac{g}{\sqrt{3}}\right)} \right]\mathrm{d}g = -\mathrm{d}\zeta \tag{3-8-22}$$

两边积分后可得

$$\ln\left| \frac{\sqrt{2v} + \dfrac{g}{\sqrt{3}}}{\sqrt{2v} - \dfrac{g}{\sqrt{3}}} \right| = -\frac{3\sqrt{2v}}{\sqrt{3}}\zeta + b \tag{3-8-23}$$

进一步可得

$$g = \sqrt{6v}\,\frac{\mathrm{e}^{-\frac{3\sqrt{2v}}{\sqrt{3}}\zeta + b} - 1}{\mathrm{e}^{-\frac{3\sqrt{2v}}{\sqrt{3}}\zeta + b} + 1}$$

$$= -\sqrt{6v}\, \tanh\left[\frac{1}{2} \cdot \frac{3\sqrt{2v}}{\sqrt{3}} \zeta\right]$$

$$= -\sqrt{6v}\, \tanh\left[\frac{1}{2} \cdot \frac{3\sqrt{2v}}{\sqrt{3}}(\xi - v\tau)\right] \tag{3-8-24}$$

代回 $g^2 = 6v - 3f$，可得

$$H = 2v\, \mathrm{sech}^2\left[\frac{3\sqrt{2v}}{2\sqrt{3}}(\xi - v\tau)\right] = A\, \mathrm{sech}^2\left[\sqrt{\frac{3A}{4}}(\xi - v\tau)\right] \tag{3-8-25}$$

现在回到有量纲的解，因为 $\xi = \dfrac{1}{\lambda}x - \dfrac{c_0}{\lambda}t$ 和 $\tau = \alpha \bar{t} = \left(\dfrac{a}{h_0}\right)\dfrac{c_0}{\lambda}t$，所以

$$\xi - v\tau = \frac{1}{\lambda}x - \frac{c_0}{\lambda}t - v\left(\frac{a}{h_0}\right)\frac{c_0}{\lambda}t \tag{3-8-26}$$

所以在有量纲下，扰动水波振幅 aH 为

$$aH = a_0\, \mathrm{sech}^2\left[\sqrt{\frac{3a_0}{4h_0^3}}(x - vt)\right] \tag{3-8-27}$$

其中

$$v = c_0\left(1 + \frac{1}{2} \cdot \frac{a_0}{h_0}\right) \tag{3-8-28}$$

式(3-8-27)和式(3-8-28)所描述的波称为孤立波。

我们可以得知，孤立波的波速仅仅与波高和水深有关，且在水深确定时，孤立波振幅越大，波速越大。无量纲的 H 可以展开为下面的渐进展开形式

$$H(\bar{x}, \bar{t}; \alpha) \sim \sum_{n=0}^{\infty} \alpha^n H_n(\bar{x}, \bar{t}), \quad \alpha \to 0 \tag{3-8-29}$$

将无量纲的速度势和 H 的渐近展开式代入式(3-8-7)第二式和第三式的边界条件，并假设 $\alpha \sim \varepsilon^2 \sim \gamma$，收集 γ 的同幂次项后，可得

$$H_0 = \theta_{0\xi} \tag{3-8-30}$$

可令

$$u_0 = \theta_{0\xi} = H_0 \tag{3-8-31}$$

其中 u 是水波质点的水平速度分量。注意到对于长波(浅水波)而言，水波的水平速度分量沿深度方向的变化很小，即 $\dfrac{v_{\max}}{u_{\max}} \approx kh_0 \ll 1$，则 u_0 满足

$$2u_{0\tau} + 3u_0 u_{0\xi} + \frac{1}{3}u_{0\xi\xi\xi} = 0 \tag{3-8-32}$$

将式(3-8-32)的方程换回到 $\bar{x}$、$\bar{t}$ 坐标，可得无量纲的 KdV 方程

$$u_{0\bar{t}} + u_{0\bar{x}} + \frac{3}{2}\alpha u_0 u_{0\bar{x}} + \frac{1}{6}\varepsilon^2 u_{0\bar{x}\bar{x}\bar{x}} = 0 \tag{3-8-33}$$

我们可以进一步求 KdV 方程的水波解的普遍形式，令 $\xi = \bar{x} - \bar{t}$，KdV 方程式(3-8-33)可以化成

$$u_{0\bar{t}} + \frac{3}{2}\alpha u_0 u_{0\xi} + \frac{1}{6}\varepsilon^2 u_{0\xi\xi\xi} = 0 \tag{3-8-34}$$

通过下列代换:$u=\dfrac{\alpha}{4}u_0$,$x=\left(\dfrac{6}{\epsilon^2}\right)^{\frac{1}{2}}\xi$,$t=\left(\dfrac{6}{\epsilon^2}\right)^{\frac{1}{2}}\bar{t}$,式(3-8-34)可以化为 KdV 方程的标准形式

$$u_t + 6uu_x + u_{xxx} = 0 \tag{3-8-35}$$

标准形式的 KdV 方程的解为

$$u(x,t) = \frac{c_s}{2}\mathrm{sech}^2\left[\frac{\sqrt{c_s}}{2}(x - c_s t - x_0)\right] \tag{3-8-36}$$

　　现在我们来了解频散以及非线性对于孤立波的解的影响。式(3-8-35)表示的 KdV 方程中 uu_x 是非线性项,如果忽略 u_{xxx} 项,可以发现其形式和 1.2 节的式(1-2-3)一致,代表其解为 $\phi(x,t)=f(x-c_s t)$ 的形式,只不过此时的波速为 $c_s = 6u$。可见波的形貌中,波幅较低的部分波速慢,波幅较高的部分波速快,因此波幅较高部分会超过较低部分而导致波的形貌被"压缩"。式(3-8-35)中的 u_{xxx} 是引起频散的高阶导数项,原因是对于单一频率的稳态波 $u(x,t)=u_0\mathrm{e}^{\mathrm{i}(kx-\omega t)}$ 而言,x 的高阶导数会导致频散方程(频率和波数的关系)中出现 k^3 项,导致相速度为波数的函数,即 $c_p = \dfrac{\omega}{k} = c_p(k)$,即不同波长会有不同相速度的频散现象,进而导致波形貌的"发散"。由于我们最终得到的解是式(3-8-27)或式(3-8-36)的解,其代表"压缩"和"发散"两个不同的现象,因此最后是"平衡"的。

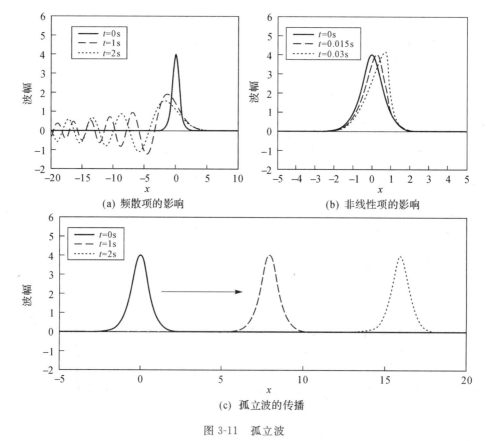

(a) 频散项的影响　　　　　　　(b) 非线性项的影响

(c) 孤立波的传播

图 3-11　孤立波

　　总之,频散的效应是让波的形貌随着传播越来越宽,但是非线性的影响会让波的形貌在传播过程中越来越窄。我们可以通过仿真来观察这个现象。图 3-11(a)所示为不考虑非线性效应下(即 $u_t + u_{xxx} = 0$),初始条件为 $u(x,0) = 4\mathrm{sech}^2(\sqrt{2}\,x)$ 的水波随时间的变化图,可以看到波向远离波传播方向的频散现象。图 3-11(b)所示为不考虑频散时(即 $u_t + 6uu_x = 0$)相同初始条件的水波随时间的变化,从中可以看到由非线性造成的波汇聚现象。图 3-11(c)所示为满足标准 KdV 方程(即 $u_t + 6uu_x + u_{xxx} = 0$)的孤立波随时间的变化。我们可以很明显地看出由于非线性和频散效应相平衡,空间中产生了形貌保持稳定不变的孤立波,而其速度确实是 8 m/s。

　　孤立波的特色之一是具有粒子性。图 3-12 所示为初始条件分别为 $u(x,t) = 8\mathrm{sech}^2[2(x+15)]$ 和 $u(x,t) = 4\mathrm{sech}^2[\sqrt{2}(x+5)]$ 的两个孤立波随时间在空间中传播的模拟图。其中,波幅高的孤立波速度快,波幅低的速度慢。由于波速不同,两波会发生追碰。值得一提的是,这里的重点是展示追碰以及分离的现象。三个状态(初始、碰撞、分离)之间的时间间隔不是等间距。从图 3-12 中可以看出两个孤立波在碰撞后会各自恢复成原来的形状,而且各自的波速不变,可见孤立波具有粒子性。特别的是,和一般线性波的叠加不同,孤立波的叠加是非线性波的叠加,不满足振幅叠加原理。

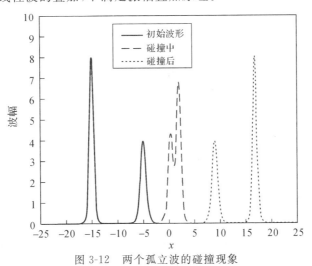

图 3-12　两个孤立波的碰撞现象

　　海底还可能存在内孤立波,其可以发生在密度稳定层化流体内部。图 3-13 所示的照片为在实验室水槽中制造的凹陷型内孤立波,目的是研究内孤立波遇到海底山脊地形后的破碎过程。

图 3-13　双层流体环境下的内孤立波
(本照片由浙江大学林颖典教授和袁野平教授提供)

本章参考文献

何祚镛,赵玉芳. 声学理论基础[M]. 北京:国防工业出版社,1981.

胡一笑. 船行波的计算机仿真研究[D]. 西安:西安电子科技大学,2008.

黄德波. 水波理论基础[M]. 北京:国防工业出版社,2011.

饶泽浪,吴辛烨. 孤立子的 matlab 数值计算及模拟[J]. 首都师范大学学报(自然科学版),2006,27(003):29-33.

石道明. 水波中质点的运动分析[J]. 柳州师专学报,1994(2):5-10.

孙博华. 量纲分析与 Lie 群[M]. 北京:高等教育出版社,2016.

吴秀芳. 水面波的几何结构及色散关系[J]. 大学物理,1989(11):10-14.

吴云岗. 船尾迹的波动理论[D]. 上海:复旦大学,2007.

吴云岗,陶德明. 水波动力学基础[M]. 上海:复旦大学出版社,2011.

张兆隆,高铁红,高勇. 一种仿水黾新型水上行走机器人的研究[J]. 机械传动,2008,32(003):18-21.

Baldock G R, Bridgeman T. Mathematical Theory of Wave Motion[M]. Chichester,UK:Ellis Horwood,1981.

Billingham J, King A C. Wave Motion:Solitons and the Inverse Scattering Transform[M]. Cambridge:Cambridge University Press,2001.

Bühler O. Impulsive fluid forcing and water strider locomotion[J]. Journal of Fluid Mechanics,2007,573:211-236.

Crapper G D. Introduction to Water Waves[M]. Chichester:Ellis Horwood,1984.

Crawford F S. Elementary derivation of the wake pattern of a boat[J]. American Journal of Physics,1984,52(9):782-785.

Denny M W. Paradox lost:answers and questions about walking on water.[J]. Journal of Experimental Biology,2004,207(10):1601-1606.

Dias F. Ship waves and Kelvin[J]. Journal of Fluid Mechanics,2014,746:1-4.

Elmore W C, Heald M A. Physics of Waves[M]. New York:Dover Publications,1985.

Hu D L, Chan B, Bush J W M. The hydrodynamics of water strider locomotion[J]. Nature,2003,424(6949):663-666.

Ingard K U, Roelofs L. Fundamentals of Waves and Oscillations[M]. Cambridge:Cambridge University Press,1988.

Knobel R. An Introduction to the Mathematical Theory of Waves[R]. American Mathematical Society,2000.

Langhaar H L. Dimensional Analysis and Theory of Models[M]. New Jersey:John Wiley,1951.

Leech J W. The Feynman Lectures on Physics[M]. New York:Addison Wesley Publishing,1965.

Lighthill J. Waves in Fluids[M]. New Jersey:John Wiley,1978.

Loviscach J. A Convolution-based algorithm for animated water waves[J]. Eurographics

（Short Presentations），2002.

Main I G. Vibrations and Waves in Physics［M］. Cambridge：Cambridge University Press，1979.

Mei C C，Stiassnie M，Yue D K P. Theory and Applications of Ocean Surface Waves［M］. Singapore：World Scientific Publishing，2005.

Peregrine D. A Modern Introduction to the Mathematical Theory of Water Waves［M］. Cambridge：Cambridge University Press，1997.

Pethiyagoda R，Mccue S W，Moroney T J. What is the apparent angle of a Kelvin ship wave pattern? ［J］. Journal of Fluid Mechanics，2014，758：468-485.

Rabaud M，Moisy F. Ship wakes：Kelvin or mach angle? ［J］. Physical Review Letters，2013，110(21)：214503. 1-214503. 5.

第4章 光 波

光的本质一直是物理学家感兴趣的主题,爱因斯坦曾经说过:"For the rest of my life, I will reflect on what light is."(在我的余生中,我将思考光是什么。)光具有波粒二象性,但在本书中我们重点研究光的波动性,我们讨论的内容在光学学科中属于物理光学。我们将首先介绍麦克斯韦电磁理论,说明光是电磁波,接着介绍电磁场的能量守恒定律以及光的反射和折射,然后介绍光的偏振、干涉和衍射。通过衍射,我们可以"看到"傅里叶变换,这是傅里叶光学的基础。最后我们将介绍全息术和晶体中光的传播行为。

因为光波的物理现象容易观察,所以,先介绍光波有助于后面弹性波的学习。在本章的基础上,我们将在第6章的波导中进一步介绍光纤,并在第9章中介绍相关实验。同时,本章可以作为光测力学技术的理论基础。

4.1 麦克斯韦电磁理论

机械波的传播主要基于牛顿运动定律,且机械波的传播需要介质。光波是电磁波,可以在真空或介质中传播。电磁波的传播主要基于麦克斯韦电磁理论。麦克斯韦方程组由 4 个描述电场与磁场的基本方程构成,麦克斯韦由这 4 个方程预测了电磁波的存在以及光波是电磁波。本节将介绍在介质和真空中的麦克斯韦方程组。重点关注微分形式的麦克斯韦方程组,其描述了空间逐点的电磁场量和电荷、电流之间的关系。在下一节中,我们将借助麦克斯韦方程组推导电磁波的波动方程。

4.1.1 麦克斯韦方程组第一个方程:电场的高斯定律

该定律描述了电位移矢量 D (C/m^2)和场源自由电荷的体积密度 ρ (C/m^3)之间的关系

$$\nabla \cdot \boldsymbol{D} = \rho \tag{4-1-1}$$

其中电位移矢量 $\boldsymbol{D}$ 满足下面的本构关系

$$\boldsymbol{D} = \varepsilon_0 \boldsymbol{E} + \boldsymbol{P} \tag{4-1-2}$$

其中:$\boldsymbol{E}$ 是电场强度(V/m);$\boldsymbol{P}$ 是介质在电场作用下的电极化(electric polarization)强度矢量(C/m^2);ε_0 是真空介电常数,$\varepsilon_0 \approx 8.854 \times 10^{-12}$ F/m。

电位移矢量 $\boldsymbol{D}$ 满足的本构方程(式(4-1-2))可以进一步改写为 $\boldsymbol{D} = \varepsilon_0 \boldsymbol{E} + \boldsymbol{P} = \varepsilon_0 \varepsilon_r \boldsymbol{E} = \varepsilon \boldsymbol{E}$,其中 ε 是介电常数(permittivity 或 dielectric constant),ε_r 是介质的相对介电常数。对于各向同性介质,介电常数是标量;对于各向异性介质,介电常数是二阶张量。电极化强度矢量和束缚电荷密度的关系为 $\rho_b = -\nabla \cdot \boldsymbol{P}$。电极化强度矢量和电场强度的关系可以通过

介质的电极化率(electric susceptibility) χ_e 表示为 $\boldsymbol{P} = (\varepsilon - \varepsilon_0)\boldsymbol{E} = \varepsilon_0 \chi_e \boldsymbol{E}$,其中 $\varepsilon = \varepsilon_0(1 + \chi_e)$。 对于各向同性介质,介质的相对介电常数是标量。对于各向异性介质,相对介电常数是二阶张量。

4.1.2 麦克斯韦方程组第二个方程:磁场的高斯定律

该定律指出稳恒磁场是无源场,磁场线是封闭的,所以散度恒为零,即

$$\nabla \cdot \boldsymbol{B} = 0 \tag{4-1-3}$$

其中 $\boldsymbol{B}$ 是磁感应强度(Wb/m^2)或磁通密度。磁感应强度 $\boldsymbol{B}$ 是垂直穿过单位面积的磁感线的数量。磁感应强度 $\boldsymbol{B}$ 可通过仪器直接测量,决定了运动电荷受到的洛伦兹力。由于磁感应强度 $\boldsymbol{B}$ 可能包含介质(比如磁铁)磁化而产生的磁场,因此,物理学家另外定义了磁场强度 $\boldsymbol{H}$(A/m),其代表单独由电流引起的磁场(1820 年,H. C. 奥斯特(Hans Christian Oersted)发现电流能使磁针偏转)。磁感应强度 $\boldsymbol{B}$ 和磁场强度 $\boldsymbol{H}$ 之间的关系为

$$\boldsymbol{B} = \mu \boldsymbol{H} \tag{4-1-4}$$

其中,μ 为介质的磁导率(magnetic permeability)。对于各向同性介质,磁导率是标量;对于各向异性介质,磁导率是二阶张量。对于一般的光波导介质,其值接近真空中的磁导率 $\mu_0 = 4\pi \times 10^{-7}$ H/m。 磁感应强度 $\boldsymbol{B}$ 满足的本构方程(4-1-4)可以进一步改写为 $\boldsymbol{B} = \mu \boldsymbol{H} = \mu_0(\boldsymbol{H} + \boldsymbol{M})$,其中 $\boldsymbol{M}$ 是介质磁化强度。对称地,介质磁化强度 $\boldsymbol{M}$ 和磁场强度 $\boldsymbol{H}$ 的关系可以借助磁化率 χ_m 表示为 $\boldsymbol{M} = \chi_m \boldsymbol{H}$,其中 $\mu = \mu_0(1 + \chi_m)$。 介质磁化强度 $\boldsymbol{M}$ 和束缚电流密度 $\boldsymbol{J}_b$ 之间的关系为

$$\boldsymbol{J}_b = \nabla \times \boldsymbol{M} \tag{4-1-5}$$

假设空间中存在一个磁性介质,那么在介质外有 $\boldsymbol{B} = \mu_0 \boldsymbol{H}$,在介质内有 $\boldsymbol{B} = \mu_0(\boldsymbol{H} + \boldsymbol{M})$。 我们可以对 $\boldsymbol{B}$、$\boldsymbol{H}$ 和 $\boldsymbol{M}$ 的命名做个简单的总结:电流产生外界磁场 $\boldsymbol{H}$ 后在介质内感应产生磁场 $\boldsymbol{M}$,所以 $\boldsymbol{M}$ 称为介质磁化强度;而 $\boldsymbol{H}$ 是磁场的来源,所以 $\boldsymbol{H}$ 称为磁场强度;而 $\boldsymbol{B}$ 同时考虑了外界磁场及其所感应磁化的介质的总磁场,所以 $\boldsymbol{B}$ 称为磁感应强度。

4.1.3 麦克斯韦方程组第三个方程:法拉第电磁感应定律

法拉第定律指出感生电场(由时变磁场而非电荷分布按库仑定律激发的电场)的旋度等于该点磁感应强度 $\boldsymbol{B}$ 的变化率的负值。该定律可以表示为

$$\nabla \times \boldsymbol{E} = -\frac{\partial \boldsymbol{B}}{\partial t} \tag{4-1-6}$$

上述三个方程以及安培定律(指出电流会产生磁场)都是在麦克斯韦提出麦克斯韦方程组之前已知的定律。在介绍麦克斯韦方程组的第四个方程之前,我们先回顾任何波动方程都需要满足的连续性方程

$$\frac{\partial \rho}{\partial t} + \nabla \cdot \boldsymbol{J} = 0 \tag{4-1-7}$$

其中:ρ 是某物理量的密度;$\boldsymbol{J}$ 是该物理量的流通密度。安培定律可以表示为

$$\nabla \times \boldsymbol{H} = \boldsymbol{J} \tag{4-1-8}$$

其中 $\boldsymbol{J}$ 是传导电流密度(A/m^2),其满足本构关系

$$\boldsymbol{J} = \sigma \boldsymbol{E} \tag{4-1-9}$$

其中 σ 是介质的电导率。

因为任何矢量的旋度取散度后都会等于零,所以

$$\nabla \cdot (\nabla \times \boldsymbol{H}) = \nabla \cdot \boldsymbol{J} = 0 \tag{4-1-10}$$

由式(4-1-7)的连续性方程可以看出,在安培定律的描述下,对应的连续性方程会缺少 $\dfrac{\partial \rho}{\partial t}$ 这一项。除非 $\dfrac{\partial \rho}{\partial t} = 0$(代表空间中固定点的密度不随时间变化),否则式(4-1-8)不满足连续性方程。为了满足连续性方程,麦克斯韦预测安培定律($\nabla \times \boldsymbol{H} = \boldsymbol{J}$)应该再加上 $\dfrac{\partial \boldsymbol{D}}{\partial t}$ 这一修正项,其中电位移矢量 $\boldsymbol{D}$ 满足 $\nabla \cdot \boldsymbol{D} = \rho$(见式(4-1-1)),则可以满足连续性方程。麦克斯韦方程表明时变电场也会产生磁场,$\dfrac{\partial \boldsymbol{D}}{\partial t}$ 又称为位移电流密度。

4.1.4　麦克斯韦方程组第四个方程:麦克斯韦—安培定律

麦克斯韦—安培定律是麦克斯韦对原有安培定律的修正,这个定律指出,磁场强度的旋度等于该点的传导电流密度 $\boldsymbol{J}$ 与位移电流密度 $\dfrac{\partial \boldsymbol{D}}{\partial t}$ 之和。该定律可以表示为

$$\nabla \times \boldsymbol{H} = \boldsymbol{J} + \frac{\partial \boldsymbol{D}}{\partial t} \tag{4-1-11}$$

显然,麦克斯韦—安培定律指出,感生磁场可以用传导电流或者时变电场两种方法生成。由法拉第感应定律可知,时变磁场可以生成电场,由麦克斯韦提出的修正项可知,时变电场 $\dfrac{\partial \boldsymbol{D}}{\partial t}$ 也可以生成磁场。

最后,再次整理介质中的麦克斯韦方程组如下:

$$\nabla \cdot \boldsymbol{D} = \rho \tag{4-1-12}$$

$$\nabla \cdot \boldsymbol{B} = 0 \tag{4-1-13}$$

$$\nabla \times \boldsymbol{E} = -\frac{\partial \boldsymbol{B}}{\partial t} \tag{4-1-14}$$

$$\nabla \times \boldsymbol{H} = \boldsymbol{J} + \frac{\partial \boldsymbol{D}}{\partial t} \tag{4-1-15}$$

这 4 个方程分别对应 4 个重要的物理定律。如果将式(4-1-14)取散度,由于已知任何矢量的旋度取散度后都会等于零,我们可以得到

$$\nabla \cdot (\nabla \times \boldsymbol{E}) = -\frac{\partial \, \nabla \cdot \boldsymbol{B}}{\partial t} = 0 \tag{4-1-16}$$

所以自然可以得到式(4-1-13)的 $\nabla \cdot \boldsymbol{B} = 0$。 如果将式(4-1-15)取散度,有

$$\nabla \cdot (\nabla \times \boldsymbol{H}) = \nabla \cdot \boldsymbol{J} + \frac{\partial \, \nabla \cdot \boldsymbol{D}}{\partial t} = 0 \tag{4-1-17}$$

由连续性方程

$$\frac{\partial \rho}{\partial t} + \nabla \cdot \boldsymbol{J} = 0 \tag{4-1-18}$$

所以

$$\frac{\partial}{\partial t}(\nabla \cdot \boldsymbol{D}) = \frac{\partial \rho}{\partial t} \tag{4-1-19}$$

可得式(4-1-12)。因此,虽然麦克斯韦方程组用了 4 个方程描述 4 个物理定律,但是事实上只有 2 个方程是独立的。在下一节,我们将从这 4 个方程出发推导电磁波的波动方程。

4.2　平面电磁波的性质

考虑无限大的各向同性均匀介质中电磁波的传播,假设区域远离辐射源,即不考虑自由电荷和传导电流($\rho=0$,$\boldsymbol{J}=0$),通过麦克斯韦方程,空间逐点的电磁场量之间的关系可以表示为

$$\nabla \cdot \varepsilon \boldsymbol{E} = 0 \tag{4-2-1}$$

$$\nabla \cdot \mu \boldsymbol{H} = 0 \tag{4-2-2}$$

$$\nabla \times \boldsymbol{E} = -\frac{\partial \mu \boldsymbol{H}}{\partial t} \tag{4-2-3}$$

$$\nabla \times \boldsymbol{H} = \frac{\partial \varepsilon \boldsymbol{E}}{\partial t} \tag{4-2-4}$$

我们希望得到电场的波动方程,所以从麦克斯韦方程推导电场波动方程的关键其实是结合式(4-2-4)消去式(4-2-3)中的磁场强度 $\boldsymbol{H}$ 而得到仅仅关于电场强度 $\boldsymbol{E}$ 的方程。由式(4-2-4)可知,对式(4-2-3)中的磁场强度 $\boldsymbol{H}$ 取旋度就可以将包含时变磁场的项变为包含时变电场的项:

$$\nabla \times (\nabla \times \boldsymbol{E}) = -\frac{\partial(\nabla \times \mu \boldsymbol{H})}{\partial t} = -\varepsilon \mu \frac{\partial^2 \boldsymbol{E}}{\partial t^2} \tag{4-2-5}$$

由矢量恒等式

$$\nabla \times (\nabla \times \boldsymbol{A}) = \nabla(\nabla \cdot \boldsymbol{A}) - \nabla^2 \boldsymbol{A} \tag{4-2-6}$$

式(4-2-5)变为

$$\nabla(\nabla \cdot \boldsymbol{E}) - \nabla^2 \boldsymbol{E} = -\varepsilon \mu \frac{\partial^2 \boldsymbol{E}}{\partial t^2} \tag{4-2-7}$$

又因为

$$\nabla \cdot (\varepsilon \boldsymbol{E}) = \varepsilon \nabla \cdot \boldsymbol{E} + \boldsymbol{E} \cdot \nabla \varepsilon = 0 \tag{4-2-8}$$

所以可得

$$\nabla \cdot \boldsymbol{E} = -\frac{\nabla \varepsilon}{\varepsilon} \cdot \boldsymbol{E} \tag{4-2-9}$$

$$\nabla\left(-\frac{\nabla \varepsilon}{\varepsilon} \cdot \boldsymbol{E}\right) - \nabla^2 \boldsymbol{E} = -\varepsilon \mu \frac{\partial^2 \boldsymbol{E}}{\partial t^2} \tag{4-2-10}$$

假设是均匀介质(ε 和 μ 不随空间变化),即 $\nabla \varepsilon = 0$,所以可得到空间中关于电场的波动方程为

$$\nabla^2 \boldsymbol{E} = \varepsilon \mu \frac{\partial^2 \boldsymbol{E}}{\partial t^2} \tag{4-2-11}$$

采用类似的方法,我们可以得到空间中关于磁场的波动方程为

$$\nabla^2 \boldsymbol{H} = \varepsilon\mu \frac{\partial^2 \boldsymbol{H}}{\partial t^2} \tag{4-2-12}$$

式(4-2-11)和式(4-2-12)是标准的电磁波波动方程。空间中电磁波的电场或磁场的每一个直角坐标分量都必须满足标准波动方程。电磁波的波速为

$$c = \frac{1}{\sqrt{\varepsilon\mu}} \tag{4-2-13}$$

如果是在真空中,$\varepsilon = \varepsilon_0$,$\mu = \mu_0$,则波速为

$$c_0 = \frac{1}{\sqrt{\varepsilon_0\mu_0}} \approx 2.998 \times 10^8 (\mathrm{m/s}) \tag{4-2-14}$$

虽然麦克斯韦时代的真空介电常数和光速的测量值与现今的测量值存在误差,但是通过波速的理论预测,麦克斯韦认为光一定是电磁波。由于自然介质的相对介电常数必定大于1,所以介质的介电常数大于真空介电常数。另外,对于非铁磁性物质和相对磁导率小于1的抗磁性物质,$\mu \approx \mu_0$,而铁磁性物质的磁导率很高,$\mu \gg \mu_0$。由于这两点原因,介质中电磁波传播的波速比光速慢。自由空间(空间中没有自由电荷和传导电流)中的光速和介质中的光速的比值称为折射率(refractive index):

$$n = \frac{c_0}{c} = \sqrt{\frac{\varepsilon\mu}{\varepsilon_0\mu_0}} \tag{4-2-15}$$

可见对于自然材料,折射率必大于1。对于同一频率的光波而言,在折射率为 n 的介质中,光波波速相较真空波速会缩小为 $\frac{1}{n}\left(c = \frac{c_0}{n}\right)$。因此,波长会缩短为 $\frac{1}{n}\left(\lambda = \frac{\lambda_0}{n}\right)$,波数 k 会放大 n 倍 $(k = nk_0)$。此外,由于介电常数和磁导率将随频率变化,所以介质中的电磁波存在频散。从上面的推导可以清楚地看出麦克斯韦对于电磁波理论的贡献就是引入了时变电场 $\frac{\partial \boldsymbol{D}}{\partial t} = \frac{\partial \varepsilon \boldsymbol{E}}{\partial t}$,如果没有这个修正项,原来的4个定律将无法预测电磁波的存在、自由空间中电磁波以光速传播以及光是电磁波等现象。

对于平面简谐电磁波 $\boldsymbol{E} = \boldsymbol{E}_0 \exp[\mathrm{i}(\boldsymbol{k} \cdot \boldsymbol{r} - \omega t)]$ 或 $\boldsymbol{H} = \boldsymbol{H}_0 \exp[\mathrm{i}(\boldsymbol{k} \cdot \boldsymbol{r} - \omega t)]$ 的任意分量 $\phi = \exp[\mathrm{i}(\boldsymbol{k} \cdot \boldsymbol{r} - \omega t)]$ 而言(振幅 $\boldsymbol{E}_0$、$\boldsymbol{H}_0$ 与时间变量、空间变量无关,是可以包含相位的复数常数,且 $\boldsymbol{r}$ 为空间中任意点的位置矢量),有

$$\frac{\partial}{\partial t}\phi = -\mathrm{i}\omega\phi \tag{4-2-16}$$

所以

$$\frac{\partial}{\partial t} = -\mathrm{i}\omega \tag{4-2-17}$$

$$\frac{\partial}{\partial x_i}\phi = \mathrm{i}k_i\phi \tag{4-2-18}$$

其中下标 $i = 1, 2, 3$,所以

$$\frac{\partial}{\partial x_i} = \mathrm{i}k_i \tag{4-2-19}$$

可知

$$\nabla\phi=\left(\boldsymbol{i}_1\frac{\partial}{\partial x_1}+\boldsymbol{i}_2\frac{\partial}{\partial x_2}+\boldsymbol{i}_3\frac{\partial}{\partial x_3}\right)\phi=\mathrm{i}\boldsymbol{k}\phi \tag{4-2-20}$$

所以

$$\nabla=\mathrm{i}\boldsymbol{k} \tag{4-2-21}$$

有了针对平面简谐电磁波的 $\frac{\partial}{\partial t}$ 和 ∇ 的表达式后,式(4-2-11)变成

$$\nabla^2\boldsymbol{E}+k^2\boldsymbol{E}=0 \tag{4-2-22}$$

该式称为亥姆霍兹方程,其中 $\omega=kc$。上式对于 $\boldsymbol{H}$ 也成立。介质中的麦克斯韦方程组可以表示为

$$\boldsymbol{k}\cdot\boldsymbol{E}=0 \tag{4-2-23}$$

$$\boldsymbol{k}\cdot\boldsymbol{H}=0 \tag{4-2-24}$$

$$\boldsymbol{k}\times\boldsymbol{E}=\mu\omega\boldsymbol{H} \tag{4-2-25}$$

$$\boldsymbol{k}\times\boldsymbol{H}=-\varepsilon\omega\boldsymbol{E} \tag{4-2-26}$$

可以看出,就平面电磁波而言,电场大小和磁场大小之间有下列的关系

$$E_0=cB_0=c\mu H_0 \tag{4-2-27}$$

此外,电场 $\boldsymbol{E}$、磁场 $\boldsymbol{H}$ 和传播方向 $\boldsymbol{k}$ 两两正交。图 4-1 所示为电场 $\boldsymbol{E}=\boldsymbol{i}_1 E_0\exp[\mathrm{i}(kz-\omega t)]$ 在空间中传播的示意图。电场 $\boldsymbol{E}$ 和磁场 $\boldsymbol{H}$ 在自由空间是横(矢量波),电场 $\boldsymbol{E}$ 和传播方向 $\boldsymbol{k}$ 只要相互垂直即可,其方向(偏振方向)可以沿垂直于传播方向 $\boldsymbol{k}$ 的平面内的任意方向,电场 $\boldsymbol{E}$ 在电磁波的传播方向上不会有分量。因为图 4-1 所示的电磁波电场的方向是固定的,所以称为线偏振(关于偏振,后面我们会再介绍)。电磁波的一般表达式为

$$\boldsymbol{E}=\boldsymbol{d}E_0\exp[\mathrm{i}(\boldsymbol{k}\cdot\boldsymbol{r}-\omega t)] \tag{4-2-28}$$

其中 $\boldsymbol{d}$ 为电场的偏振方向单位矢量,满足

$$\boldsymbol{k}\cdot\boldsymbol{d}=0 \tag{4-2-29}$$

相关的磁场可由式(4-2-25)求出。

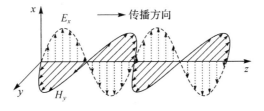

图 4-1 电磁波的传播

4.3 坡印廷定理

电磁波是波动现象,也符合能量守恒定律。在介绍电磁波的能量守恒定律之前,我们先回顾关于电场和磁场的能量密度表达式。从平行板电容器储存能量的分析可以知道,和电场相关的能量密度表达式为 $\frac{1}{2}\varepsilon_0 E^2$。虽然该式是用静电场中的平行板电容器推导得到的,

但是其结果可以描述空间中任意一点在时变电场作用下的能量密度。时变电场的瞬时能量密度 U_E 可以表示为

$$U_E = \frac{1}{2} \boldsymbol{E} \cdot \boldsymbol{D} \tag{4-3-1}$$

就磁场而言,从通有电流的线圈中储存的稳恒磁场的能量分析可知,和电场相关的能量密度表达式为 $\frac{1}{2} \cdot \frac{1}{\mu_0} B^2$。虽然该式是用通电线圈推导得到的,但是其结果可以描述空间中任意区域在动磁场作用下的能量密度。关于时变磁场的瞬时能量密度 U_B 表示为

$$U_B = \frac{1}{2} \boldsymbol{B} \cdot \boldsymbol{H} \tag{4-3-2}$$

由式(4-2-27)可知

$$U_B = \frac{1}{2} \cdot \frac{1}{\mu} \left(\frac{E_0}{c}\right)^2 = \frac{1}{2} \varepsilon E^2 = U_E \tag{4-3-3}$$

式(4-2-27)中看起来电场的数值大小比磁场大很多,但是磁场和电场的单位不同,其实无法直接比较大小。电场的瞬时能量密度等于磁场的瞬时能量密度,总瞬时能量密度 $U = U_E + U_B$。

电磁场随时间变化,因此,空间上不同点的电磁场能量密度也随时间变化,进一步可以引起电磁能量流动。现在考虑在电磁场中将自由电荷 q 移动 $d\boldsymbol{s}$ 距离,则单位时间内电磁场对其所做功为

$$\boldsymbol{F} \cdot \frac{d\boldsymbol{s}}{dt} = (q\boldsymbol{E} + q\boldsymbol{v} \times \boldsymbol{B}) \cdot \boldsymbol{v} = q\boldsymbol{E} \cdot \boldsymbol{v} \tag{4-3-4}$$

其中,由于磁场方向必垂直于电荷速度 $\boldsymbol{v}$ 的方向,所以磁场不做功,则单位时间内电场对单位体积的 N 个点电荷做的功为

$$Nq\boldsymbol{E} \cdot \boldsymbol{v} = \boldsymbol{J} \cdot \boldsymbol{E} \tag{4-3-5}$$

其中 $\boldsymbol{J} \cdot \boldsymbol{E}$ 代表单位体积内施加给传导电流密度 $\boldsymbol{J}$ 的功率,即转化为热能的功率。由式(4-1-15)的麦克斯韦—安培定律可知

$$\boldsymbol{J} \cdot \boldsymbol{E} = \left(\nabla \times \boldsymbol{H} - \frac{\partial \boldsymbol{D}}{\partial t}\right) \cdot \boldsymbol{E} = (\nabla \times \boldsymbol{H}) \cdot \boldsymbol{E} - \frac{\partial \boldsymbol{D}}{\partial t} \cdot \boldsymbol{E} \tag{4-3-6}$$

由矢量恒等式

$$\nabla \cdot (\boldsymbol{E} \times \boldsymbol{H}) = \boldsymbol{H} \cdot (\nabla \times \boldsymbol{E}) - \boldsymbol{E} \cdot (\nabla \times \boldsymbol{H}) \tag{4-3-7}$$

结合式(4-1-14),式(4-3-6)可写为

$$\nabla \cdot (\boldsymbol{E} \times \boldsymbol{H}) + \left(\boldsymbol{H} \cdot \frac{\partial \boldsymbol{B}}{\partial t} + \frac{\partial \boldsymbol{D}}{\partial t} \cdot \boldsymbol{E}\right) + \boldsymbol{J} \cdot \boldsymbol{E} = 0 \tag{4-3-8}$$

而对于介电常数和磁导率与电磁场强度无关的线性材料,可得

$$\boldsymbol{H} \cdot \frac{\partial \boldsymbol{B}}{\partial t} + \frac{\partial \boldsymbol{D}}{\partial t} \cdot \boldsymbol{E} = \frac{1}{2} \cdot \frac{\partial}{\partial t} (\boldsymbol{B} \cdot \boldsymbol{H} + \boldsymbol{D} \cdot \boldsymbol{E}) \tag{4-3-9}$$

定义 $\boldsymbol{S} = \boldsymbol{E} \times \boldsymbol{H}$,式(4-3-8)可以改写为

$$\nabla \cdot \boldsymbol{S} + \frac{\partial}{\partial t} U + \boldsymbol{J} \cdot \boldsymbol{E} = 0 \tag{4-3-10}$$

式(4-3-10)称为坡印廷定理(Poynting theorem),其和电磁场的能量守恒定律相关。式

(4-3-10)可以改写为下面连续性方程的形式

$$\nabla \cdot \boldsymbol{S} + \frac{\partial}{\partial t}(U + W) = 0 \tag{4-3-11}$$

其中 W 为单位体积内电磁场对 $\boldsymbol{J}$ 做的功，$\boldsymbol{S}$ 是坡印廷矢量，代表电磁场中的能流密度矢量（W/m^2）。坡印廷定理表明，单位时间内流出单位体积的截面的电磁场能量加上单位体积中所增加的电磁场能量和损耗能量会恒等于零。式(4-3-11)中，$\nabla \cdot \boldsymbol{S}$ 代表流出单位体积的总电磁场功率，$\boldsymbol{S}$ 的方向为电磁能量流通的方向，而 $\boldsymbol{S} = \boldsymbol{E} \times \boldsymbol{H}$，所以 $\boldsymbol{S}$ 的方向也是波传播的方向。这也是为什么有时候描述磁场用 $\boldsymbol{H}$ 而不是 $\boldsymbol{B}$ 的原因之一。

由于光波(包括紫外光、可见光和红外光)的波长大约是 10 nm 到 1 mm，光速极快，所以光的振动频率极高(例如可见光的频率为 10^{14} Hz 量级)、周期极短。假设电场和磁场分别为

$$\boldsymbol{E} = \boldsymbol{E}_0 \cos(\boldsymbol{k} \cdot \boldsymbol{r} - \omega t) \tag{4-3-12}$$

$$\boldsymbol{H} = \boldsymbol{H}_0 \cos(\boldsymbol{k} \cdot \boldsymbol{r} - \omega t) \tag{4-3-13}$$

则

$$\boldsymbol{S} = \boldsymbol{E}_0 \times \boldsymbol{H}_0 \cos^2(\boldsymbol{k} \cdot \boldsymbol{r} - \omega t) \tag{4-3-14}$$

由于光探测器的响应时间跟不上光能量的瞬时变化，所以在求表征光波能量传播的坡印廷矢量时只能求取平均值。$\cos^2(\boldsymbol{k} \cdot \boldsymbol{r} - \omega t)$ 的平均值为

$$\langle \cos^2(\boldsymbol{k} \cdot \boldsymbol{r} - \omega t) \rangle = \lim_{T \to \infty} \frac{1}{T} \int_{-\frac{T}{2}}^{\frac{T}{2}} \cos^2(\boldsymbol{k} \cdot \boldsymbol{r} - \omega t) \mathrm{d}t = \frac{1}{2} \tag{4-3-15}$$

所以

$$\langle \boldsymbol{S} \rangle = \frac{1}{2} \boldsymbol{E}_0 \times \boldsymbol{H}_0 = I \boldsymbol{p} \tag{4-3-16}$$

其中 $\boldsymbol{p} = \dfrac{\boldsymbol{k}}{k}$ 为波传播方向的单位矢量，I 为 $\boldsymbol{S}$ 的平均值，称为辐照度(irradiance)或简称光强，其值为

$$I = \langle |\boldsymbol{S}| \rangle = \frac{1}{2} E_0 H_0 = \frac{1}{2} \varepsilon c E_0^2 = \frac{1}{2} \sqrt{\frac{\varepsilon}{\mu}} E_0^2 = \frac{1}{2} n \varepsilon_0 c_0 E_0^2 \tag{4-3-17}$$

在推导式(4-3-17)时，用到了 $\varepsilon = n^2 \varepsilon_0$(见式(4-2-15)，假设 $\mu = \mu_0$)和 $c = \dfrac{c_0}{n}$ 的关系。辐照度 I 表示单位面积、单位时间内通过垂直于传播方向的能量。辐照度可以测量，由测量得到的辐照度可以计算出光波电场的振幅 E_0。因此，在光学中通常用电场代表光学场(optical field)。辐照度和电场大小的平方成正比。此外，在介质中，辐照度和介质折射率成正比。

如果将沿着任意波矢量 $\boldsymbol{k}$ 方向传播的平面简谐电磁波用复数振幅表示，其形式为 $\boldsymbol{E} = \boldsymbol{E}_0 \exp[\mathrm{i}(\boldsymbol{k} \cdot \boldsymbol{r} - \omega t)] = \widetilde{\boldsymbol{E}} \exp(-\mathrm{i}\omega t)$ 和 $\boldsymbol{H} = \boldsymbol{H}_0 \exp[\mathrm{i}(\boldsymbol{k} \cdot \boldsymbol{r} - \omega t)] = \widetilde{\boldsymbol{H}} \exp(-\mathrm{i}\omega t)$，其中 $\widetilde{\boldsymbol{E}} = \boldsymbol{E}_0 \exp[\mathrm{i}(\boldsymbol{k} \cdot \boldsymbol{r})]$ 和 $\widetilde{\boldsymbol{H}} = \boldsymbol{H}_0 \exp[\mathrm{i}(\boldsymbol{k} \cdot \boldsymbol{r})]$ 为复数振幅，当电场有初始相位时，其也可以表示为 $\widetilde{\boldsymbol{E}} = \boldsymbol{E}_0 \exp[\mathrm{i}(\boldsymbol{k} \cdot \boldsymbol{r} + \varphi)]$。若令 $\boldsymbol{k} \cdot \boldsymbol{r} - \omega t = \theta$，则

$$\langle \boldsymbol{S} \rangle = \frac{1}{T} \int_{-\frac{T}{2}}^{\frac{T}{2}} \mathrm{Re}[\widetilde{\boldsymbol{E}} \exp(-\mathrm{i}\omega t)] \times \mathrm{Re}[\widetilde{\boldsymbol{H}} \exp(-\mathrm{i}\omega t)] \mathrm{d}t$$

$$= \frac{1}{T} \int_{-\frac{T}{2}}^{\frac{T}{2}} \left\{ \frac{1}{2} \left[\widetilde{\boldsymbol{E}} \exp(-\mathrm{i}\omega t) + \widetilde{\boldsymbol{E}}^* \exp(\mathrm{i}\omega t) \right] \times \frac{1}{2} \left[\widetilde{\boldsymbol{H}} \exp(-\mathrm{i}\omega t) + \widetilde{\boldsymbol{H}}^* \exp(\mathrm{i}\omega t) \right] \right\} \mathrm{d}t$$

$$= \frac{1}{T} \int_{-\frac{T}{2}}^{\frac{T}{2}} \left\{ \frac{1}{4} \left[\widetilde{\boldsymbol{E}} \times \widetilde{\boldsymbol{H}}^* + \widetilde{\boldsymbol{E}}^* \times \widetilde{\boldsymbol{H}} + \widetilde{\boldsymbol{E}} \times \widetilde{\boldsymbol{H}} \exp(-2\mathrm{i}\omega t) + \widetilde{\boldsymbol{E}}^* \times \widetilde{\boldsymbol{H}}^* \exp(2\mathrm{i}\omega t) \right] \right\} \mathrm{d}t$$

$$= \frac{1}{4} (\widetilde{\boldsymbol{E}} \times \widetilde{\boldsymbol{H}}^* + \widetilde{\boldsymbol{E}}^* \times \widetilde{\boldsymbol{H}})$$

$$= \mathrm{Re}\left(\frac{1}{2} \widetilde{\boldsymbol{E}} \times \widetilde{\boldsymbol{H}}^* \right) \tag{4-3-18}$$

4.4 边界条件

当电磁波在一种介质中传播遇到另外一种介质时,介电常数 ε 和磁导率 μ 会产生不连续。研究空间中电磁波在两种不同介质界面上的反射与折射问题时,需要知道电磁场在界面上所要满足的边界条件。

首先考虑下面两个麦克斯韦方程

$$\nabla \cdot \boldsymbol{D} = \rho \tag{4-4-1}$$
$$\nabla \cdot \boldsymbol{B} = 0 \tag{4-4-2}$$

在界面上,考虑一个端面和界面平行的圆柱闭合曲面,其高度无限小,如图 4-2(a)所示。在这个圆柱上对式(4-4-1)应用高斯散度定理 $\int \nabla \cdot \boldsymbol{A} \mathrm{d}V = \int \boldsymbol{A} \cdot \mathrm{d}\boldsymbol{S}$,侧面积的面积分会消失,可得到

$$\int \rho \, \mathrm{d}V = \sigma_s \Delta S$$

$$= \int \nabla \cdot \boldsymbol{D} \, \mathrm{d}V$$

$$= \int_{\Delta S_1} \boldsymbol{D} \cdot \mathrm{d}\boldsymbol{S} + \int_{\Delta S_2} \boldsymbol{D} \cdot \mathrm{d}\boldsymbol{S} + \int_{\Delta S_3} \boldsymbol{D} \cdot \mathrm{d}\boldsymbol{S}$$

$$= \boldsymbol{D}_1 \cdot \boldsymbol{n}_1 \Delta S_1 + \boldsymbol{D}_2 \cdot \boldsymbol{n}_2 \Delta S_2 \tag{4-4-3}$$

其中:σ_s 为表面电荷密度;$\Delta S_1 = \Delta S_2 = \Delta S$, 所以

$$D_{1n} - D_{2n} = \sigma_s \tag{4-4-4}$$

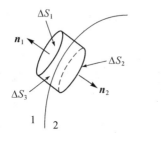
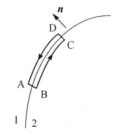

(a) 散度定理的圆柱面   (b) 斯托克斯定理的封闭周线

图 4-2　电磁波矢量分析的边界条件

或

$$\varepsilon_1 E_{1n} - \varepsilon_2 E_{2n} = \sigma_s \tag{4-4-5}$$

如果界面上没有表面电荷,则 $D_{1n} = D_{2n}$,在界面上 $\boldsymbol{D}$ 的法向分量连续。

同理可证,对于 $\boldsymbol{B}$,有

$$B_{1n} = B_{2n} \tag{4-4-6}$$

即在界面上 $\boldsymbol{B}$ 的法向分量连续。

接下来考虑下面两个麦克斯韦方程

$$\nabla \times \boldsymbol{E} = -\frac{\partial \boldsymbol{B}}{\partial t} \tag{4-4-7}$$

$$\nabla \times \boldsymbol{H} = \boldsymbol{J} + \frac{\partial \boldsymbol{D}}{\partial t} \tag{4-4-8}$$

在界面上,考虑一个如图 4-2(b)所示高度无限小(所以面积无限小)的封闭周线。在这个封闭周线上对式(4-4-7)应用斯托克斯定理 $\int \nabla \times \boldsymbol{A} \cdot \mathrm{d}\boldsymbol{S} = \int \boldsymbol{A} \cdot \mathrm{d}\boldsymbol{L}$,沿着高度的线积分会消失,可得

$$\begin{aligned}
\int \nabla \times \boldsymbol{E} \cdot \mathrm{d}\boldsymbol{S} &= \int_{AB} \boldsymbol{E} \cdot \mathrm{d}\boldsymbol{L} + \int_{BC} \boldsymbol{E} \cdot \mathrm{d}\boldsymbol{L} + \int_{CD} \boldsymbol{E} \cdot \mathrm{d}\boldsymbol{L} + \int_{DA} \boldsymbol{E} \cdot \mathrm{d}\boldsymbol{L} \\
&= \int_{BC} \boldsymbol{E} \cdot \mathrm{d}\boldsymbol{L} + \int_{DA} \boldsymbol{E} \cdot \mathrm{d}\boldsymbol{L} \\
&= \int \left(-\frac{\partial \boldsymbol{B}}{\partial t} \right) \cdot \mathrm{d}\boldsymbol{S} \\
&= 0
\end{aligned} \tag{4-4-9}$$

所以

$$E_{1t} = E_{2t} \tag{4-4-10}$$

或

$$\boldsymbol{n} \times (\boldsymbol{E}_1 - \boldsymbol{E}_2) = 0 \tag{4-4-11}$$

所以,在界面上 $\boldsymbol{E}$ 的切向分量连续。

一般情况下,在界面上不会有表面电流,则在封闭周线上对式(4-4-8)应用斯托克斯定理,可得

$$H_{1t} = H_{2t} \tag{4-4-12}$$

或

$$\boldsymbol{n} \times (\boldsymbol{H}_1 - \boldsymbol{H}_2) = 0 \tag{4-4-13}$$

因此,在界面上 $\boldsymbol{H}$ 的切向分量连续。

有界区域的时变电磁场问题一般是在给定初始条件和边界条件下求解麦克斯韦方程。在没有表面电荷或表面电流下,界面上 $\boldsymbol{B}$ 和 $\boldsymbol{D}$ 的法向分量连续,以及在界面上 $\boldsymbol{E}$ 和 $\boldsymbol{H}$ 的切向分量连续。现在我们考虑在什么条件下,才可以在有界区域中得到唯一的麦克斯韦方程的解。

唯一性定理的描述如下:如果在 $t = 0$ 时给定以封闭曲面 S 为边界的有界区域 V 内的初始电场强度和磁场强度,并且在 $t \geqslant 0$ 时给定边界面上的电场强度的切向分量或磁场强度的切向分量,则在 $t > 0$ 时,有界区域 V 内的电磁场可以由麦克斯韦方程唯一确定。唯一性

定理可以由反证法证明,这里我们省略证明,有兴趣的读者可以阅读相关文献(例如 J. A. Stratton 的经典教材 *Electromagnetic Theory* 或是雷银照等人的文章)。由于本书主要的目的是介绍光波的基础和应用,这里并不深入拓展唯一性定理。

4.5　光波的反射与折射

我们接下来讨论平面简谐光波在从一种各向同性介质入射到另外一种各向同性介质时遇到界面后的反射与折射行为。光波在自由空间是横波,因此,在垂直于波传播的方向上有无限个可能的电场和磁场偏振方向。为方便讨论,我们首先分别研究电矢量平行于入射面和垂直于入射面两种特殊情况下光波的反射与折射现象,其他更一般的情况可以通过上述两种情况的线性叠加组合进行求解。入射面为入射光与入射点处界面的法线所构成的平面。

第一种情况是电矢量平行于入射面,即磁场方向垂直于入射面,这种情况称为横磁偏振(TM 偏振),又称为 p 偏振,如图 4-3(a)所示;第二种情况是电矢量垂直于入射面,即磁场方向平行于入射面,这种情况称为横电偏振(TE 偏振),又称为 s 偏振,如图 4-3(b)所示。这里 p 和 s 分别代表水平(parallel)和垂直(源自德文 senkrecht)。

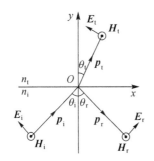 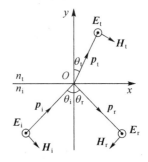

(a) 横磁（电场平行于入射面）偏振及相关的波场　　　　(b) 横电（电场垂直于入射面）偏振及相关的波场

图 4-3　光波在介质分界面上的反射和折射关系

4.5.1　横磁偏振

图 4-3(a)的两介质的折射率分别为 n_i 和 n_t,其中下标 i 代表入射,下标 t 代表透射。首先考虑入射光波为横磁偏振(TM 偏振)的情况,电矢量 $E = E_0 \exp[i(k \cdot r - \omega t)] = E_0 \exp[i(kp \cdot r - \omega t)]$ 在平行于入射面(xOy 平面)的方向振动,磁场强度矢量 $H = H_0 \exp[i(k \cdot r - \omega t)] = H_0 \exp[i(kp \cdot r - \omega t)]$ 在垂直于入射面(xOy 平面)的方向振动,其中 $r = xi + yj$。光波遇到界面后,传播方向会变化,但是频率不会改变。按照图 4-3(a)所假设的方向,光波的入射、反射和透射方向可以整理如下

$$p_i = (p_i \cdot i)i + (p_i \cdot j)j = \sin\theta_i i + \cos\theta_i j \tag{4-5-1}$$

$$p_r = (p_r \cdot i)i + (p_r \cdot j)j = \sin\theta_r i - \cos\theta_r j \tag{4-5-2}$$

$$p_t = (p_t \cdot i)i + (p_t \cdot j)j = \sin\theta_t i + \cos\theta_t j \tag{4-5-3}$$

三个传播方向所对应的电场分别如下

$$\boldsymbol{E}_i = \boldsymbol{d}_i E_{i0} \exp\{i[k_i(x\sin\theta_i + y\cos\theta_i) - \omega t]\} \tag{4-5-4}$$

$$\boldsymbol{E}_r = \boldsymbol{d}_r E_{r0} \exp\{i[k_r(x\sin\theta_r - y\cos\theta_r) - \omega t]\} \tag{4-5-5}$$

$$\boldsymbol{E}_t = \boldsymbol{d}_t E_{t0} \exp\{i[k_t(x\sin\theta_t + y\cos\theta_t) - \omega t]\} \tag{4-5-6}$$

其中：$\boldsymbol{d}$ 表示电场的振动方向；$\boldsymbol{d}_i = -\cos\theta_i \boldsymbol{i} + \sin\theta_i \boldsymbol{j}$，$\boldsymbol{d}_r = \cos\theta_r \boldsymbol{i} + \sin\theta_r \boldsymbol{j}$，$\boldsymbol{d}_t = -\cos\theta_t \boldsymbol{i} + \sin\theta_t \boldsymbol{j}$，传播矢量的大小为 $k_i = k_r = \dfrac{n_i 2\pi}{\lambda_0}$ 和 $k_t = \dfrac{n_t 2\pi}{\lambda_0}$，其中 λ_0 为入射光在真空中的波长。

　　光波在界面上必须满足的边界条件为在界面上 $\boldsymbol{E}$ 的切向分量连续以及在界面上 $\boldsymbol{H}$ 的切向分量连续。由电场边界条件可知，在 $y = 0$ 时，有

$$-\cos\theta_i E_{i0} \exp[i(k_i x\sin\theta_i - \omega t)] + \cos\theta_r E_{r0}\exp[i(k_r x\sin\theta_r - \omega t)]$$
$$= -\cos\theta_t E_{t0}\exp[i(k_t x\sin\theta_t - \omega t)] \tag{4-5-7}$$

而由磁场边界条件可知

$$H_{i0} + H_{r0} = H_{t0} \tag{4-5-8}$$

其中 $H_0 = \dfrac{E_0}{c\mu}$。对于非磁性介质，$\mu_i = \mu_r = \mu_t = \mu$，式(4-5-8)可用折射率表示为

$$n_i E_{i0} + n_i E_{r0} = n_t E_{t0} \tag{4-5-9}$$

如果光在任何时间下都能满足界面上的边界条件，则须有

$$k_i \sin\theta_i = k_r \sin\theta_r = k_t \sin\theta_t \tag{4-5-10}$$

可得反射定律

$$\theta_i = \theta_r \tag{4-5-11}$$

以及折射定律

$$n_i \sin\theta_i = n_t \sin\theta_t \tag{4-5-12}$$

由式(4-5-7)，电场大小之间的关系为

$$-\cos\theta_i E_{i0} + \cos\theta_r E_{r0} = -\cos\theta_t E_{t0} \tag{4-5-13}$$

将其和式(4-5-9)联立，可得

$$\begin{cases} \cos\theta_r \left(\dfrac{E_{r0}}{E_{i0}}\right) + \cos\theta_t \left(\dfrac{E_{t0}}{E_{i0}}\right) = \cos\theta_i \\[2mm] n_i \left(\dfrac{E_{r0}}{E_{i0}}\right) - n_t \left(\dfrac{E_{t0}}{E_{i0}}\right) = -n_i \end{cases} \tag{4-5-14}$$

所以可得反射系数与透射系数为

$$\begin{cases} r_{\!/\!/} \equiv \left(\dfrac{E_{r0}}{E_{i0}}\right)_{\!/\!/} = \dfrac{n_t\cos\theta_i - n_i\cos\theta_t}{n_i\cos\theta_t + n_t\cos\theta_i} \\[3mm] t_{\!/\!/} \equiv \left(\dfrac{E_{t0}}{E_{i0}}\right)_{\!/\!/} = \dfrac{2n_i\cos\theta_i}{n_i\cos\theta_t + n_t\cos\theta_i} \end{cases} \tag{4-5-15}$$

式(4-5-15)为横磁偏振的菲涅耳(Fresnel)公式，用来描述光在不同折射率介质之间的反射与折射行为，也可以用来解释反射光和折射光的强度、相位与入射光之间的关系。

　　由 $\cos^2\theta_t + \sin^2\theta_t = 1$ 和折射定律 $n_i\sin\theta_i = n_t\sin\theta_t$，可得

$$\cos\theta_t = \sqrt{1 - \left[\left(\dfrac{n_i}{n_t}\right)\sin\theta_i\right]^2} \tag{4-5-16}$$

所以式(4-5-15)可以改写为

$$
\begin{cases}
r_{/\!/} = \dfrac{n_t \cos\theta_i - n_i \sqrt{1 - \left[\left(\dfrac{n_i}{n_t}\right)\sin\theta_i\right]^2}}{n_t \cos\theta_i + n_i \sqrt{1 - \left[\left(\dfrac{n_i}{n_t}\right)\sin\theta_i\right]^2}} \\[4mm]
t_{/\!/} = \dfrac{2n_i \cos\theta_i}{n_t \cos\theta_i + n_i \sqrt{1 - \left[\left(\dfrac{n_i}{n_t}\right)\sin\theta_i\right]^2}}
\end{cases}
\tag{4-5-17}
$$

4.5.2　横电偏振

如图 4-3(b),我们接下来考虑入射光波为横电偏振(TE 偏振)的情况,电矢量 $\boldsymbol{E} = \boldsymbol{E}_0 \exp[i(\boldsymbol{k} \cdot \boldsymbol{r} - \omega t)] = \boldsymbol{E}_0 \exp[i(k\boldsymbol{p} \cdot \boldsymbol{r} - \omega t)]$ 在垂直于入射面(xOy 平面)的方向振动,磁场强度矢量 $\boldsymbol{H} = \boldsymbol{H}_0 \exp[i(\boldsymbol{k} \cdot \boldsymbol{r} - \omega t)] = \boldsymbol{H}_0 \exp[i(k\boldsymbol{p} \cdot \boldsymbol{r} - \omega t)]$ 在平行于入射面(xOy 平面)的方向振动。按照图 4-3(b)所假设的方向,光波的入射、反射和透射方向与式(4-5-1)、式(4-5-2)和式(4-5-3)相同。三个传播方向所对应的磁场分别如下:

$$\boldsymbol{H}_i = \boldsymbol{d}_i H_{i0} \exp\{i[k_i(x\sin\theta_i + y\cos\theta_i) - \omega t]\} \tag{4-5-18}$$

$$\boldsymbol{H}_r = \boldsymbol{d}_r H_{r0} \exp\{i[k_r(x\sin\theta_r - y\cos\theta_r) - \omega t]\} \tag{4-5-19}$$

$$\boldsymbol{H}_t = \boldsymbol{d}_t H_{t0} \exp\{i[k_t(x\sin\theta_t + y\cos\theta_t) - \omega t]\} \tag{4-5-20}$$

其中: $\boldsymbol{d}_i = \cos\theta_i \boldsymbol{i} - \sin\theta_i \boldsymbol{j}$; $\boldsymbol{d}_r = -\cos\theta_r \boldsymbol{i} - \sin\theta_r \boldsymbol{j}$; $\boldsymbol{d}_t = \cos\theta_t \boldsymbol{i} - \sin\theta_t \boldsymbol{j}$ 。

光波在界面上必须满足的边界条件为在界面上 $\boldsymbol{E}$ 的切向分量连续以及在界面上 $\boldsymbol{H}$ 的切向分量连续。由磁场边界条件可知,在 $y = 0$ 处有

$$
\cos\theta_i H_{i0} \exp[i(k_i x\sin\theta_i - \omega t)] - \cos\theta_r H_{r0} \exp[i(k_r x\sin\theta_r - \omega t)]
$$
$$
= \cos\theta_t H_{t0} \exp[i(k_t x\sin\theta_t - \omega t)] \tag{4-5-21}
$$

所以

$$\cos\theta_i H_{i0} - \cos\theta_r H_{r0} = \cos\theta_t H_{t0} \tag{4-5-22}$$

或

$$\cos\theta_i n_i E_{i0} - \cos\theta_r n_i E_{r0} = \cos\theta_t n_t E_{t0} \tag{4-5-23}$$

而由电场边界条件可知

$$E_{i0} + E_{r0} = E_{t0} \tag{4-5-24}$$

联立式(4-5-23)和式(4-5-24),可得反射系数与透射系数为

$$
\begin{cases}
r_\perp \equiv \left(\dfrac{E_{r0}}{E_{i0}}\right)_\perp = \dfrac{n_i \cos\theta_i - n_t \cos\theta_t}{n_i \cos\theta_i + n_t \cos\theta_t} \\[4mm]
t_\perp \equiv \left(\dfrac{E_{t0}}{E_{i0}}\right)_\perp = \dfrac{2n_i \cos\theta_i}{n_i \cos\theta_i + n_t \cos\theta_t}
\end{cases}
\tag{4-5-25}
$$

式(4-5-25)为横电偏振的菲涅耳公式,其可以改写为

$$\begin{cases} r_\perp = \dfrac{n_i \cos \theta_i - n_t \sqrt{1 - \left[\left(\dfrac{n_i}{n_t} \right) \sin\theta_i \right]^2}}{n_i \cos \theta_i + n_t \sqrt{1 - \left[\left(\dfrac{n_i}{n_t} \right) \sin\theta_i \right]^2}} \\[4ex] t_\perp = \dfrac{2n_i \cos \theta_i}{n_i \cos \theta_i + n_t \sqrt{1 - \left[\left(\dfrac{n_i}{n_t} \right) \sin\theta_i \right]^2}} \end{cases} \tag{4-5-26}$$

4.5.3 反射率和透射率

我们可以引入反射率和透射率来表示光波在界面上的反射波和折射波分别占有的比例。如图 4-4 所示,假设 I_i、I_r 和 I_t 分别是入射、反射以及透射光束的辐照度,其对应的光束截面积分别为 $A_i \cos \theta_i$、$A_r \cos \theta_r$ 和 $A_t \cos \theta_t$,其中 $A_i = A_r = A_t = A$。每秒入射、反射和透射的能量分别为 $I_i A_i \cos \theta_i$、$I_r A_r \cos \theta_r$ 和 $I_t A_t \cos \theta_t$。

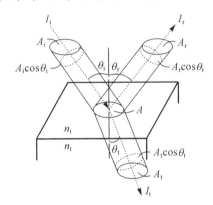

图 4-4 光束截面积在反射和折射时的变化关系

反射率(reflectance)定义为反射光功率和入射光功率的比

$$R \triangleq \frac{I_r A_r \cos \theta_r}{I_i A_i \cos \theta_i} = \frac{I_r}{I_i} \tag{4-5-27}$$

透射率(transmittance)定义为透射光功率和入射光功率的比

$$T \triangleq \frac{I_t A_t \cos \theta_t}{I_i A_i \cos \theta_i} = \frac{I_t \cos \theta_t}{I_i \cos \theta_i} \tag{4-5-28}$$

由式(4-3-17)可知, $I = \dfrac{1}{2} \varepsilon c E_0^2$,所以

$$R = \frac{I_r}{I_i} = \frac{\dfrac{1}{2} \varepsilon_r c_r E_{r0}^2}{\dfrac{1}{2} \varepsilon_i c_i E_{i0}^2} = \left(\frac{E_{r0}}{E_{i0}} \right)^2 = r^2 \tag{4-5-29}$$

而 $T = \dfrac{I_t}{I_i}$,所以

$$T = \frac{\left(\frac{1}{2}\varepsilon_t \frac{c_0}{n_t}\right)\cos\theta_t E_{t0}^2}{\left(\frac{1}{2}\varepsilon_i \frac{c_0}{n_i}\right)\cos\theta_i E_{i0}^2} = \frac{n_t^2 \varepsilon_0 n_i \cos\theta_t}{n_i^2 \varepsilon_0 n_i \cos\theta_i}\left(\frac{E_{t0}}{E_{i0}}\right)^2 = \frac{n_t \cos\theta_t}{n_i \cos\theta_i}t^2 \tag{4-5-30}$$

若不计介质的吸收、散射等能量损耗,由于能量守恒($I_i A_i \cos\theta_i = I_r A_r \cos\theta_r + I_t A_t \cos\theta_t$),可得

$$R + T = 1 \tag{4-5-31}$$

前面说过,光波可以分解为 TM 偏振和 TE 偏振,式(4-5-31)对于两种偏振同样适用。当 $\theta_i = 0°$ 时,由式(4-5-15)和式(4-5-25),可得

$$r_{//} = \frac{n_t - n_i}{n_t + n_i} = -r_\perp \tag{4-5-32}$$

以及

$$t_{//} = \frac{2n_i}{n_t + n_i} = t_\perp \tag{4-5-33}$$

所以当 $\theta_i = 0°$ 时,反射率和透射率为

$$R = R_{//} = R_\perp = \left(\frac{n_t - n_i}{n_t + n_i}\right)^2 \tag{4-5-34}$$

以及

$$T = T_{//} = T_\perp = \frac{4n_t n_i}{(n_t + n_i)^2} \tag{4-5-35}$$

接下来,我们分别讨论光从光疏介质(绝对折射率小)到光密介质(绝对折射率大)和光从光密介质到光疏介质时,光波在界面上的反射与透射行为。

4.5.4 光疏介质入射

我们可以将式(4-5-15)和式(4-5-25)的反射系数随入射角的变化作图,如图 4-5 所示。

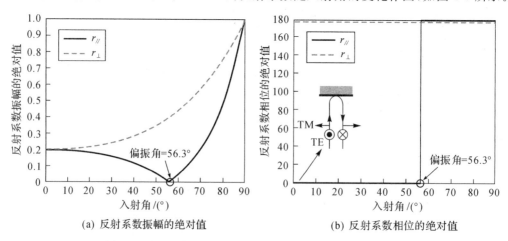

(a) 反射系数振幅的绝对值 (b) 反射系数相位的绝对值

图 4-5 光的反射系数随入射角的变化曲线(光疏介质入射)

首先,如图 4-5(a)所示,随着入射角的增大,TE 偏振反射系数振幅的绝对值越来越大,TM 偏振反射系数振幅的绝对值则是先减小再增大。当入射角等于 90°时,不论是 TE 偏振

还是 TM 偏振,反射系数振幅的绝对值都达到最大,且振幅的绝对值为 1。该现象可以借助生活中的实例加以理解。若眼睛以接近平行于物体表面的方式看物体,除非物体表面粗糙,不然物体表面会接近镜面。例如,以手为轴线,将手机屏幕绕着手转动,直到手机面板转动 90°,可以发现手机屏幕变成镜面。

其次,当入射角 $\theta_i = 0°$(即正入射)时,TE 偏振和 TM 偏振反射系数振幅的绝对值相同,以光从空气($n_i = 1$)中入射到玻璃($n_t = 1.5$)中为例,反射率为

$$R = \left(\frac{1.5-1}{1.5+1}\right)^2 = 4\% \tag{4-5-36}$$

可见,大约有 4% 的光能量在界面上反射,因此,在具有多透镜的复杂光学系统中,即使是对于反射系数相对较低的正入射,光能量的损失也会非常严重。

图 4-5(b)绘制了光反射系数的相位绝对值随入射角的变化曲线,可以看出:对于 TE 偏振,反射光的相位和入射光相反;对于 TM 偏振,当入射角小于偏振角时,反射光的相位和入射光相同,当入射角大于偏振角时,相位相反。我们主要关心光学系统中正入射情况下反射光的行为。由图 4-5(b)的示意图(注意示意图的方向符合正入射情况下的相位关系)可以发现,合成的反射光场(由电场矢量方向代表)和入射光场反向,即相位有 π 的变化,代表反射波损失了半个波长,因此这种 π 的相位跃变称为"半波损失"。

由式(4-5-32)可知,$r_\parallel$ 的分子是折射率的差值,所以我们可以找到使 $r_\parallel$ 为零的角度,称为偏振角或布儒斯特角 θ_p(Brewster's angle),当光以布儒斯特角入射时,反射光的电场矢量只会包含垂直于入射面的分量(横电偏振)。当 $\theta_i = \theta_p$ 时,联系 $r_\parallel$ 的分子等于零($n_t \cos\theta_i = n_i \cos\theta_t$)和折射定律($n_i \sin\theta_i = n_t \sin\theta_t$),可得 $\sin 2\theta_i = \sin 2\theta_t$。但是 $\theta_t \neq \theta_i$,所以 $2\theta_t = \pi - 2\theta_i$ 或 $\theta_i + \theta_t = \frac{\pi}{2}$。再次通过折射定律,可得布儒斯特角满足

$$\tan\theta_i = \tan\theta_p = \frac{n_t}{n_i} \tag{4-5-37}$$

比较在自由空间中传播的光波的两个独立分量 TM 偏振(横磁偏振)和 TE 偏振(横电偏振),可以看出 TE 偏振的反射系数比 TM 偏振的大,加上偏振角的存在,原本没有偏振的自然光经过反射后的 TE 偏振的成分会比 TM 偏振的成分多,在以偏振角入射的情况下,反射光会是百分之百的 TE 偏振反射。因此,太阳光经过地面反射后,大部分光的振动方向是平行于地面的。基于这个现象,可以制作偏振太阳眼镜,偏振太阳眼镜的制作材料只允许垂直于地面(平行于入射面)的偏振方向的光通过,而吸收反射振幅比较强的 TE 偏振方向的光。这样,进入眼睛的太阳光的成分只有一种比较弱的 TM 偏振光,可以达到遮光的效果。

4.5.5 光密介质入射

如果光波从光密介质入射到光疏介质,光的反射系数随入射角的变化曲线如图 4-6 所示。

首先,如图 4-6(a)所示,随着入射角的增大,TE 偏振的反射系数振幅的绝对值越来越大,但是反射系数的振幅绝对值会在一个临界角达到 1。TM 偏振的反射系数振幅的绝对值则是先减小,当入射角大于偏振角后,再增大,在和 TE 偏振达到同一个临界角 $\theta_i = \theta_c$ 后,

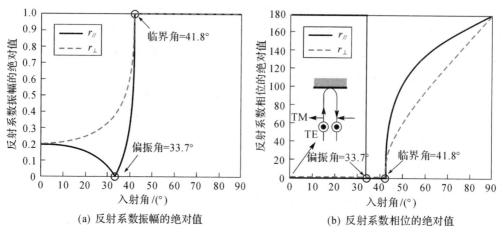

(a) 反射系数振幅的绝对值　　　　　(b) 反射系数相位的绝对值

图 4-6　光的反射系数随入射角的变化曲线(光密介质入射)

反射 TM 偏振光的振幅也达到 1。对于由光密介质入射的光波,当入射角大于临界角后,光波发生全反射,此时折射角 $\theta_t = \dfrac{\pi}{2}$。

　　图 4-6(b)绘制了光反射系数的相位绝对值随入射角的变化曲线,可以看出,对于 TE 偏振、小角度入射的情况,反射光和入射光同相位。对于 TM 偏振,反射光的相位和入射光一开始相反,当角度大于偏振角后,相位变成同相,一直到入射角大于临界角后,TE 偏振与 TM 偏振和入射光都有不等于 180°的相位差。

　　以光从玻璃($n_i = 1.5$)入射到空气($n_t = 1$)中为例。当入射角 $\theta_i = 0°$ 时,和光疏介质入射的情况一样,不论是 TE 偏振还是 TM 偏振,反射率都是 4%。对于具有多透镜的复杂光学系统而言,光反射的能量损失将会非常严重。由图 4-6(b)中的示意图可以发现,正入射的时候,合成的反射光场(由电场矢量方向代表)同向,即相位并没有 π 的变化,反射光没有半波损失。

　　光波由光密介质入射($n_i > n_t$),有可能发生全反射。当发生全反射时,由折射定律可知

$$\sin \theta_i = \frac{n_t}{n_i}\sin \theta_t = n_{ti}\sin \theta_t \qquad (4\text{-}5\text{-}38)$$

当 $\theta_t = \dfrac{\pi}{2}$ 时,$\sin \theta_t = 1$,可得

$$\sin \theta_c = n_{ti} \qquad (4\text{-}5\text{-}39)$$

假设透射光的电场为

$$\boldsymbol{E}_t = \boldsymbol{d}_t E_{t0}\exp\{i[k_t(\sin \theta_t x + \cos \theta_t y) - \omega t]\} \qquad (4\text{-}5\text{-}40)$$

由三角函数的关系,可得

$$\cos \theta_t = \pm\sqrt{1 - \sin^2 \theta_t} = \pm\sqrt{1 - \frac{\sin^2 \theta_i}{n_{ti}^2}} \qquad (4\text{-}5\text{-}41)$$

当 $\theta_i > \theta_c$ 时,

$$\sin \theta_i > \sin \theta_c = n_{ti} \qquad (4\text{-}5\text{-}42)$$

所以

$$k_t \cos \theta_t = \pm i k_t \sqrt{\frac{\sin^2 \theta_i}{n_{ti}^2} - 1} \tag{4-5-43}$$

结合式(4-5-38),可知

$$\begin{aligned} \boldsymbol{E}_t &= \boldsymbol{d}_t E_{t0} \exp\{i[k_t(\sin\theta_t x + \cos\theta_t y) - \omega t]\} \\ &= \boldsymbol{d}_t E_{t0} \exp\left[i\left(k_t \sin\theta_t x \pm i k_t \sqrt{\frac{\sin^2\theta_i}{n_{ti}^2} - 1}\, y - \omega t\right)\right] \\ &= \boldsymbol{d}_t E_{t0} \exp\left(-k_t \sqrt{\frac{\sin^2\theta_i}{n_{ti}^2} - 1}\, y\right) \exp\left[i\left(k_t \frac{\sin\theta_i}{n_{ti}} x - \omega t\right)\right] \end{aligned} \tag{4-5-44}$$

其中,最后一项忽略了物理上不可能存在的 $\exp\left(+k_t \sqrt{\dfrac{\sin^2\theta_i}{n_{ti}^2} - 1}\, y\right)$。 式(4-5-44)代表一个沿着 x 方向传播,振幅在 y 方向按指数衰减的波,称为消逝波(evanescent wave),其沿着 z 方向的平均能流为零。进一步的研究表明,发生全反射时光波将进入光疏介质的一定范围内,深度大约是光波波长的量级,沿着 x 方向在界面传播约半个波长后,反射回原来入射的光密介质,此横向传播位移是造成全反射时反射波和入射波有 π 的相位差的原因。由于能量集中在界面,故消逝波又称为表面波。

4.6 偏 振

电磁理论指出,在无源、均匀、各向同性介质的自由空间内传播的光波为横波,电场强度矢量代表光场,其振动方向和传播方向垂直。这就好像我们扰动一根长绳,质点振动方向和波传播的方向垂直,绳波也为横波。和纵波不同,横向扰动的方向可以有无限多种可能性,因此,横波又称为矢量波,其振动具有方向性。而纵波又称为标量波。

考虑沿 z 轴传播的光波,光场可以分解为沿互相垂直的 x 和 y 方向振动但有相位差的两个独立场分量的叠加,即

$$\boldsymbol{E} = \boldsymbol{i} E_x + \boldsymbol{j} E_y \tag{4-6-1}$$

其中

$$E_x = E_{0x} \exp[i(kz - \omega t + \theta_x)] \tag{4-6-2}$$

$$E_y = E_{0y} \exp[i(kz - \omega t + \theta_y)] \tag{4-6-3}$$

光波的大小和方向随时间变化,在波场中一个给定空间位置观察到的场矢量随时间的变化轨迹称为偏振。偏振是光振动的方向相对光传播方向不对称的性质。电场矢量的末端运动轨迹可由式(4-6-2)和式(4-6-3)消去 $(kz - \omega t)$ 求得。合成矢量的末端运动轨迹的方程式如下:

$$\left(\frac{E_x}{E_{0x}}\right)^2 + \left(\frac{E_y}{E_{0y}}\right)^2 - 2\left(\frac{E_x}{E_{0x}}\right)\left(\frac{E_y}{E_{0y}}\right)\cos\theta = \sin^2\theta \tag{4-6-4}$$

其中 $\theta = \theta_y - \theta_x$,为相位差。在一般情况下,式(4-6-4)是一个椭圆方程式,对应的光波称为椭圆偏振光。参考图 4-6,当光从光密介质入射到光疏介质时会发生全反射,此时 TE 偏振和 TM 偏振的反射光有相位差,所以合成波会是椭圆偏振光。明显的,随着相位差 θ 和振

幅比值 $\dfrac{E_{0y}}{E_{0x}}$ 的不同,椭圆偏振光可以退化为不同的轨迹。

(1)当 θ 等于 0 或 $\pm\pi$ 的整数倍时,椭圆方程(式(4-6-4))退化为直线方程

$$\frac{E_x}{E_y}=\pm\frac{E_{0x}}{E_{0y}} \tag{4-6-5}$$

对应的光波是线偏振光,此时电场矢量的方向保持不变,大小随相位变化。可以看出,在同一时刻,传播方向上每个点的光矢量都在同一个平面上。图 4-7(a)所示为 $\theta=0$ 且 $E_{0x}=E_{0y}=1$ 的偏振情况。图 4-7(b)所示为 $\theta=\pi$ 且 $E_{0x}=E_{0y}=1$ 的偏振情况。图 4-7(c)和图 4-7(d)为分别对应图 4-7(a)和图 4-7(b)的三维空间的电场矢量在空间中的变化曲线。

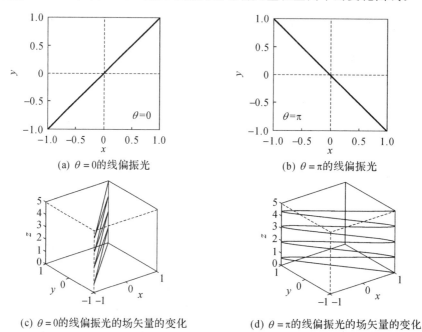

(a) $\theta=0$ 的线偏振光　　　　　　　(b) $\theta=\pi$ 的线偏振光

(c) $\theta=0$ 的线偏振光的场矢量的变化　　　(d) $\theta=\pi$ 的线偏振光的场矢量的变化

图 4-7　线偏振光

(2)当 $E_{0x}=E_{0y}=E_0$ 且相位差 $\theta=\pm\dfrac{m}{2}\pi,m=\pm1,\pm3,\pm5,\cdots$ 时,椭圆退化为圆方程,因为 $\exp^{\mathrm{i}\frac{\pi}{2}}=\mathrm{i}$,此时

$$\begin{aligned}
\boldsymbol{E}&=\boldsymbol{i}E_x+\boldsymbol{j}E_y\\
&=\boldsymbol{i}E_0\exp[\mathrm{i}(kz-\omega t)]+\boldsymbol{j}E_0\exp\left[\mathrm{i}\left(kz-\omega t\pm\frac{\pi}{2}\right)\right]\\
&=E_0(\boldsymbol{i}\pm\mathrm{i}\boldsymbol{j})\exp[\mathrm{i}(kz-\omega t)]
\end{aligned} \tag{4-6-6}$$

即

$$\frac{E_y}{E_x}=\pm\mathrm{i} \tag{4-6-7}$$

椭圆方程式(式(4-6-4))退化为圆方程

$$E_x^2+E_y^2=E_0^2 \tag{4-6-8}$$

对应圆偏振光。当迎着光传播的方向看时,电场为顺时针方向旋转,就称为右旋圆偏振光。

图 4-8(a)所示为 $\theta = \dfrac{\pi}{2}$ 且 $E_{0x} = E_{0y} = 1$ 的左旋圆偏振光。图 4-8(b)所示为 $\theta = -\dfrac{\pi}{2}$ 且 E_{0x} $= E_{0y} = 1$ 的右旋圆偏振光。图 4-8(c)和图 4-8(d)为分别对应图 4-8(a)和图 4-8(b)的三维空间的电场矢量的变化曲线。

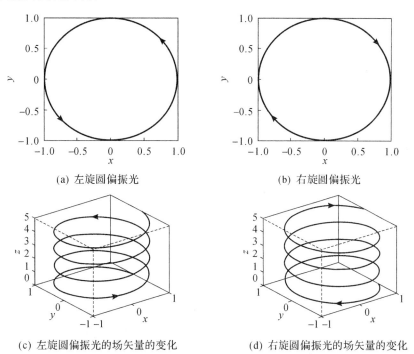

(a) 左旋圆偏振光　　　　　　　　　　　(b) 右旋圆偏振光

(c) 左旋圆偏振光的场矢量的变化　　　　(d) 右旋圆偏振光的场矢量的变化

图 4-8　圆偏振光

由前面的讨论可以知道,偏振态其实由两个互为垂直的电场叠加而成,因此,如果忽略 $(kz - \omega t)$,且对光强 $I = E_{0x}^2 + E_{0y}^2$ 的平方根做归一化,可以将任意偏振光用其两个分量构成的一列矩阵表示,如

$$\begin{bmatrix} E_x \\ E_y \end{bmatrix} = \frac{1}{\sqrt{E_{0x}^2 + E_{0y}^2}} \begin{bmatrix} E_{0x}\,\mathrm{e}^{\mathrm{i}\theta_x} \\ E_{0y}\,\mathrm{e}^{\mathrm{i}\theta_y} \end{bmatrix}$$

$$= \frac{E_{0x}\,\mathrm{e}^{\mathrm{i}\theta_x}}{\sqrt{E_{0x}^2 + E_{0y}^2}} \begin{bmatrix} 1 \\ \left(\dfrac{E_{0y}}{E_{0x}}\right) \mathrm{e}^{\mathrm{i}(\theta_y - \theta_x)} \end{bmatrix} \tag{4-6-9}$$

式(4-6-9)称为琼斯矢量。由于偏振的差异取决于相位差,其中的公共相位因子 $\mathrm{e}^{\mathrm{i}\theta_x}$ 可以忽略,因此各种类型的偏振光及其对应的琼斯矢量如下。

(1)对于沿着 x 轴传播的线偏振光,琼斯矢量为

$$\begin{bmatrix} E_x \\ E_y \end{bmatrix} = \frac{E_{0x}}{\sqrt{E_{0x}^2 + E_{0y}^2}} \begin{bmatrix} 1 \\ \left(\dfrac{E_{0y}}{E_{0x}}\right) \mathrm{e}^{\mathrm{i}0} \end{bmatrix} = \begin{bmatrix} 1 \\ 0 \end{bmatrix} \tag{4-6-10}$$

(2)对于沿着和 x 轴成 ϕ 角传播,振幅为 E_0 的线偏振光,琼斯矢量为

$$
\begin{bmatrix} E_x \\ E_y \end{bmatrix} = \frac{E_{0x}}{\sqrt{E_{0x}^2 + E_{0y}^2}} \begin{bmatrix} 1 \\ \left(\dfrac{E_{0y}}{E_{0x}}\right) e^{i0} \end{bmatrix}
$$

$$
= \frac{E_0 \cos \phi}{E_0} \begin{bmatrix} 1 \\ \left(\dfrac{\sin \phi}{\cos \phi}\right) \end{bmatrix}
$$

$$
= \begin{bmatrix} \cos \phi \\ \sin \phi \end{bmatrix} \tag{4-6-11}
$$

(3)对于右旋圆偏振光和左旋圆偏振光,琼斯矢量为

$$
\begin{bmatrix} E_x \\ E_y \end{bmatrix} = \frac{E_{0x}}{\sqrt{E_{0x}^2 + E_{0y}^2}} \begin{bmatrix} 1 \\ \left(\dfrac{E_{0y}}{E_{0x}}\right) e^{i(\theta_y - \theta_x)} \end{bmatrix}
$$

$$
= \frac{E_0}{\sqrt{E_0^2 + E_0^2}} \begin{bmatrix} 1 \\ e^{i\left(\mp \frac{\pi}{2}\right)} \end{bmatrix}
$$

$$
= \frac{1}{\sqrt{2}} \begin{bmatrix} 1 \\ \mp i \end{bmatrix} \tag{4-6-12}
$$

其中,负号对应右旋圆偏振光。

通过琼斯矢量可以快速计算给定偏振状态的两个偏振光的叠加结果。例如,两个振幅和相位相同、频率相同、光矢量分别沿 x 轴和 y 轴的线偏振单色光的叠加结果为

$$
\begin{bmatrix} 1 \\ 0 \end{bmatrix} + \begin{bmatrix} 0 \\ 1 \end{bmatrix} = \begin{bmatrix} 1 \\ 1 \end{bmatrix} \tag{4-6-13}
$$

可见,结果为如图 4-7(a)所示的叠加波,其光场矢量与 x 轴的夹角为 $45°$。因为光学元件可以用琼斯矩阵描述,通过琼斯矩阵和琼斯矢量可以快速计算光在通过光学系统中不同的光学元件后的偏振行为。

人不能区分偏振光,但是不少动物(特别是昆虫和软体动物)可以区分偏振光。自然界的偏振光影响许多昆虫的行为,如飞行导航、觅偶和产卵场所的选择等。研究甚至指出,非洲斑马黑白相间的条纹所产生的反射偏振光可以有效防止吸血马蝇。最新的研究发现大鼠耳蝠(myotis myotis)还可以使用散射偏振光来导航。

4.7　光波的干涉

干涉是波传播的特有现象之一。在两个或两个以上的波相交的区域能量会重新分布。图 4-9(a)所示为具有两个点波源的水波槽的波的干涉实验。图 4-9(b)是梵高所画的《阿尔的吊桥》,画中可以清楚地看到至少三个点波源的干涉。由于麦克斯韦方程在真空或线性介质中是线性偏微分方程,其解满足叠加原理,因此,光波的干涉是基于电磁场叠加原理的结果。

考虑由光源 S_1 和 S_2 发出的两束单色光在空间点 P 相遇,点 P 与 S_1 和 S_2 的距离分别

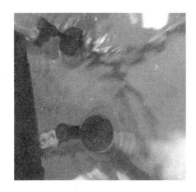 

(a) 水波槽演示实验　　　　　　(b) 梵高的画《阿尔的吊桥》

图 4-9　波的干涉

为 r_1 和 r_2，两束光分别可以表示为

$$E_1 = E_{01} \exp[i(k_1 \cdot r_1 - \omega_1 t + \varphi_1)] \tag{4-7-1}$$

和

$$E_2 = E_{02} \exp[i(k_2 \cdot r_2 - \omega_2 t + \varphi_2)] \tag{4-7-2}$$

其中 φ_1 和 φ_2 代表了两个光源发出的光具有相位差。合成光波为

$$E = E_1 + E_2 = E_{01} e^{i\theta_1} + E_{02} e^{i\theta_2} \tag{4-7-3}$$

其中 $\theta_1 = k_1 \cdot r_1 - \omega_1 t + \varphi_1$ 且 $\theta_2 = k_2 \cdot r_2 - \omega_2 t + \varphi_2$。由式(4-3-17)可知,光电探测器在点 P 测量得到的总辐照度 I 与电场振幅的平方成正比,当我们只考虑同一介质中的相对强度时,可以忽略比例系数,有

$$
\begin{aligned}
I = |E|^2 &= E \cdot E^* \\
&= (E_1 + E_2) \cdot (E_1 + E_2)^* \\
&= (E_{01} e^{i\theta_1} + E_{02} e^{i\theta_2}) \cdot (E_{01} e^{-i\theta_1} + E_{02} e^{-i\theta_2})^* \\
&= |E_{01}|^2 + |E_{02}|^2 + E_{01} \cdot E_{02} e^{-i(\theta_2 - \theta_1)} + E_{01} \cdot E_{02} e^{i(\theta_2 - \theta_1)} \\
&= |E_{01}|^2 + |E_{02}|^2 + 2E_{01} \cdot E_{02} \cos(\theta_2 - \theta_1)
\end{aligned}
\tag{4-7-4}
$$

所以,合成光波的总辐照度为

$$I = I_1 + I_2 + 2E_{01} \cdot E_{02} \cos\theta \tag{4-7-5}$$

其中:I_1 和 I_2 分别是两束光的辐照度;两束光的相位差 $\theta = \theta_2 - \theta_1 = (k_2 \cdot r_2 - k_1 \cdot r_1) - (\omega_2 - \omega_1)t + (\varphi_2 - \varphi_1)$;$2E_{01} \cdot E_{02} \cos\theta$ 称为干涉项。可见,两束光的叠加会有干涉项存在,而不是两束光的辐照度之和。我们可以分几种情况讨论:

(1)如果 E_{01} 和 E_{02} 垂直,$I = I_1 + I_2$,则互相垂直的偏振光无法干涉。

(2)如果 E_{01} 和 E_{02} 平行,发生干涉:

$$I = I_1 + I_2 + 2\sqrt{I_1 I_2} \cos\theta \tag{4-7-6}$$

(3)如果两束光 E_{01} 和 E_{02} 之间存在夹角 α,则 E_{01} 平行于 E_{02} 的分量才能与 E_{02} 发生干涉。

如果两束光的频率差 $\Delta\omega = \omega_2 - \omega_1$ 太大,则干涉条纹的变化会过快,探测仪器可能无法观察到稳定的条纹分布,因此,两束光的频率必须相等才可能发生干涉。除此之外,为了测

量到稳定的干涉条纹,两束光的相位差 $\theta = (\boldsymbol{k}_2 \cdot \boldsymbol{r}_2 - \boldsymbol{k}_1 \cdot \boldsymbol{r}_1) + (\varphi_2 - \varphi_1)$ 还必须为常数。频率相等、在 P 点有相同的振动方向以及在点 P 有相同的相位差是两束光发生干涉的三个必要条件,称为相干条件。激光是一种相干光源,而普通光源无法满足两束光干涉的相干条件,因此无法用普通光源进行干涉实验。干涉是大部分基于光学原理进行精密测量的技术的基础。

　　前面说过,不论光从光密介质还是光疏介质正入射,都有光反射的能量损失。解决具有多透镜结构的复杂光学系统的光能量损失问题的办法是在光学元件表面镀一层增透膜。我们首先考虑如图 4-10(a)的情况,平行光正入射到空气中的薄膜,薄膜的厚度为 d,界面 A 的反射光会和界面 B 的反射光在界面 A 发生干涉,由于是同一个平面光通过界面反射分为两束光,又称为分振幅法的双光束干涉(如果是双缝干涉实验所产生的双光束干涉,称为分波面法)。由式(4-5-15)和式(4-5-25)可知,对于 TM 偏振和 TE 偏振,不论入射介质是光密还是光疏,正入射情况下的透射光都不会有相位变化。由 4.5 节的讨论可知,当光波由光疏介质正入射到光密介质时,合成反射光有 π 的相位变化;当光波由光密介质正入射到光疏介质时,合成反射光没有相位变化(如图 4-10(b)所示)。

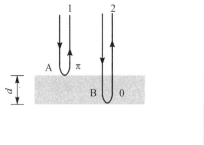
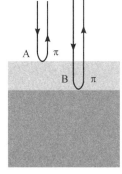

(a) 波的分振幅法干涉　　　　　　(b) 抗反射薄膜

图 4-10　抗反射薄膜的原理

　　由干涉项 $2\boldsymbol{E}_{01} \cdot \boldsymbol{E}_{02} \cos\theta$ 可知,当 $\theta = 2m\pi, m = 0, \pm 1, \pm 2, \cdots$ 时,干涉光有光强(即辐照度)极大值。当 $\theta = (2m+1)\pi, m = 0, \pm 1, \pm 2, \cdots$ 时,干涉光有光强极小值,其中 $\theta = (\boldsymbol{k}_2 \cdot \boldsymbol{r}_2 - \boldsymbol{k}_1 \cdot \boldsymbol{r}_1) + (\varphi_2 - \varphi_1)$。由于光波在介质中速度变慢(为真空中波速的 $\dfrac{1}{n}$),而光从真空中入射到介质内时频率不变,所以波长变短(为真空中波长的 $\dfrac{1}{n}$)。光波在某一介质内所传播的几何路程乘以折射率称为光程,则两个光源之间光程的差异就称为光程差。光程差代表两束光一起放到真空中后彼此传播路程的差异,因此可以公平地进行光波的相位比较。考虑图 4-10(a),有

$$\theta = (\boldsymbol{k}_2 \cdot \boldsymbol{r}_2 - \boldsymbol{k}_1 \cdot \boldsymbol{r}_1) + (\varphi_2 - \varphi_1)$$
$$= [k(2nd) + (0 - \pi)] \tag{4-7-7}$$

其中:n 为折射率;d 为薄膜厚度。注意这里的推导并不严格,忽略了界面的来回反射。相长干涉(光强极大值)和相消干涉(光强极小值)分别对应

$$\begin{cases} k(2nd)+(0-\pi)=2m\pi, \quad m=0,\pm 1,\pm 2,\cdots(相长干涉) \\ k(2nd)+(0-\pi)=(2m+1)\pi, \quad m=0,\pm 1,\pm 2,\cdots(相消干涉) \end{cases} \tag{4-7-8}$$

若 m 取正整数，$k=\dfrac{2\pi}{\lambda}$，则式(4-7-8)可以表示为

$$\begin{cases} 2nd=\left(m+\dfrac{1}{2}\right)\lambda, \quad m=0,1,2,\cdots(相长干涉) \\ 2nd=m\lambda, \quad m=0,1,2,\cdots(相消干涉) \end{cases} \tag{4-7-9}$$

现在考虑图 4-10(b)的情况，

$$\begin{aligned} \theta &=(\boldsymbol{k}_2\cdot\boldsymbol{r}_2-\boldsymbol{k}_1\cdot\boldsymbol{r}_1)+(\varphi_2-\varphi_1) \\ &=[k(2nd)+(\pi-\pi)] \end{aligned} \tag{4-7-10}$$

所以相长干涉(光强极大值)和相消干涉(光强极小值)分别对应

$$\begin{cases} k(2nd)=2m\pi, \quad m=0,\pm 1,\pm 2,\cdots(相长干涉) \\ k(2nd)=(2m+1)\pi, \quad m=0,\pm 1,\pm 2,\cdots(相消干涉) \end{cases} \tag{4-7-11}$$

在光学元件表面镀一层增透膜可以减少多透镜的复杂光学系统的反射光及相关的能量损失。由相消干涉条件，可以发现光薄膜的厚度可以取为

$$d=\frac{\lambda}{4n} \tag{4-7-12}$$

如前所述，光学元件表面镀一层增透膜是解决具有多透镜的复杂光学系统光能量损失的办法，常用增透膜的厚度为四分之一波长。式(4-7-12)中波长还需再除以折射率，这是因为光是在介质中传播的。

4.8　光波的衍射

4.8.1　标量衍射理论

"镜前的维纳斯"是西洋画中很常见的一个主题，Bertamini 等人在他们的一篇关于感知名画的文章中提出"维纳斯效应"一词，并指出，大部分描绘维纳斯照镜子的油画都是不符合光在均匀介质中沿直线传播的光学原理的。按照画家的呈现方式，画中的维纳斯在照镜子时看到的应当是观赏画的人而不是自己。除"镜前的维纳斯"这个知名主题之外，大多数出现照镜子行为的西洋画中都能看到"维纳斯效应"，例如图 4-11 所示的勒布伦夫人(Madam Vigée Le Brun，1755—1842)为她女儿画的肖像画中也呈现了"维纳斯效应"。

1665 年意大利科学家弗朗西斯科·格里马第(Francesco Grimaldi)提出"光不仅会沿直线传播、折射和反射，还能够以第四种方式传播，即通过衍射的形式传播"。本节我们介绍光波的标量衍射理论。

由于随后的推导会用到惠更斯原理，我们首先对惠更斯原理做基本的介绍。惠更斯原理指出，在某一时刻波阵面上的每一点都可以看作是一个次波源，其发出球面子波，而接下来的某一时刻的新波阵面为该时刻这些球面子波的包络面，而波阵面的法线方向就是波矢方向，给出了波的传播方向。光波的反射定律与折射定律可以通过惠更斯原理得到。

图 4-11 西洋画中的维纳斯效应(勒布伦夫人为她女儿画的肖像画)

如图 4-12(a),光波入射到界面发生反射。当一束平行光波(AB 为波阵面)以入射角 θ_i 传播到界面上一点 A 时,点 A 和点 B 发出球面子波。球面子波从 B 点传播到界面上的 C 点所需的时间为 t,同时,A 点的球面子波到达包含 F 点的球面波阵面上,传播时间也为 t,有下面的关系

$$\overline{AF} = \overline{BC} = \left(\frac{c_0}{n_i}\right) t \tag{4-8-1}$$

其中 c_0 是真空中的波速。光束到达界面的每一点都发出球面子波,经过时间 t 后,波阵面 AB 的中点 D 传播到 E 点后所发出的球面子波包含点 G。这些波阵面由于发生相长干涉,产生的新的波面为 CGF,其和点 A、点 E 发出的球面子波的波阵面相切,几何关系为

$$\overline{AF} = \overline{AC}\sin\theta_r \tag{4-8-2}$$

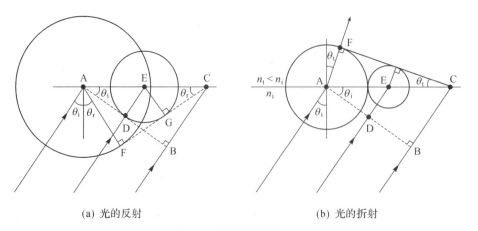

(a) 光的反射   (b) 光的折射

图 4-12 惠更斯原理解释

因为 $\overline{BC}=\overline{AC}\sin\theta_i$，结合式(4-8-1)和式(4-8-2)，可得反射定律

$$\theta_i=\theta_r \tag{4-8-3}$$

对于折射，如图 4-12(b)所示，有下面的几何关系(其中，CF 是光波折射后不同点在界面上发出的球面子波的切线)，有

$$\overline{BC}=\overline{AC}\cdot\sin\theta_i=\left(\frac{c_0}{n_i}\right)t \tag{4-8-4}$$

和

$$\overline{AF}=\overline{AC}\cdot\sin\theta_t=\left(\frac{c_0}{n_t}\right)t \tag{4-8-5}$$

因为传播时间 t 是相同的，可得折射定律：

$$n_i\sin\theta_i=n_t\sin\theta_t \tag{4-8-6}$$

虽然光的反射和折射方向都可以从惠更斯原理解释，但光强无法从惠更斯原理掌握，必须由前面的电磁波理论才可得知。

衍射理论可以简单地由标量理论来说明。借助标量理论已经足够解释一般的衍射现象，考虑矢量波的更精确的衍射理论可以参考 M. Born 和 E. wolf 的书 *Principles of Optics*。本节将通过惠更斯原理介绍光的衍射行为。

假设有一单色点光源 S 发出球面波，如图 4-13 所示，传播方向上有一块中间有孔(孔径为 Σ_a)的无限大的不透明屏(衍射屏)。我们将讨论如何求出衍射屏右边某点 P 处的光场。依据惠更斯原理，光场可以用球面波表示为

$$\mathrm{d}\psi_P=\left\{\frac{A}{r'}\mathrm{e}^{\mathrm{i}(kr'-\omega t')}\right\}\left\{\frac{1}{r}\mathrm{e}^{\mathrm{i}[kr-\omega(t-t')]}\right\}\mathrm{d}s \tag{4-8-7}$$

其中：$\mathrm{d}s$ 为孔径上的面元；t' 代表波从波源到达孔径所需要的时间；t 代表波从波源到达点 P 所需要的时间。所以

$$\psi_P\propto A\iint_{\Sigma_a}\frac{\mathrm{e}^{\mathrm{i}[k(r+r')-\omega t]}}{rr'}\mathrm{d}s=C\iint_{\Sigma_a}\mathrm{e}^{\mathrm{i}kr}\mathrm{d}s \tag{4-8-8}$$

其中 C 是一个比例系数。仔细思考，惠更斯原理所描述的球面子波式(4-8-7)以及其所描述的波场式(4-8-8)有个不合理的地方：为什么波阵面不会发出反向传播的波？

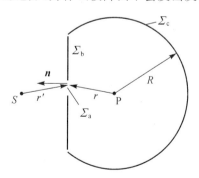

图 4-13　孔径衍射示意

为了求得观测点(点 P)的波场，我们利用格林理论，将标量波场(或矢量场)在一个封闭曲面上的面积分和相关波场在封闭曲面内观测点 P 的场值联系起来，积分曲面如图 4-14 所示，观测点 P 位于封闭曲面所包围的体积内的一个微小封闭球面 Σ_ρ 内。

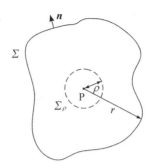

图 4-14 积分曲面

由式(4-2-22)可知,单色光波的任意分量可以满足

$$\nabla^2 \psi + k^2 \psi = 0 \tag{4-8-9}$$

该式为亥姆霍兹方程,我们的目标是用封闭曲面上的场值 ψ 求得其内部任一观测点 P 的场值 ψ_P。

考虑方程

$$\nabla^2 G + k^2 G = \delta(x - x')\delta(y - y')\delta(z - z') \tag{4-8-10}$$

其中 (x', y', z') 为观测点 P 的位置,曲面 Σ 上任意点的坐标为 (x, y, z)。由狄拉克 δ 函数的定义可知,式(4-8-10)在除了观测点 P 以外的点都等于零,换句话说 G 在观测点 P 以外满足波动方程,其在整个定义域上的积分等于 1。G 被称为格林函数,由于 G 在观测点 P 以外满足波动方程,式(4-8-10)的解为球面波的形式,其值为 $-\dfrac{1}{4\pi} \cdot \dfrac{e^{ikr}}{r}$,可以将格林函数代入式(4-8-10)验证其为解。

将格林函数 G 乘以式(4-8-9),场值 ψ 乘以式(4-8-10),可得

$$G(\nabla^2 \psi + k^2 \psi) = G \nabla^2 \psi + G k^2 \psi = 0 \tag{4-8-11}$$

$$\psi(\nabla^2 G + k^2 G) = \psi \nabla^2 G + \psi k^2 G$$
$$= \psi\delta(x - x')\delta(y - y')\delta(z - z') \tag{4-8-12}$$

将式(4-8-12)减去式(4-8-11)后对图 4-14 中封闭曲面包围的体积中包含观测点 P 的一个微小封闭球面 Σ_ρ 积分,可得

$$\psi_P = \iiint\limits_{\Sigma_\rho} (\psi \nabla^2 G - G \nabla^2 \psi) \mathrm{d}\rho \tag{4-8-13}$$

根据矢量恒等式

$$\nabla \cdot (U \nabla V) = U \nabla^2 V + (\nabla U) \cdot (\nabla V) \tag{4-8-14}$$

式(4-8-13)可以改写为

$$\psi_P = \iiint\limits_{\Sigma_\rho} \nabla \cdot (\psi \nabla G - G \nabla \psi) \mathrm{d}\rho \tag{4-8-15}$$

再由散度定理

$$\int_S \boldsymbol{A} \cdot \boldsymbol{n} \mathrm{d}S = \int_V \nabla \cdot \boldsymbol{A} \mathrm{d}V \tag{4-8-16}$$

可得

$$\psi_P = \iint\limits_{\Sigma} (\psi \nabla G - G \nabla \psi) \cdot \boldsymbol{n} \mathrm{d}S$$

$$=\iint\limits_{\Sigma}\left(\psi\,\frac{\partial G}{\partial n}-G\,\frac{\partial\psi}{\partial n}\right)\mathrm{d}S \tag{4-8-17}$$

代入 $G=-\dfrac{1}{4\pi}\cdot\dfrac{\mathrm{e}^{ikr}}{r}$，可得

$$\psi_P=-\frac{1}{4\pi}\iint\limits_{\Sigma}\left(\psi\,\frac{\partial}{\partial n}\cdot\frac{\mathrm{e}^{ikr}}{r}-\frac{\mathrm{e}^{ikr}}{r}\cdot\frac{\partial\psi}{\partial n}\right)\mathrm{d}S \tag{4-8-18}$$

式(4-8-18)称为基尔霍夫—惠更斯积分，该定理将任意观测点 P 的波场和包含点 P 的封闭曲面表面的波场值联系起来。

现在回到如图 4-13 所示光波的衍射问题，相应的光场为

$$\psi_P=-\frac{1}{4\pi}\iint\limits_{\Sigma_a+\Sigma_b+\Sigma_c}\left(\psi\,\frac{\partial}{\partial n}\cdot\frac{\mathrm{e}^{ikr}}{r}-\frac{\mathrm{e}^{ikr}}{r}\cdot\frac{\partial\psi}{\partial n}\right)\mathrm{d}S \tag{4-8-19}$$

对于观测点 P 的波场，假设只有位于孔径上的 ψ 和 $\dfrac{\partial\psi}{\partial n}$ 对其有贡献，且不论有没有不透光屏，孔径上的 ψ 和 $\dfrac{\partial\psi}{\partial n}$ 皆视为不变，即不受不透光屏是否存在的影响。此外，假设对于不透光屏 Σ_b，有 $\psi=0$ 和 $\dfrac{\partial\psi}{\partial n}=0$。

对于 Σ_c 面，计算

$$\psi_P=-\frac{1}{4\pi}\iint\limits_{\Sigma_c}\left(\psi\,\frac{\partial}{\partial n}\cdot\frac{\mathrm{e}^{ikr}}{r}-\frac{\mathrm{e}^{ikr}}{r}\cdot\frac{\partial\psi}{\partial n}\right)\mathrm{d}S \tag{4-8-20}$$

其中 $r=R$，$R\gg1$，

$$\begin{aligned}\frac{\partial}{\partial n}\cdot\frac{\mathrm{e}^{ikr}}{r}&=\frac{\partial}{\partial n}\cdot\frac{\mathrm{e}^{ikR}}{R}\\&=\cos(\boldsymbol{n},\boldsymbol{r})\frac{\partial}{\partial R}\left(\frac{\mathrm{e}^{ikR}}{R}\right)\\&=\left(\frac{ik\,\mathrm{e}^{ikR}}{R}-\frac{\mathrm{e}^{ikR}}{R^2}\right)\\&\approx\left(\frac{ik\,\mathrm{e}^{ikR}}{R}\right)\end{aligned} \tag{4-8-21}$$

其中 $\cos(\boldsymbol{n},\boldsymbol{r})=1$。由于光波长一般远小于 r，所以和 $\dfrac{ik\,\mathrm{e}^{ikr}}{r}$ 相比，$\dfrac{\mathrm{e}^{ikr}}{r^2}$（这里 $r=R$）可以忽略。所以

$$\begin{aligned}\psi_P&=-\frac{1}{4\pi}\iint\limits_{\Sigma_c}\left[\psi\left(\frac{ik\,\mathrm{e}^{ikR}}{R}\right)-\frac{\mathrm{e}^{ikR}}{R}\cdot\frac{\partial\psi}{\partial n}\right]\mathrm{d}S\\&=-\frac{1}{4\pi}\iint\limits_{\Sigma_c}\left[\psi\left(\frac{ik\,\mathrm{e}^{ikR}}{R}\right)-\frac{\mathrm{e}^{ikR}}{R}\cdot\frac{\partial\psi}{\partial n}\right]R^2\,\mathrm{d}\Omega\end{aligned} \tag{4-8-22}$$

其中 Ω 是对点 P 所张的立体角，$R^2\,\mathrm{d}\Omega$ 是对应的面元。索末菲指出，若 $R\to\infty$，e^{ikR} 会有界且 $\lim\limits_{R\to\infty}\left(ik\psi-\dfrac{\partial\psi}{\partial n}\right)R=0$，所以式(4-8-22)在 Σ_c 上的积分为零。

若忽略时间项，可以假设孔径上 $\psi=\psi_0\dfrac{\mathrm{e}^{ikr'}}{r}$，则(4-8-19)变为只需要考虑孔径 Σ_a 上的积

分

$$\psi_P = -\frac{1}{4\pi}\psi_0 \iint\limits_{\Sigma_a} \left(\frac{e^{ikr'}}{r'} \cdot \frac{\partial}{\partial n} \cdot \frac{e^{ikr}}{r} - \frac{e^{ikr}}{r} \cdot \frac{\partial}{\partial n} \cdot \frac{e^{ikr'}}{r'} \right) dS \tag{4-8-23}$$

其中

$$\frac{\partial}{\partial n} \cdot \frac{e^{ikr}}{r} = \cos(\boldsymbol{n},\boldsymbol{r}) \frac{\partial}{\partial r}\left(\frac{e^{ikr}}{r}\right)$$

$$= \cos(\boldsymbol{n},\boldsymbol{r})\left(\frac{ike^{ikr}}{r} - \frac{e^{ikr}}{r^2}\right)$$

$$\approx \cos(\boldsymbol{n},\boldsymbol{r})\left(\frac{ike^{ikr}}{r}\right) \tag{4-8-24}$$

同样的

$$\frac{\partial}{\partial n} \cdot \frac{e^{ikr'}}{r'} \approx \cos(\boldsymbol{n},\boldsymbol{r}')\left(\frac{ike^{ikr'}}{r'}\right) \tag{4-8-25}$$

因为 $k = \dfrac{2\pi}{\lambda}$，可得

$$\psi_P = \frac{1}{i\lambda}\psi_0 \iint\limits_{\Sigma_a} \frac{e^{ik(r+r')}}{rr'}\left[\frac{\cos(\boldsymbol{n},\boldsymbol{r}) - \cos(\boldsymbol{n},\boldsymbol{r}')}{2}\right] dS \tag{4-8-26}$$

式(4-8-26)称为菲涅耳—基尔霍夫衍射公式。其中，可定义倾斜因子

$$K(\theta) = \frac{\cos(\boldsymbol{n},\boldsymbol{r}) - \cos(\boldsymbol{n},\boldsymbol{r}')}{2} \tag{4-8-27}$$

可见，点 P 的场是由孔径 Σ_a 上无穷多个子波源产生的，子波源的振幅和波长 λ 成反比，和倾斜因子成正比。

如果点光源距离孔径足够远，可以认为光源是垂直入射，则孔径上面的每一个点的倾斜因子为

$$K(\theta) = \frac{\cos(\boldsymbol{n},\boldsymbol{r}) + 1}{2} \tag{4-8-28}$$

所以

$$\psi_P = \frac{1}{i\lambda}\psi_0 \iint\limits_{\Sigma_a} \frac{e^{ik(r+r')}}{rr'}\left[\frac{\cos(\boldsymbol{n},\boldsymbol{r}) + 1}{2}\right] dS \tag{4-8-29}$$

如果是反向传播的波，倾斜因子为 -1，则 $\psi_P = 0$，因此，倾斜因子的存在解释了为什么惠更斯原理没有考虑反向传播($\theta = \pi$)的波。

依据观测屏幕和不透光开孔屏间的距离可以将光的衍射分为近场的菲涅尔衍射(Fresnel diffraction)和远场的夫琅禾费衍射(Fraunhofer diffraction)两类。限于篇幅，本书仅讨论夫琅禾费衍射。夫琅禾费衍射发生在远场区，可以看作是无穷远处发生的衍射现象。因此，复杂的式(4-8-26)中的被积函数可以进行近似处理。

图 4-15 的左边为一无穷大的不透明屏，不透明屏上有孔径为 Σ_a 的孔，单色光平行地从左边垂直入射通过衍射孔径，可以认为观察屏和不透明屏间的距离远大于孔径尺寸以及观察区域的尺寸。因此，可以假设 $\cos(\boldsymbol{n},\boldsymbol{r}) \approx 1$，则倾斜因子可以忽略，即 $K(\theta) = \dfrac{\cos(\boldsymbol{n},\boldsymbol{r}) + 1}{2} \approx 1$。此外，由于距离被视为无穷远，可以认为式(4-8-26)菲涅耳—基尔霍夫

衍射公式分母中出现的 r（孔径上的任意一点 Q 到观察屏上任意一点 P 的距离）近似于 L（观察屏和不透明屏间的距离）。不过，出现在相位里面的 r 不可以近似为常数 L，原因是 $e^{ikr} = e^{i\left(\frac{2\pi}{\lambda}\right)r}$，可见相位里面的 r 只要有相位 $\frac{\lambda}{2}$ 的细微变化，则 $e^{ikr} = e^{i\pi}$，对于衍射图样就有显著的影响。考虑近轴近似后的菲涅耳—基尔霍夫衍射公式为

$$\psi_P = \frac{1}{i\lambda L}\iint\limits_{\Sigma_a}\psi_Q e^{ikr}\,dS \tag{4-8-30}$$

其中，$\psi_Q = \dfrac{\psi_0 e^{ikr'}}{r'}$ 为孔径 Σ_a 上各点的光场分布。

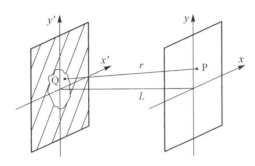

图 4-15　近轴近似示意

假设孔径所在的不透光屏和观测屏为互相平行的直角坐标系，点 Q 的坐标为 (x', y')，点 P 的坐标为 (x, y)，则将相位中的 r 进行二项式展开，忽略高阶项（因为远比 L 小）可得

$$r = \sqrt{L^2 + (x - x')^2 + (y - y')^2} \approx L + \frac{x^2 + y^2}{2L} - \frac{xx' + yy'}{L} \tag{4-8-31}$$

式(4-8-31)称为夫琅禾费近似，将式(4-8-31)代入式(4-8-30)，可得夫琅禾费衍射计算公式

$$\psi_P(x, y) = \frac{e^{ikL}}{i\lambda L}\exp\left[\frac{ik}{2L}(x^2 + y^2)\right]\iint\limits_{\Sigma_a}\psi_Q(x', y')\exp\left[-ik\left(\frac{x}{L}x' + \frac{y}{L}y'\right)\right]dx'dy'$$

$$\tag{4-8-32}$$

接下来我们将介绍矩孔衍射和圆孔衍射，并说明夫琅禾费衍射计算公式的物理意义。

4.8.2　矩孔衍射和圆孔衍射

夫琅禾费衍射发生在远场区，理想上需要把观察屏放置在距离衍射孔径很远的位置。由于实验室的空间有限，因此实验室一般使用透镜来缩短距离。在孔径后紧靠孔径处放置一个焦距为 f 的透镜，则可以在焦平面上观察到与没有透镜时远场观察屏上类似的衍射图样，只不过大小缩小了 $\dfrac{f}{L}$。

矩形孔径和圆形孔径是典型的夫琅禾费衍射孔径，我们首先以矩形孔径为例，通过式(4-8-32)对矩形孔径进行面积分可以得到衍射场的分布，假设孔径的长为 a，宽为 b，矩形孔径上的波场可以用矩形函数 rect(x) 描述，其定义为

$$\mathrm{rect}(x) = \begin{cases} 1, |x| \leqslant \dfrac{1}{2} \\[2mm] 0, |x| > \dfrac{1}{2} \end{cases} \tag{4-8-33}$$

以一单位振幅的单色光垂直入射,矩形孔径上的波场分布可以描述为

$$\psi_{\mathrm{Q}}(x', y') = t(x', y') = \mathrm{rect}\left(\frac{x'}{a}\right) \mathrm{rect}\left(\frac{y'}{b}\right) \tag{4-8-34}$$

其中,$t(x', y')$ 为孔径的透过率函数。将式(4-8-34)代入式(4-8-32)后进行积分,并把式(4-8-32)中的 L 换成透镜的焦距 f,可得

$$\psi_{\mathrm{P}}(x, y) = \frac{\mathrm{e}^{\mathrm{i}kf}}{\mathrm{i}\lambda f} \exp\left[\frac{\mathrm{i}k}{2f}(x^2 + y^2)\right] ab \frac{\sin\left(\dfrac{\pi ax}{\lambda f}\right)}{\dfrac{\pi ax}{\lambda f}} \cdot \frac{\sin\left(\dfrac{\pi by}{\lambda f}\right)}{\dfrac{\pi by}{\lambda f}} \tag{4-8-35}$$

衍射图样可以用光探测器记录。光探测器记录的是光强度。矩形孔径对应的衍射图样的光强分布为

$$I(x, y) = \psi_{\mathrm{P}} \cdot \psi_{\mathrm{P}}^* = \frac{a^2 b^2}{\lambda^2 f^2} \left[\frac{\sin\left(\dfrac{\pi ax}{\lambda f}\right)}{\dfrac{\pi ax}{\lambda f}}\right]^2 \left[\frac{\sin\left(\dfrac{\pi by}{\lambda f}\right)}{\dfrac{\pi by}{\lambda f}}\right]^2 \tag{4-8-36}$$

可以发现,在 x 方向,第一暗纹发生在

$$a\frac{x}{L} = a\sin\theta = \lambda \tag{4-8-37}$$

其中 θ 为衍射角,可见相邻两个暗纹之间的距离与狭缝长度 a 成反比。矩形孔径的衍射图样间接说明了为什么需要号筒来增加声波的指向性。当只用嘴巴发声时,孔径很小,声波趋近全方向性,而一旦通过号筒增加孔径,就可以在前方得到暗纹,即增强了声波的指向性,这和第 2 章声波指向性的结论是一致的。

图 4-16 为不同矩形孔径的夫琅禾费衍射图,平面光波的波长为 700 nm,其中孔高为 1mm,孔宽分别为 1mm、2mm 和 4mm。可以发现,衍射图样和矩形函数的傅里叶变换趋势一致,即窄边对应的衍射图样是变宽的,而宽边对应的衍射图样是变窄的,而且距离中心越远强度越小。事实上,仔细观察式(4-8-32)可以发现,其形式和函数 $f(x)$ 的傅里叶变换形式一致,函数 $f(x)$ 的傅里叶变换为

$$F(k) = \int_{-\infty}^{\infty} f(x) \exp(-\mathrm{i}kx) \mathrm{d}x = \int_{-\infty}^{\infty} f(x) \exp\left(-\mathrm{i}\frac{2\pi}{\lambda}x\right) \mathrm{d}x \tag{4-8-38}$$

其对应的时域函数 $f(t)$ 的傅里叶变换为

$$F(\omega) = \int_{-\infty}^{\infty} f(t) \exp(-\mathrm{i}\omega t) \mathrm{d}t \tag{4-8-39}$$

其中 $\dfrac{\omega}{2\pi}$ 为频率,所以式(4-8-38)的 $\dfrac{1}{\lambda}$ 称为空间频率。如果令 $u = \dfrac{x}{\lambda L}$ 和 $v = \dfrac{y}{\lambda L}$ 为空间频率,则式(4-8-32)可以改写为

$$\psi_{\mathrm{P}}(x, y) = \frac{\mathrm{e}^{\mathrm{i}kL}}{\mathrm{i}\lambda L} \exp\left[\frac{\mathrm{i}k}{2L}(x^2 + y^2)\right] \iint\limits_{\Sigma_a} \psi_{\mathrm{Q}}(x', y') \exp[-\mathrm{i}2\pi(ux' + vy')] \mathrm{d}x' \mathrm{d}y'$$

$$\tag{4-8-40}$$

　　仔细观察式(4-8-40)，其形式和傅里叶积分定理所给出的空间函数的傅里叶变换（式(4-8-38)）形式一致。因此，除了前面的相位因子外，夫琅禾费衍射的波场分布 $\psi_P(x,y)$ 是衍射屏平面上波场分布 $\psi_Q(x',y')$ 的傅里叶变换。虽然有前面的相位因子，在计算光强 $I = \psi \cdot \psi^*$ 的时候，相位因子会消失，因此，夫琅禾费衍射的光强图样可以由傅里叶变换求出。但是这里必须特别说明的是，衍射的本质还是光的干涉。

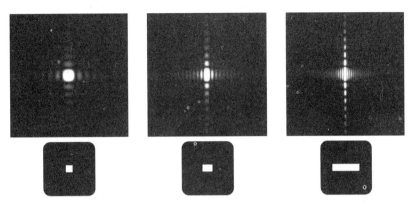

图 4-16　不同矩形孔的夫琅禾费衍射图样

　　图 4-17 所示为圆孔的夫琅禾费衍射图样，这里考虑的波长是 632.8 nm，圆孔的半径为 $a=0.05$ mm，中央亮斑称为爱里斑，其半径为 r_0，则

$$r_0 = 1.22 f \frac{\lambda}{2a} \tag{4-8-41}$$

其中 f 为透镜的焦距。我们也可以用角半径（angular radius）表示为

$$\theta_0 = \frac{r_0}{f} = 1.22 \frac{\lambda}{2a} = 0.61 \frac{\lambda}{a} \tag{4-8-42}$$

可以看出，圆孔衍射图样的大小与圆孔半径成反比，而与光波波长成正比。

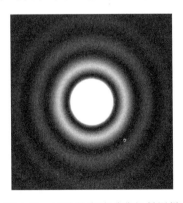

图 4-17　圆孔的夫琅禾费衍射图样

　　基于圆孔的夫琅禾费衍射图样，我们可以讨论光学成像系统的分辨能力，即可以分辨两个靠近的点的能力。如图 4-18 所示，考虑两个非相干间距为 d 的点光源（即独立的光源），θ 为两点和孔径之间的夹角，由于 θ 很小，所以

$$\tan\theta \approx \theta = \frac{d}{L} \tag{4-8-43}$$

而

$$\theta_{\min} = 1.22\frac{\lambda}{D} \tag{4-8-44}$$

其中 D 是圆孔的直径。因此只要 $\theta > \theta_{\min}$ 就可以分辨出两个靠近的点。所以,提高光学仪器分辨率的办法是增加 θ 或减少 $\theta_{\min}$。

Rayleigh 判据是定量表征光学仪器分辨能力的标准,其将一个点衍射图样的中心位置与另外一个点衍射图样的第一个极小值位置重合的状态作为光学仪器成像系统的分辨极限,此时认为成像系统恰好可以分辨两点。

人眼的成像作用可以用一个单凸透镜表示。人眼瞳孔的直径 D 约为 $1.5\sim 6$ mm(在日照较强的地方瞳孔较小,在光线暗的地方瞳孔会放大)。当人眼的瞳孔直径 D 为 2 mm 时,若波长为 500 nm(可见光的中心波长),则 $\theta_{\min} = 1.22\frac{\lambda}{D} \approx 3\times 10^{-4}$ rad,由 $\tan\theta_{\min} \approx \theta_{\min} \approx \frac{d}{L}$ 可以计算出人的眼睛可以分辨的两点的最小间距约为 8×10^{-3} cm。图 4-18 内两幅局部放大画是新印象派画家修拉(1859—1891)的两幅点彩画(pointillism)代表作品(《大碗岛的星期天下午》和《马戏团杂耍》),每个点是不同的构成色,大概是 mm 量级,若观赏者距离画太远,则无法分清楚单个画点,眼睛会看到自然混合增加光量的中间色。

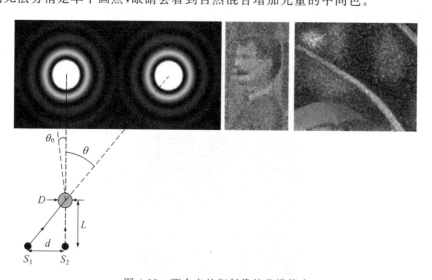

图 4-18 两个点的衍射像的分辨能力

4.8.3 衍射光栅

本节介绍衍射光栅。衍射光栅是重要的分光器件。衍射光栅由大量(可达数千个或数万个)等宽、等间距的单狭缝构成。目前有多种制作光栅的方法。衍射单元可以不是通常意义下调制振幅的狭缝,例如可以在透明材料表面形成周期起伏,利用材料厚度的不同来引起光程变化并进一步调制相位(此时光栅的透过率函数 $t(x', y')$ 会包含指数项)。因此,光栅的功能是周期性地调制入射光的振幅或相位或同时调制振幅和相位。另外，光栅也可以根据其是调制透射光还是调制反射光来分类。

　　光栅的基础是多缝衍射。假设有 N 个宽度为 b、另外一个方向的宽度远大于 b 的狭缝，相邻狭缝的中心距离为 Λ，此时变为一维问题，多缝衍射孔径上的波场分布可以描述为

$$\psi_Q(y') = \sum_{n=1}^{\frac{N}{2}} \left\{ \mathrm{rect}\left[\frac{y' - \frac{(2n-1)\Lambda}{2}}{b}\right] + \mathrm{rect}\left[\frac{y' + \frac{(2n-1)\Lambda}{2}}{b}\right] \right\} \tag{4-8-45}$$

代入式(4-8-32)后进行积分，可得

$$\psi_P(x,y) = \frac{e^{ikL}}{i\lambda L} \exp\left[\frac{ik}{2L}(x^2 + y^2)\right] \Lambda \, \frac{\sin\left(\frac{\pi by}{\lambda L}\right)}{\frac{\pi by}{\lambda L}} \cdot \frac{\sin\left(N\frac{\pi \Lambda y}{\lambda L}\right)}{\sin\left(\frac{\pi \Lambda y}{\lambda L}\right)} \tag{4-8-46}$$

则多缝对应衍射图样的光强分布为

$$I(x,y) = \frac{\Lambda^2}{\lambda^2 L^2} \left[\frac{\sin\left(\frac{\pi by}{\lambda L}\right)}{\frac{\pi by}{\lambda L}}\right]^2 \left[\frac{\sin\left(N\frac{\pi \Lambda y}{\lambda L}\right)}{\sin\left(\frac{\pi \Lambda y}{\lambda L}\right)}\right]^2 \tag{4-8-47}$$

　　图 4-19 所示为多缝的夫琅禾费衍射图样。平面光波的波长为 500 nm，N 为 100，其中 b 为 0.1 mm，L 为 10 m，Λ 分别为 0.5 mm、1 mm 和 2 mm。可以看出缝距 Λ 越小，衍射角越大，因为空间频率为 $v = \frac{y}{\lambda L}$，而第一暗纹发生在 $\frac{y}{\lambda L} = \frac{1}{\Lambda N}$（即当 $N\frac{\pi \Lambda y}{\lambda L}$ 等于 π 的整数倍而 $\frac{\pi \Lambda y}{\lambda L}$ 不是 π 的整数倍）时，所以缝距 Λ 越小对应的空间频率越高。

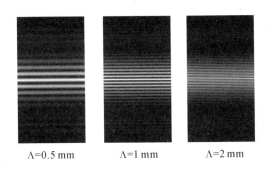

Λ=0.5 mm　　　　Λ=1 mm　　　　Λ=2 mm

图 4-19　光栅的夫琅禾费衍射图样

　　由式(4-8-47)可知，当

$$\Lambda\frac{y}{L} = \Lambda\sin\theta = m\lambda, \quad m = 0, \pm 1, \pm 2, \cdots \tag{4-8-48}$$

时，可以得到光强的极大值。式(4-8-48)可以看出光栅的分光功能。式(4-8-48)也称为正入射的光栅方程。对光栅而言，Λ 称为光栅常数。

　　光栅方程可以用干涉的概念推导。考虑如图 4-20 所示的透射光栅（仅画出局部），平行光束以入射角 θ_1 入射到透射光栅上，注意光线 1 和光线 2 有先来后到，但是都遇到同样的狭缝，光线 1 比光线 2 超前了 $\Lambda\sin\theta_1$，而离开光栅的时候，光线 1 比光线 2 落后了 $\Lambda\sin\theta_2$，

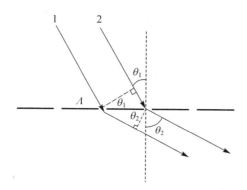

图 4-20 透射光栅的衍射

所以光程差为 $\Lambda(\sin\theta_2 - \sin\theta_1)$，产生光强极大值的条件为

$$\Lambda(\sin\theta_2 - \sin\theta_1) = m\lambda, \quad m = 0, \pm 1, \pm 2, \cdots \tag{4-8-49}$$

4.8.4 全息术

本节介绍衍射光栅的一个应用——全息术(全息照相)。传统相片仅仅记录物体表面上发出或散射光波的强度分布,相片无法记录反射光的相位信息。然而,物体的三维特征和人眼的感官视差来自反射光相位,因此观察传统照片的人们无法感受到物体在真实世界中的立体感。全息术可以记录物体的相位信息从而得到三维立体影像,其由伽伯(Gabor)在1948年发明。但是一直到1960年激光器的发明,全息术才获得重视。伽伯也因为全息术的发明于1971年获得诺贝尔物理学奖。

全息术分为记录和再现。首先介绍记录。必须先将被照摄物体记录在高分辨率的全息胶片上制作全息图(hologram)。如图 4-21 所示,激光先照射物体,物体表面的反射或散射光照射到照相底片上,称为物光。同时,激光入射一个反射镜,反射光称为参考光,也照射到照相底片上,物光和参考光叠加在照相底片上发生干涉。干涉图样同时记录了光强和相位信息,而要发生干涉需要相干光,所以光源必须是激光。将照相底片适当地曝光和冲洗后就可以得到全息图。

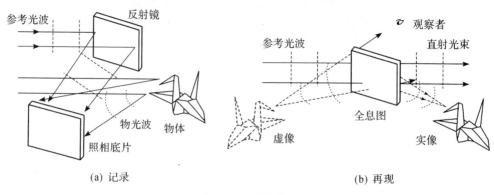

(a) 记录

(b) 再现

图 4-21 全息术

我们先用数学式表示前面的描述。忽略时间项 $e^{-i\omega t}$，假设照相底片为 xOy 平面,物光波和参考光波在该平面上的复振幅分布分别为

$$E_O(x,y) = O(x,y)\exp[i\psi_O(x,y)] \tag{4-8-50}$$

$$E_R(x,y) = R(x,y)\exp[i\psi_R(x,y)] \tag{4-8-51}$$

其中 $\exp[i\psi_O(x,y)]$ 就是传统照片所没有的信息,其包含了反射和散射光的光强和相位信息。照相底片上面的干涉图样为

$$\begin{aligned}
I(x,y) &= (E_O + E_R)\cdot(E_O^* + E_R^*)\\
&= E_O E_O^* + E_R E_R^* + E_O E_R^* + E_O^* E_R\\
&= O^2 + R^2 + OR\exp[i(\psi_O - \psi_R)] + OR\exp[-i(\psi_O - \psi_R)] \tag{4-8-52}
\end{aligned}$$

明显的,第三项和第四项具有相位信息,是我们希望重现的。将照相底片进行曝光和冲洗等处理,即可得到全息图。处理的目标是使底片的振幅透射函数与曝光时底片上的光强成线性关系,可进一步假设为相等,即振幅透射函数 $t(x,y) = I(x,y)$。

全息术的特点在于重现,上述的全息图本质上是衍射光栅,三维物体反射的光波是具有不同空间频率的平面波的叠加,物体的细节越尖锐,光波包含的空间频率就越高,相当于光栅常数小。反之,如果物体表面越平滑,则空间频率越低,相当于光栅常数大。如图 4-21 (b)所示,用同样的参考光波照射全息图,全息图如同衍射光栅将光波分光,如

$$\begin{aligned}
&E_H(x,y)\\
&= E_R(x,y)\cdot t(x,y)\\
&= R\exp(i\psi_R)\cdot\{O^2 + R^2 + OR\exp[i(\psi_O - \psi_R)] + OR\exp[-i(\psi_O - \psi_R)]\}\\
&= (O^2 + R^2)R\exp(i\psi_R) + R^2 O\exp(i\psi_O) + R^2 O\exp[i(-\psi_O + 2\psi_R)]
\end{aligned}$$
$$\tag{4-8-53}$$

观测全息图时,观察者面向参考光波的方向,此时式(4-8-53)的第一项是受到光强 $O^2 + R^2$ 调制的照射光本身的信息,其实就是 0 阶的衍射图样;第二项是受到 R^2 调制的物光波,此项就是和原来的三维物体一模一样的像,其保留了传统相片丢失的相位信息 $\exp(i\psi_O)$。换句话说,此像记录了原来物体在三维空间的一切特征。由于像的相位和参考光的相位都是正相位,代表像所呈现的位置在全息图的后面,所以是虚像,此虚像就是和原来的物体相同的再现像。

我们先介绍共轭波的概念。设点光源 $Q(x_0,y_0,-z_0)$ 发出球面波,其在空间中的复振幅分布为

$$\psi(x,y,z)$$
$$= \frac{A}{\sqrt{(x-x_0)^2 + (y-y_0)^2 + (z+z_0)^2}}\exp[ik\sqrt{(x-x_0)^2 + (y-y_0)^2 + (z+z_0)^2}]$$
$$\tag{4-8-54}$$

则共轭波定义为

$$\psi^*(x,y,z)$$
$$= \frac{A}{\sqrt{(x-x_0)^2 + (y-y_0)^2 + (z-z_0)^2}}\exp[-ik\sqrt{(x-x_0)^2 + (y-y_0)^2 + (z-z_0)^2}]$$
$$\tag{4-8-55}$$

所以,共轭波代表和发散球面波完全反向的汇聚球面波,汇聚在点 $Q^*(x_0,y_0,z_0)$。

现在来检验 $E_H(x,y)$ 的最后一项,其相位部分可以分解为 $\exp(-i\psi_O)$ 和 $\exp(2i\psi_R)$,

其中 $\exp(-\mathrm{i}\psi_O)$ 即为原来物光波的共轭波,原来物光波是发散的(如图 4-21(a)所示),所以这里物光波是汇聚的(如图 4-21(b)所示),所以最后一项代表实像。由于其和原来的物光波的相位有 π 的相位差,所以和原来物体的凹凸相反。最后,我们来思考 $\exp(2\mathrm{i}\psi_R)$ 的贡献。首先,$\exp(\mathrm{i}\psi_R)$ 是参考光波 E_R 的相位,考虑图 4-22,光波传播到照相底片的某一个单狭缝后,依据惠更斯原理,单狭缝上中心以外的点 S 往 θ 角方向重新发出的球面子波源可以表示为 $\mathrm{d}\psi_R = \left[\dfrac{A}{r}\mathrm{e}^{\mathrm{i}k(r-s\sin\theta)}\right]\mathrm{d}s$,其中 $ks\sin\theta$ 是 S 点传播的波相对于 O 点出发的波的相位差,A 是常数振幅,则远处观测屏幕的光场为狭缝上每一个点波源发出的球面子波源的叠加(积分),从上面的叙述可以看出,$\mathrm{e}^{\mathrm{i}k(r-s\sin\theta)}$ 本身含有转动光波的意义,所以,$\exp(2\mathrm{i}\psi_R) = \exp(\mathrm{i}2\psi_R)$ 的贡献其实是转动共轭波(实像)传播到某一个不干扰观察者观察全息物体再现虚像的"θ 角"。

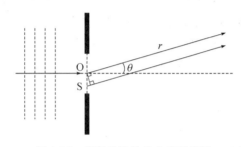

图 4-22 衍射光波转动角度示意图

并不是所有(看起来)立体的影像或是称为全息投影的技术都是伽伯全息术。笔者曾经在麻省理工学院的博物馆亲眼看到全息术。全息术的特征是:当你左右转动头部时,可以看到物体的侧面,甚至是背面(如果制作全息图的时候有旋转物体)。如果看起来是立体的影像但没有这样的效果,那么只是所谓的 3D 效果而已(比如"佩伯尔幻象",但这不属于本书讨论的范围)。全息术可以应用于艺术品,例如木版画的非破坏性检验。最近,全息术也被应用在声场,即所谓的声全息图。科学家们已经可以用 3D 打印机制造塑胶底片,并通过底片制造的声场以非接触方式操控液体和空气中的物体。

4.9 光波在晶体中的传播

4.9.1 晶体的光学各向异性

到目前为止,我们所讨论的波(包括之前的声波和固体波)都是以在各向同性介质内传播为主。这一节,我们将讨论光波在各向异性介质里面的传播行为。回顾我们之前学过的电位移矢量所满足的本构关系 $\boldsymbol{D} = \varepsilon_0\boldsymbol{E} + \boldsymbol{P}$,$\boldsymbol{P}$ 是介质在电场作用下的电极化强度(英文和偏振的英文一样,都是 polarization,本质上就是一种偏离)。电位移矢量 $\boldsymbol{D}$ 满足的本构方程可以进一步改写为 $\boldsymbol{D} = \varepsilon_0\boldsymbol{E} + \boldsymbol{P} = \varepsilon_0\varepsilon_r\boldsymbol{E} = \varepsilon\boldsymbol{E}$,电极化强度矢量和电场的关系也可以用介质的极化率 χ_e 表示为 $\boldsymbol{P} = (\varepsilon - \varepsilon_0)\boldsymbol{E} = \varepsilon_0\chi_e\boldsymbol{E}$。对于各向同性介质,不论电场是什么方向,介电常数 ε、相对介电常数 ε_r 和介质的极化率 χ_e 总是标量(其中 $\varepsilon = \varepsilon_0(1+\chi_e)$),代表介质内

产生的偏振以及电位移矢量(响应)的方向总是和外加电场的方向平行。

对于各向异性介质,介电常数、相对介电常数和介质的极化率都是二阶张量,具有 9 个分量。除非特殊的方向,介质内产生的极化以及电位移矢量(响应)的方向一般不和外加电场的方向平行。利用爱因斯坦指标记号和求和约定,可得

$$P_i = \varepsilon_0 \chi_{ij} E_j \tag{4-9-1}$$

即电极化强度 $\boldsymbol{P}$ 是电场 3 个分量的线性组合,以及

$$D_i = \varepsilon_{ij} E_j \tag{4-9-2}$$

其中, $\varepsilon_{ij} = \varepsilon_0 (1 + \chi_{ij})$,或以矩阵的形式表示为

$$\begin{bmatrix} D_x \\ D_y \\ D_z \end{bmatrix} = \begin{bmatrix} \varepsilon_{11} & \varepsilon_{12} & \varepsilon_{13} \\ \varepsilon_{21} & \varepsilon_{22} & \varepsilon_{23} \\ \varepsilon_{31} & \varepsilon_{32} & \varepsilon_{33} \end{bmatrix} \begin{bmatrix} E_x \\ E_y \\ E_z \end{bmatrix} \tag{4-9-3}$$

介电常数张量 ε_{ij} 和电极化率张量 χ_{ij} 的大小与坐标轴相对各向异性介质的选取有关。

对于天然材料而言,介电常数张量一定可以对角化,也就是说一定可以找到一组坐标轴,其中介电常数张量的非对角线元素为零。为了证明,考虑无损介质,我们回顾关于电场的能量密度表达式

$$U_E = \frac{1}{2} \boldsymbol{E} \cdot \boldsymbol{D} = \frac{1}{2} E_i \varepsilon_{ij} E_j \tag{4-9-4}$$

将式(4-9-4)对时间微分,可得

$$\frac{\partial}{\partial t} U_E = \frac{1}{2} \varepsilon_{ij} (\dot{E}_i E_j + E_i \dot{E}_j) \tag{4-9-5}$$

由式(4-3-10)的坡印廷定理(这里考虑没有表面电流密度的介质,且介电常数和磁导率均为与电磁场强度无关的线性材料)

$$\nabla \cdot \boldsymbol{S} + \frac{\partial}{\partial t} U$$
$$= \nabla \cdot \boldsymbol{S} + \left(\boldsymbol{H} \cdot \frac{\partial \boldsymbol{B}}{\partial t} + \frac{\partial \boldsymbol{D}}{\partial t} \cdot \boldsymbol{E} \right)$$
$$= \nabla \cdot \boldsymbol{S} + \frac{\partial}{\partial t} \left(\frac{1}{2} \boldsymbol{B} \cdot \boldsymbol{H} + \frac{1}{2} \boldsymbol{D} \cdot \boldsymbol{E} \right)$$
$$= 0 \tag{4-9-6}$$

可得

$$\nabla \cdot (\boldsymbol{E} \times \boldsymbol{H}) + \frac{\partial}{\partial t} (U_E + U_B)$$
$$= \nabla \cdot (\boldsymbol{E} \times \boldsymbol{H}) + \frac{1}{2} \varepsilon_{ij} (\dot{E}_i E_j + E_i \dot{E}_j) + \frac{\partial}{\partial t} U_B$$
$$= \nabla \cdot (\boldsymbol{E} \times \boldsymbol{H}) + \left(E_i \varepsilon_{ij} \dot{E}_j + \boldsymbol{H} \cdot \frac{\partial \boldsymbol{B}}{\partial t} \right)$$
$$= 0 \tag{4-9-7}$$

可知

$$\frac{1}{2} \varepsilon_{ij} (\dot{E}_i E_j + E_i \dot{E}_j) = \varepsilon_{ij} E_i \dot{E}_j \tag{4-9-8}$$

所以

$$\varepsilon_{ij} = \varepsilon_{ji} \qquad (4\text{-}9\text{-}9)$$

由此可知,为了满足电磁波的能量守恒,介电常数张量是对称的,只有 6 个独立的分量。如果无损介质内的坡印廷定理用复数表示,则可以得到

$$\varepsilon_{ij} = \varepsilon_{ji}^{*} \qquad (4\text{-}9\text{-}10)$$

因此,介电常数张量是厄米特(Hermitian)矩阵,可以进行对角化,所以一定可以在各向异性介质内找到一组坐标系,称为主坐标系,使得

$$\begin{cases} P_1 = \varepsilon_0 \chi_{11} E_1 \\ P_2 = \varepsilon_0 \chi_{22} E_2 \\ P_3 = \varepsilon_0 \chi_{33} E_3 \end{cases} \qquad (4\text{-}9\text{-}11)$$

或

$$\begin{cases} D_1 = \varepsilon_{11} E_1 \\ D_2 = \varepsilon_{22} E_2 \\ D_3 = \varepsilon_{33} E_3 \end{cases} \qquad (4\text{-}9\text{-}12)$$

在主轴坐标系内有 3 个独立分量,即 3 个主值。当电场强度矢量沿着主轴(又称为介电主轴)方向振动时,电场强度方向和电位移矢量方向是一致的。如果进一步考虑晶体对称性,独立的元素会再减少。

回顾折射率的表达式,对于非磁性各向同性介质,有 $n = \sqrt{\dfrac{\varepsilon}{\varepsilon_0}}$。 现在对于各向异性介质,三个主轴方向的折射率可以表示为

$$n_i^2 = \frac{\varepsilon_i}{\varepsilon_0} \qquad (4\text{-}9\text{-}13)$$

其中:$\varepsilon_1 = \varepsilon_{11}$,$\varepsilon_2 = \varepsilon_{22}$,$\varepsilon_3 = \varepsilon_{33}$,且假设三个主轴方向折射率的大小关系为 $n_1 \leqslant n_2 \leqslant n_3$(其中,三个折射率相等的情况为各向同性介质;如果三个主轴方向的折射率中有两个折射率相同,假设 $n_1 = n_2$)。 由于折射率是自由空间中的光速和介质中的光速的比值,所以各向异性介质在三个不同的主轴方向不会有完全相同的介电常数与折射率,即不会有完全相同的速度。

大部分的晶体是光学各向异性的。这是由于晶体是由原子(或分子)在空间中周期性排列所组成的,具有一定的对称性,因此晶体内受电场影响产生的电极化(外电场作用下,原来正、负电中心重合的分子彼此分离)的大小与方向会受外加电场方向的影响。因此,光波在各向异性晶体内的传播速度与传播方向和偏振态有关。

对于无源的均匀无磁性各向异性介质($\rho = 0$,$\boldsymbol{J} = 0$),空间逐点的电磁场量之间的关系可以表示为

$$\nabla \cdot \boldsymbol{E} = -\frac{1}{\varepsilon_0} \nabla \cdot \boldsymbol{P} \qquad (4\text{-}9\text{-}14)$$

$$\nabla \cdot \boldsymbol{H} = 0 \qquad (4\text{-}9\text{-}15)$$

$$\nabla \times \boldsymbol{E} = -\mu_0 \frac{\partial \boldsymbol{H}}{\partial t} \qquad (4\text{-}9\text{-}16)$$

$$\nabla \times \boldsymbol{H} = \varepsilon_0 \frac{\partial \boldsymbol{E}}{\partial t} + \frac{\partial \boldsymbol{P}}{\partial t} \qquad (4\text{-}9\text{-}17)$$

将式(4-9-17)对时间微分并将式(4-9-16)取旋度,可以消除式(4-9-16)中的磁场强度 $\boldsymbol{H}$ 而得到仅仅关于电场强度 $\boldsymbol{E}$ 的方程

$$\nabla \times (\nabla \times \boldsymbol{E}) + \frac{1}{c_0^2} \cdot \frac{\partial^2 \boldsymbol{E}}{\partial t^2} = -\mu_0 \frac{\partial^2 \boldsymbol{P}}{\partial t^2} \tag{4-9-18}$$

对于在各向异性晶体中传播的光波而言,电场的波动方程多了右边的电极化项 $\left(-\mu_0 \dfrac{\partial^2 \boldsymbol{P}}{\partial t^2}\right)$。 将 $\boldsymbol{P} = \varepsilon_0 \boldsymbol{\chi}_e \boldsymbol{E}$ 代入式(4-9-18)可得

$$\nabla \times (\nabla \times \boldsymbol{E}) + \frac{1}{c_0^2} \cdot \frac{\partial^2 \boldsymbol{E}}{\partial t^2} = -\frac{1}{c_0^2} \boldsymbol{\chi}_e \frac{\partial^2 \boldsymbol{E}}{\partial t^2} \tag{4-9-19}$$

对于平面简谐电磁波 $\boldsymbol{E} = \boldsymbol{E}_0 \exp[\mathrm{i}(\boldsymbol{k} \cdot \boldsymbol{r} - \omega t)]$,可得传播矢量 $\boldsymbol{k}$ 所满足的方程

$$\boldsymbol{k} \times (\boldsymbol{k} \times \boldsymbol{E}) + \frac{\omega^2}{c_0^2} \boldsymbol{E} = -\frac{\omega^2}{c_0^2} \boldsymbol{\chi}_e \boldsymbol{E} \tag{4-9-20}$$

由

$$\boldsymbol{D} = \varepsilon_0 \boldsymbol{E} + \boldsymbol{P} = \varepsilon_0(1 + \boldsymbol{\chi}_e)\boldsymbol{E} = \boldsymbol{\varepsilon}\boldsymbol{E} \tag{4-9-21}$$

可知

$$\boldsymbol{k} \times (\boldsymbol{k} \times \boldsymbol{E}) = -\frac{\omega^2}{c_0^2 \varepsilon_0} \boldsymbol{D} \tag{4-9-22}$$

可见电位移矢量 $\boldsymbol{D}$ 垂直于波传播矢量 $\boldsymbol{k}$ 的方向(平面波等相位波阵面的方向)。在各向异性介质中,式(4-2-25)和(4-2-26)的麦克斯韦方程组可以表示为

$$\boldsymbol{k} \times \boldsymbol{E} = \omega \mu_0 \boldsymbol{H} \tag{4-9-23}$$

$$\boldsymbol{k} \times \boldsymbol{H} = -\omega \boldsymbol{D} \tag{4-9-24}$$

其中:对于相对磁导率小于 1 的抗磁性物质,有 $\mu \approx \mu_0$。 因此,磁场强度 $\boldsymbol{H}$ 同时垂直于波传播矢量 $\boldsymbol{k}$ 和电场强度 $\boldsymbol{E}$(如图 4-23(a)所示),且电位移矢量 $\boldsymbol{D}$ 同时垂直于波传播矢量 $\boldsymbol{k}$ 和磁场强度 $\boldsymbol{H}$(如图 4-23(b)所示)。而电磁能量流通的方向(坡印廷矢量 $\boldsymbol{S} = \boldsymbol{E} \times \boldsymbol{H}$ 的方向)如图 4-23(c)所示。由式(4-9-20)可知电场强度 $\boldsymbol{E}$ 与波传播矢量 $\boldsymbol{k}$ 一般不互相垂直,所以,电场强度 $\boldsymbol{E}$ 与电位移矢量 $\boldsymbol{D}$ 一般来说方向不一致,因此电场强度 $\boldsymbol{E}$ 不一定是横向的。这些矢量按着 $\boldsymbol{D}$、$\boldsymbol{E}$、$\boldsymbol{k}$、$\boldsymbol{S}$ 的顺序处在同一个平面内,如图 4-23(d)所示。由此可知,对于各向异性材料,往 $\boldsymbol{k}$ 方向激励的电磁波,电磁能量一般不会沿着激励方向传播。前面提到,电场强度 $\boldsymbol{E}$ 与波传播矢量 $\boldsymbol{k}$ 一般不互相垂直,值得注意的是,如果电场强度 $\boldsymbol{E}$ 与波传播矢量 $\boldsymbol{k}$ 互相垂直(这种情况稍后会介绍),坡印廷矢量 $\boldsymbol{S}$ 就会平行于波传播矢量 $\boldsymbol{k}$。

接下来,我们研究频散关系。结合式(4-9-23)和式(4-9-24)可知 $\boldsymbol{k} \times (\boldsymbol{k} \times \boldsymbol{E}) = -\omega^2 \mu_0 \boldsymbol{D}$,进一步结合式(4-9-21),可得

$$\boldsymbol{k} \times (\boldsymbol{k} \times \boldsymbol{E}) + \omega^2 \mu_0 \boldsymbol{\varepsilon}\boldsymbol{E} = 0 \tag{4-9-25}$$

将上式用 E_1、E_2、E_3 的分量写出,等效为下面三个沿着主轴的线性齐次方程

$$\begin{cases} (n_1^2 k_0^2 - k_2^2 - k_3^2)E_1 + k_1 k_2 E_2 + k_1 k_3 E_3 = 0 \\ k_2 k_1 E_1 + (n_2^2 k_0^2 - k_1^2 - k_3^2)E_2 + k_2 k_3 E_3 = 0 \\ k_3 k_1 E_1 + k_3 k_2 E_2 + (n_3^2 k_0^2 - k_1^2 - k_2^2)E_3 = 0 \end{cases} \tag{4-9-26}$$

其中 k_i 是 $\boldsymbol{k}$ 的分量,$k_0 = \dfrac{\omega}{c_0}$。 如果要得到非零解 E_i,则式(4-9-26)系数行列式的值必须等

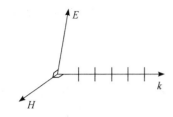

(a) 磁场强度同时垂直于波传播矢量和电场强度

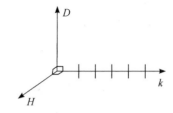

(b) 电位移矢量同时垂直于波传播矢量和磁场强度

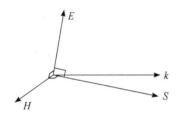

(c) 电磁能量流通的方向

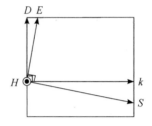

(d) 同一平面内的矢量关系

图 4-23　单色光波在晶体中的各矢量关系

于零,即

$$\begin{vmatrix} (n_1^2 k_0^2 - k_2^2 - k_3^2) & k_1 k_2 & k_1 k_3 \\ k_2 k_1 & n_2^2 k_0^2 - k_1^2 - k_3^2 & k_2 k_3 \\ k_3 k_1 & k_3 k_2 & n_3^2 k_0^2 - k_1^2 - k_2^2 \end{vmatrix} = 0 \qquad (4\text{-}9\text{-}27)$$

上式描述了频率和传播矢量分量的频散关系,它是在 k 空间中的一个曲面方程,又称为波矢面。波矢面一般为双层曲面,这可以通过观察任意平面,比如令 k_3 为零(xOy 平面)后,行列式值可以分解为圆的标准方程和椭圆的标准方程的乘积看出。我们可以由折射率的关系来探讨下面三种情况。

(1)如果是各向同性晶体,波矢面会退化为一个球面,不管是在哪一个平面,截面的图形都是圆形。对于各向同性介质和对称性高的立方晶系晶体(例如氯化钠晶体),其在光学上是各向同性的。

(2)对于三个主轴方向折射率都不同的一般情况(即晶体的主折射率满足 $n_1 < n_2 < n_3$,例如对称性差的单斜晶系云母(mica)),波矢面和 xOz 平面的交集会是两个中心在原点且相交的椭圆,对应第一卦限和 xOz 平面的波矢面图形如图 4-24 所示,可以看出双层曲

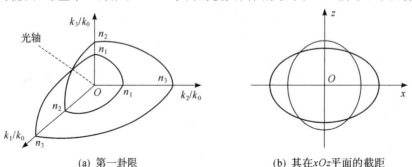

(a) 第一卦限

(b) 其在xOz平面的截距

图 4-24　双轴晶体的波矢面图形

面具有两对交点。因此,如果介质的折射率关系是 $n_1 < n_2 < n_3$,则称为双轴晶体。对于在各向异性晶体中按指定方向传播的光波而言,波矢和波矢面的交点会给出波的波数 $nk_0 = \dfrac{n\omega}{c_0}$,不同的交点对应不同的折射率,即对应不同的相速度 $\dfrac{\omega}{nk_0}$。 由图 4-24 知,对于沿着两个曲面交点与原点连线方向传播的光波而言,仅有一个相速度,该连线称为光轴。

（3）如果晶体的主折射率满足 $n_1 = n_2 \neq n_3$,则波矢面和 xOz 平面的交集会是两个中心在原点的椭圆和圆,如果 $n_1 = n_2 > n_3$,对应第一卦限和 xOz 平面的波矢面图形如图 4-25 所示,可以看出双层曲面仅有一对在 z 轴上的交点,交点与原点的连线构成一个光轴。因此,当介质的折射率关系是 $n_1 = n_2 \neq n_3$ 时称为单轴晶体。当 $n_1 = n_2 < n_3$ 时,称为正单轴晶体(例如石英(quartz)),这里的"正"表示符合前面一般化的折射率大小关系 $n_1 < n_3$。 对于图 4-25 所示的情况,由于 $n_1 = n_2 > n_3$,圆(曲面)比椭圆(曲面)大,所以又称为负单轴晶体(例如方解石(calcite))。

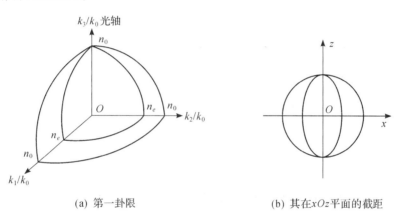

(a) 第一卦限　　　　　　　　(b) 其在 xOz 平面的截距

图 4-25　单轴晶体的波矢面图形

4.9.2　晶体的双折射

方解石是负单轴晶体,所以光入射到方解石时,会遇到两个折射率而分开成两束沿着不同方向传播的折射光,这个现象称为双折射(birefringence)。 如图 4-26 所示为方解石的双折射现象,笔者从方解石的正上方观察纸面上的水平直线的反射(入射角为 0°),然后将方解石绕着其中心轴旋转。可以看出中心十字线不论旋转角度是多少都保持不变,与外面相接的线保持相接状态。另外一条线会随着方解石的旋转消失或出现在水平中心线的下方或是上方,换句话说,其会随着不同的传播方向遇到不同界面,产生不同的折射角。

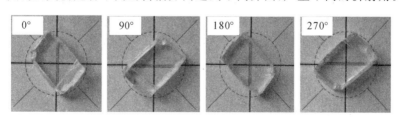

图 4-26　方解石的双折射观察

　　接下来我们针对方解石解释单轴晶体的双折射现象。首先我们研究波矢为 k 的光波的 D 矢量和 E 矢量方向。将式(4-9-23)代入式(4-9-24)消去 H,可得

$$D = -\frac{1}{\mu_0 \omega^2} k \times (k \times E) \tag{4-9-28}$$

其中 $k = kp = \dfrac{n\omega}{c_0} p$,这里小写的 p 为波传播方向的单位矢量,所以

$$D = -\frac{n^2 \omega^2}{\mu_0 \omega^2 c_0^2} p \times (p \times E)$$
$$= -\varepsilon_0 n^2 p \times (p \times E) \tag{4-9-29}$$

　　通过矢量恒等式 $A \times (B \times C) = B(A \cdot C) - C(A \cdot B) = (A \times B) \times C$,$D$ 矢量可以改写为

$$D = \varepsilon_0 n^2 [E - p(p \cdot E)] \tag{4-9-30}$$

其中 E 为在垂直于 p(即平行于 D)方向上的分量。将上式改写为分量形式

$$D_i = \varepsilon_0 n^2 [E_i - p_i(p \cdot E)] \tag{4-9-31}$$

选择主轴坐标系,得到

$$D_i = \varepsilon_i E_i \tag{4-9-32}$$

其中 $\varepsilon_i = \varepsilon_{ii}$。将式(4-9-32)代入式(4-9-31),可得三个主轴上的分量

$$D_i = \frac{\varepsilon_0 p_i(p \cdot E)}{\dfrac{\varepsilon_0}{\varepsilon_i} - \dfrac{1}{n^2}} \tag{4-9-33}$$

由于 D 垂直于 k,有 $D \cdot p = 0$(即 $D_1 p_1 + D_2 p_2 + D_3 p_3 = 0$),可得

$$\frac{p_1^2}{\dfrac{1}{n^2} - \dfrac{\varepsilon_0}{\varepsilon_1}} + \frac{p_2^2}{\dfrac{1}{n^2} - \dfrac{\varepsilon_0}{\varepsilon_2}} + \frac{p_3^2}{\dfrac{1}{n^2} - \dfrac{\varepsilon_0}{\varepsilon_3}} = 0 \tag{4-9-34}$$

式(4-9-34)称为菲涅耳方程,描述了单色平面光波在晶体中传播时光波折射率 n 与光波法线方向 p 之间满足的关系。由式(4-9-34)可看出,对应给定的光波传播方向,由此方程一般可解得两个不相等的正根 $n_{(1)}$ 和 $n_{(2)}$,代表各向异性晶体中给定的传播方向 p 会对应两个折射率或波速。将 $n_{(1)}$ 和 $n_{(2)}$ 分别代入式(4-9-33)的展开式,可以得到与折射率 $n_{(1)}$ 和 $n_{(2)}$ 对应的两个光波的矢量方向 E 或 D。同时,可发现与折射率 $n_{(1)}$ 和 $n_{(2)}$ 相应的 $E_{(1)}$、$E_{(2)}$ 及 $D_{(1)}$、$D_{(2)}$ 的三个分量的比值为实数,因此 E 和 D 都是线偏振。进一步,通过式(4-9-33)和式(4-9-34)的关系,可以证明 $D_{(1)} \cdot D_{(2)} = 0$,即与折射率 $n_{(1)}$ 和 $n_{(2)}$ 对应的光矢量方向 $D_{(1)}$ 和 $D_{(2)}$ 互相垂直。所以,一般情况下,给定一个晶体中的光波法线方向 p,只允许两个具有不同折射率或波速(相速度)的线偏振光传播,其 D 矢量相互垂直。

　　如对于单轴晶体方解石,假设主介电系数为 $\varepsilon_1 = \varepsilon_2 = \varepsilon_0 n_o^2$ 和 $\varepsilon_3 = \varepsilon_0 n_e^2$,且令 $n_1 = n_2 = n_o$,$n_3 = n_e$(即令含有 p_3 的项对应的折射率为 n_e),假设给定波传播的方向 p 位于 yOz 平面内,与 z 轴的夹角为 θ,则有

$$p_1 = 0, \quad p_2 = \sin\theta, \quad p_3 = \cos\theta \tag{4-9-35}$$

代入式(4-9-34)可得两种折射率的解

$$\begin{cases} n_{(1)}^2 = n_o^2 \\ n_{(2)}^2 = \dfrac{n_o^2 n_e^2}{n_o^2 \sin^2\theta + n_e^2 \cos^2\theta} \end{cases} \tag{4-9-36}$$

从这里也可以看出晶体中对于给定的波传播方向,会对应两种不同折射率的光波,其中第一种波和波传播的角度(即方向)无关,其折射率值 $n_{(1)}$ 永远是 n_o,称为寻常波(ordinary wave),对应的光线简称为 o 光。第二种光波的折射率 $n_{(2)}$ 和 p 与 z 轴的夹角 θ(即方向)有关,称为非常波(extraordinary wave),对应的光线简称为 e 光。当 $\theta = 0°$ 时,即光沿着 z 轴传播时,可以发现 $n_{(2)} = n_o$,所以 z 轴即为单轴晶体的光轴。无论是单轴晶体或是双轴晶体,除了光轴,每个传播方向会和曲面有两个交点,对应于两个简正模,大小为 $k = \dfrac{n\omega}{c_0}$,其中 n 为对应曲面的两个折射率之一,如果是双轴晶体,双折射的两个光波都是非常波。

将折射率 $n_{(1)}$ 或 $n_{(2)}$ 以及波矢分量 p_i 再次代回式(4-9-33)的展开式就可以得知对应光的偏振态(E 的三个分量的值)。读者可以自行代入验证,这里直接给出结论。

(1)o 光:o 光的 E 垂直于波传播方向与光轴所决定的平面。由于 $D = \varepsilon_0 n_o^2 E$,所以 E 和 D 互相平行。

(2)e 光:e 光的 E 和 D 矢量都位于波传播方向(k 的方向)与光轴所决定的平面内。E 和 D 一般不平行(D 垂直于 k,前面提到 E 与 k 一般不互相垂直,所以,E 与 D 一般来说方向不一致)。当 $\theta = \dfrac{\pi}{2}$(即波传播方向和光轴成 90°)时,E 和光轴平行。E 矢量(位于波传播方向与光轴所决定的平面内)的具体方向可以由式(4-9-33)的展开式中找出 E 矢量的面内分量的比值来决定。

(3)o 光和 e 光的 E 矢量(和 D 矢量)彼此垂直。

现在考虑各向异性晶体中代表电场波能量传播方向的坡印廷矢量 $S = E \times H$ 的方向。假设在图 4-25 的波矢面上 k 沿着波矢面的切平面方向改变一个微小的量 δk,则因为波矢面是频率不变下所对应的波矢曲面,所以不会有频率变化 $\delta\omega$。由式(4-9-23)和(4-9-24)并结合 $D = \varepsilon E$,可知在微小变量 δk 下,有

$$\delta k \times E + k \times \delta E = \delta\omega \cdot \mu_0 H + \omega\mu_0\delta H = \omega\mu_0\delta H \tag{4-9-37}$$

$$\delta k \times H + k \times \delta H = -\delta\omega \cdot \varepsilon E - \omega\varepsilon\delta E = -\omega\varepsilon\delta E \tag{4-9-38}$$

将式(4-9-37)点乘 H 以及将式(4-9-38)点乘 E,并通过矢量恒等式 $A \cdot (B \times C) = B \cdot (C \times A) = C \cdot (A \times B)$,可以得到

$$\delta k \cdot (E \times H) + k \cdot (\delta E \times H) = \omega(H \cdot \mu_0\delta H) \tag{4-9-39}$$

$$-\delta k \cdot (E \times H) + k \cdot (\delta H \times E) = -\omega(E \cdot \varepsilon\delta E) \tag{4-9-40}$$

将上面两式彼此相减,并结合材料常数张量的对称性,可得

$$\delta k \cdot (E \times H) = 0 \tag{4-9-41}$$

可见矢量 $E \times H$ 的方向(即坡印廷矢量的方向)和波矢面的切平面互相垂直,且电场的振动方向位于波矢面的切平面内。对照图 4-27 所示的电场振动方向的波矢面可知,对于 o 光(不论光沿什么方向传播都遇到相同的折射率),坡印廷矢量的方向和波传播的方向平行。然而,对于 e 光,由于遇到的是椭球面以及坡印廷矢量的方向是波矢面切平面的垂直方向,所以能量传播的方向会和波传播的方向错开,这是各向异性晶体中波传播的一个特色。

对于非常波,如果希望 A 点有能量传播,激励就不能往 A 点方向施加。我们在图 4-27 中也标示了波阵面。因为是平面波,波阵面与波矢面垂直,因此波阵面与坡印廷矢量之间有夹角。波在空间中传播的群速度为 $c_g = \nabla_k \omega(\boldsymbol{k})$,由于波矢面是等频曲面($\omega(k_1, k_2, k_3) =$ 常数),所以群速度的方向垂直于波矢面,平行于坡印廷矢量。

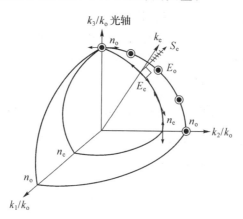

图 4-27 波矢面的电场振动方向和坡印廷矢量方向

由图 4-26 与对照图 4-25 的波矢面可知,从方解石上方垂直观察,当方解石绕着中心轴旋转后,十字线除了中心点以外,会有一条垂直纸面的反射 o 光(不论是什么传播方向,都对应相同的折射率),在正入射的情况(如图 4-26 所示),折射角为零。但是,对于 e 光,当方解石旋转时,每条线上的反射光对应的折射率会变化,导致不同的折射角,所以对应的反射十字线会有偏移。

偏振片是一种光学器件,只有沿着偏振片的透光轴方向振动的光波才可以通过偏振片传播,所以自然光通过偏振片后会变成线性偏振光。我们通过偏振片可以检验方解石的光学行为。首先,从 4.5.4 节的讨论可知,一般自然光反射后的 TE 偏振的成分会比 TM 成分多。因此,太阳光经过地面反射后,大部分光的振动方向是平行于地面的。我们可以先基于这个现象来判断偏振片的方向。旋转偏振片,使通过偏振片的反射光最暗,此时偏振片的透光轴和地面垂直(因为 TE 偏振光的振动方向是平行于地面的,其被偏振片阻挡,所以可以判断偏振片的透光轴垂直地面)。

图 4-28 所示为通过偏振片观察图 4-26 最左边图的情况。图 4-28 的第一张图是透光轴和十字线的右端水平线成 90°,可以发现 o 光不透光,换句话说,o 光的振动方向是水平方向。第二张图是透光轴和十字线的右端水平线成 45°,此时观察到的结果和图 4-26 的第一张图一模一样,代表偏振片没有达到阻挡光传播的目的。第三张图是透光轴和十字线的右端水平线平行,可以看出 e 光被阻挡,换句话说,o 光和 e 光都是线偏振光,彼此互相垂直,这符合我们前面的理论结论。第四张图是透光轴和十字线的右端水平线成 −45°,则右边的 e 光又有透光了。从这个演示可以看出光在各向异性晶体(特别是负单轴晶体)里面的光学行为,其折射出来的两束光均为线偏振光。

在本章结束前,我们通过投影仪在白板上的投影,演示偏振片的效果。笔者使用的投影仪内 R(对应红光)和 B(对应蓝光)的偏振是一样的,G(对应绿光)和 B 的偏振垂直。由于白板呈现的是投影仪投射的光的混合颜色,所以我们考虑光学三原色红、绿、蓝(RGB),这

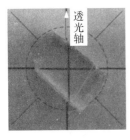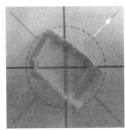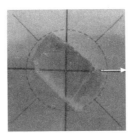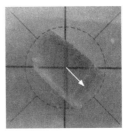

图 4-28　透过偏振片的方解石双折射观察

三种光学三原色的混合光就是白板(显示屏)显示的颜色,即三原色的叠加色为白色。换句话说,如果我们拿出偏振片放在白板前,如图 4-29(a)所示,一开始白板上的绿光(G)被偏振片阻挡,则剩下红色和蓝色,它们叠加起来是紫色。接着将偏振片转动 90°,会遮住红光(R)和蓝光(B),则剩下绿色(如图 4-29(b)所示)。图 4-29(c)所示是两个偏振片互相垂直放在白板前的观察结果,由于三原色都被遮住,所以变成了"无光"状态,对应黑色。

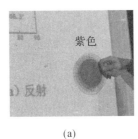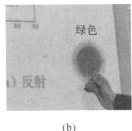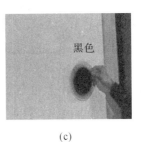

(a)　　　　　　　　　(b)　　　　　　　　　(c)

图 4-29　透过偏振片观察投影仪投射的白板

本章参考文献

常悦,钱小陵. 关于波动光学共轭波概念的商榷[J]. 首都师范大学学报(自然科学版), 2001,22(03):29-32.

程隽. 电磁波理论[M]. 台北:文笙书局,2014.

胡章芳. MATLAB 仿真及其在光学课程中的应用[M]. 北京:北京航空航天大学出版社,2015.

季叶克. 探测古代珍贵油画微裂用的实时全息术[J]. 激光与光电子学进展,1984(12): 28-29.

姜宗福,刘文广,侯静. 物理光学导论[M]. 北京:科学出版社,2011.

蒋月丽,郭予元,武予清,等. 昆虫对偏振光的响应及感受机理研究进展[J]. 昆虫学报, 2012,55(002):226-232.

雷银照,徐纪安. 时变电磁场唯一性定理的完整表述[J]. 电工技术学报,2000,15(001): 16-20.

梁铨廷. 物理光学(修订本)[M]. 北京:机械工业出版社,1987.

欧攀. 高等光学仿真(MATLAB 版):光波导,激光[M]. 北京:北京航空航天大学出版社,2011.

石顺祥，马琳，王学恩. 物理光学与应用光学（第二版）学习指导书[M]. 西安：西安电子科技大学出版社，2010.

吴存恺. 相位复共轭光学[J]. 物理学进展，1986(3)：353.

羊国光，宋菲君. 高等物理光学[M]. 合肥：中国科学技术大学出版社，2008.

张洪欣，纪延俊，车树良. 物理光学[M]. 北京：清华大学出版社，2015.

张静江，曹惠贤. 共轭波及其在光学全息中的应用[J]. 大学物理，1995，14(03)：1-4.

Adams S J. Electromagnetic Theory[M]. New York：John Wiley & Sons，2007.

Amadesi S，D'Altorio A，Paoletti D. Real-time holography for microcrack detection in ancient golden paintings[J]. Optical Engineering，1983，22(5)：225660.

Bertamini M，Latto R，Spooner A. The Venus effect：people's understanding of mirror reflections in paintings[J]. Perception，2003，32(5)：593-599.

Bertolotti M. Waves and fields in optoelectronics[J]. Optica Acta，1985，32(7)：748.

Born M，Wolf E. Principles of Optics：Electromagnetic Theory of Propagation，Interference and Diffraction of Light[M]. Amsterdam：Elsevier，2013.

Egri Á，Blahó M，Kriska G，et al. Polarotactic tabanids find striped patterns with brightness and/or polarization modulation least attractive：an advantage of zebra stripes[J]. Journal of Experimental Biology，2012，215(5)：736-745.

Elmore W C，Heald M A. Physics of Waves[M]. New York：Dover，1985.

Fleisch D. A Student's Guide to Maxwell's Equations[M]. Cambridge：Cambridge University Press，2008.

Fowles G R. Introduction to Modern Optics[M]. New York：Dover，1989.

Ghatak A，Thyagarajan K. An Introduction to Fiber Optics[M]. Cambridge：Cambridge University Press，1998.

Hecht E. Optics[M]. 5th Edition. New York：Pearson Education，2002.

Kasap S O. Optoelectronics and Photonics：Principles and Practices[M]. 2nd. New York：Pearson，2012.

Kawano K，Kitoh T. Introduction to Optical Waveguide Analysis：Solving Maxwell's Equation and the Schrödinger Equation[M]. New York：John Wiley & Sons，2001.

Koshiba M. Optical Waveguide Analysis[M]. New York：McGraw-Hill，1992.

Laude V. Phononic Crystals：Artificial Crystals for Sonic，Acoustic，and Elastic Waves[M]. Berlin：De Gruyter，2015.

Lorrain P，Corson D R. Electromagnetic Fields and Waves[M]. 2nd Edition. San Francisco：W. H. Freeman and Company，1970.

Marcuse D. Light Transmission Optics[M]. 2nd Edition. New York：Van Nostrand Reinhold Company，1982.

Melde K，Mark A G，Qiu T，et al. Holograms for acoustics[J]. Nature，2016，537(7621)：518-522.

Möller K D. T Optics：Learning by Computing with Examples Using Maple，MathCad，Mathematica，and MATLAB[M]. Berlin：Springer Press，2007.

Nelson P A, Elliott S J. Active Control of Sound[M]. New York: Academic Press, 1991.

Poon T C, Kim T. Engineering Optics with MATLAB[M]. Singapore: World Scientific Publishing Company, 2006.

Ramo S, Whinnery J R, Van Duzer T. Fields and Waves in Communication Electronics [M]. New York: John Wiley & Sons, 1994.

Saleh B E A, Teich M C. Fundamentals of Photonics[M]. New York: John Wiley & Sons, 2019.

Serway R A, Jewett J W. Physics for Scientists and Engineers with Modern Physics [M]. 8th ed. Belmont, CA: Brooks/Cole, Cengage Learning, 2010.

Thorne K S, Blandford R D. Modern Classical Physics: Optics, Fluids, Plasmas, Elasticity, Relativity, and Statistical Physics[M]. Princeton: Princeton University Press, 2017.

Yariv A, Yeh P. Optical Waves in Crystals: Propagation and Control of Lasser Radiation [M]. New York: Wiley, 1984.

第5章 固体中的弹性波

弹性波的研究在科学和工程领域都受到重视,是建筑工程、地震学、爆破技术等众多领域的理论基础。本章主要讨论弹性波在无穷域或半无穷域均匀、各向同性、完全弹性介质中的传播规律。弹性波是矢量波,入射弹性波在界面上的反射有可能出现两个偏振模式,甚至可能会出现波形转换的现象。因此,相较于声波、水波和光波,弹性波更为复杂。弹性波还可以应用在损伤检测、地震勘探或材料常数的反演等方面。

本章首先给出弹性波的基本方程,然后介绍波慢度的观念,接着探讨半无穷域内的弹性波在遇到界面后的反射问题,最后介绍 Rayleigh 波。只有学好平面应变状态下的弹性波反射问题,才能深刻理解第 6 章的兰姆波,同时这也是第 8 章瞬态弹性波的基础。

5.1 基本方程与弹性体中的波

回顾第 2 章的声波,我们由连续性方程和动量方程出发,结合物理方程(压强与密度的关系),得到了扰动声波的波动方程。

(1) 连续性方程(质量守恒定律)

$$\frac{\partial \rho}{\partial t} + \nabla \cdot (\rho \boldsymbol{u}) = 0 \tag{2-5-2}$$

(2) 动量方程(对于声波,重力的影响可以忽略)

$$\frac{\partial \boldsymbol{u}}{\partial t} + \boldsymbol{u} \cdot \nabla \boldsymbol{u} = -\frac{1}{\rho} \nabla p + \boldsymbol{g} \tag{2-5-3}$$

(3) 物理方程

$$\widetilde{p} = \widetilde{\rho} \left(\frac{\partial p}{\partial \rho} \right) = \widetilde{\rho} c^2 \tag{2-5-30}$$

对于固体中的弹性波传播问题,我们关心弹性介质内每一个质点的位移、应变及应力场受扰动后随时间的变化。本节我们先考虑弹性波的基本方程。对于固体,通常认为密度已知,所以一般而言基本方程不涉及质量守恒定律。特别需要说明的是,和在一般声波的研究中用 $\boldsymbol{u}$ 代表质点的速度场不同,固体中的弹性波问题一般用 $\boldsymbol{u}$ 代表质点的位移场。

对于线弹性体,变形前占据的空间区域为 V,边界面为 S,则在该区域内弹性波的基本方程如下。

(1) 运动微分方程

$$\tau_{ij,j} + \rho f_i = \rho \ddot{u}_i \tag{5-1-1}$$

运动微分方程是 3 个描述应力与位移关系的方程。其中 $\tau_{ij} = \tau_{ji}$ 是一点的应力张量，u_i 是一点的位移矢量，ρ 是质量密度，f_i 是单位质量受到的体力。在运动微分方程中，3 个位移分量 $u_i(\boldsymbol{x},t)$ 和 6 个应力分量 $\tau_{ij}(\boldsymbol{x},t)$ 是未知函数。

（2）几何方程

$$\varepsilon_{kl} = \frac{1}{2}(u_{k,l} + u_{l,k}) \tag{5-1-2}$$

其代表了 6 个描述应变与位移关系的方程。其中，3 个位移分量 $u_i(\boldsymbol{x},t)$ 和 6 个应变分量 $\varepsilon_{kl}(\boldsymbol{x},t)$ 是未知函数。

（3）本构方程

$$\tau_{ij} = C_{ijkl}\varepsilon_{kl} \tag{5-1-3}$$

其代表了 6 个描述应力与应变关系的方程。对于均匀的线弹性体，弹性系数 C_{ijkl} 是与点坐标无关的常数，其满足 $C_{ijkl} = C_{jikl} = C_{ijlk}$，其中 $C_{ijkl} = C_{ijlk}$ 是因为应变张量的对称性，而 $C_{ijkl} = C_{jikl}$ 是因为应力张量的对称性。本章讨论的问题是建立在柯西弹性（Cauchy-elasticity）模型基础上的，柯西弹性模型中应力与应变是一一对应的关系，弹性体的应力仅由当前的应变状态决定，或应变仅由当前的应力状态决定（即 $\varepsilon_{kl} = \varepsilon_{kl}(\tau_{ij})$）。柯西弹性模型的应变是可恢复的，且与应变路径无关。弹性体因外力做功发生变形后将在弹性体内储存能量，称为应变势能。单位体积的应变势能 δW 等于单位体积上外力所做的功

$$\delta W = \tau_{ij}\delta\varepsilon_{ij} \tag{5-1-4}$$

因为当 ε_{ij} 趋于零时，单位体积的应变势能 δW 也趋于零，所以应变势能是弹性体状态的单值函数，应变势能和应力、应变的关系满足

$$\frac{\partial W}{\partial\varepsilon_{ij}} = \tau_{ij} \tag{5-1-5}$$

且

$$\frac{\partial^2 W}{\partial\varepsilon_{ij}\partial\varepsilon_{kl}} = \frac{\partial^2 W}{\partial\varepsilon_{kl}\partial\varepsilon_{ij}} \tag{5-1-6}$$

利用式（5-1-5），式（5-1-6）可以写成

$$\frac{\partial\tau_{ij}}{\partial\varepsilon_{kl}} = \frac{\partial\tau_{kl}}{\partial\varepsilon_{ij}} \tag{5-1-7}$$

将 $\tau_{ij} = C_{ijmn}\varepsilon_{mn}$ 代入式（5-1-7）的 $\dfrac{\partial\tau_{ij}}{\partial\varepsilon_{kl}}$，可得

$$\frac{\partial\tau_{ij}}{\partial\varepsilon_{kl}} = C_{ijmn}\frac{\partial\varepsilon_{mn}}{\partial\varepsilon_{kl}} = C_{ijmn}\delta_{mk}\delta_{nl} = C_{ijkl} \tag{5-1-8}$$

其中：δ_{mk} 是克罗内克符号，当 $m=k$ 时，$\delta_{mk}=1$，当 $m \neq k$ 时，$\delta_{mk}=0$。同理，将 $\tau_{ij} = C_{ijmn}\varepsilon_{mn}$ 代入式（5-1-7）的 $\dfrac{\partial\tau_{kl}}{\partial\varepsilon_{ij}}$，可得

$$\frac{\partial\tau_{kl}}{\partial\varepsilon_{ij}} = C_{klij} \tag{5-1-9}$$

将式（5-1-8）和式（5-1-9）代入式（5-1-7），可知弹性系数 C_{ijkl} 进一步满足 $C_{ijkl} = C_{klij}$ 的关系。读者也可以分别将 $i=j=1$ 和 $i=j=2$ 代入式（5-1-3）和式（5-1-5）中，并将展开结果代入式（5-1-6），可以发现 $C_{1122} = C_{2211}$。

固体中的弹性波问题可以描述为:在区域 V 及某个时间区间内,在给定的边界条件和初始条件下,通过 15 个基本方程以确定其对应的 15 个未知函数。只要位移是单值连续可导的,相容性条件会自然满足。由于将位移分量微分后得到应变分量(通过几何方程)以及应力分量(通过本构方程)是比较容易的,所以对于波动问题,通常选择位移分量为基本未知函数。将几何方程(式(5-1-2))代入本构方程(式(5-1-3))可得

$$\tau_{ij} = \frac{1}{2} C_{ijkl}(u_{k,l} + u_{l,k}) = C_{ijkl} u_{k,l} \tag{5-1-10}$$

若忽略物体受到的体力,再通过运动微分方程(式(5-1-1)),可得

$$C_{ijkl} u_{k,lj} - \rho u_{i,tt} = 0 \tag{5-1-11}$$

为一般化,首先考虑极端各向异性介质(内部任意点处沿不同方向的弹性性质都是不相同的)中沿任意方向传播的均匀平面波。假设介质中的质点位移矢量 $\boldsymbol{u} = f(\boldsymbol{x} \cdot \boldsymbol{p} - ct)\boldsymbol{d}$,用指标符号表示为 $u_k = f(x_m p_m - ct)d_k$,其中 p_m 为波传播方向的单位矢量,d_k 为质点振动方向的单位矢量,x_m 是位置矢量。由于

$$\begin{aligned} u_{k,l} &= \frac{\partial x_m}{\partial x_l} p_m f'(\boldsymbol{x} \cdot \boldsymbol{p} - ct)d_k \\ &= \delta_{ml} p_m f'(\boldsymbol{x} \cdot \boldsymbol{p} - ct)d_k \\ &= p_l f'(\boldsymbol{x} \cdot \boldsymbol{p} - ct)d_k \end{aligned} \tag{5-1-12}$$

所以

$$u_{k,lj} = p_l p_j f''(\boldsymbol{x} \cdot \boldsymbol{p} - ct)d_k \tag{5-1-13}$$

又由于

$$u_{i,tt} = c^2 f''(\boldsymbol{x} \cdot \boldsymbol{p} - ct)d_i \tag{5-1-14}$$

将式(5-1-13)和式(5-1-14)代入式(5-1-11),可得

$$(C_{ijkl} p_l p_j d_k - \rho c^2 d_i) f''(\boldsymbol{x} \cdot \boldsymbol{p} - ct) = 0 \tag{5-1-15}$$

由于 $d_i = \delta_{ik} d_k$,进一步可得特征值问题

$$(\Gamma_{ik} - \rho c^2 \delta_{ik})d_k = 0 \tag{5-1-16}$$

其中令 $\Gamma_{ik} = C_{ijkl} p_l p_j$,其值和各向异性介质的对称性以及弹性波的传播方向有关,所以对于给定材料以及给定波传播方向的情况,Γ_{ik} 是已知量,未知量是 c 与 d_k。如果式(5-1-16)要有非零解,则需要系数矩阵的行列式值等于零,即

$$\det|\Gamma_{ik} - \rho c^2 \delta_{ik}| = 0 \tag{5-1-17}$$

由上式可以解出 Γ_{ik} 的三个特征值 ρc_1^2、ρc_2^2 和 ρc_3^2,分别对应三个特征矢量。由于 Γ_{ik} 满足以下两个性质

$$\begin{aligned} \Gamma_{ik} &= C_{ijkl} p_l p_j \\ &= C_{ilkj} p_j p_l \\ &= C_{kjil} p_j p_l \\ &= \Gamma_{ki} \end{aligned} \tag{5-1-18}$$

即 Γ_{ik} 为对称。另外,对于所有的 d_i,有

$$\Gamma_{ik} d_i d_k \geqslant 0 \tag{5-1-19}$$

因此,Γ_{ik} 的三个特征值 ρc_1^2、ρc_2^2 和 ρc_3^2 均为正实数,分别对应三个正交的特征矢量。在给定的波传播方向上,会产生三个以不同相速度 c_1、c_2 和 c_3 传播的弹性波。和各向异性晶体中

的光传播一样，对应的特征矢量（即质点的位移（变形）矢量，也可以和光波一样称为偏振方向）会彼此正交。除非是沿着材料的对称轴传播，各向异性晶体中的位移矢量方向一般来说会和波传播方向有夹角。相比光波在各向异性晶体中的传播行为，弹性波在各向异性晶体中的传播性质更复杂。

本章主要讨论各向同性介质中的弹性波传播问题。对于各向同性介质，应该具有当坐标轴往任意方向旋转后应力和应变保持相同比例关系的性质，因此，可以将小变形的应力应变线性本构关系写为以应变表示应力的广义胡克定律

$$\tau_{ij} = \lambda \varepsilon_{kk} \delta_{ij} + 2\mu \varepsilon_{ij} \tag{5-1-20}$$

其中：ε_{kk} 为体积应变；λ 和 μ 为 Lamé 系数。首先将式(5-1-2)代入式(5-1-20)，就可以得到用位移分量表示的应力分量，再代入运动微分方程式(5-1-1)，可得 3 个分量方程

$$\mu u_{i,jj} + (\lambda + \mu)u_{j,ji} + \rho f_i = \rho \ddot{u}_i \tag{5-1-21}$$

由于

$$u_{i,jj} = \frac{\partial}{\partial x_j}\left(\frac{\partial u_i}{\partial x_j}\right) = (\nabla^2 \boldsymbol{u})_i \tag{5-1-22}$$

和

$$u_{j,ji} = \frac{\partial}{\partial x_i}\left(\frac{\partial u_j}{\partial x_j}\right) = (\nabla \nabla \cdot \boldsymbol{u})_i \tag{5-1-23}$$

所以式(5-1-21)也可以表示为向量形式

$$\mu \nabla^2 \boldsymbol{u} + (\lambda + \mu) \nabla \nabla \cdot \boldsymbol{u} + \rho \boldsymbol{f} = \rho \ddot{\boldsymbol{u}} \tag{5-1-24}$$

式(5-1-21)和式(5-1-24)称为 Navier 方程，其是仅包含 3 个位移分量的未知函数。

现在同样考虑均匀平面波 $u_i = f(x_j p_j - ct)d_i$，忽略体力，将平面波代入式(5-1-21)，由于

$$u_{i,jj} = d_i p_j p_j f''(\boldsymbol{x} \cdot \boldsymbol{p} - ct) \tag{5-1-25}$$

和

$$u_{j,ji} = d_j p_j p_i f''(\boldsymbol{x} \cdot \boldsymbol{p} - ct) \tag{5-1-26}$$

整理后可得

$$(\mu - \rho c^2)d_i + (\lambda + \mu)d_j p_j p_i = 0 \tag{5-1-27}$$

若式(5-1-27)恒成立，有两种可能：

(1) $d_i = \pm p_i$，即 $\boldsymbol{d} \cdot \boldsymbol{p} = \pm 1$，可得

$$c = c_{\mathrm{L}} = \sqrt{\frac{\lambda + 2\mu}{\rho}} \tag{5-1-28}$$

此时因为质点的振动方向和波传播方向平行（$\boldsymbol{d} = \pm \boldsymbol{p}$），相应的波为纵波。由于

$$\nabla \times \boldsymbol{u} = f'(\boldsymbol{x} \cdot \boldsymbol{p} - ct)(\boldsymbol{p} \times \boldsymbol{d}) = 0 \tag{5-1-29}$$

所以相应的波也称为无旋波、膨胀波或 P（压缩（pressure））波。对于流体，由于剪切模量 $\mu = 0$，所以根据式(5-1-20)，切应力等于零，$\tau_{xx} = \tau_{yy} = \tau_{zz} = \lambda \varepsilon_{kk}$。将应力换为流体中的压强 $-\mathrm{d}p$（因为压强和应力的正方向的定义相反），且因为质量守恒（$\rho \mathrm{d}V + V\mathrm{d}\rho = 0$），所以 $\varepsilon_{kk} = \frac{\mathrm{d}V}{V} = -\frac{\mathrm{d}\rho}{\rho}$，可以发现广义胡克定律变为 $\mathrm{d}p = \frac{\lambda}{\rho}\mathrm{d}\rho$，所以 $\frac{\mathrm{d}p}{\mathrm{d}\rho} = \frac{\lambda}{\rho}$。回顾第 2 章的式 (2-5-20)可知 $\frac{\mathrm{d}p}{\mathrm{d}\rho} = c^2$，所以可知 $c_{\mathrm{L}} = \sqrt{\frac{\lambda}{\rho}}$，符合流体 $\mu = 0$ 下的式(5-1-28)中的纵波波速关

系。这里也可以得知,在流体中,Lamé 系数 λ 就是流体的绝热体积弹性系数或体积模量 K (参考第 2 章式(2-5-22))以及流体的物理方程就是固体广义胡克定律的一个特例($\mu=0$)。

(2) $d_j p_j = 0$,即 $\boldsymbol{d} \cdot \boldsymbol{p} = 0$,可得

$$c = c_{\mathrm{T}} = \sqrt{\frac{\mu}{\rho}} \tag{5-1-30}$$

此时因为质点的振动方向和波传播方向互相垂直($\boldsymbol{d} \cdot \boldsymbol{p} = 0$),相应的波为横波。由于

$$\nabla \cdot \boldsymbol{u} = f'(\boldsymbol{x} \cdot \boldsymbol{p} - ct)(\boldsymbol{p} \cdot \boldsymbol{d}) = 0 \tag{5-1-31}$$

所以

$$u_{1,1} + u_{2,2} + u_{3,3} = \varepsilon_{11} + \varepsilon_{22} + \varepsilon_{33} = 0 \tag{5-1-32}$$

可见相应的体积应变为零,即体积变化率为零,所以波不改变体积,那么改变的就是形状,由于是靠切应力变形,因此相应的波也称为切变(shear)波、等体积波、旋转波或 S 波。对于流体,因为 $\mu=0$,所以流体中不存在横波。

对于各向同性介质,有

$$\frac{c_{\mathrm{L}}}{c_{\mathrm{T}}} = \sqrt{\frac{\lambda + 2\mu}{\mu}} = \left[\frac{2(1-\nu)}{1-2\nu}\right]^{\frac{1}{2}} \tag{5-1-33}$$

其中 ν 为泊松比($0 \leqslant \nu \leqslant 0.5$)。 因此当无限大各向同性介质内有扰动后,传播速度最快,首先达到观察点的是纵波,因此纵波也称为初始(primary)波或 P 波,横波也称为次(secondary)波或 S 波。注意弹性波里面的 P 波是纵波,S 波是横波,不要和光波(横波)里面的 p 偏振(电场平行于入射面)和 s 偏振(电场垂直于入射面)混淆。

从上面的讨论可以发现,如果是各向同性介质,原本各向异性介质的 3 个特征值会有 2 个重根,代表只剩下 2 个波速,而且不论波是往什么方向传播,所具有的波速都一样。

现在来考虑纵波和横波的波阵面上的应力分布。将式(5-1-2)代入式(5-1-20)表示应力的广义胡克定律,可得应力和位移的关系为

$$\tau_{ij} = \lambda u_{k,k}\delta_{ij} + \mu(u_{i,j} + u_{j,i}) \tag{5-1-34}$$

而弹性波在介质内传播后,扰动会在介质内产生形变,进一步产生的应力为

$$\tau_{pi} = \tau_{ji} p_j \tag{5-1-35}$$

所以扰动所产生的应力和波传播方向的关系为

$$\tau_{pi} = [\lambda u_{k,k}\delta_{ji} + \mu(u_{i,j} + u_{j,i})] p_j \tag{5-1-36}$$

将平面波 $u_i = f(x_j p_j - ct)d_i$ 代入式(5-1-36)表示应力的广义胡克定律,可得

$$\tau_{pi} = [(\lambda + \mu)p_i p_k d_k + \mu d_i)] f''(\boldsymbol{x} \cdot \boldsymbol{p} - ct) \tag{5-1-37}$$

对于纵波,有 $d_i = \pm p_i$,所以式(5-1-37)变为

$$\tau_{pi} = \pm(\lambda + 2\mu)p_i f''(\boldsymbol{x} \cdot \boldsymbol{p} - ct) \tag{5-1-38}$$

所以,在 p_j 取实数的情况下,平面纵波的波阵面上的应力平行于波传播的方向。对于横波,有 $d_j p_j = 0$,所以式(5-1-37)变为

$$\tau_{pi} = \mu d_i f''(\boldsymbol{x} \cdot \boldsymbol{p} - ct) \tag{5-1-39}$$

所以平面横波的波阵面上只有剪切应力。

虽然式(5-1-24)的 Navier 方程是仅包含 3 个位移分量的未知函数,但其结构复杂(同时有 ∇^2,∇ 和 $\nabla\cdot$),位移分量互相耦合,积分往往也很困难。在求解弹性波的波传播问题时,有时将位移函数用势函数表示,以便得到较容易求解的偏微分方程。对于各向同性介质,其变

形时内部的微小体积同时会存在体积改变和刚体转动。矢量场可以用一个标量势函数的梯度场和一个矢量势函数的旋度场之和来表示,所以位移场可以表示为

$$\boldsymbol{u} = \boldsymbol{u}_p + \boldsymbol{u}_s = \nabla\phi + \nabla\times\boldsymbol{\psi} \tag{5-1-40}$$

其中 ϕ 和 $\boldsymbol{\psi}$ 分别为位移矢量场 $\boldsymbol{u}$ 的标量势函数和矢量势函数。将式(5-1-40)的位移场代入式(5-1-24)的 Navier 方程,为简化问题,这里同样忽略体力的影响,可得

$$\mu\,\nabla^2(\nabla\phi + \nabla\times\boldsymbol{\psi}) + (\lambda+\mu)\,\nabla\nabla\cdot(\nabla\phi + \nabla\times\boldsymbol{\psi}) = \rho\,\frac{\partial^2}{\partial t^2}(\nabla\phi + \nabla\times\boldsymbol{\psi}) \tag{5-1-41}$$

由于 $\nabla\cdot\nabla\phi = \nabla^2\phi$ 以及 $\nabla\cdot\nabla\times\boldsymbol{\psi} = 0$,整理可以得到

$$\nabla\left[(\lambda+2\mu)\,\nabla^2\phi - \rho\ddot{\phi}\right] + \nabla\times(\mu\,\nabla^2\boldsymbol{\psi} - \rho\ddot{\boldsymbol{\psi}}) = 0 \tag{5-1-42}$$

可以发现位移场的标量势函数和矢量势函数满足解耦的波动方程,其中 ϕ 以纵波波速 $c_{\mathrm{L}} = \sqrt{\dfrac{\lambda+2\mu}{\rho}}$ 传播,$\boldsymbol{\psi}$ 的分量以横波波速 $c_{\mathrm{T}} = \sqrt{\dfrac{\mu}{\rho}}$ 传播。由于引入势函数可以得到解耦的波动方程,每一个方程的未知数只剩下 ϕ 或 ψ_i,方程往往变得容易求解,讨论波动的行为也更容易。解出了势函数,就可以得到位移场,进一步可以通过比积分容易的微分运算得到应力场。

位移场的标量势函数和矢量势函数分别以纵波波速和横波波速传播的事实很容易理解。由于标量势函数 ϕ 是以 $\nabla\phi$ 的形式出现在位移场,对其取旋度($\nabla\times\nabla\phi$)会等于零,所以其代表无旋场,以纵波传播;而矢量势函数 $\boldsymbol{\psi}$ 是以 $\nabla\times\boldsymbol{\psi}$ 的形式出现在位移场,对其取散度($\nabla\cdot\nabla\times\boldsymbol{\psi}$)会等于零,所以其为无散场(或无源场),以横波传播。然而,如果把 $\boldsymbol{\psi}$ 替换为另外一个数值 $\boldsymbol{\psi}' = \boldsymbol{\psi} + \nabla\phi$,则还是可以得到 $\nabla\cdot\nabla\times\boldsymbol{\psi}' = \nabla\cdot\nabla\times(\boldsymbol{\psi}+\nabla\phi) = \nabla\cdot\nabla\times\boldsymbol{\psi}$,所以 $\boldsymbol{\psi}$ 不唯一,无法由 ϕ 和 $\boldsymbol{\psi}$ 得到唯一的位移场。事实上,式(5-1-40)是有 4 个量(ϕ 和 ψ_i)却对应 3 个位移矢量分量的问题。因此,一般而言会加上一个规范性条件:$\nabla\cdot\boldsymbol{\psi} = 0$。例如,位移矢量由 3 个常数规定,边界条件有 3 个(位移边界条件或应力边界条件,共 3 个分量),仅能提供 3 个齐次方程式,对于标量势所需要的另外一个方程可以由 $\nabla\cdot\boldsymbol{\psi} = 0$ 给出(但实际上,依据问题的难易不一定是加上 $\nabla\cdot\boldsymbol{\psi} = 0$ 这一条件)。加上规范性条件的位移场的势函数分解又称为亥姆霍兹分解。在考虑体力的情况下,规范性条件也保证了 $\boldsymbol{\psi}$ 会满足波动方程。

在直角坐标下,位移和势函数的关系为

$$u = \frac{\partial\phi}{\partial x_1} + \frac{\partial\psi_3}{\partial x_2} - \frac{\partial\psi_2}{\partial x_3} \tag{5-1-43}$$

$$v = \frac{\partial\phi}{\partial x_2} - \frac{\partial\psi_3}{\partial x_1} + \frac{\partial\psi_1}{\partial x_3} \tag{5-1-44}$$

$$w = \frac{\partial\phi}{\partial x_3} + \frac{\partial\psi_2}{\partial x_1} - \frac{\partial\psi_1}{\partial x_2} \tag{5-1-45}$$

$$\tau_{11} = \lambda\,\nabla^2\phi + 2\mu\left[\frac{\partial^2\phi}{\partial x_1^2} + \frac{\partial}{\partial x_1}\left(\frac{\partial\psi_3}{\partial x_2} - \frac{\partial\psi_2}{\partial x_3}\right)\right] \tag{5-1-46}$$

$$\tau_{22} = \lambda\,\nabla^2\phi + 2\mu\left[\frac{\partial^2\phi}{\partial x_2^2} - \frac{\partial}{\partial x_2}\left(\frac{\partial\psi_3}{\partial x_1} - \frac{\partial\psi_1}{\partial x_3}\right)\right] \tag{5-1-47}$$

$$\tau_{33} = \lambda\,\nabla^2\phi + 2\mu\left[\frac{\partial^2\phi}{\partial x_3^2} + \frac{\partial}{\partial x_3}\left(\frac{\partial\psi_2}{\partial x_1} - \frac{\partial\psi_1}{\partial x_2}\right)\right] \tag{5-1-48}$$

$$\tau_{23} = \tau_{32} = \mu \left[2 \frac{\partial^2 \phi}{\partial x_2 \partial x_3} - \frac{\partial}{\partial x_3} \left(\frac{\partial \psi_3}{\partial x_1} - \frac{\partial \psi_1}{\partial x_3} \right) + \frac{\partial}{\partial x_2} \left(\frac{\partial \psi_2}{\partial x_1} - \frac{\partial \psi_1}{\partial x_2} \right) \right] \tag{5-1-49}$$

$$\tau_{31} = \tau_{13} = \mu \left[2 \frac{\partial^2 \phi}{\partial x_1 \partial x_3} + \frac{\partial}{\partial x_3} \left(\frac{\partial \psi_3}{\partial x_2} - \frac{\partial \psi_2}{\partial x_3} \right) + \frac{\partial}{\partial x_1} \left(\frac{\partial \psi_2}{\partial x_1} - \frac{\partial \psi_1}{\partial x_2} \right) \right] \tag{5-1-50}$$

$$\tau_{12} = \tau_{21} = \mu \left[2 \frac{\partial^2 \phi}{\partial x_1 \partial x_2} + \frac{\partial}{\partial x_2} \left(\frac{\partial \psi_3}{\partial x_2} - \frac{\partial \psi_2}{\partial x_3} \right) - \frac{\partial}{\partial x_1} \left(\frac{\partial \psi_3}{\partial x_1} - \frac{\partial \psi_1}{\partial x_3} \right) \right] \tag{5-1-51}$$

5.2 非均匀平面简谐波和波慢度

平面简谐波的讨论比任意扰动波形平面波的讨论更加有实际的意义,原因是任意的波扰动都可以通过傅里叶积分由不同的平面简谐波叠加而得。如果平面简谐波 $u = A d \exp[ik(x \cdot p - ct)]$ 的传播矢量 kp（其大小为波数）为实矢量,则波面上各点振动情况都相同,等相位面（$k(x \cdot p - ct) =$ 常数）会和等振幅面互相平行,此时平面波为均匀平面波。在这一节,我们考虑平面简谐弹性波的波矢量为复矢量的情况,此时,等相位面和等振幅面一般并不平行,对应的平面波为非均匀平面波。这不是我们第一次遇到波矢量为复数的情况,在第 4 章介绍光波的时候,我们已经讨论过光从光密介质入射到光疏介质而发生全反射的时候会产生的消逝波,其所对应的平面简谐波的波矢量就是复矢量。

考虑平面简谐波 $u = A d \exp[ik(x \cdot p - ct)]$,其中 A 为振幅。假设单位波矢量为

$$p_j = p'_j + i p''_j \tag{5-2-1}$$

由于 p 是单位矢量,所以有

$$p_j p_j = 1 \tag{5-2-2}$$

代表

$$p'_j p'_j - p''_j p''_j = 1 \tag{5-2-3}$$

和

$$p'_j p''_j = 0 \tag{5-2-4}$$

将式(5-2-1)代入平面波的表达式,可得

$$u = A d \exp[-k(x \cdot p'')] \exp[ik(x \cdot p' - ct)] \tag{5-2-5}$$

其中,非均匀平面波的等振幅面为

$$x \cdot p'' = C_1 \tag{5-2-6}$$

非均匀平面波的等相位面为

$$x \cdot p' - ct = C_2 \tag{5-2-7}$$

其中 C_1 和 C_2 为常数。由于 $p'_j p''_j = 0$,可知等振幅面和等相位面互相垂直。换句话说,在传播方向上,各处的振幅保持恒定,但是非均匀平面波的振幅会在和波传播方向成 $90°$ 的方向上以指数形式衰减。此结论和第 4 章光波中式(4-5-44)的消逝波行为一致。因为衰减性质,非均匀平面波又称为表面波,不能在无限大介质中传播,因此,又称 kp'' 为衰减矢量（kp' 称为传播矢量）。对比表面波,均匀平面波由于可以在无限大介质内传播,又称为体波。

接下来介绍波慢度的概念。位移场可以改写为

$$\boldsymbol{u} = A\boldsymbol{d}\exp[\mathrm{i}\omega(\boldsymbol{x} \cdot \boldsymbol{s} - t)] \tag{5-2-8}$$

其中 $\boldsymbol{s} = \dfrac{\boldsymbol{p}}{c}$ 称为波慢度（顾名思义，其值越大代表波速越慢），$|\boldsymbol{s}| = \dfrac{1}{c}$。由于 $p_j p_j = 1$，可得

$$s_1^2 + s_2^2 + s_3^2 = s^2 \tag{5-2-9}$$

假设平面波在 xOy 面内传播（质点位移可以在 xOy 面内或是在 z 轴方向），则 $s_3 = 0$，且假设 s_1 为实数，则当 $s > s_1$ 时，有

$$s_2 = (s^2 - s_1^2)^{\frac{1}{2}} \tag{5-2-10}$$

对应的位移场为

$$\boldsymbol{u} = A\boldsymbol{d}\exp[\mathrm{i}\omega(x_1 s_1 + x_2 s_2 - t)] \tag{5-2-11}$$

而当 $s < s_1$ 时，有

$$s_2 = \mathrm{i}(s_1^2 - s^2)^{\frac{1}{2}} = \mathrm{i}\alpha \tag{5-2-12}$$

其对应虚部的波矢，所以 $s < s_1$ 对应的是表面波，位移场为

$$\boldsymbol{u} = A\boldsymbol{d}\exp(-\omega x_2 \alpha)\exp[\mathrm{i}\omega(x_1 s_1 - t)] \tag{5-2-13}$$

由于式(5-2-10)可以改写为

$$s_1^2 + s_2^2 = s^2 \tag{5-2-14}$$

其代表一个圆的方程；而式(5-2-12)可以改写为

$$s_1^2 - s_2^2 = s^2 \tag{5-2-15}$$

其代表一个双曲线的方程。波慢度的图形如图 5-1 所示，由圆和双曲线构成，其可以帮助我们直观判断波在界面上的反射和折射行为中是否有表面波的产生。

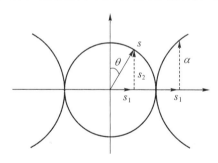

图 5-1　波慢度定义图示

5.3　二维问题

下一节我们会讨论在半无限大弹性介质内传播的平面简谐波遇到界面的反射、折射等问题。如同光波，我们可以将往任意方向传播的平面简谐波进行分解。由于无限大各向同性介质内的弹性波模式仅有纵波（P 波）和横波（S 波）两种，所以弹性波可以分解为纵波和横波。纵波是标量波，质点的位移振动方向和波传播的方向平行。横波是矢量波，有无穷多种可能的质点位移振动方向。为简化问题，横波可以进一步分解为在入射面（即波传播和界

面的法线所决定的面)的面内分量以及垂直于入射面的面外分量。横波面的面内分量又称为垂直偏振横波(SV 波),其质点保持在入射平面内且与传播方向垂直做横向振动。横波面的面外分量又称为水平偏振横波(SH 波),质点在垂直于入射平面的方向上振动。

继续讨论之前,我们先回顾弹性力学中的二维问题,包括平面问题和反平面问题。如果弹性体为常截面的长柱体,且体力、面力和约束都只有和 x_3 垂直的面内分量,且沿着 z 向(即长柱体的长边方向)都没有变化,则称为平面应变问题。因为在 x_3 的方向上没有形状、外力或约束的变化,所以其位移只有面内分量,没有长边方向的位移($u_3=0$),且面内的位移分量与 x_3 无关$\left(\dfrac{\partial}{\partial x_3}(\cdot)=0\right)$。 对于半无限大介质中的界面波传播问题,如果弹性波是在入射面和法线决定的平面内传播,则纵波和面内横波对应的问题自然是平面应变问题。如果是薄板结构的面内运动,则属于平面应力问题。

在各向同性的线弹性体中,如果弹性体仅仅受到 x_3 方向的剪切力,唯一不为零的物理量就只有应力分量 τ_{13} 和 τ_{23} 以及位移分量 u_3,且其值均与 x_3 无关,称为反平面问题。本节我们针对 P 波、SV 波、SH 波的二维问题的基本方程做一个分类。

二维问题的应力分量和体力与 x_3 无关,因此,如果忽略体力,可以分为下面三种情况来讨论。

(1)平面问题 1——平面应变问题

对于平面应变问题,$u_3=0$ 和 $\dfrac{\partial}{\partial x_3}(\cdot)=0$,且 $\varepsilon_{31}=\varepsilon_{32}=\varepsilon_{33}=0$。 通过式(5-1-2),式(5-1-20)的广义胡克应力可以表示为

$$\tau_{ij}=\lambda u_{k,k}\delta_{ij}+\mu(u_{i,j}+u_{j,i}) \tag{5-3-1}$$

即

$$\begin{cases} \tau_{31}=2\mu\varepsilon_{31}=0 \\ \tau_{32}=2\mu\varepsilon_{32}=0 \\ \tau_{33}=\lambda(\varepsilon_{11}+\varepsilon_{22})=\lambda(u_{1,1}+u_{2,2}) \end{cases} \tag{5-3-2}$$

且

$$\tau_{\alpha\beta}=\lambda u_{\gamma,\gamma}\delta_{\alpha\beta}+\mu(u_{\alpha,\beta}+u_{\beta,\alpha}) \tag{5-3-3}$$

注意到由于是平面问题,这里哑指标的求和以及 α、β 只取 1 到 2。式(5-1-21)的 Navier 方程可以改写为

$$\mu u_{\alpha,\beta\beta}+(\lambda+\mu)u_{\beta,\beta\alpha}=\rho\ddot{u}_\alpha \tag{5-3-4}$$

(2)平面问题 2——平面应力问题(即薄板问题)

对于平面应力问题,有 $\tau_{31}=\tau_{32}=\tau_{33}=0$。 所以,$\varepsilon_{31}=\varepsilon_{32}=0$。 此外

$$\tau_{33}=\lambda(\varepsilon_{11}+\varepsilon_{22}+\varepsilon_{33})+2\mu\varepsilon_{33}=0 \tag{5-3-5}$$

所以

$$\begin{aligned} \varepsilon_{33}&=-\frac{\lambda}{\lambda+2\mu}(\varepsilon_{11}+\varepsilon_{22}) \\ &=-\frac{\lambda}{\lambda+2\mu}(u_{1,1}+u_{2,2}) \\ &=-\frac{\lambda}{\lambda+2\mu}u_{\gamma,\gamma} \end{aligned} \tag{5-3-6}$$

由式(5-1-20)的广义胡克应力可得

$$
\begin{cases}
\tau_{11} = \lambda(\varepsilon_{11} + \varepsilon_{22} + \varepsilon_{33}) + 2\mu\varepsilon_{11} = \dfrac{2\mu\lambda}{\lambda + 2\mu} u_{\gamma,\gamma} + 2\mu u_{1,1} \\[2mm]
\tau_{12} = \mu(u_{1,2} + u_{2,1}) \\[2mm]
\tau_{22} = \dfrac{2\mu\lambda}{\lambda + 2\mu} u_{\gamma,\gamma} + 2\mu u_{2,2}
\end{cases}
\tag{5-3-7}
$$

或

$$
\tau_{\alpha\beta} = \frac{2\mu\lambda}{\lambda + 2\mu} u_{\gamma,\gamma} \delta_{\alpha\beta} + \mu(u_{\alpha,\beta} + u_{\beta,\alpha})
\tag{5-3-8}
$$

可以看得出,对于平面应力问题,应力的表达式和平面应变的表达式仅仅是系数的不同。式(5-1-21)的 Navier 方程可以改写为

$$
\mu u_{\alpha,\beta\beta} + \left(\frac{2\mu\lambda}{\lambda + 2\mu} + \mu\right) u_{\beta,\beta\alpha} = \rho \ddot{u}_{\alpha}
\tag{5-3-9}
$$

类似的,对于平面应力问题,Navier 方程和平面应力的 Navier 方程也是仅仅在系数上有差异,有 $\lambda^{*} = \dfrac{2\mu\lambda}{\lambda + 2\mu}$,换句话说,平面应力状态下,纵波的波速($c_{\mathrm{L}} = \sqrt{\dfrac{\lambda + 2\mu}{\rho}}$)会变慢。

(3) 反平面问题

对于反平面问题,有

$$
\begin{cases}
\tau_{31} = \mu(u_{3,1} + u_{1,3}) = \mu u_{3,1} \\[2mm]
\tau_{32} = \mu u_{3,2}
\end{cases}
\tag{5-3-10}
$$

即

$$
\tau_{3\beta} = \mu u_{3,\beta}
\tag{5-3-11}
$$

同样的,这里哑指标的求和只取 1 到 2。式(5-1-21)的 Navier 方程可以改写为

$$
\mu u_{3,\beta\beta} = \rho \ddot{u}_3
\tag{5-3-12}
$$

或

$$
\frac{\partial^2 u_3}{\partial x_1^2} + \frac{\partial^2 u_3}{\partial x_2^2} = \frac{1}{c_{\mathrm{T}}^2} \cdot \frac{\partial^2 u_3}{\partial t^2}
\tag{5-3-13}
$$

其中 $c_{\mathrm{T}} = \sqrt{\dfrac{\mu}{\rho}}$。可见,在反平面问题中弹性波为水平偏振横波(SH 波),以横波波速传播。显然,式(5-3-4)或式(5-3-9)的平面(面内振动)问题和式(5-3-12)的反平面(面外振动)问题对应的方程彼此独立。

平面问题的面内振动和反平面问题的面外振动是相互独立的行为,这也可以更简单、清晰的通过势函数来解释。对于平面问题,因为 $\dfrac{\partial}{\partial x_3}(\,\bullet\,) = 0$,此时式(5-1-43)到式(5-1-45)的位移分量与势函数的关系为

$$
u = \frac{\partial \phi}{\partial x_1} + \frac{\partial \psi_3}{\partial x_2}
\tag{5-3-14}
$$

$$
\upsilon = \frac{\partial \phi}{\partial x_2} - \frac{\partial \psi_3}{\partial x_1}
\tag{5-3-15}
$$

$$w = \frac{\partial \psi_2}{\partial x_1} - \frac{\partial \psi_1}{\partial x_2} \tag{5-3-16}$$

其中面内位移分量 u、v 只与 ϕ 和 ψ_3 有关,而 w 只与 ψ_1 和 ψ_2 有关,两者是解耦的。这表明 P 波与 SV 波耦合,SH 波独立。

5.4　P 波在界面的反射

接下来我们研究半无穷域中 P 波在遇到界面时的反射问题。如图 5-2 所示,P 波往界面入射,由于另一侧没有介质,P 波仅仅会反射而不需要考虑折射。我们想知道的是:(1)P 波的反射角是多少? (2)反射 P 波的幅值是多少? 问题本身以及图 5-2 看起来很简单,不过可以作为更复杂情况的一个基础。

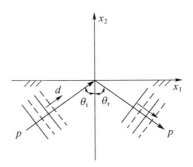

图 5-2　P 波的反射问题

我们考虑平面简谐波 $\boldsymbol{u} = A\boldsymbol{d}\exp[\mathrm{i}k(\boldsymbol{x} \cdot \boldsymbol{p} - c_{\mathrm{L}}t)]$,其中 A 为振幅,质点振动的方向 $\boldsymbol{d}$ 和波传播的方向 $\boldsymbol{p}$ 相同。已知入射角 θ_{i},入射波的振幅为 A_{i},我们希望求得反射波的振幅 A_{r} 和反射角 θ_{r}。

首先考虑表面 $x_2 = 0$ 是自由的边界条件,我们需要得到表面位置弹性波的应力 τ_{2j} 的表达式。由平面应变问题的广义胡克定律(式(5-3-3))可知

$$\begin{cases} \tau_{21} = \mu(u_{1,2} + u_{2,1}) \\ \tau_{22} = \lambda u_{1,1} + (\lambda + 2\mu)u_{2,2} \end{cases} \tag{5-4-1}$$

而入射波的位移分量可以分别表示为

$$\begin{cases} u_1^{(\mathrm{in})} = A_{\mathrm{i}}\sin\theta_{\mathrm{i}}\mathrm{e}^{\mathrm{i}k_{\mathrm{i}}(x_1\sin\theta_{\mathrm{i}} + x_2\cos\theta_{\mathrm{i}} - c_{\mathrm{L}}t)} \\ u_2^{(\mathrm{in})} = A_{\mathrm{i}}\cos\theta_{\mathrm{i}}\mathrm{e}^{\mathrm{i}k_{\mathrm{i}}(x_1\sin\theta_{\mathrm{i}} + x_2\cos\theta_{\mathrm{i}} - c_{\mathrm{L}}t)} \end{cases} \tag{5-4-2}$$

所以

$$\begin{cases} u_{1,2}^{(\mathrm{in})} = A_{\mathrm{i}}\sin\theta_{\mathrm{i}}(\mathrm{i}k_{\mathrm{i}}\cos\theta_{\mathrm{i}})\mathrm{e}^{\mathrm{i}k_{\mathrm{i}}(x_1\sin\theta_{\mathrm{i}} + x_2\cos\theta_{\mathrm{i}} - c_{\mathrm{L}}t)} \\ u_{2,1}^{(\mathrm{in})} = A_{\mathrm{i}}\cos\theta_{\mathrm{i}}(\mathrm{i}k_{\mathrm{i}}\sin\theta_{\mathrm{i}})\mathrm{e}^{\mathrm{i}k_{\mathrm{i}}(x_1\sin\theta_{\mathrm{i}} + x_2\cos\theta_{\mathrm{i}} - c_{\mathrm{L}}t)} \end{cases} \tag{5-4-3}$$

以及

$$\begin{cases} u_{1,1}^{(\mathrm{in})} = A_{\mathrm{i}}\sin\theta_{\mathrm{i}}(\mathrm{i}k_{\mathrm{i}}\sin\theta_{\mathrm{i}})\mathrm{e}^{\mathrm{i}k_{\mathrm{i}}(x_1\sin\theta_{\mathrm{i}} + x_2\cos\theta_{\mathrm{i}} - c_{\mathrm{L}}t)} \\ u_{2,2}^{(\mathrm{in})} = A_{\mathrm{i}}\cos\theta_{\mathrm{i}}(\mathrm{i}k_{\mathrm{i}}\cos\theta_{\mathrm{i}})\mathrm{e}^{\mathrm{i}k_{\mathrm{i}}(x_1\sin\theta_{\mathrm{i}} + x_2\cos\theta_{\mathrm{i}} - c_{\mathrm{L}}t)} \end{cases} \tag{5-4-4}$$

由于是纵波入射,只要最后结果没有矛盾,我们或许可以做出下面的假设:

$$\begin{cases} u_1^{(\text{out})} = A_{\text{r}} \sin \theta_{\text{r}} \, \text{e}^{ik_{\text{r}}(x_1 \sin \theta_{\text{r}} - x_2 \cos \theta_{\text{r}} - c_{\text{L}} t)} \\ u_2^{(\text{out})} = -A_{\text{r}} \cos \theta_{\text{r}} \, \text{e}^{ik_{\text{r}}(x_1 \sin \theta_{\text{r}} - x_2 \cos \theta_{\text{r}} - c_{\text{L}} t)} \end{cases} \tag{5-4-5}$$

在自由表面,有边界条件

$$\tau_{21} = \tau_{22} = 0, \quad x_2 = 0 \tag{5-4-6}$$

所以

$$\begin{cases} \tau_{21} = \tau_{21}^{(\text{in})} + \tau_{21}^{(\text{out})} = 0 \\ \tau_{22} = \tau_{22}^{(\text{in})} + \tau_{22}^{(\text{out})} = 0 \end{cases} \tag{5-4-7}$$

即

$$\begin{cases} \tau_{21} = 2ik_{\text{i}}\mu \sin \theta_{\text{i}} \cos \theta_{\text{i}} A_{\text{i}} \text{e}^{ik_{\text{i}}(x_1 \sin \theta_{\text{i}} - c_{\text{L}} t)} - 2ik_{\text{r}}\mu \sin \theta_{\text{r}} \cos \theta_{\text{r}} A_{\text{r}} \text{e}^{ik_{\text{r}}(x_1 \sin \theta_{\text{r}} - c_{\text{L}} t)} = 0 \\ \tau_{22} = ik_{\text{i}}(\lambda + 2\mu \cos^2 \theta_{\text{i}}) A_{\text{i}} \text{e}^{ik_{\text{i}}(x_1 \sin \theta_{\text{i}} - c_{\text{L}} t)} + ik_{\text{r}}(\lambda + 2\mu \cos^2 \theta_{\text{r}}) A_{\text{r}} \text{e}^{ik_{\text{r}}(x_1 \sin \theta_{\text{r}} - c_{\text{L}} t)} = 0 \end{cases} \tag{5-4-8}$$

其中,如果要在任何位置 x_1 和时间 t 都满足边界条件,需要指数项($\text{e}^{ik_{\text{i}}(x_1 \sin \theta_{\text{i}} - c_{\text{L}} t)}$,$\text{e}^{ik_{\text{r}}(x_1 \sin \theta_{\text{r}} - c_{\text{L}} t)}$)满足

$$\begin{cases} k_{\text{i}} \sin \theta_{\text{i}} = k_{\text{r}} \sin \theta_{\text{r}} \\ k_{\text{i}} c_{\text{L}} = k_{\text{r}} c_{\text{L}} \end{cases} \tag{5-4-9}$$

所以

$$k_{\text{r}} = k_{\text{i}}, \quad \theta_{\text{r}} = \theta_{\text{i}} \tag{5-4-10}$$

式(5-4-8)可以改写为

$$\begin{cases} 2ik_{\text{i}}\mu \sin \theta_{\text{i}} \cos \theta_{\text{i}} A_{\text{i}} - 2ik_{\text{i}}\mu \sin \theta_{\text{i}} \cos \theta_{\text{i}} A_{\text{r}} = 0 \\ ik_{\text{i}}(\lambda + 2\mu \cos^2 \theta_{\text{i}}) A_{\text{i}} + ik_{\text{i}}(\lambda + 2\mu \cos^2 \theta_{\text{i}}) A_{\text{r}} = 0 \end{cases} \tag{5-4-11}$$

由式(5-4-11)的第二式可知

$$\frac{A_{\text{r}}}{A_{\text{i}}} = -1 \tag{5-4-12}$$

代入式(5-4-11)可以发现,除非是正向入射,即 $\theta_{\text{i}} = 0°$,或者是流体($\mu = 0$)而不是固体介质,否则式(5-4-11)的第一式会有矛盾。事实上,这个矛盾可以很容易地从静力学的角度得到理解。当施加一个斜向压力到界面上的时候,可以在界面处将该压力分解为垂直于界面的压力以及平行于界面的剪切力。因此,我们在图 5-2 的反射波情况的假设中出现了一个错误,就是只有反射纵波不足以满足界面的边界条件。换句话说,纵波入射除了纵波反射,也应该造成横波的反射。为此,Achenbach 在他的书 *Wave Propagation in Elestic Solids* 中采用了很聪明的方式,即同时考虑平面应变波的所有可能波的模式并编号,这样就可以避免遗漏可能发生的反射或折射波。本书接下来也以 Achenbach 书中的方式说明弹性波在界面的反射或折射问题,不过我们会用整理的方式,而不会巨细靡遗地推导,有兴趣的读者可以参考 Achenbach 的书。

现在考虑如图 5-3 所示的弹性波在界面的反射与折射问题。我们可以把平面应变状态下所有可能的反射和折射波的种类都先记下并通过编号来分类。平面简谐波可以表示为

$$\boldsymbol{u}^{(n)} = A_n \boldsymbol{d}^{(n)} \text{e}^{ik_n(\boldsymbol{x} \cdot \boldsymbol{p}^{(n)} - c_n t)} \tag{5-4-13}$$

其中

$$\begin{cases} n=0: & 入射波(纵波(P)/横波(SV/SH)) \\ n=1: & 反射纵波 \\ n=2: & 反射横波(SV/SH) \\ n=3: & 折射纵波 \\ n=4: & 折射横波(SV/SH) \end{cases} \qquad (5\text{-}4\text{-}14)$$

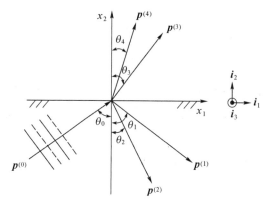

图 5-3 弹性波在界面的反射与折射问题

对于质点的振动方向,如果是 SV 波,有

$$\boldsymbol{d} = \boldsymbol{i}_3 \times \boldsymbol{p} \qquad (5\text{-}4\text{-}15)$$

如果是 SH 波,有

$$\boldsymbol{d} = \boldsymbol{i}_3 \qquad (5\text{-}4\text{-}16)$$

现在,我们重新检视 P 波在界面的反射。可能的反射波如图 5-4 所示。由于 P 波的折射和反射体系复杂,我们仅考虑 P 波在半无穷域界面的反射问题,平面简谐波 $\boldsymbol{u}^{(n)} = A_n \boldsymbol{d}^{(n)} \exp[\mathrm{i}k_n(\boldsymbol{x} \cdot \boldsymbol{p}^{(n)} - c_n t)]$ 入射到界面,已知入射波的振幅 A_0 和入射角 θ_0,待求的是反射纵波的振幅 A_1 和反射角 θ_1,以及反射横波的振幅 A_2 和反射角 θ_2。

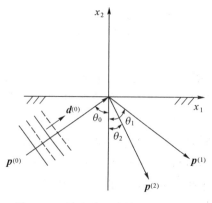

图 5-4 P 波在半无穷域界面的反射

对于平面简谐波 $\boldsymbol{u}^{(n)} = A_n \boldsymbol{d}^{(n)} \exp[\mathrm{i}k_n(\boldsymbol{x} \cdot \boldsymbol{p}^{(n)} - c_n t)]$,有

$$\begin{cases} u_l^{(n)} = A_n d_l^{(n)} \mathrm{e}^{\mathrm{i}k_n(x_1 p_1^{(n)} + x_2 p_2^{(n)} - c_n t)} \\ u_{l,k}^{(n)} = A_n d_l^{(n)} \cdot \mathrm{i}k_n \cdot p_k^{(n)} \mathrm{e}^{\mathrm{i}k_n(x_1 p_1^{(n)} + x_2 p_2^{(n)} - c_n t)} \end{cases} \quad (5\text{-}4\text{-}17)$$

入射角与反射角和单位波矢 $\boldsymbol{p}^{(n)} = (\boldsymbol{p}_1^{(n)}, \boldsymbol{p}_2^{(n)})$ 的关系为

$$\begin{cases} \boldsymbol{p}^{(0)} = (\sin\theta_0, \cos\theta_0) \\ \boldsymbol{p}^{(1)} = (\sin\theta_1, -\cos\theta_1) \\ \boldsymbol{p}^{(2)} = (\sin\theta_2, -\cos\theta_2) \end{cases} \quad (5\text{-}4\text{-}18)$$

入射角与反射角和质点振动位移 $\boldsymbol{d}^{(n)} = (d_1^{(n)}, d_2^{(n)})$ 的关系为

$$\begin{cases} \boldsymbol{d}^{(0)} = (\sin\theta_0, \cos\theta_0) \\ \boldsymbol{d}^{(1)} = (\sin\theta_1, -\cos\theta_1) \\ \boldsymbol{d}^{(2)} = (\cos\theta_2, \sin\theta_2) \end{cases} \quad (5\text{-}4\text{-}19)$$

对应的波速为

$$\begin{cases} c_0 = c_{\mathrm{L}} \\ c_1 = c_{\mathrm{L}} \\ c_2 = c_{\mathrm{T}} \end{cases} \quad (5\text{-}4\text{-}20)$$

由广义胡克定律(式(5-3-3))可知,自由表面 $x_2 = 0$ 的表面应力 τ_{2j} 的表达式分别为

$$\begin{aligned} \tau_{21}^{(n)} &= \mu(u_{1,2}^{(n)} + u_{2,1}^{(n)}) \\ &= \mathrm{i}k_n \mu [d_1^{(n)} p_2^{(n)} + d_2^{(n)} p_1^{(n)}] A_n \mathrm{e}^{\mathrm{i}k_n(x_1 p_1^{(n)} + x_2 p_2^{(n)} - c_n t)} \end{aligned} \quad (5\text{-}4\text{-}21)$$

$$\begin{aligned} \tau_{22}^{(n)} &= \lambda(u_{1,1}^{(n)} + u_{2,2}^{(n)} + u_{3,3}^{(n)}) + 2\mu u_{2,2}^{(n)} \\ &= \lambda u_{1,1}^{(n)} + (\lambda + 2\mu) u_{2,2}^{(n)} \\ &= \lambda [A_n d_1^{(n)} \cdot \mathrm{i}k_n \cdot p_1^{(n)} \mathrm{e}^{\mathrm{i}k_n(x_1 p_1^{(n)} + x_2 p_2^{(n)} - c_n t)}] \\ &\quad + (\lambda + 2\mu)[A_n d_2^{(n)} \cdot \mathrm{i}k_n \cdot p_2^{(n)} \mathrm{e}^{\mathrm{i}k_n(x_1 p_1^{(n)} + x_2 p_2^{(n)} - c_n t)}] \\ &= \mathrm{i}k_n [(\lambda + 2\mu) d_2^{(n)} p_2^{(n)} + \lambda d_1^{(n)} p_1^{(n)}] A_n \mathrm{e}^{\mathrm{i}k_n(x_1 p_1^{(n)} + x_2 p_2^{(n)} - c_n t)} \end{aligned} \quad (5\text{-}4\text{-}22)$$

所以,自由表面 $x_2 = 0$,有

$$\begin{cases} \tau_{22} = \tau_{22}^{(0)} + \tau_{22}^{(1)} + \tau_{22}^{(2)} = 0 \\ \tau_{21} = \tau_{21}^{(0)} + \tau_{21}^{(1)} + \tau_{21}^{(2)} = 0 \end{cases} \quad (5\text{-}4\text{-}23)$$

即

$$\begin{cases} \mathrm{i}k_0(\lambda + 2\mu\cos^2\theta_0) A_0 \mathrm{e}^{\mathrm{i}\bar{\eta}_0} + \mathrm{i}k_1(\lambda + 2\mu\cos^2\theta_1) A_1 \mathrm{e}^{\mathrm{i}\bar{\eta}_1} \\ \quad - 2\mathrm{i}k_2(\mu\sin\theta_2\cos\theta_2) A_2 \mathrm{e}^{\mathrm{i}\bar{\eta}_2} = 0 \\ 2\mathrm{i}k_0\mu\sin\theta_0\cos\theta_0 A_0 \mathrm{e}^{\mathrm{i}\bar{\eta}_0} - 2\mathrm{i}k_1\mu\sin\theta_1\cos\theta_1 A_1 \mathrm{e}^{\mathrm{i}\bar{\eta}_1} \\ \quad + \mathrm{i}k_2\mu(\sin^2\theta_2 - \cos^2\theta_2) A_2 \mathrm{e}^{\mathrm{i}\bar{\eta}_2} = 0 \end{cases} \quad (5\text{-}4\text{-}24)$$

其中,在自由表面 $x_2 = 0$,有

$$\mathrm{e}^{\mathrm{i}k_n(x_1 p_1^{(n)} + x_2 p_2^{(n)} - c_n t)} = \mathrm{e}^{\mathrm{i}k_n(x_1 p_1^{(n)} - c_n t)} = \mathrm{e}^{\mathrm{i}\bar{\eta}_n} \quad (5\text{-}4\text{-}25)$$

如果要在任何位置 x_1 和时间 t 都满足边界条件,需要指数项满足

$$\bar{\eta}_0 = \bar{\eta}_1 = \bar{\eta}_2 \quad (5\text{-}4\text{-}26)$$

即

$$\begin{cases} k_0 \sin \theta_0 = k_1 \sin \theta_1 = k_2 \sin \theta_2 = k \\ k_0 c_L = k_1 c_L = k_2 c_T = \omega \end{cases} \tag{5-4-27}$$

其中 k 称为视波数(apparent wavenumber),所以可知视波数在自由表面守恒,而且

$$k_1 = k_0, \quad \theta_1 = \theta_0 \tag{5-4-28}$$

即纵波的入射角等于反射纵波的反射角,且 $\dfrac{k_2}{k_0} = \dfrac{c_L}{c_T}$,而波速的比值为

$$\frac{c_L}{c_T} = \varsigma = \left(\frac{\lambda + 2\mu}{\mu}\right)^{\frac{1}{2}} = \left[\frac{2(1-\nu)}{1-2\nu}\right]^{\frac{1}{2}} \tag{5-4-29}$$

所以

$$\sin \theta_2 = \varsigma^{-1} \sin \theta_0 \tag{5-4-30}$$

因为 $\varsigma > 1$ 且 $\theta_2 \leqslant \dfrac{1}{2}\pi$,所以

$$\theta_2 < \theta_1 \tag{5-4-31}$$

代表反射横波的反射角比反射纵波的反射角小。所以,图 5-4 中关于反射波的角度关系的假设是正确的。沿着 $x_2 = 0$ 的自由表面方向,波传播的相速度为

$$c = \frac{\omega}{k} = \frac{c_L}{\sin \theta_0} \tag{5-4-32}$$

我们可以由波慢度的角度来了解入射波和反射波之间的关系。对于纵波入射,相关的波慢度图形如图 5-5 所示。由式(5-4-27)可知

$$\frac{\omega}{c_L} \sin \theta_0 = \frac{\omega}{c_L} \sin \theta_1 = \frac{\omega}{c_T} \sin \theta_2 \tag{5-4-33}$$

即

$$s_L \sin \theta_0 = s_L \sin \theta_1 = s_T \sin \theta_2 \tag{5-4-34}$$

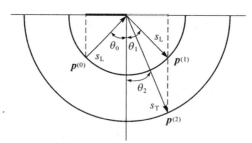

图 5-5　P 波入射的波慢度图形

所以,波慢度在界面的水平投影分量守恒。首先,因为是纵波入射,所以波从小半径的半圆内往界面入射,从图形可以画出其水平分量。因为波慢度的投影分量守恒,所以法线右边的波慢度的投影分量随即可以画出来,然后再画其垂直线,知道其与纵波和横波的慢度圆都有交点,因此纵波入射下同时有反射纵波和横波。此外,可以得到

$$\theta_1 = \theta_0 \tag{5-4-35}$$

以及

$$\sin \theta_2 = \frac{s_L}{s_T} \sin \theta_0 = \frac{c_T}{c_L} \sin \theta_0 = \varsigma \sin \theta_0 \tag{5-4-36}$$

将式(5-4-24)重新整理得

$$\begin{cases} (\lambda + 2\mu \cos^2 \theta_0)\left(\dfrac{A_1}{A_0}\right) - \varsigma \mu \sin 2\theta_2 \left(\dfrac{A_2}{A_0}\right) = -(\lambda + 2\mu \cos^2 \theta_0) \\[3mm] -\mu \sin 2\theta_0 \left(\dfrac{A_1}{A_0}\right) - \varsigma \mu \cos 2\theta_2 \left(\dfrac{A_2}{A_0}\right) = -\mu \sin 2\theta_0 \end{cases} \tag{5-4-37}$$

可得两种反射波的振幅比分别为

$$\begin{cases} \dfrac{A_1}{A_0} = \dfrac{\sin 2\theta_0 \sin 2\theta_2 - \varsigma^2 \cos^2 2\theta_2}{\sin 2\theta_0 \sin 2\theta_2 + \varsigma^2 \cos^2 2\theta_2} \\[4mm] \dfrac{A_2}{A_0} = \dfrac{2\varsigma \sin 2\theta_0 \cos 2\theta_2}{\sin 2\theta_0 \sin 2\theta_2 + \varsigma^2 \cos^2 2\theta_2} \end{cases} \tag{5-4-38}$$

可以看出,振幅比仅与入射角和材料常数有关$\left(\sin \theta_2 = \varsigma^{-1}\sin \theta_0\right)$。图 5-6 所示为两种泊松比材料中入射波在界面的振幅比。

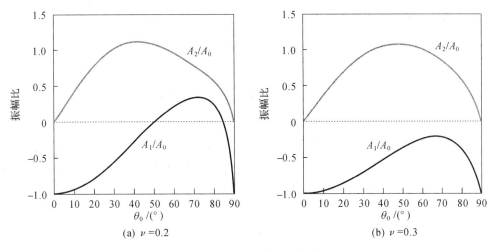

图 5-6　P 波在半无穷域界面的振幅比

我们可以通过式(5-4-38)和图 5-6 做一些探讨。

(1)正向入射下$(\theta_0 = 0°)$,纵波入射有纵波反射$\left(\dfrac{A_1}{A_0} = -1\right)$,没有横波反射$\left(\dfrac{A_2}{A_0} = 0\right)$,且 $\theta_1 = 0°$。由于$d_2^{(0)} = \cos \theta_0$且$d_2^{(1)} = -\cos \theta_1$,所以就质点振动位移而言,反射波$(u_2^{(1)} = A_1 d_2^{(1)} \mathrm{e}^{\mathrm{i}\eta_1} = A_0(-d_2^{(1)})\mathrm{e}^{\mathrm{i}\eta_0})$和入射波$(u_2^{(0)} = A_0 d_2^{(0)} \mathrm{e}^{\mathrm{i}\eta_0})$同相位,入射波和反射波的叠加波为驻波。此时,由于

$$\begin{cases} \tau_{22}^{(0)} = \mathrm{i}k_0 (\lambda + 2\mu) A_0 \mathrm{e}^{\mathrm{i}\eta_0} \\[2mm] \tau_{22}^{(1)} = \mathrm{i}k_1 (\lambda + 2\mu) A_1 \mathrm{e}^{\mathrm{i}\eta_1} = -\mathrm{i}k_0 (\lambda + 2\mu) A_0 \mathrm{e}^{\mathrm{i}\eta_0} \end{cases} \tag{5-4-39}$$

入射压力波在自由表面会变为反射张力波,和第 1 章杆波在自由端面的反射行为一致。

(2)如果入射角和横波的反射角满足

$$\sin 2\theta_0 \sin 2\theta_2 = \varsigma^2 \cos^2 2\theta_2 \tag{5-4-40}$$

则 $A_1=0$，反射波只有横波（SV 波），这种情况称为波形转换（mode conversion）。是否会发生波形转换和材料常数有关。举例来说，如果介质的泊松比为 $\nu=0.2$，有两个入射角会发生波形转换。如果介质的泊松比为 $\nu=0.3$，由图 5-6 可知，不会有任何入射角发生波形转换。

（3）若 P 波沿着自由界面掠入射（$\theta_0=90°$），纵波入射有纵波反射 $\left(\dfrac{A_1}{A_0}=-1\right)$，没有横波反射 $\left(\dfrac{A_2}{A_0}=0\right)$，且 $\theta_1=90°$。由于 $d_1^{(0)}=\sin\theta_0$ 且 $d_1^{(1)}=\sin\theta_1$，所以就质点振动位移而言，反射波（$u_1^{(1)}=A_1 d_1^{(1)}\mathrm{e}^{\overline{i}\eta_1}=A_0(-d_1^{(1)})\mathrm{e}^{\overline{i}\eta_0}$）和入射波（$u_1^{(0)}=A_0 d_1^{(0)}\mathrm{e}^{\overline{i}\eta_0}$）有 π 的相位差，入射波和反射波的叠加波会有不合理的抵消。用将角度取极限的方式可以证明，当 P 波沿着自由界面掠入射时，反射波由 P 波和 SV 波组成，反射 P 波的方向和入射 P 波同向（沿着自由表面方向），但是反射 P 波的振幅随着界面深度线性递增。所以，P 波沿着自由界面掠入射时自由表面上没有反射 P 波，且反射 P 波不是平面波。反射 SV 波的振幅则是固定的，但是其会以一个反射角（和 ς 有关）反射。换句话说，为满足自由表面的边界条件，表面掠入射的 P 波会在自由表面处产生以一定角度反射的 SV 波。有兴趣的读者可以阅读 Goodier 和 *Bishop 的文章，他们用势函数分析了掠入射的波的反射波系统。*

5.5　SV 波在界面的反射

现在我们探讨 SV 波在界面的反射。可能的反射波如图 5-7 所示。为了简化问题，我们同样考虑 SV 波在半无穷域界面的反射问题。平面简谐波 $\boldsymbol{u}^{(n)}=A_n \boldsymbol{d}^{(n)}\exp[\mathrm{i}k_n(\boldsymbol{x}\cdot\boldsymbol{p}^{(n)}-c_n t)]$ 入射到界面，已知入射波的振幅 A_0 和入射角 θ_0，待求的是反射纵波的振幅 A_1 和反射角 θ_1，以及反射横波的振幅 A_2 和反射角 θ_2。

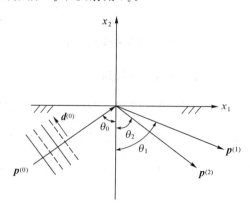

图 5-7　SV 波在半无穷域界面的反射

入射角与反射角和波矢 $\boldsymbol{p}^{(n)}=(\boldsymbol{p}_1^{(n)},\boldsymbol{p}_2^{(n)})$ 的关系为

$$\begin{cases} \boldsymbol{p}^{(0)} = (\sin\theta_0, \cos\theta_0) \\ \boldsymbol{p}^{(1)} = (\sin\theta_1, -\cos\theta_1) \\ \boldsymbol{p}^{(2)} = (\sin\theta_2, -\cos\theta_2) \end{cases} \tag{5-5-1}$$

入射角与反射角和质点振动位移 $\boldsymbol{d}^{(n)} = (d_1^{(n)}, d_2^{(n)})$ 的关系为

$$\begin{cases} \boldsymbol{d}^{(0)} = (-\cos\theta_0, \sin\theta_0) \\ \boldsymbol{d}^{(1)} = (\sin\theta_1, -\cos\theta_1) \\ \boldsymbol{d}^{(2)} = (\cos\theta_2, \sin\theta_2) \end{cases} \tag{5-5-2}$$

自由表面 $x_2 = 0$，有

$$\begin{cases} \tau_{22} = \tau_{22}^{(0)} + \tau_{22}^{(1)} + \tau_{22}^{(2)} = 0 \\ \tau_{21} = \tau_{21}^{(0)} + \tau_{21}^{(1)} + \tau_{21}^{(2)} = 0 \end{cases} \tag{5-5-3}$$

即

$$\begin{cases} iA_0 k_0 e^{i\bar{\eta}_0} \left[(\lambda + 2\mu)\cos\theta_0\sin\theta_0 - \lambda\cos\theta_0\sin\theta_0 \right] + iA_1 k_1 e^{i\bar{\eta}_1} \left[\lambda + 2\mu\cos^2\theta_1 \right] \\ \qquad - iA_2 k_2 e^{i\bar{\eta}_2} \mu\sin 2\theta_2 = 0 \\ i\mu A_0 k_0 e^{i\bar{\eta}_0} \left[-\cos^2\theta_0 + \sin^2\theta_0 \right] - i\mu A_1 k_1 e^{i\bar{\eta}_1}\sin 2\theta_1 - i\mu A_2 k_2 e^{i\bar{\eta}_2}\cos 2\theta_2 = 0 \end{cases} \tag{5-5-4}$$

其中，在自由表面 $x_2 = 0$ 处，有

$$\bar{\eta}_n = k_n(x_1\sin\theta_n - c_n t) \tag{5-5-5}$$

如果要在任何位置 x_1 和时间 t 都满足边界条件，需要指数项满足

$$\begin{cases} k_0\sin\theta_0 = k_1\sin\theta_1 = k_2\sin\theta_2 = k \\ k_0 c_T = k_1 c_L = k_2 c_T = \omega \end{cases} \tag{5-5-6}$$

所以

$$k_2 = k_0, \quad k_1 = k_0\left(\frac{c_T}{c_L}\right) = k_0\varsigma^{-1}, \quad \theta_2 = \theta_0 \tag{5-5-7}$$

以及

$$\sin\theta_1 = \varsigma\sin\theta_0 \tag{5-5-8}$$

因为 $\varsigma > 1$ 且 $\theta_1 \leqslant \frac{1}{2}\pi$，所以

$$\theta_1 > \theta_2 \tag{5-5-9}$$

代表反射纵波的反射角比反射横波的反射角大。

我们还是可以从波慢度的角度来了解入射波和反射波之间的关系。对于横波入射，相关的波慢度图形如图 5-8 所示。因为是横波入射，所以波从大半径的半圆内往界面入射，从图形可以画出其水平分量（如 AO 线段），因为波慢度在界面的水平投影分量守恒，所以随即可以画出法线右边波慢度的投影分量（如 OB 线段），然后再画其垂直线，知道其与纵波（小圆）和横波（大圆）的慢度圆都有交点，因此同时有反射纵波和横波。此外，可以得到

$$\theta_2 = \theta_0 \tag{5-5-10}$$

以及

$$\sin\theta_1 = \frac{S_T}{S_L}\sin\theta_0 = \frac{c_L}{c_T}\sin\theta_0 = \varsigma\sin\theta_0 \tag{5-5-11}$$

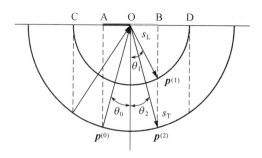

图 5-8　SV 波入射的波慢度图形

仔细观察图 5-8,可以发现,随着入射角的增大,一旦入射 SV 波在界面的投影分量等于纵波波慢度圆的半径(如 CO 线段),则更大的入射角都不会产生纵波的反射波,对应的入射角称为临界角。从图中可以看出,临界入射角对应的纵波反射角为 $\frac{\pi}{2}$,此时,因为

$$\sin \theta_1 = 1 = \frac{s_T}{s_L} \sin \theta_{cr} = \frac{c_L}{c_T} \sin \theta_{cr} = \varsigma \sin \theta_{cr} \tag{5-5-12}$$

所以有

$$\theta_{cr} = \sin^{-1} \frac{s_L}{s_T} = \sin^{-1} \frac{c_T}{c_L} \tag{5-5-13}$$

即 θ_0 必须小于 θ_{cr},才可以得到实数的反射角 θ_1。 虽然波慢度图形可以帮助我们判断反射波的基本性质,但却无法帮我们判断反射波的振幅。比如,当 $\theta_0 = 0°\left(\frac{A_2}{A_0} = -1\right)$ 或 $\theta_0 = 45°\left(\frac{A_2}{A_0} = 1\right)$ 时,没有反射 P 波,这个是波慢度无法看出来的。

将式(5-5-4)重新整理可得

$$\begin{cases} (\lambda + 2\mu \cos^2 \theta_1)\left(\frac{A_1}{A_0}\right) - \varsigma \mu \sin 2\theta_0 \left(\frac{A_2}{A_0}\right) = -\varsigma \mu \sin 2\theta_0 \\ -\mu \sin 2\theta_1 \left(\frac{A_1}{A_0}\right) - \varsigma \mu \cos 2\theta_0 \left(\frac{A_2}{A_0}\right) = \varsigma \mu \cos 2\theta_0 \end{cases} \tag{5-5-14}$$

所以可得振幅比分别为

$$\begin{cases} \dfrac{A_1}{A_0} = -\dfrac{\varsigma \sin 4\theta_0}{\sin 2\theta_0 \sin 2\theta_1 + \varsigma^2 \cos^2 2\theta_0} \\ \dfrac{A_2}{A_0} = \dfrac{\sin 2\theta_0 \sin 2\theta_1 - \varsigma^2 \cos^2 2\theta_0}{\sin 2\theta_0 \sin 2\theta_1 + \varsigma^2 \cos^2 2\theta_0} \end{cases} \tag{5-5-15}$$

图 5-9 所示为 SV 波在半无穷域界面的振幅比。可以看出,SV 波正入射的时候也不会有反射纵波。

我们可以通过式(5-5-15)和图 5-9 做一些探讨。

(1)如果 $\frac{A_2}{A_0} = 0$ 且 $\theta_0 < \theta_{cr}$,即

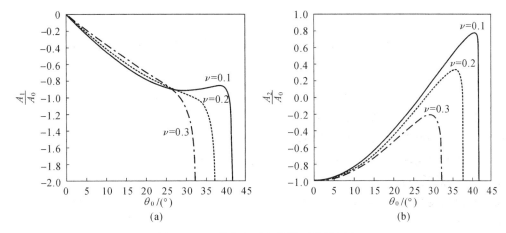

图 5-9　SV 波在半无穷域界面的振幅比

$$\begin{cases} \dfrac{A_1}{A_0} = -\dfrac{2\varsigma \cos 2\theta_0 \sin 2\theta_0}{2\varsigma^2 \cos^2 2\theta_0} = -\dfrac{1}{\varsigma}\tan 2\theta_0 \\[3mm] \dfrac{A_2}{A_0} = 0 \end{cases} \tag{5-5-16}$$

则反射波只有纵波，并发生波形转换（mode conversion）。

（2）若 SV 波沿着自由界面掠入射（$\theta_0 = 90°$），用将角度取极限的方式也可以证明当 SV 波沿着自由界面掠入射时，反射波也是由 P 波和 SV 波组成的。和 P 波的掠入射情况不同，反射 P 波和反射 SV 波都是沿着自由表面方向（P 波沿着自由界面掠入射时产生的反射 SV 波是沿着一个固定的角度反射）。SV 波的质点振动位移随着界面深度线性递增，所以自由表面处也是没有反射 SV 波，反射波不是平面波。反射 P 波则是随着深度质点振动位移递减的表面波，其和入射波同向（沿着自由表面方向）。换句话说，为满足自由表面的边界条件，自由表面有掠入射的 SV 波以及表面 P 波。有兴趣的读者可以阅读 Goodier 和 Bishop 的文章。

（3）若 $\theta_0 > \theta_{cr}$，有

$$\cos\theta_1 = (1 - \sin^2\theta_1)^{\frac{1}{2}} = (1 - \varsigma^2 \sin^2\theta_0)^{\frac{1}{2}} = i(\varsigma^2 \sin^2\theta_0 - 1)^{\frac{1}{2}} \tag{5-5-17}$$

可得反射 P 波是表面波，质点位移为

$$\boldsymbol{u}^{(1)} = S\boldsymbol{d}^{(1)} e^{k_0 [(\sin^2\theta_0 - \varsigma^{-2})^{\frac{1}{2}}]x_2} e^{i\eta_S} \tag{5-5-18}$$

其中

$$S = \frac{A_0 \sin 4\theta_0}{\left[\varsigma^2 \cos^4 2\theta_0 + 4(\varsigma^2 \sin^2\theta_0 - 1)\sin^2 2\theta_0 \sin^2\theta_0\right]^{\frac{1}{2}}} \tag{5-5-19}$$

且

$$\eta_S = k_0 \sin\theta_0 \left(x_1 - \frac{c_L t}{\varsigma \sin\theta_0}\right) - \tan^{-1}\left[\frac{2(\varsigma^2 \sin^2\theta_0 - 1)^{\frac{1}{2}} \sin 2\theta_0 \sin\theta_0}{\varsigma \cos^2 2\theta_0}\right] \tag{5-5-20}$$

所以，当入射角 $\theta_0 > \theta_{cr}$ 时，反射 P 波为往 x_1 传播的表面波，其振幅在表面最大，越远离表面振幅越小，不是平面波。

5.6 超声波及其在薄层材料常数测量中的应用

超声波是指频率大于 20 kHz 的高频波。超声波可以由压电材料产生,产生的超声波由于波长短,适合用来监测材料内部的损伤。可以由超声波探头激发超声波,再由超声波检测仪接收时域的反射波,推算材料内部是否有损伤发生。

本节我们介绍超声波及其在薄层材料常数测量中的应用。对于薄层材料,由于材料的厚度小,重叠的反射波信号会影响超声波检测仪的判读结果。我们考虑超声波探头和材料表面呈直角激发纵波或横波,因此是正向入射问题,反射波和入射波会有一样的模式,不会发生波形转换。

对于平面纵波,假设 $u_1 = u_1(x_1, t)$,$u_2 = u_3 = 0$,代入式(5-1-24)的 Navier 方程,可得

$$\frac{\partial^2 u_1}{\partial t^2} = \frac{\lambda + 2\mu}{\rho} \cdot \frac{\partial^2 u_1}{\partial x_1^2} = c_L^2 \frac{\partial^2 u_1}{\partial x_1^2} \tag{5-6-1}$$

而对于平面横波,假设 $u_1 = u_3 = 0$,$u_2 = u_2(x_1, t)$,代入 Navier 方程,可得

$$\frac{\partial^2 u_2}{\partial t^2} = \frac{\mu}{\rho} \cdot \frac{\partial^2 u_2}{\partial x_1^2} = c_T^2 \frac{\partial^2 u_2}{\partial x_1^2} \tag{5-6-2}$$

通过材料常数关系式

$$E = \frac{\mu(3\lambda + 2\mu)}{(\lambda + \mu)} \tag{5-6-3}$$

和

$$\nu = \frac{\lambda}{2(\lambda + \mu)} \tag{5-6-4}$$

可得

$$E = \rho c_T^2 \left(\frac{3c_L^2 - 4c_T^2}{c_L^2 - c_T^2} \right) \tag{5-6-5}$$

和

$$\nu = \frac{(c_L^2 - 2c_T^2)}{2(c_L^2 - c_T^2)} \tag{5-6-6}$$

通过超声波和振幅频谱法可以测量材料的相速度。得知相速度后,可以通过式(5-6-5)和式(5-6-6)进一步得到材料的材料常数 E 和 ν。在实际应用时,超声波探头与待测材料之间的接触面如果有空隙,会造成波的能量损失,所以需要在探头和待测材料之间使用耦合剂。如果是横波探头或是待测材料表面不平整,需要使用黏度高的耦合剂,例如凡士林或麦芽糖。

对于薄层材料的测量,由于材料的厚度很小,可以用另外的材料将薄层材料夹在中间,外侧材料称为延迟层。耦合剂的声阻抗必须和延迟层与待测材料的声阻抗满足阻抗匹配,才会得到好的超声波穿透效果。延迟层和待测材料不同,因此具有不同的波速和波传播时间。延迟层的厚度选择必须使得超声波在待测薄层材料底面反射一次所花费的时间小于反射波从延迟层内反射的时间。举例来说,如果测量厚度为 1 mm 的薄铝片的材料常数,可以

用玻璃作为延迟层,上层玻璃厚度为 5 mm,下层玻璃厚度为 10 mm,中间可以用不饱和聚酯树脂作为耦合剂,接着可以通过下面描述的振幅频谱法得到薄层材料的材料常数。

假设材料内传播的简谐超声波为

$$u(x,t) = A\exp[\mathrm{i}(\omega t - kx - \phi)] \tag{5-6-7}$$

其中 A 为超声波的振幅,ϕ 为相位角。往 $+x$ 传播的任意合理的波形都可以由式(5-6-7)的不同频率与不同相位角的波所叠加而得,叠加波为

$$u(x,t) = \frac{1}{2\pi}\int_{-\infty}^{\infty}\left[\int_{-\infty}^{\infty}A(\omega,t)\exp(-\mathrm{i}\phi)\mathrm{d}\phi\right]\times\exp[\mathrm{i}(\omega t - kx)]\mathrm{d}\omega \tag{5-6-8}$$

考虑三层介质,待测材料(介质 2)的厚度为 L,以介质 2 的第一个底面反射波 $u_{(1)} = u(0,t)$ 为基准,则第 n 个底面反射波为 $u_{(n)} = u(2(n-1)L,t)$。 则

$$u_{(1)} = u(0,t) = \frac{1}{2\pi}\int_{-\infty}^{\infty}\left[\int_{-\infty}^{\infty}A_1\exp(-\mathrm{i}\phi)\mathrm{d}\phi\right]\exp(\mathrm{i}\omega t)\mathrm{d}\omega \tag{5-6-9}$$

其傅里叶变换为

$$F\{u_{(1)}\} = F\{u(0,t)\} = \int_{-\infty}^{\infty}A_1\exp(-\mathrm{i}\phi)\mathrm{d}\phi \tag{5-6-10}$$

所以,对于第 n 个底面反射波,其可以表示为

$$u_{(n)} = \frac{1}{2\pi}\int_{-\infty}^{\infty}A_n F\{u(0,t)\}\exp(-\mathrm{i}kx)\exp(\mathrm{i}\omega t)\mathrm{d}\omega \tag{5-6-11}$$

其中 A_n 为介质 2 中各个反射波 $u_{(n)}$ 的振幅与第一个底面反射波 $u_{(1)}$ 振幅的比值。第 n 个底面反射波的傅里叶变换为

$$F\{u_{(n)}\} = A_n F\{u(0,t)\}\exp(-\mathrm{i}kx) \tag{5-6-12}$$

在满足界面应力和质点速度的连续性条件下,波由介质 1 入射到介质 2 后在界面所产生的反射波的反射系数为

$$R_{12} = \frac{z_2 - z_1}{z_1 + z_2} \tag{5-6-13}$$

其中,声阻抗为 ρc,透射系数为

$$T_{12} = 1 + R_{12} = \frac{2z_2}{z_1 + z_2} \tag{5-6-14}$$

以上波在界面的反射与透射的结论和第 1 章杆波和第 2 章声波的结论相同。

假设入射超声波的振幅为 $u_{(i)}$,且考虑超声波的衰减,超声波的振幅在介质中的衰减随距离呈现指数变化,即

$$u(x,t) = A\exp[\mathrm{i}(\omega t - kx - \phi)]\exp(-\alpha x) \tag{5-6-15}$$

则第 n 个底面反射波的振幅为

$$u_{(n)} = (1 - R_{12}^2)(-R_{12})^{n-1}(R_{23})^n[\exp(-2n\alpha L)]u_{(i)}, \quad n = 1,2,3,\cdots \tag{5-6-16}$$

所以第 n 个底面反射波的振幅和第一个底面反射波的振幅比值为

$$A_n = \frac{u_{(n)}}{u_{(1)}} = (-R_{12})^{n-1}(R_{23})^{n-1}\exp[-2(n-1)\alpha L], \quad n = 1,2,3,\cdots \tag{5-6-17}$$

将式(5-6-17)代入式(5-6-12),可以得到超声波在频域中的表达式。我们将薄层介质中传播的所有反射波叠加并进行傅里叶变换,可得

$$F\left\{u_{(0)} + \sum_{n=1}^{\infty}u_{(n)}\right\} = F\{u(0,t)\}\cdot$$

$$\sum_{n=0}^{\infty} R_{12}^{2n} \left\{ \left(\frac{R_{23}}{R_{21}} \right)^n \exp(-2n\alpha L) \exp(-\mathrm{i}2nkL) - \left(\frac{R_{21}}{R_{23}} \right) \exp(2\alpha L) \exp(\mathrm{i}2kL) \right\}$$

$$(5\text{-}6\text{-}18)$$

其中

$$u_{(0)} = R_{12} u_{(i)} \tag{5-6-19}$$

反射波的频域大小为

$$\left| F\left\{ u_0 + \sum_{n=1}^{\infty} u_n \right\} \right| = \left| F\{u(0,t)\} \right| \cdot$$

$$\left\{ \sum_{n=0}^{\infty} R_{12}^{2n} \left\{ \left[\left(\frac{R_{23}}{R_{21}} \right) \exp(-2\alpha L) \right]^{2n} + \left[\left(\frac{R_{21}}{R_{23}} \right) \exp(2\alpha L) \right]^2 \right.$$

$$\left. - 2 \left[\left(\frac{R_{23}}{R_{21}} \right) \exp(-2\alpha L) \right]^{n-1} \cdot \cos[2(n+1)kL] \right\}^{\frac{1}{2}} \right\} \tag{5-6-20}$$

观察式(5-6-20)可以发现,若 $\frac{R_{23}}{R_{21}} > 0$(即 $z_2 > z_1, z_2 > z_3$ 或 $z_2 < z_1, z_2 < z_3$),频域信号有相对极小值,对应的波速为

$$c = \frac{2fL}{m}, \quad m = 1,2,3,\cdots \tag{5-6-21}$$

反之,若 $\frac{R_{23}}{R_{21}} < 0$,对应的波速为

$$c = \frac{4fL}{2m-1}, \quad m = 1,2,3,\cdots \tag{5-6-22}$$

由于一个 m 必须对应一个频率 f 才能得到唯一的波速,所以由

$$c = \frac{2f_1 L}{m} = \frac{2f_2 L}{m+1} \tag{5-6-23}$$

可知

$$m = \frac{f_1}{f_2 - f_1} \tag{5-6-24}$$

通过超声波和振幅频谱法可以测量薄层材料的相速度。得知相速度后,可以通过式(5-6-5)和式(5-6-6)进一步得到材料的材料常数 E 和 ν。

5.7 Rayleigh 表面波

在 5.4 节中我们提过,P 波在掠入射的情况下,会在表面产生沿一个角度传播的反射 SV 波,而 SV 波在掠入射的情况下,会产生沿着同方向传播的 P 波,性质是表面波。本节我们研究是否存在能量只集中在表面的 P 波与 SV 波的叠加波。自由表面传播的表面波是瑞利(Rayleigh)爵士在 1825 年通过理论预测的,所以称为 Rayleigh 表面波。Rayleigh 表面波的分析概念很简单,我们只需要先"假设"表面波存在,然后再让其满足边界条件,如果可以得到实数的波速,就可以得知表面波是存在的。假设半无限弹性体自由表面的表面波为

$$
\begin{cases}
u_1 = A\,\mathrm{e}^{-bx_2}\,\mathrm{e}^{\mathrm{i}k(x_1-ct)} \\
u_2 = B\,\mathrm{e}^{-bx_2}\,\mathrm{e}^{\mathrm{i}k(x_1-ct)} \\
u_3 = 0
\end{cases}
\tag{5-7-1}
$$

由于是平面问题，Navier 方程为

$$
\mu u_{i,jj} + (\lambda + \mu) u_{j,ji} = \rho \ddot{u}_i, \quad i,j = 1,2
\tag{5-7-2}
$$

所以

$$
\frac{\partial^2 u_i}{\partial t^2} = c_{\mathrm{T}}^2 u_{i,jj} + (c_{\mathrm{L}}^2 - c_{\mathrm{T}}^2) u_{j,ji}
\tag{5-7-3}
$$

即

$$
\begin{cases}
\dfrac{\partial^2 u_1}{\partial t^2} = c_{\mathrm{T}}^2 \left(\dfrac{\partial^2 u_1}{\partial x_1^2} + \dfrac{\partial^2 u_1}{\partial x_2^2} \right) + (c_{\mathrm{L}}^2 - c_{\mathrm{T}}^2) \left(\dfrac{\partial^2 u_1}{\partial x_1^2} + \dfrac{\partial^2 u_2}{\partial x_1 \partial x_2} \right) \\[2mm]
\dfrac{\partial^2 u_2}{\partial t^2} = c_{\mathrm{T}}^2 \left(\dfrac{\partial^2 u_2}{\partial x_1^2} + \dfrac{\partial^2 u_2}{\partial x_2^2} \right) + (c_{\mathrm{L}}^2 - c_{\mathrm{T}}^2) \left(\dfrac{\partial^2 u_1}{\partial x_1 \partial x_2} + \dfrac{\partial^2 u_2}{\partial x_2^2} \right)
\end{cases}
\tag{5-7-4}
$$

把式(5-7-1)代入式(5-7-4)可得

$$
\begin{cases}
[c_{\mathrm{T}}^2 b^2 + (c^2 - c_{\mathrm{L}}^2)k^2]A - \mathrm{i}(c_{\mathrm{L}}^2 - c_{\mathrm{T}}^2)bkB = 0 \\
-\mathrm{i}(c_{\mathrm{L}}^2 - c_{\mathrm{T}}^2)bkA + [c_{\mathrm{L}}^2 b^2 + (c^2 - c_{\mathrm{T}}^2)k^2]B = 0
\end{cases}
\tag{5-7-5}
$$

如果式(5-7-5)要有非零解，则需要系数矩阵的行列式值等于零，即

$$
\begin{vmatrix}
c_{\mathrm{T}}^2 b^2 + (c^2 - c_{\mathrm{L}}^2)k^2 & -\mathrm{i}(c_{\mathrm{L}}^2 - c_{\mathrm{T}}^2)bk \\
-\mathrm{i}(c_{\mathrm{L}}^2 - c_{\mathrm{T}}^2)bk & c_{\mathrm{L}}^2 b^2 + (c^2 - c_{\mathrm{T}}^2)k^2
\end{vmatrix} = 0
\tag{5-7-6}
$$

所以

$$
[c_{\mathrm{L}}^2 b^2 - (c_{\mathrm{L}}^2 - c^2)][c_{\mathrm{T}}^2 b^2 - (c_{\mathrm{T}}^2 - c^2)k^2] = 0
\tag{5-7-7}
$$

可得两个根 $b_1 = k \left(1 - \dfrac{c^2}{c_{\mathrm{L}}^2} \right)^{\frac{1}{2}}$ $(c < c_{\mathrm{L}})$ 和 $b_2 = k \left(1 - \dfrac{c^2}{c_{\mathrm{T}}^2} \right)^{\frac{1}{2}}$ $(c < c_{\mathrm{T}})$。可以得到

$$
\left(\frac{B}{A} \right)_1 = -\frac{b_1}{\mathrm{i}k}
\tag{5-7-8}
$$

和

$$
\left(\frac{B}{A} \right)_2 = \frac{\mathrm{i}k}{b_2}
\tag{5-7-9}
$$

所以可得质点位移的通解为

$$
\begin{cases}
u_1 = (A_1 \mathrm{e}^{-b_1 x_2} + A_2 \mathrm{e}^{-b_2 x_2})\,\mathrm{e}^{\mathrm{i}k(x_1-ct)} \\[2mm]
u_2 = \left(-\dfrac{b_1}{\mathrm{i}k} A_1 \mathrm{e}^{-b_1 x_2} + \dfrac{\mathrm{i}k}{b_2} A_2 \mathrm{e}^{-b_2 x_2} \right) \mathrm{e}^{\mathrm{i}k(x_1-ct)}
\end{cases}
\tag{5-7-10}
$$

现在让质点位移满足自由表面 $x_2 = 0$ 的边界条件，有

$$
\begin{cases}
\tau_{21} = \mu(u_{2,1} + u_{1,2}) = 0 \\
\tau_{22} = \lambda(u_{1,1} + u_{2,2}) + 2\mu u_{2,2} = 0
\end{cases}
\tag{5-7-11}
$$

可得

$$\begin{cases} -2b_1 A_1 - \left(b_2 + \dfrac{k^2}{b_2}\right) A_2 = 0 \\[2mm] \left(c_L^2 - 2c_T^2 - c_L^2 \dfrac{b_1^2}{k^2}\right) A_1 - 2c_T^2 A_2 = 0 \end{cases} \tag{5-7-12}$$

由上式可解 A_1 和 A_2,如果式(5-7-12)要有非零解,则需要系数矩阵的行列式值等于零,即

$$R(c) = \left(2 - \frac{c^2}{c_T^2}\right)^2 + 4\left(\frac{c^2}{c_L^2} - 1\right)^{\frac{1}{2}}\left(\frac{c^2}{c_T^2} - 1\right)^{\frac{1}{2}} = 0 \tag{5-7-13}$$

式(5-7-13)为 Rayleigh 方程,解式(5-7-13)可得 Rayleigh 表面波的波速,由于其不是波长的函数,所以 Rayleigh 表面波是非频散波。

我们现在来思考式(5-7-13)是否有实根。式(5-7-13)是否有根的问题等效于求解下面这个式子的根

$$f(\xi) = \xi^3 - 8\xi^2 + \left[24 - 16\left(\frac{c_T}{c_L}\right)^2\right]\xi - 16\left[1 - \left(\frac{c_T}{c_L}\right)^2\right] = 0 \tag{5-7-14}$$

其中 $\xi = \dfrac{c^2}{c_T^2}$。 对于各向同性介质 $(0 < \nu < 0.5)$,$0 < 2\left(\dfrac{c_T}{c_L}\right)^2 < 1$。 因为 $f(0) < 0$,$f(1) > 0$ 且 $f(\infty) > 0$,所以可以判断 ξ 在 0 到 1 之间会变号,因此在 0 到 1 之间至少有一个实根。同样,对于各向同性介质,可进一步得到当 $0 \leqslant \xi < 1.034$ 时,$f'(\xi) > 0$。 因此,在 0 到 1 之间 ξ 只会有一个实根,对应的波速为 Rayleigh 波的波速。

Rayleigh 表面波的波速 c_R 的值可以近似为

$$c_R = \frac{0.862 + 1.14\nu}{1 + \nu} c_T \tag{5-7-15}$$

或

$$c_R = \frac{0.718 - (\varsigma^{-1})^2}{0.75 - (\varsigma^{-1})^2} c_T \tag{5-7-16}$$

半空间弹性体内质点的水平 x_1 方向的位移(向右为正)和竖直 x_2 方向的位移(向“下”为正)分别为

$$u_1 = kA\left(-e^{-k v_{R1} x_2} + \frac{2 v_{R1} v_{R2}}{1 + v_{R2}^2} e^{-k v_{R2} x_2}\right)\sin[k(x_1 - c_R t)] \tag{5-7-17}$$

和

$$u_2 = kA v_{R1}\left(-e^{-k v_{R1} x_2} + \frac{2}{1 + v_{R2}^2} e^{-k v_{R2} x_2}\right)\cos[k(x_1 - c_R t)] \tag{5-7-18}$$

其中

$$v_{R1} = \sqrt{1 - \frac{c_R^2}{c_L^2}} \tag{5-7-19}$$

$$v_{R2} = \sqrt{1 - \frac{c_R^2}{c_T^2}} \tag{5-7-20}$$

u_2 的相位比 u_1 的相位超前 $\dfrac{\pi}{2}$,且

$$|u_2|_{x_2=0} > |u_1|_{x_2=0} \tag{5-7-21}$$

以铝（$\nu = 0.3$）为例，$\dfrac{c_\mathrm{R}}{c_\mathrm{T}} = 0.93$，图 5-10(a) 和图 5-10(b) 所示为沿着 x 轴正方向前进的

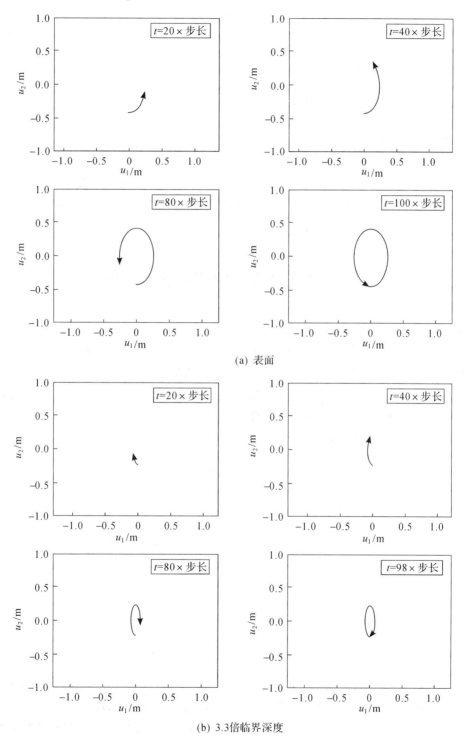

(a) 表面

(b) 3.3倍临界深度

图 5-10　Rayleigh 表面波的质点轨迹

波在某一个固定的 x_1 位置(但是 x_2 分别是 0(表面)和 3.3 倍临界深度)的运动轨迹的示意图,图中的步长指的是一个 Rayleigh 波周期的百分之一。由图 5-10 可知,质点轨迹为椭圆,长轴在 x_2 方向,自由表面处质点的轨迹是逆时针,远离自由表面处 Rayleigh 波逐渐衰减。超过临界深度

$$d = \frac{c_{\mathrm{R}}\ln\left(1 - \frac{c_{\mathrm{R}}^2}{2c_{\mathrm{T}}^2}\right)}{\omega\left(\sqrt{1 - \frac{c_{\mathrm{R}}^2}{c_{\mathrm{T}}^2}} - \sqrt{1 - \frac{c_{\mathrm{R}}^2}{c_{\mathrm{L}}^2}}\right)} \tag{5-7-22}$$

之后,质点转向会改变,轨迹变为顺时针。固体表面 Rayleigh 波的质点转向和水表面波质点的转向不同。

除了自由表面,表面波还有可能出现在两个半无穷域的界面附近,称为 Stoneley 波,是存在于两弹性体界面之间的界面波。界面两边的材料性质将决定 Stoneley 波是否存在。如果界面的一侧为液体,界面波也称为 Scholte 波。

5.8 SH 波在界面的反射与折射

本节我们考虑 SH 波遇到界面的反射与折射问题。由 5.3 节的讨论可知,水平偏振横波(SH 波)所对应的反平面问题和平面应变问题的方程彼此独立,因此,对于 SH 波,其在界面反射后只会产生 SH 波。由于 SH 波的反射波系统简单,本节我们考虑 SH 波在两个半无穷材料界面上的反射和折射问题。如图 5-11 所示,SH 波入射到界面将发生反射与折射,已知入射波的振幅 A_0 和入射角 θ_0,待求的是反射 SH 波的振幅 A_2 和反射角 θ_2,以及反射 SH 波的振幅 A_4 和反射角 θ_4。

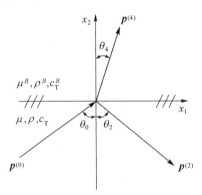

图 5-11　SH 波在两个半无穷材料界面间的反射和折射问题

在进一步讨论之前,我们先借助波慢度来了解入射 SH 波和反射 SH 波以及折射 SH 波之间的关系。如图 5-12(a)所示,考虑 SH 波从波速大的材料入射到波速小的材料,即 $c_{\mathrm{T}}^B < c_{\mathrm{T}}$,画出入射波的水平分量,因为波慢度在界面的水平投影分量守恒,所以入射材料在法线右边的波慢度投影分量随即可以画出来,然后再画其垂线,知道其与入射材料和折射材料的慢度圆都有交点,因此,可以看出,不论入射角是多少,都会同时有反射 SH 波以及折射

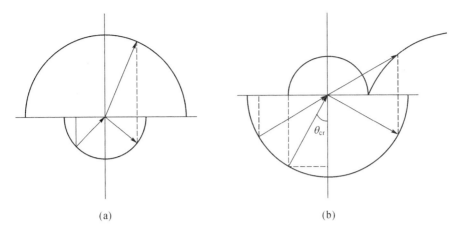

图 5-12　SH 波入射的波慢度图形

SH 波。接着考虑 SH 波从波速小的材料入射到波速大的材料,即 $c_T^B > c_T$,如图 5-12(b)所示,可以看出,入射角很小的时候,可以得到反射波和折射波,一旦入射角增大到 SH 波在界面的水平投影分量等于折射材料波慢度圆的半径后,在更大的入射角情况下,都不会出现 SH 波的折射波,此时为全反射,该入射角称为临界角。从图 5-12(b)中可以看出,临界入射角对应的 SH 波折射角为 $\dfrac{\pi}{2}$,此时

$$1 = \frac{s_T}{s_T^B} \sin \theta_{cr} = \frac{c_T^B}{c_T} \sin \theta_{cr} \tag{5-8-1}$$

所以可得全反射的临界角值为

$$\theta_{cr} = \sin^{-1}\left(\frac{s_T^B}{s_T}\right) = \sin^{-1}\left(\frac{c_T}{c_T^B}\right) \tag{5-8-2}$$

对 SH 波的反射和折射现象有基本的了解后,现在我们来推导 SH 波的振幅比。平面 SH 简谐波可以表示为

$$u_3^{(n)} = A_n \exp[\mathrm{i}k_n(x_j p_j^{(n)} - c_n t)], \quad n = 0, 2, 4 \tag{5-8-3}$$

在 $x_2 = 0$ 处,有

$$\begin{cases} u_3^{(0)} = A_0 \exp[\mathrm{i}k_0(x_1 \sin \theta_0 - c_T t)] \\ u_3^{(2)} = A_2 \exp[\mathrm{i}k_2(x_1 \sin \theta_2 - c_T t)] \\ u_3^{(4)} = A_4 \exp[\mathrm{i}k_4(x_1 \sin \theta_4 - c_T^B t)] \end{cases} \tag{5-8-4}$$

而 SH 波的应力可以表示为

$$\tau_{23}^{(n)} = \mu \frac{\partial x_3^{(n)}}{\partial x_2} = \mathrm{i}\mu k_n p_2^{(n)} A_n \exp[\mathrm{i}k_n(x_j p_j^{(n)} - c_n t)] \tag{5-8-5}$$

在 $x_2 = 0$ 处,有

$$\begin{cases} \tau_{23}^{(0)} = \mathrm{i}\mu k_0 \cos \theta_0 A_0 \exp[\mathrm{i}k_0(x_1 \sin \theta_0 - c_T t)] \\ \tau_{23}^{(2)} = -\mathrm{i}\mu k_2 \cos \theta_2 A_2 \exp[\mathrm{i}k_2(x_1 \sin \theta_2 - c_T t)] \\ \tau_{23}^{(4)} = \mathrm{i}\mu^B k_4 \cos \theta_4 A_4 \exp[\mathrm{i}k_4(x_1 \sin \theta_4 - c_T^B t)] \end{cases} \tag{5-8-6}$$

在两个材料的界面 $x_2 = 0$ 处必须满足位移 u_3 和应力 τ_{23} 连续。如果要在任何位置 x_1 和时间 t 都满足边界条件,需要指数项满足

$$\begin{cases} k_0 \sin \theta_0 = k_2 \sin \theta_2 = k_4 \sin \theta_4 \\ k_0 c_T = k_2 c_T = k_4 c_T^B \end{cases} \tag{5-8-7}$$

所以

$$\begin{cases} k_2 = k_0, \quad \theta_2 = \theta_0, \quad k_4 = \left(\dfrac{c_T}{c_T^B}\right) k_0 \\ \sin \theta_4 = \left(\dfrac{c_T^B}{c_T}\right) \sin \theta_0 \end{cases} \tag{5-8-8}$$

从连续性条件可得

$$\begin{cases} A_0 + A_2 = A_4 \\ \mu k_0 \cos \theta_0 A_0 - \mu k_0 \cos \theta_0 A_2 = \mu^B k_4 \cos \theta_4 A_4 \end{cases} \tag{5-8-9}$$

所以可得振幅比分别为

$$\begin{cases} \dfrac{A_2}{A_0} = \dfrac{\mu \cos \theta_0 - \mu^B \left(\dfrac{c_T}{c_T^B}\right) \cos \theta_4}{\mu \cos \theta_0 + \mu^B \left(\dfrac{c_T}{c_T^B}\right) \cos \theta_4} \\ \\ \dfrac{A_4}{A_0} = \dfrac{2\mu \cos \theta_0}{\mu \cos \theta_0 + \mu^B \left(\dfrac{c_T}{c_T^B}\right) \cos \theta_4} \end{cases} \tag{5-8-10}$$

我们可以针对式(5-8-10)做一些探讨。

(1)如果 $A_2 = 0$ 且 $A_4 = A_0$,即发生完全透射现象,此时

$$\mu \cos \theta_0 = \mu^B \left(\frac{c_T}{c_T^B}\right) \cos \theta_4 \tag{5-8-11}$$

因为 $\sin \theta_4 = \left(\dfrac{c_T^B}{c_T}\right) \sin \theta_0$,所以

$$\cos \theta_4 = \left[1 - \left(\frac{c_T^B}{c_T} \sin \theta_0\right)^2\right]^{\frac{1}{2}} \tag{5-8-12}$$

所以

$$\mu^2 \cos^2 \theta_0 = (\mu^B)^2 \left(\frac{c_T}{c_T^B}\right)^2 - (\mu^B)^2 \sin^2 \theta_0 \tag{5-8-13}$$

整理后可得

$$\theta_0 = \tan^{-1} \left\{\frac{\mu^2 (c_T^B)^2 - (\mu^B)^2 (c_T)^2}{(\mu^B)^2 \left[c_T^2 - (c_T^B)^2\right]}\right\}^{\frac{1}{2}} \tag{5-8-14}$$

(2)若 $\dfrac{c_T^B}{c_T} \sin \theta_0 > 1$,则 $\sin \theta_4 > 1$,有

$$\cos \theta_4 = \sqrt{1 - \sin^2 \theta_4} = \mathrm{i}\psi \tag{5-8-15}$$

其中 ψ 为实数。所以

$$\begin{aligned} u_3^{(4)} &= A_4 \exp[\mathrm{i} k_4 (x_1 \sin \theta_4 + x_2 \cos \theta_4 - c_T^B t)] \\ &= A_4 \exp(\mathrm{i} k_4 x_2 \cos \theta_4) \exp[\mathrm{i} k_4 (x_1 \sin \theta_4 - c_T^B t)] \end{aligned} \tag{5-8-16}$$

其中

$$k_4 \cos \theta_4 = \frac{c_T}{c_T^B} k_0 \sqrt{1 - \sin^2 \theta_4}$$

$$= \mathrm{i} \frac{c_T}{c_T^B} k_0 \sqrt{\sin^2 \theta_4 - 1}$$

$$= \mathrm{i} \frac{c_T}{c_T^B} k_0 \left[\left(\frac{c_T^B}{c_T} \right)^2 \sin^2 \theta_0 - 1 \right]^{\frac{1}{2}} \tag{5-8-17}$$

折射 SH 波的质点位移为

$$u_3^{(4)} = A_4 \exp \left\{ - \frac{c_T}{c_T^B} x_2 k_0 \left[\left(\frac{c_T^B}{c_T} \right)^2 \sin^2 \theta_0 - 1 \right]^{\frac{1}{2}} \right\}$$

$$\cdot \exp(\mathrm{i} k_4 x_2 \cos \theta_4) \exp[\mathrm{i} k_4 (x_1 \sin \theta_4 - c_T^B t)] \tag{5-8-18}$$

所以,当入射角 $\theta_0 > \theta_{cr}$ 时,折射 SH 波为往 x_1 传播的表面波,其振幅在表面最大,越远离表面振幅越小,不是平面波。此时

$$\frac{A_2}{A_0} = \frac{a + \mathrm{i}b}{a - \mathrm{i}b} \tag{5-8-19}$$

其中 a 和 b 为实数。可见反射 SH 波的振幅等于入射 SH 波的振幅,称为全反射,但是两者之间有相位差。

图 5-13(a)所示为 SH 波从波速大的介质(此处为铝,横波波速为 3100 m/s)入射到波速小的介质(此处为铜,横波波速为 2300 m/s)的振幅比。图 5-13(b)所示为 SH 波从波速小的介质入射到波速大的介质的振幅比。发生全反射的角度为 47.9°。

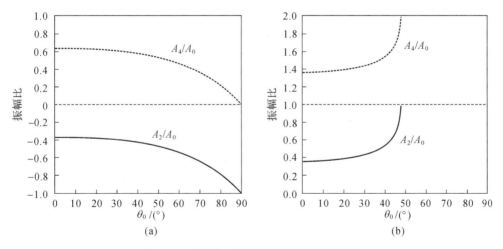

图 5-13　SH 波在两个无穷域界面的振幅比

最后,我们研究 SH 波入射到具有自由表面的半无穷域后是否可能产生表面波。和 Rayleigh 波类似,我们可以先假设基于 SH 波的表面波是存在的,可以表示为

$$u_3 = A \exp(-b x_2) \exp[\mathrm{i} k (x_1 - ct)] \tag{5-8-20}$$

将式(5-8-20)代入 SH 波的波动方程

$$\frac{\partial^2 u_3}{\partial x_1^2} + \frac{\partial^2 u_3}{\partial x_2^2} = \frac{1}{c_T^2} \cdot \frac{\partial^2 u_3}{\partial t^2} \tag{5-8-21}$$

可得

$$b = k \left[1 - \left(\frac{c}{c_{\mathrm{T}}} \right)^2 \right]^{\frac{1}{2}} \tag{5-8-22}$$

在自由表面 $x_2 = 0$ 处,有

$$\tau_{23} = \mu \frac{\partial u_3}{\partial x_2} = 0 \tag{5-8-23}$$

所以

$$-bA \mathrm{e}^{-bx_2} \mathrm{e}^{\mathrm{i}k(x_1 - ct)} = 0 \tag{5-8-24}$$

因此可得 $A = 0$ 或 $b = 0$。明显的,对于入射到具有自由表面的 SH 波而言,自由表面不支持 SH 表面波的传播。

本章参考文献

范秋雁. 弹性力学中反平面问题及在地下工程中的运用[J]. 广西大学学报(自然科学版),1989(03):72-78.

何祚镛,赵玉芳. 声学理论基础[M]. 北京:国防工业出版社,1981.

胡德绥. 弹性波动力学[M]. 北京:地质出版社,1989.

黄思尧. 应用超音波量测三层材料系统内含薄层固体或液体在不同环境下的特性研究[D]. 台北:台湾大学,2004.

廖振鹏. 工程波动理论导引[M]. 北京:科学出版社,1996.

刘喜武. 弹性波场论基础[M]. 青岛:中国海洋大学出版社,2008.

王荫江. 小波分析在瑞利波测试中的应用[D]. 南京:河海大学,2006.

尹成,田继东. 弹性波动力学简明教程[M]. 北京:石油工业出版社,2014.

张伯军. 弹性动力学简明教程[M]. 北京:科学出版社,2010.

Achenbach J D. Wave Propagation in Elastic Solids[M]. Amsterdam:North Holland Publishing Company,1973.

Bedford A,Drumheller D S. Introduction to Elastic Wave Propagation[M]. New York:Wiley,1994.

Benech N,Negreira C A. Longitudinal and lateral low frequency head wave analysis in soft media[J]. Journal of the Acoustical Society of America,2005,117(6):3424-3431.

Cantrell J H. Ultrasonic characterization of fatigue in advanced composite materials[J]. The Journal of the Acoustical Society of America,1982,72(S1):14.

Fradkin L J,Kiselev A P. The two-component representation of time-harmonic elastic body waves in the high- and intermediate-frequency regimes[J]. Journal of the Acoustical Society of America,1997,101(1):52-65.

Giurgiutiu V. Structural Health Monitoring with Piezoelectric Wafer Active Sensors[M]. Amsterdam:Academic Press,2014.

Goodier J N,Bishop R E D. A note on critical reflections of elastic waves at free surfaces [J]. Journal of Applied Physics,1952,23(1):124-126.

Graff K F. Wave Motion in Elastic Solids[M]. New York:Dover Publications,1975.

Gridin D. High-frequency asymptotic description of head waves and boundary layers surrounding the critical rays in an elastic half-space[J]. Journal of the Acoustical Society of America，1998，104(3):1188-1197.

Harris J G. Linear Elastic Waves[M]. Cambridge：Cambridge University Press,2001.

Heelin P A. On the theory of head waves[J]. Geophysics，1953，18(4):871.

Ma C C，Lee G S. General three-dimensional analysis of transient elastic waves in a multilayered medium[J]. Journal of Applied Mechanics，2006，73(3):490-504.

Marqués R，Martín F，Sorolla M. Metamaterials with Negative Parameters：Theory，Design and Microwave Applications[M]. New York：Wiley，2008.

Miklowitz A J. The Theory of Elastic Waves and Waveguides[M]. North Holland：North Holland Pub. Co. ,1978.

Ottosen N S，Ristinmaa M. The Mechanics of Constitutive Modeling[M]. Amsterdam：Elsevier Science,2005.

Pialucha T，Guyott C H，Cawley P. Amplitude spectrum method for the measurement of phase velocity[J]. Ultrasonics，1989，27(5):270-279.

Reismann H. Elasticity，Theory and Applications[M]. NJ：Wiley，1980.

Rose J L. Ultrasonic Waves in Solid Media[M]. Cambridge：Cambridge University Press，2014.

Roylance D. Introduction to Elasticity[M]. New York:Henry Holt and Company，1964.

Sachse W，Pao Y H. On the determination of phase and group velocities of dispersive waves in solids[J]. Journal of Applied Physics，1978，49(8):4320-4327.

第6章 波 导

本章介绍波导(waveguide),主要内容包括弹性波波导以及光纤波导。由于平面应变弹性波(P+SV)在波导中的传播有实际工程上的应用价值(比如可以应用于损伤检测),所以接下来我们首先考虑无限大各向同性均质平板中的平面应变弹性波(P+SV)的传播问题。假设平板表面不受外力,简谐弹性波在板的两个界面不断反射往前传播,则无限大平板就会成为弹性波的波导。波导中的弹性波不断地在边界发生反射,在数学上是边界值问题。然而,无限次在界面处反射的波要在板中无损耗地传播下去,需要波导中的波在传播过程中维持相长干涉的条件,因此,波导的讨论也可以用干涉的思维来理解。从第5章的讨论可知,P波遇到界面会同时反射P波和SV波,SV波在界面也会同时反射P波和SV波,因此平面应变弹性波在波导中的传播问题非常复杂。

本章首先从不会发生波形转换的声波在刚性管壁中的传播来介绍波导的概念,接着通过干涉思维来解释板波。除了板波,本章后面还会介绍光纤波导。和弹性波不同,电磁波可以在互相靠近但是不接触的波导中进行能量交换,这是光纤耦合器的设计基础。有了本章的基础,后面两章将用光纤波导器件光纤光栅来进行瞬态弹性波和结构振动的测量。

6.1 波导中的声波传播

在第2章对于管中声波的讨论中,我们仅考虑沿着x_1轴方向传播的一维平面波。为了了解波导的基本概念,本节我们先学习不会发生波形转换的声波在空心刚性壁管中的传播问题。如图6-1所示,考虑在刚性壁管内以入射角θ入射的声波在x_1x_2面内的传播(x_3为垂直纸面方向)。

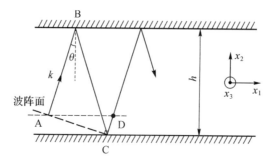

图 6-1 声波在空心刚性壁管中的传播

由图 6-1 可以看出，从 A 点出发的声波，在遇到界面 B 后发生反射，由于是声波遇到硬边界的反射，由第 2 章的声学边界条件（界面处声压连续和法向速度相等）可知，反射声波质点速度与入射声波质点速度会有 π 的相位变化，而反射波声压和入射波声压是同相位。声压平面波从 A 点到 C 点的传播中，一共多了 $k(\overline{AB}+\overline{BC})$ 的相位变化，其中 k 为斜入射方向的波矢。如图 6-1 所示，如果希望声波不断地在界面反射而不发生损耗，必须要求声波在 C 点反射的时候，声波的相位和 A 点的相位一致（比如都是波峰），即声波在 A 点的波阵面和 C 点的波阵面相接。假如 A 点的声波为 $\tilde{p}_A = \mathrm{e}^{\mathrm{i}(kx-\omega t)}$，$\omega=kc=k_1 c_1$，其中 c 是声波的波速，c_1 是 x_1 轴方向的波传播速度，即要求

$$\tilde{p}_C = 1 \cdot 1 \cdot \mathrm{e}^{\mathrm{i}[kx+k(\overline{AB}+\overline{BC})-\omega t]} = 1 \cdot 1 \cdot \mathrm{e}^{\mathrm{i}[kx+\mathrm{m}(2\pi)-\omega t]} = \mathrm{e}^{\mathrm{i}(kx-\omega t)} = \tilde{p}_A \tag{6-1-1}$$

其中"1·1"代表反射两次的振幅变化，因此，声波在波导中沿着 x_1 轴传播的无损耗反射需要满足下面的相长干涉条件

$$k(\overline{AB}+\overline{BC}) = m(2\pi), \quad m = 0,1,2,\cdots \tag{6-1-2}$$

假设管厚为 h，有

$$\begin{aligned}\overline{AB}+\overline{BC} &= \overline{BC}(\cos 2\theta + 1) \\ &= \overline{BC}[(2\cos^2\theta - 1) + 1] \\ &= 2h\cos\theta\end{aligned} \tag{6-1-3}$$

其中 θ 为入射角。代入式(6-1-2)，可得

$$\frac{2\pi}{\lambda}h\cos\theta = m\pi \tag{6-1-4}$$

其中 λ 为斜入射方向的波长，式(6-1-4)为波导条件。显然，对于给定的整数 m 和板的几何尺寸 h，可以发生相长干涉的斜入射角度 θ_m 是离散的，而且 m 值越大，入射角 θ_m 越小。当 $m=0$ 时，入射角为 90°，对应的波为波阵面垂直 x_1 轴并且沿 x_1 轴方向传播的一维平面波。若 x_2 方向的波矢为 k_2，式(6-1-4)可以改写为

$$k_2 l_2 = m\pi \tag{6-1-5}$$

其中 l_2 为 x_2 轴方向的管尺寸（即 h）。此波导条件和解波动方程所得的结果完全一致，有兴趣的读者可以自行验证或参考相关声学书籍。

若 x_1 方向的波矢为 k_1，则 k_1 称为波导的传播常数，有

$$k\sin\theta = k_1 \tag{6-1-6}$$

则

$$k_1 = (k^2 - k_2^2)^{\frac{1}{2}} = \left[\left(\frac{\omega}{c}\right)^2 - k_2^2\right]^{\frac{1}{2}} \tag{6-1-7}$$

若希望声波往 x_1 方向无损传播，传播常数 k_1 必须为实数，所以进一步要求

$$\left(\frac{\omega}{c}\right)^2 > k_2^2 \tag{6-1-8}$$

式(6-1-8)可改写为

$$f > \frac{c}{2\pi}k_2 = \frac{c}{2} \cdot \frac{m}{l_2} \tag{6-1-9}$$

其中 f 是声源激发频率。如果也考虑 x_3 方向的变化（例如矩形声波导管中的波传播），对于往 x_1 方向传播的声波而言，声源激发频率需要满足的关系为

$$f > f_{m,n} = \frac{c}{2}\sqrt{\left(\frac{m}{l_2}\right)^2 + \left(\frac{n}{l_3}\right)^2} \tag{6-1-10}$$

其中 $f_{m,n}$ 称为声波导管的简正频率,不同的一组 (m,n) 会对应不同的声波,显然,$(0,0)$ 阶的声波就是波阵面垂直 x_1 轴并且沿 x_1 轴方向传播的一维平面波,这就是第 2 章声波在管中的传播所关注的波,其对应的简正频率为零,换句话说,只要有声源,必定可以激发出 $(0,0)$ 阶的一维平面声波。当声源的激发频率比管中的简正频率 $f_{m,n}$ 高时,才能激发对应的 (m,n) 波,而由式(6-1-10)可知 $f_{m,n}$ 和管的几何尺寸有关,如果管的尺寸非常小且 $l_2 = l_3 = h$,很可能工作频率不满足式(6-1-10)而完全激发不出高次斜入射的声波。另外,比 $(0,0)$ 阶高一阶的最小简正频率称为波导的截止频率,小于截止频率的频率所激发的波都是 $(0,0)$ 阶的一维平面声波。$(m,0)$ 波其实对应的就是前面讨论忽略 x_3 方向变化而在 x_2 方向的管壁不断反射沿 x_1 轴方向传播的波,其截止频率也可以由让 $(m,0)$ 波"无法"沿 x_1 轴方向传播来得到,即让波在管中斜入射的传播波矢 $k = k_2 = \frac{m\pi}{l_2}$,可见其值正是对应 $f_{m,0} = \frac{c}{2} \cdot \frac{m}{l_2}$,即式(6-1-10)中 $n=0$ 的情况。值得注意的是,通过求解波动方程可知,如果声源是和管口截面积相同的活塞,活塞表面的速度在整个面积上的分布都是常数,则不论管的尺寸如何,也不论多大的激发频率,都仅能激发出一维 $(0,0)$ 阶声波。此外,如果声源激发频率不满足式(6-1-9),代表对应的传播常数 k_1 为虚数,移到平面简谐波表达式的指数项外后会变成随空间变化的衰减项,因此,高阶声波会衰减。

图 6-1 说明,如果波在界面遇到二次反射,再次和一开始的波往同方向传播的时候,波阵面必须连续。虽然其对于相长干涉的理解有直观的帮助,但是对于有波形转换的平面应变弹性波的分析来说就显得非常不方便。在进一步用干涉方法求解平面应变弹性波在波导中的传播行为之前,我们先从另外一个角度来研究声波的干涉。如图 6-1 所示,考虑声波从点 A 传播到点 D,声波往 x_1 轴方向传播,声波的 x_2 方向的分量反复传播一个循环,当点 A 的声波传播(二次反射)到点 D 时,其 x_2 方向的相位应该完全一致。声波的 x_2 方向的分量一共走了 $2l_2$,针对 x_2 分量的传播,一共多了 $2k_2l_2$ 的相位变化,则声波在波导中的无损耗反射需要满足的相长干涉条件现在变为

$$k_2(2l_2) = m(2\pi), \quad m = 0,1,2,\cdots \tag{6-1-11}$$

或

$$k_2 l_2 = m\pi, \quad m = 0,1,2,\cdots \tag{6-1-12}$$

其和式(6-1-5)的波导条件完全一致,可见,波导中的波是沿波导的 x_1 轴方向传播,而横向是驻波的形式。因此,接下来也可以通过垂直分量来求得弹性波的波导条件,这样可以让我们对于 P+SV 波在波导中的传播行为的讨论更有系统性。限于篇幅,本节我们仅用声波在波导中的传播来讨论波导的本质,对于声波本身没有更进一步的讨论。

6.2　波导中的平面应变弹性波

我们首先通过干涉理论来研究 P+SV 简谐波在具有自由边界的各向同性弹性波在波

导中的传播。波导中反射的 P 波和 SV 波叠加后形成的波又称为兰姆波(Lamb 波)。P 波在传播到界面后会反射为 P 波和 SV 波,SV 波在传播到界面后也会反射为 P 波和 SV 波。因此,基本上兰姆波对应 4 种波的波形转换:PP',PS'',SS',SP'',其中,P' 代表 P 波入射后的反射 P 波,S'' 代表 P 波入射后的反射 SV 波,以此类推。如图 6-2 所示,4 个不同的点 A、B、C、D 出发的 P+SV 波都可能到达同一个点 E(Tolstoy 和 Usdin,1953),对应了 8 种波的反射顺序。

(1)点 A 传播到点 E:①PPP(即 P 波出发,第一次反射为 P 波,第二次反射也为 P 波,对应图 6-2 的实线)。

(2)点 B 传播到点 E:②SPP;③PPS;④PSP(S 对应图 6-2 的虚线)。

(3)点 C 传播到点 E:⑤SPS;⑥SSP;⑦PSS。

(4)点 D 传播到点 E:⑧SSS。

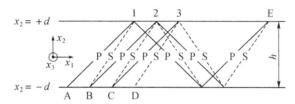

图 6-2 平面应变波在波导中的几种传播模式

图 6-2 中 h 为板厚,$h=2d$。

本节将质点位移的 x_1 分量用符号 u 代表,x_2 分量用符号 v 代表。接下来,我们会通过第 5 章 5.4 节和 5.5 节的振幅比关系求出兰姆波的波导条件。P 波入射和 SV 波入射的入射角和反射角的关系如图 6-3 所示,其中,图 6-3(b)中的角度和图 6-3(a)互相对应,如此所有在振幅比公式中出现的角度可以有一致性而不只是针对 P 波入射或 SV 波入射。此外,图 6-3 中也将 P 波或 SV 波的质点位移振动的 x_2 分量标示出来,方便读者理解下面的关系。

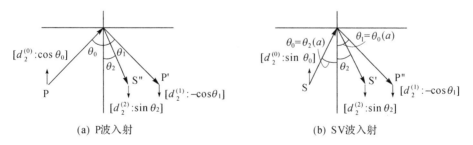

(a) P波入射   (b) SV波入射

图 6-3 入射波和反射波的角度关系

4 种基本的波形变换顺序的 x_2 方向位移振幅比分别为

(1) PP'

$$\frac{v'_P}{v_P} = \frac{A_1(-\cos\theta_1)}{A_0\cos\theta_0}$$

$$= \frac{A_1(-\cos\theta_0)}{A_0\cos\theta_0}$$

$$= \frac{\varsigma^2 \cos^2 2\theta_2 - \sin 2\theta_0 \sin 2\theta_2}{\sin 2\theta_0 \sin 2\theta_2 + \varsigma^2 \cos^2 2\theta_2}$$

$$= A \tag{6-2-1}$$

（2）PS″

$$\frac{\upsilon''_S}{\upsilon_P} = \frac{A_2 \sin \theta_2}{A_0 \cos \theta_0}$$

$$= \frac{2\varsigma \sin 2\theta_0 \cos 2\theta_2 \dfrac{\sin \theta_2}{\cos \theta_0}}{\sin 2\theta_0 \sin 2\theta_2 + \varsigma^2 \cos^2 2\theta_2}$$

$$= \frac{2\varsigma 2 \sin \theta_0 \cos 2\theta_2 \sin \theta_2}{\sin 2\theta_0 \sin 2\theta_2 + \varsigma^2 \cos^2 2\theta_2}$$

$$= B \tag{6-2-2}$$

（3）SS′

$$\frac{\upsilon'_S}{\upsilon_S} = \frac{A_2 \sin \theta_2}{A_0 \sin \theta_0}$$

$$= \frac{\sin 2\theta_0 \sin 2\theta_1 - \varsigma^2 \cos^2 2\theta_0}{\sin 2\theta_0 \sin 2\theta_1 + \varsigma^2 \cos^2 2\theta_0}$$

$$= \frac{\sin 2\theta_2 \sin 2\theta_0 - \varsigma^2 \cos^2 2\theta_2}{\sin 2\theta_2 \sin 2\theta_0 + \varsigma^2 \cos^2 2\theta_2}$$

$$= -A \tag{6-2-3}$$

（4）SP″

$$\frac{\upsilon''_P}{\upsilon_S} = \frac{A_1(-\cos \theta_1)}{A_0 \sin \theta_0}$$

$$= \frac{-\varsigma \sin 4\theta_0 \dfrac{(-\cos \theta_1)}{\sin \theta_0}}{\sin 2\theta_0 \sin 2\theta_1 + \varsigma^2 \cos^2 2\theta_0}$$

$$= \frac{4\varsigma \cos \theta_2 \cos 2\theta_2 \cos \theta_0}{\sin 2\theta_2 \sin 2\theta_0 + \varsigma^2 \cos^2 2\theta_2}$$

$$= C \tag{6-2-4}$$

其中,式(6-2-3)和式(6-2-4)的最后两式将 SV 波入射的角度系统和 P 波对应。可以发现,A、B 和 C 有如下的关系:

$$A^2 + BC = 1 \tag{6-2-5}$$

假设入射 P 波和 SV 波的 x_2 方向的质点振动振幅比(可能是复数)为

$$\frac{v_P}{v_S} = R \tag{6-2-6}$$

且定义 P 波和 SV 波的波矢在 x_2 方向的分量分别为

$$p = \sqrt{\frac{\omega^2}{c_L^2} - k_1^2} \tag{6-2-7}$$

和

$$q = \sqrt{\frac{\omega^2}{c_T^2} - k_1^2} \tag{6-2-8}$$

其中：$\omega = k_1 c_P$；c_P 为兰姆波的波速。

现在考虑以 P 波到达 E 点的所有可能的波传播路径，参考图 6-2，一共有 PPP、SPP、PSP、SSP 4 种，以 SV 波 x_2 分量的位移为基准，这 4 种路径对 E 点的 P 波的 x_2 分量分别具有下面 4 种贡献：

（1）PPP

$$RA^2 e^{2iph} \tag{6-2-9}$$

（2）SPP

$$CA e^{2iph} \tag{6-2-10}$$

（3）PSP

$$RBC e^{iph} e^{iqh} \tag{6-2-11}$$

（4）SSP

$$-AC e^{iph} e^{iqh} \tag{6-2-12}$$

其中 S 波的相位贡献为 e^{iqh}，P 波的相位贡献为 e^{iph}。虽然图 6-2 考虑 4 个点 A、B、C、D 到达 E 点的可能情况，实际上在计算上面的贡献的时候，仅需要考虑已经发生波形转换的波从与 E 同边界上的三个点 1、2 或 3 出发到达点 E 的波的贡献，这是因为如此在 x_2 方向为一个循环，形成驻波。

4 种路径对 E 点的 P 波的 x_2 分量的总贡献可以表示为

$$R[A^2 e^{2iph} + BC e^{i(p+q)h}] - AC e^{i(p+q)h} + CA e^{2iph} = R \tag{6-2-13}$$

同理，从 S 波到达 E 点有 4 种可能的波传播路径（PPS、SPS、PSS、SSS），4 种路径对 E 点的 P 波的 x_2 分量的总贡献可以表示为

$$A^2 e^{2iqh} + BC e^{i(p+q)h} + R[AB e^{i(p+q)h} - AB e^{2iqh}] = 1 \tag{6-2-14}$$

通过式(6-2-5)消去式(6-2-13)和式(6-2-14)中的 R，可以得到

$$BC = \cos(p+q)h - A^2 \cos(p-q)h \tag{6-2-15}$$

而 $BC = 1 - A^2$，可进一步得到

$$\frac{1-A}{1+A} = \frac{4k_1^2 pq}{(k_1^2 - q^2)^2} = -\left(\frac{\tan pd}{\tan qd}\right)^{\pm 1} \tag{6-2-16}$$

其中 $d = \frac{h}{2}$。如果式(6-2-16)中指数取 -1，可得兰姆波的对称模态（S 模态，其关于 x_2 轴对称）频散关系

$$\frac{\tan qd}{\tan pd} = \frac{-4k_1^2 pq}{(k_1^2 - q^2)^2} \tag{6-2-17}$$

如果式(6-2-16)取 $+1$，可得兰姆波的反对称模态（A 模态，其关于 x_2 轴反对称）频散关系

$$\frac{\tan qd}{\tan pd} = \frac{-(k_1^2 - q^2)^2}{4k_1^2 pq} \tag{6-2-18}$$

给定不同的 fh 值 $\left(f = \frac{\omega}{2\pi}\right)$，可能得到数个对称或反对称的 k_1 解。针对数值计算，可用下面两个表达式：

$$\text{SYM}(\omega,c_P,c_L,c_T) = (k_1^2 - q^2)^2 \cos pd \sin qd + 4k_1^2 pq \sin pd \cos qd = 0 \quad (6\text{-}2\text{-}19)$$

$$\text{ASYM}(\omega,c_P,c_L,c_T) = (k_1^2 - q^2)^2 \sin pd \cos qd + 4k_1^2 pq \cos pd \sin qd = 0 \quad (6\text{-}2\text{-}20)$$

其中 SYM 代表对称模态,ASYM 代表反对称模态。对于给定材料,ω 和 c 为未知,而 c_L 和 c_T 为已知,满足

$$c_L = \sqrt{\frac{\lambda + 2\mu}{\rho}} = \sqrt{\frac{E}{\rho} \cdot \frac{(1-\nu)}{(1+\nu)(1-2\nu)}} \quad (6\text{-}2\text{-}21)$$

$$c_T = \sqrt{\frac{\mu}{\rho}} = \sqrt{\frac{E}{\rho} \cdot \frac{1}{2(1+\nu)}} \quad (6\text{-}2\text{-}22)$$

对于实数解 ω,c 有可能是实数或是复数,复数的 c 对应的是非传播的模态。可以先猜测一个解,然后通过辛普森法(Simpson's method)来找根。

从相长干涉的角度思考平面应变波在板内的传播可以有更清晰的物理概念,但是对于结果是对称模态还是反对称模态却不容易理解。读者也可以通过解波动方程与自由边界条件($\tau_{21} = \tau_{22} = 0$)来得到 P+SV 波在板内的传播行为。将位移分解为对称模态和反对称模态后就可以分别得到频散方程式(6-2-17)和式(6-2-18),其中,参考图 6-4,对称模态(对 x_2 轴对称)满足下面条件的位移和应力分布

$$u_1(x_2,-d) = u_1(x_2,d) \quad (6\text{-}2\text{-}23)$$

$$u_2(x_2,-d) = -u_2(x_2,d) \quad (6\text{-}2\text{-}24)$$

$$\tau_{21}(x_2,-d) = -\tau_{21}(x_2,d) \quad (6\text{-}2\text{-}25)$$

$$\tau_{22}(x_2,-d) = \tau_{22}(x_2,d) \quad (6\text{-}2\text{-}26)$$

也就是说,对于对称模态,$u_1(x_2)$ 必须由 cos 函数组成,$u_2(x_2)$ 为由 sin 函数组成。反对称模态(对 x_2 轴反对称)满足下面条件的位移和应力分布

$$u_1(x_2,-d) = -u_1(x_2,d) \quad (6\text{-}2\text{-}27)$$

$$u_2(x_2,-d) = u_2(x_2,d) \quad (6\text{-}2\text{-}28)$$

$$\tau_{21}(x_2,-d) = \tau_{21}(x_2,d) \quad (6\text{-}2\text{-}29)$$

$$\tau_{22}(x_2,-d) = -\tau_{22}(x_2,d) \quad (6\text{-}2\text{-}30)$$

换句话说,对于反对称模态,$u_1(x_2)$ 必须由 sin 函数组成,$u_2(x_2)$ 由 cos 函数组成。

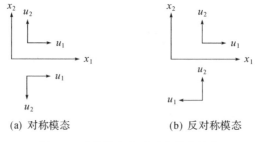

(a) 对称模态   (b) 反对称模态

图 6-4　对称模态和反对称模态示意

就工程应用(如损伤检测)而言,一般会将 fd 或 fh 当作横轴绘制频散曲线。图 6-5 所示为铝板板波相速度的频散曲线,图中 $S_0 \sim S_3$ 代表前 4 个对称模态,$A_0 \sim A_4$ 代表前 5 个反对称模态。这里使用的参数为:杨氏模量 $E = 70$ GPa;泊松比 $\nu = 0.33$;密度 $\rho = 2700$ kg/m³。

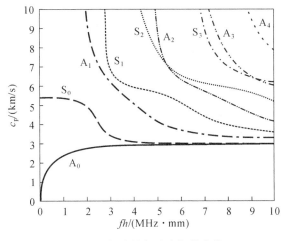

图 6-5　板波的相速度频散曲线

在实际工程应用(例如损伤检测)中,群速度比相速度更有意义。群速度为 $c_g = \dfrac{\mathrm{d}\omega}{\mathrm{d}k}$,而

$k = \dfrac{\omega}{c_p}$,所以

$$c_g = \frac{\mathrm{d}\omega}{\mathrm{d}\left(\dfrac{\omega}{c_p}\right)} = \frac{\mathrm{d}\omega}{\left(\dfrac{\mathrm{d}\omega}{c_p}\right) - \omega\left(\dfrac{\mathrm{d}c_p}{c_p^2}\right)} = \frac{c_p^2}{c_p - \omega\left(\dfrac{\mathrm{d}c_p}{\mathrm{d}\omega}\right)} \tag{6-2-31}$$

式(6-2-31)也可以改写为

$$c_g = \frac{c_p^2}{c_p - fd\left[\dfrac{\mathrm{d}c_p}{\mathrm{d}(fd)}\right]} \tag{6-2-32}$$

通过式(6-2-32)可以得到板波的群速度,图 6-6 所示为铝板内板波的群速度频散曲线。

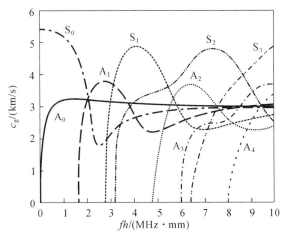

图 6-6　板波的群速度频散曲线

板波的对称模态质点位移分别为

$$u_1 = Ak_1 \left[-\mathrm{i}\, \frac{\cos(px_2)}{\sin(pd)} - \mathrm{i}\, \frac{2pq}{k_1^2 - q^2} \cdot \frac{\cos(qx_2)}{\sin(qd)} \right] \exp\left[\mathrm{i}\left(k_1 x - \omega t - \frac{\pi}{2} \right) \right]$$

$$(6\text{-}2\text{-}33)$$

和

$$u_2 = -A\mathrm{i}p \left[\frac{\sin(px_2)}{\sin(pd)} - \frac{2k_1^2}{k_1 - q^2} \cdot \frac{\sin(qx_2)}{\sin(qd)} \right] \exp\left[\mathrm{i}(k_1 x - \omega t) \right] \qquad (6\text{-}2\text{-}34)$$

而板波的反对称模态质点位移分别为

$$u_1 = Ak_1 \left[\mathrm{i}\, \frac{\sin(px_2)}{\sin(pd)} + \mathrm{i}\, \frac{2pq}{k_1^2 - q^2} \cdot \frac{\sin(qx_2)}{\cos(qd)} \right] \exp\left[\mathrm{i}\left(k_1 x - \omega t - \frac{\pi}{2} \right) \right] \quad (6\text{-}2\text{-}35)$$

和

$$u_2 = -A\mathrm{i}p \left[\frac{\cos(px_2)}{\cos(pd)} - \frac{2k_1^2}{k_1 - q^2} \cdot \frac{\cos(qx_2)}{\cos(qd)} \right] \exp\left[\mathrm{i}(k_1 x - \omega t) \right] \qquad (6\text{-}2\text{-}36)$$

随着波的传播,自由表面的兰姆波和 Rayleigh 波一样,都是以逆时针的方向运动(参考图 5-10)。事实上,式(6-2-17)可以改写为

$$\left(2 - \frac{c^2}{c_T^2} \right)^2 \frac{\tan\left[\mathrm{i}\left(\frac{c_T^2}{c^2} - 1 \right)^{\frac{1}{2}} \frac{\omega d}{c_T} \right]}{\tan\left[\mathrm{i}\left(\frac{c_T^2}{c^2} - \frac{c_T^2}{c_L^2} \right)^{\frac{1}{2}} \frac{\omega d}{c_T} \right]} - 4 \left(1 - \frac{c^2}{c_L^2} \right)^{\frac{1}{2}} \left(1 - \frac{c^2}{c_T^2} \right)^{\frac{1}{2}} = 0 \qquad (6\text{-}2\text{-}37)$$

若令 $\omega \to \infty$,由于

$$\tan \mathrm{i}\theta = \frac{e^{-\theta} - e^{\theta}}{\mathrm{i}(e^{-\theta} + e^{\theta})} \qquad (6\text{-}2\text{-}38)$$

则式(6-2-37)趋近为式(5-7-13)的 Rayleigh 方程

$$\left(2 - \frac{c^2}{c_T^2} \right)^2 - 4 \left(1 - \frac{c^2}{c_L^2} \right)^{\frac{1}{2}} \left(1 - \frac{c^2}{c_T^2} \right)^{\frac{1}{2}} = 0 \qquad (6\text{-}2\text{-}39)$$

显然,当波长极短(极高频)时,兰姆波的波速近似等于 Rayleigh 表面波的波速,性质为表面波。

图 6-7 所示为兰姆波遇到缺陷后的散射特征。显然,缺陷的存在改变了兰姆波的传播行为。因此,兰姆波可以应用于结构的健康监测领域,结合脉冲回波法(pulse-echo method)可以进行结构的损伤检测。以图 6-8 所示的铝梁结构为例(图 6-8(a)所示为健康梁,图 6-8(b)所示为对应的损伤梁),在梁左端给予线激励,在距离左端 300 mm 处的梁的上表面布置应变传感器(例如压电薄膜)采集信号。此处,激励信号是中心频率为 0.2 MHz 的 Hanning 窗调制的四步波信号。由于只在梁的单侧激励,因此梁中会同时激发出对称模态 S_0 兰姆波和反对称模态 A_0 兰姆波,但是整体而言反对称模态会更明显。根据频散曲线计算的 A_0 兰姆波传播的频散特性曲线图(图 6-6),梁的厚度为 5 mm 时,激励频率 0.2 MHz 对应的 A_0 群速度约为 2.92 km/s,波长约为 14.6 mm,S_0 兰姆波群速度约为 5.31 km/s,波长约为 26.55 mm,而整个输入波包的时间为 2×10^{-5} s。因此信号采集位点与梁的长度需要采取合适的尺寸来区分入射信号和反射信号以及损伤反射的信号。这个示例中信号激励源、信号采集点、缺陷位置、两端边界四者两两之间的距离大于 10 倍的波长,因此有足够的损伤分辨率。

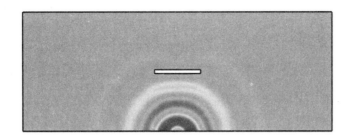

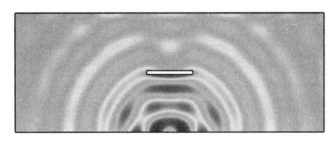

图 6-7 兰姆波遇到缺陷的散射特征

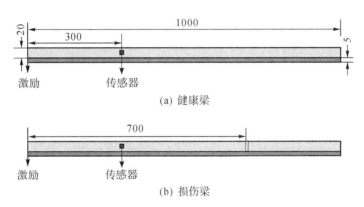

图 6-8 梁结构的损伤检测布置

图 6-9 所示为健康梁和损伤梁的反射波信号,我们可以明显地看出,边界的反射波以及损伤的存在对反射波的影响。根据板波的群速度频散曲线(图 6-6),可以预测采集点信号的理论结果:波源激励的扰动在梁中传播,经过 $t_{S_1} = 5.65 \times 10^{-5}$ s 的时间后,S_0 兰姆波第一次到达信号采集点,经过 $t_{A_1} = 16.48 \times 10^{-5}$ s 的时间后,A_0 兰姆波第一次到达信号采集点;S_0 兰姆波的信号相比于 A_0 兰姆波比较不明显。经过 58.22×10^{-5} s,接收到右端边界反射的 A_0 兰姆波;由于缺陷位置在距离左端 700 mm 处,所以在 $t_{A_2} = 37.67 \times 10^{-5}$ s 时刻,由缺陷反射的 A_0 兰姆波经过信号采集点被捕捉。图 6-9 表明,仿真结果符合理论预期。

我们通过杆、梁和板的工程近似理论对频散曲线做一些简单的讨论。

(1)杆伸缩

波动方程已于第 1 章讨论,即有

$$\frac{\partial^2 u}{\partial x^2} = \frac{1}{c^2} \cdot \frac{\partial^2 u}{\partial t^2} \tag{6-2-40}$$

波速为

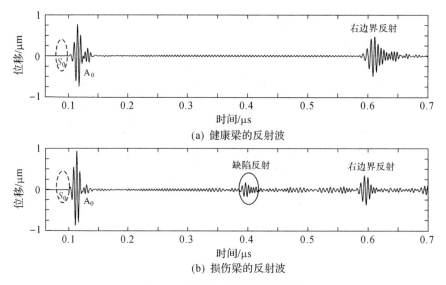

(a) 健康梁的反射波

(b) 损伤梁的反射波

图 6-9　梁结构的损伤检测结果

$$c = \sqrt{\frac{E}{\rho}} \tag{6-2-41}$$

（2）薄板伸缩

这属于平面应力问题，控制方程为

$$\begin{cases} \dfrac{E}{1-\nu^2}\left(\dfrac{\partial^2 u}{\partial x_1^2} + \dfrac{1-\nu}{2}\cdot\dfrac{\partial^2 u}{\partial x_2^2} + \dfrac{1+\nu}{2}\cdot\dfrac{\partial^2 v}{\partial x_1\partial x_2}\right) = \rho\,\dfrac{\partial^2 u}{\partial t^2} \\[2mm] \dfrac{E}{1-\nu^2}\left(\dfrac{\partial^2 v}{\partial x_2^2} + \dfrac{1-\nu}{2}\cdot\dfrac{\partial^2 v}{\partial x_1^2} + \dfrac{1+\nu}{2}\cdot\dfrac{\partial^2 u}{\partial x_1\partial x_2}\right) = \rho\,\dfrac{\partial^2 v}{\partial t^2} \end{cases} \tag{6-2-42}$$

代入往 x_1 方向传播的简谐波 $u = \mathrm{e}^{\mathrm{i}(kx-\omega t)}$ 可以得到波速为

$$c = \sqrt{\frac{E}{\rho(1-\nu^2)}} \tag{6-2-43}$$

若将式（6-2-37）改写为

$$\left(2-\frac{c^2}{c_{\mathrm T}^2}\right)^2 \frac{\tan\left[\left(1-\dfrac{c_{\mathrm T}^2}{c^2}\right)^{\frac12}\dfrac{\omega d}{c_{\mathrm T}}\right]}{\tan\left[\left(\dfrac{c_{\mathrm T}^2}{c_{\mathrm L}^2}-\dfrac{c_{\mathrm T}^2}{c^2}\right)^{\frac12}\dfrac{\omega d}{c_{\mathrm T}}\right]} + 4\left(1-\frac{c^2}{c_{\mathrm L}^2}\right)^{\frac12}\left(1-\frac{c^2}{c_{\mathrm T}^2}\right)^{\frac12} = 0 \tag{6-2-44}$$

左右两边同乘 $\tan\left[\left(\dfrac{c_{\mathrm T}^2}{c_{\mathrm L}^2}-\dfrac{c_{\mathrm T}^2}{c^2}\right)^{\frac12}\dfrac{\omega d}{c_{\mathrm T}}\right]$ 后对其中的 tan 函数进行泰勒级数展开，若令 $\omega \to 0$，可得

$$c = \sqrt{\frac{E}{\rho(1-\nu^2)}} \tag{6-2-45}$$

显然，对于低频长波长的波来说，对称模态兰姆波的波速就是工程板模型的伸缩波波速。

（3）薄梁弯曲

首先回忆欧拉—伯努利梁的控制方程

$$\frac{\partial^4 w}{\partial x^4} + \frac{1}{a^2} \cdot \frac{\partial^2 w}{\partial t^2} = 0 \tag{6-2-46}$$

其中 w 是梁的挠度，$a = \sqrt{\dfrac{EI}{\rho A}}$，将行波解 $w = e^{i(kx - \omega t)}$ 代入式(6-2-46)，可得

$$k = \pm \sqrt{\frac{\omega}{a}}, \ \pm i \sqrt{\frac{\omega}{a}} \tag{6-2-47}$$

对应的相速度为

$$c_p = \frac{\omega}{k} = \frac{\omega}{\sqrt{\dfrac{\omega}{a}}} = \sqrt{a} \cdot \sqrt{\omega} \tag{6-2-48}$$

或

$$c_p = \left[2\pi \sqrt{\frac{E}{12\rho}} (fh) \right]^{\frac{1}{2}} \tag{6-2-49}$$

（4）薄板弯曲

这属于平面应力问题，厚度为 h 的薄板的控制方程为

$$D \nabla^4 w + \rho h \frac{\partial^2 w}{\partial t^2} = 0 \tag{6-2-50}$$

$$D = \frac{Eh^3}{12(1 - \nu^2)} \tag{6-2-51}$$

其中 D 是板的弯曲刚度。假设波沿着 x_1 方向传播，且假设横向弯曲位移和 x_2 无关，即 $\dfrac{\partial w}{\partial x_2} = 0$，则对比欧拉—伯努利梁的控制方程，可知欧拉—伯努利梁的 $a = \sqrt{\dfrac{EI}{\rho A}}$ 对应薄板理论的 $a' = \sqrt{\dfrac{\dfrac{Eh^2}{12(1 - \nu^2)}}{\rho}}$，所以对应的相速度为

$$c_p = \frac{\omega}{k} = \left[\frac{Eh^2}{12\rho(1 - \nu^2)} \right]^{\frac{1}{4}} \sqrt{\omega} \tag{6-2-52}$$

或

$$c_p = \left[2\pi \sqrt{\frac{E}{12\rho(1 - \nu^2)}} (fh) \right]^{\frac{1}{2}} \tag{6-2-53}$$

将绘制图 6-5 的同样参数代入式(6-2-41)、式(6-2-43)、式(6-2-49)、式(6-2-52)和式(5-7-15)。可以发现，在低频区域，欧拉梁和薄板理论的弯曲波频散曲线近似于 A_0 兰姆波的频散曲线，薄板伸缩理论的相速度会近似于 S_0 兰姆波的频散曲线，高频区域反对称 A_0 和对称 S_0 模态都会趋近于 Rayleigh 表面波的波速 $c_R = \dfrac{0.862 + 1.14\nu}{1 + \nu} c_T$。从图 6-10 也可以看出，欧拉梁和薄板分析中不考虑剪切变形的影响导致高频波出现了波速无限大的不合理现象。

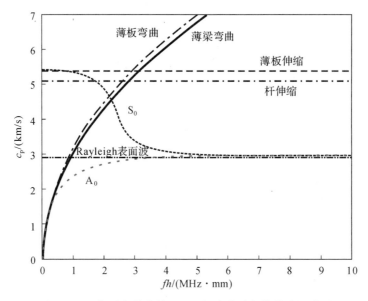

图 6-10 兰姆波频散曲线和工程梁弯曲波频散曲线的关系

6.3 波导中的反平面 SH 弹性波

现在考虑具有自由表面边界的板中 SH 波的传播问题。首先,我们考虑 SH 波入射到半无穷域的自由表面的问题。由于

$$\begin{cases} u_3^{(0)} = A_0 \exp[ik_0(x_1\sin\theta_0 + x_2\cos\theta_0 - c_\mathrm{T}t)] \\ u_3^{(2)} = A_2 \exp[ik_2(x_1\sin\theta_2 - x_2\cos\theta_2 - c_\mathrm{T}t)] \end{cases} \tag{6-3-1}$$

其中,上标请参考第 5 章的编号规定。在自由表面,SH 波的应力需要满足

$$\tau_{23} = \tau_{23}^{(0)} + \tau_{23}^{(2)} = 0 \tag{6-3-2}$$

可知

$$k_2 = k_0, \quad \theta_2 = \theta_0, \quad A_2 = A_0 \tag{6-3-3}$$

因此,如果是自由表面,入射 SH 波和反射 SH 波同相。SH 波的质点位移为

$$u_3 = u_3^{(0)} + u_3^{(2)} = 2A_0\cos(k_0 x_2\cos\theta_0)\exp[ik_0(x_1\sin\theta_0 - c_\mathrm{T}t)] \tag{6-3-4}$$

可见,对于 $\theta_0 \neq 0$,SH 波在 x_2 方向为驻波,并往 x_1 方向传播。

对于有限厚度的板,可以假设质点位移为

$$\begin{cases} u_1 = u_2 = 0 \\ u_3 = f(x_2)\,\mathrm{e}^{\mathrm{i}(kx_1 - \omega t)} \end{cases} \tag{6-3-5}$$

其满足波动方程

$$\frac{\partial^2 u_3}{\partial x_1^2} + \frac{\partial^2 u_3}{\partial x_2^2} = \frac{1}{c_\mathrm{T}^2} \cdot \frac{\partial^2 u_3}{\partial t^2} \tag{6-3-6}$$

可得

$$f(x_2) = B_1\sin(qx_2) + B_2\cos(qx_2) \tag{6-3-7}$$

其中

$$q^2 = \frac{\omega^2}{c_T^2} - k_1^2 \tag{6-3-8}$$

在 $x_2 = \pm d$ 处板的边界条件为自由表面,所以

$$\begin{cases} B_1 \cos(qd) + B_2 \sin(qd) = 0 \\ B_1 \cos(qd) - B_2 \sin(qd) = 0 \end{cases} \tag{6-3-9}$$

所以

$$qd = \frac{m\pi}{2} \tag{6-3-10}$$

当 $m = 0, 2, 4, \cdots$ 时,可得对称模态

$$f(x_2) = B_2 \cos(qx_2) \tag{6-3-11}$$

当 $m = 1, 3, 5, \cdots$ 时,可得反对称模态

$$f(x_2) = B_1 \sin(qx_2) \tag{6-3-12}$$

由

$$q^2 = \frac{\omega^2}{c_T^2} - k_1^2 = \left(\frac{m\pi}{2d}\right)^2 \tag{6-3-13}$$

可得

$$\left(\frac{c_1}{c_T}\right)^2 = 1 + \left(\frac{m\pi}{2k_1 d}\right)^2 \tag{6-3-14}$$

可以看出,除了 SH_0 模态外,SH 板波的波速会和波长(频率)有关,因此,SH 板波的高阶模态有频散。对基于导波的损伤检测而言,如果使用 SH_0 模态,就可以避免反射波与入射波混叠或是频散失真的现象,提高对于损伤情况的判断能力。然而,相较于 SH_0 模态,平面应变波更容易被激励,因此 SH_0 模态的应用一直是个难点。最近,北京大学的李法新和西南交通大学的苗鸿臣等人开发了激发 SH_0 模态的方法,对于 SH_0 模态在损伤检测的应用上有了革命性的推进。

6.4　勒夫波

在第 5 章我们已经讨论过,半无穷域的自由表面不会存在 SH 表面波。勒夫(Love)发现,如图 6-11 所示,如果在半无穷域材料的表面附上另外一种薄层材料,则在薄层材料内可以假设

$$u_3 = [A\sin(qx_2) + B\cos(qx_2)]\exp[ik(x_1 - ct)] \tag{6-4-1}$$

其中

$$q = k\left[\left(\frac{c}{c_T^1}\right)^2 - 1\right]^{\frac{1}{2}} \tag{6-4-2}$$

其中 c_T^1 为薄层材料内的横波波速。代入 $x_2 = -H$ 的自由表面边界条件,可知

$$A\cos(qH) + B\sin(qH) = 0 \tag{6-4-3}$$

由 $x_2 = 0$ 的连续性边界条件,可得

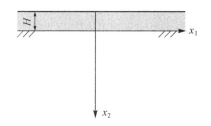

图 6-11　表面附上薄层材料的半无穷域

$$\mu_1 qA + \mu bB = 0 \tag{6-4-4}$$

可知

$$\mu b\cos(qh) - \mu_1 q\sin(qh) = 0 \tag{6-4-5}$$

所以

$$\tan(qH) - \frac{\mu b}{\mu_1 q} = 0 \tag{6-4-6}$$

可得勒夫波(Love wave)的频散关系为

$$L(c) = \tan\left\{\left[\left(\frac{c}{c_\mathrm{T}^1}\right)^2 - 1\right]kH\right\} - \frac{\mu\left[1-\left(\frac{c}{c_\mathrm{T}}\right)^2\right]^{\frac{1}{2}}}{\mu^1\left[\left(\frac{c}{c_\mathrm{T}^1}\right)^2 - 1\right]^{\frac{1}{2}}} = 0 \tag{6-4-7}$$

其中 c 为勒夫波的波速。可以发现,薄层材料的波速必须小于半无穷空间的横波波速且大于薄层材料中的横波波速($c_\mathrm{T}^1 < c < c_\mathrm{T}$)才会存在勒夫波。当 $kH \to 0$ 时,勒夫波的波速会趋近于横波波速。从 tan 函数的周期性可知式(6-4-7)具有重根,即

$$kH = \left[\left(\frac{c}{c_\mathrm{T}^1}\right)^2 - 1\right]\left\{\tan^{-1}\left[\frac{\mu\left[1-\left(\frac{c}{c_\mathrm{T}}\right)^2\right]^{\frac{1}{2}}}{\mu^1\left[\left(\frac{c}{c_\mathrm{T}^1}\right)^2 - 1\right]^{\frac{1}{2}}}\right]^{\frac{1}{2}} + n\pi\right\}, \quad n = 0,1,2,\cdots \tag{6-4-8}$$

除了 0 阶勒夫波以外,n 阶勒夫波有截止频率

$$\omega_\mathrm{c} = \frac{n\pi}{H}\left[\frac{1}{(c_\mathrm{T}^1)^2} - \frac{1}{(c_\mathrm{T})^2}\right]^{-\frac{1}{2}} \tag{6-4-9}$$

低于截止频率的 n 阶勒夫波无法在薄层中传播。此外,因为有截止频率的缘故,任意频率可以激发出离散但是个数有限的勒夫波,不同频率可以激发出不同振型的勒夫波。

　　勒夫波是在半无限介质中出现低速层的情况下,在低速层内的 SH 水平极化波在弹性层内的干涉结果。在半空间内,质点振动振幅和 Rayleigh 表面波一样会随深度增加而减少,因此勒夫波也是表面波的一种。在地震期间引起地壳水平移动的地震波就是勒夫波。勒夫波的波速比 P 波和 SV 波低。

　　最近,北京大学李法新课题组使用 d_{24} 面内剪切模态和 d_{15} 厚度剪切模态压电陶瓷换能器在附有树脂玻璃薄层(420 mm×520 mm×2 mm)的铝块(400 mm×500 mm×50 mm)上成功激发了勒夫波。他们通过 d_{31} 压电传感器进行测量。由测量结果可以知道,他们激发的波中不含兰姆波,是 0 阶勒夫波。

6.5 光纤的基本结构

在本章的后续内容中,我们将学习光纤波导的相关内容。早在 1841 年,瑞士物理学家 Jean Daniel Colladon 在教授学生有关流体力学的知识时,将盛满水的桶的侧边凿开一个孔洞,使水成股流出。由于当时的照明条件较差,为了让学生看得更清楚,他又使用透镜聚焦太阳光照射水柱,偶然发现了原本被认为是直线传播的光也可以被弯曲的水流"导引"。这个著名的实验后来又被称为 Tyndall 实验。本书作者用激光重现了 Tyndall 实验,如图 6-12 所示。特别的是,我们在水流上方摆放了一块干冰,通过干冰气体的散射,可以同时观察光的全反射以及临界角、折射光等现象。可以看出,当容器内的水位越来越低时,光无法满足全反射条件,就会有折射光的泄漏。

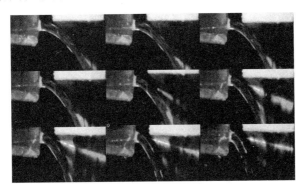

图 6-12　水流的光波导实验

(本实验由黄于珊、吴烔豪、李芮菡同学协助,手机扫描二维码观看实验)

光纤的结构如图 6-13 所示。光纤是圆柱介质光波导,包括中心的纤芯和外围的包层。实际上,为保证光纤的机械强度,光纤表面会涂覆热固化硅树脂或紫外固化丙烯酸酯。最外围还会套上尼龙、聚乙烯或聚酯等塑料保护光纤。

光在纤芯中传播时,纤芯的折射率比包层的折射率略高。如此,光在纤芯中传播就是在光密介质中传播,一旦光在光纤端面的入射角度满足一定的条件,使得纤芯和包层界面的入射角大于全反射角时,光会发生全反射,可以保持在光纤的纤芯中向前传播。反之,如果界面的入射角小于全反射角,会有折射光进入包层,最后因为光的能量损耗无法保持在纤芯中传播。

光纤按材料可以分为石英(SiO_2)光纤、多组分玻璃光纤、塑料光纤和液芯光纤等特殊光纤。石英光纤是目前使用量最大的光纤,由高纯度石英制作,适用于长距离、大容量的光纤通信系统。石英光纤也是光纤传感器主要使用的光纤。

如果按照光纤的折射率分布,光纤又可以分为阶跃折射率光纤和渐变折射率光纤,如图 6-13 所示。顾名思义,渐变折射率光纤的折射率是渐变的,纤芯的中心折射率最大,沿半径方向逐渐减小,而包层的折射率均匀分布。本书主要讨论的是阶跃折射率光纤。

光纤还可以按照传播模式(电磁场横向分布)来分类。如果光纤的直径够大(50～100 μm),就可以传播不同的模式,称为多模光纤。反之,如果光纤的直径很小(10 μm 左右

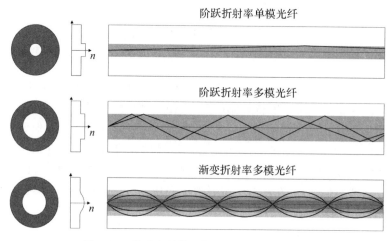

图 6-13　典型光纤的几何形状和折射率分布

或更小(对于可见光)),光纤内有可能只能传播一个模式,称为单模光纤。由于不同模式的传播常数和群速度不同,对于多模光纤,在传输过程中原来输入的光脉冲会变宽,远距离传输后会造成信号交叠,从而限制光纤的传输速率。因此,为了降低光信号的失真,多模光纤可以设计为具有渐变折射率,即将折射率小(光波传播的速度快)的材料布置在距离中心比较远的地方,从而补偿不同光波模态之间传播速度的不同。

6.6　光纤的光线理论基础

光波在圆柱型光纤内部的全反射传播可以分为两种传播方式。其中一种为子午光线(meridional rays),即光被限制在过光纤轴的子午面内传播,所有的光的反射都在同一个子午面内,传播方式呈现为折线。第二种是偏斜光线(skew rays),光的轨迹不与光纤轴相交或平行,是空间折线。偏斜光线的传播复杂,本节主要讨论子午光线在光纤内的传播行为。

如图 6-14 所示,当光波从阶跃折射率光纤的纤芯(折射率 n_1)入射到包层(折射率 n_2)的界面时,由折射定律 $n_1 \sin \theta_1 = n_2 \sin \theta_2$,可知折射角 θ_2 等于 $90°$ 时的临界入射角 θ_{cr} 的正弦值为 $\dfrac{n_2}{n_1}$。 由于正弦的绝对值必小于 1,所以纤芯的折射率 n_1 应大于包层 $n_2 (n_1 > n_2)$。当光波的入射角大于 $\sin^{-1}\left(\dfrac{n_2}{n_1}\right)$ 时,光波会不断地在界面发生全反射,从而在光纤中传播。

现在考虑光波从折射率为 n_0 的其他介质(例如空气)入射到光纤纤芯的情况。假设入射角为 θ_0,则有 $n_0 \sin \theta_0 = n_1 \sin\left(\dfrac{\pi}{2} - \theta_1\right)$ 的关系。

由于 $\sin^2\left(\dfrac{\pi}{2} - \theta_1\right) = 1 - \cos^2\left(\dfrac{\pi}{2} - \theta_1\right) = 1 - \sin^2\theta_1$,而在全反射下,有

$$\sin \theta_1 > \frac{n_2}{n_1} \tag{6-6-1}$$

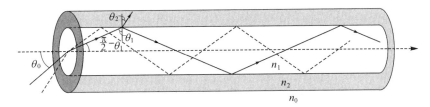

图 6-14　光在光纤中的传播

所以

$$\sin^2\theta_1 = 1 - \sin^2\left(\frac{\pi}{2}-\theta_1\right) > \left(\frac{n_2}{n_1}\right)^2 \qquad (6\text{-}6\text{-}2)$$

或

$$\sin\left(\frac{\pi}{2}-\theta_1\right) < \sqrt{1-\left(\frac{n_2}{n_1}\right)^2} \qquad (6\text{-}6\text{-}3)$$

因此,在全反射下,入射角 θ_0 必须满足下式的关系

$$\sin\theta_0 < \frac{n_1}{n_0}\sqrt{1-\left(\frac{n_2}{n_1}\right)^2} = \sqrt{\frac{n_1^2-n_2^2}{n_0^2}} \qquad (6\text{-}6\text{-}4)$$

当光由空气进入光纤端面时, $n_0=1$, 则 $\sin\theta_0 < \sqrt{n_1^2-n_2^2}$。 定义数值孔径(numerical aperture, NA)为

$$\mathrm{NA} = \sqrt{n_1^2-n_2^2} \qquad (6\text{-}6\text{-}5)$$

数值孔径表示光线(ray)的最大许可入射角,其满足

$$\sin\theta_{0\max} = \mathrm{NA} \qquad (6\text{-}6\text{-}6)$$

其中 $2\theta_{0\max}$ 称为光线的孔径角。 只有在具有此孔径角的圆锥内入射的光线才可能在光纤的纤芯中传播而不在包层泄漏。 至于是否真的可以传播还需进一步检验入射波与反射波的相位是否满足波导的相长干涉条件,由前面弹性波导的基础可知,如此就要求纤芯某处的光在两次界面反射后回到与原来同样的横向位置的时候,与原来的光有 2π 的整数倍的总相移。因此,对应的入射角为离散的角度,分别对应不同的模式。

我们定义光纤的纤芯和包层之间的相对折射率差 Δ 来反映折射率 n_1 和 n_2 的差值

$$\Delta \equiv \frac{n_1^2-n_2^2}{2n_1^2} \qquad (6\text{-}6\text{-}7)$$

由数值孔径的定义可知:给定 n_1 后,折射率差 n_1-n_2 越大,数值孔径和孔径角越大,代表导光能力越强;反之,折射率差 n_1-n_2 越小(例如 n_2 很接近 n_1, $n_2 < n_1$),数值孔径和孔径角越小,代表导光能力越弱。 对实际上光纤通信系统中使用的石英(玻璃)阶跃折射率光纤而言,光纤的纤芯和包层的折射率差 n_1-n_2 很小,即

$$\Delta = \frac{n_1-n_2}{n_1} \cdot \frac{n_1+n_2}{2n_1} \approx \frac{n_1-n_2}{n_1} \ll 1 \qquad (6\text{-}6\text{-}8)$$

因此石英光纤一般为弱波导光纤。 实际光纤大多是通过将低浓度的掺杂材料(例如锗)掺入高纯度熔融石英光纤来改变折射率的。 可以看出,数值孔径和相对折射率差满足如下关系

$$\mathrm{NA} = n_1\sqrt{2\Delta} \qquad (6\text{-}6\text{-}9)$$

6.7 光纤的模式理论

在本节我们将通过电磁理论研究光纤的光波传播模式。光纤是波导,因此在光纤内的可导光波需要满足圆柱形介质边界条件以及麦克斯韦方程组。光纤的模式其实就是光纤结构的固有且离散的电磁共振属性的表征。本节的目的是了解光纤的不同传播模式。

首先描述电场和磁场。如图 6-15 所示,偏斜入射的光波沿着光纤的 z 轴传播,在横向为驻波,所以电场和磁场可以分别表示为

$$\boldsymbol{E} = \boldsymbol{E}_0(x,y)\exp[\mathrm{i}(\omega t - \beta z)] \tag{6-7-1}$$

$$\boldsymbol{H} = \boldsymbol{H}_0(x,y)\exp[\mathrm{i}(\omega t - \beta z)] \tag{6-7-2}$$

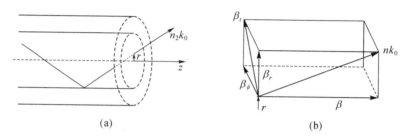

图 6-15　纤芯中偏斜入射的光的传播常数示意

注意到这里对于电场和磁场的描述中 β 是光纤轴向的波矢,又称为传播常数。此外,符合一般光纤理论的习惯,我们将相位的时间项写在空间项的前面。将式(6-7-1)和式(6-7-2)代入均质无损介质的麦克斯韦方程组的法拉第电磁感应定律和麦克斯韦—安培定律中

$$\nabla \times \boldsymbol{E} = -\mu\,\frac{\partial \boldsymbol{H}}{\partial t} \tag{6-7-3}$$

$$\nabla \times \boldsymbol{H} = \varepsilon\,\frac{\partial \boldsymbol{E}}{\partial t} \tag{6-7-4}$$

可以得到

$$\frac{\partial E_z}{\partial y} + \mathrm{i}\beta E_y = -\mathrm{i}\omega\mu H_x \tag{6-7-5}$$

$$\mathrm{i}\beta E_x + \frac{\partial E_z}{\partial x} = \mathrm{i}\omega\mu H_y \tag{6-7-6}$$

$$\frac{\partial E_y}{\partial x} - \frac{\partial E_x}{\partial y} = -\mathrm{i}\omega\mu H_z \tag{6-7-7}$$

$$\frac{\partial H_z}{\partial y} + \mathrm{i}\beta H_y = \mathrm{i}\omega\varepsilon E_x \tag{6-7-8}$$

$$-\mathrm{i}\beta H_x - \frac{\partial H_z}{\partial x} = \mathrm{i}\omega\varepsilon E_y \tag{6-7-9}$$

$$\frac{\partial H_y}{\partial x} - \frac{\partial H_x}{\partial y} = \mathrm{i}\omega\varepsilon E_z \tag{6-7-10}$$

则 E_x、E_y、H_x、H_y 可以表示为

$$E_x = \frac{-\mathrm{i}}{\omega^2 \varepsilon \mu - \beta^2}\left(\beta \frac{\partial E_z}{\partial x} + \omega \mu \frac{\partial H_z}{\partial y}\right) \tag{6-7-11}$$

$$E_y = \frac{-\mathrm{i}}{\omega^2 \varepsilon \mu - \beta^2}\left(\beta \frac{\partial E_z}{\partial y} - \omega \mu \frac{\partial H_z}{\partial x}\right) \tag{6-7-12}$$

$$H_x = \frac{-\mathrm{i}}{\omega^2 \varepsilon \mu - \beta^2}\left(\beta \frac{\partial H_z}{\partial x} - \omega \varepsilon \frac{\partial E_z}{\partial y}\right) \tag{6-7-13}$$

$$H_y = \frac{-\mathrm{i}}{\omega^2 \varepsilon \mu - \beta^2}\left(\beta \frac{\partial H_z}{\partial y} + \omega \varepsilon \frac{\partial E_z}{\partial x}\right) \tag{6-7-14}$$

其中：$\omega^2 \varepsilon \mu - \beta^2 = n^2 k_0^2 - \beta^2 = \beta_t^2$；$k_0 = \frac{2\pi}{\lambda_0}$；$\lambda_0$ 是光纤中传播的波长 $\left(\frac{\lambda_0}{n_1}\right)$ 所对应的真空中的波长，通常省略下标将其表示为 λ。 如图 6-15 所示，β_t 称为横向相位常数或是横向波数。将式(6-7-13)和式(6-7-14)代入式(6-7-10)，可得

$$\frac{\partial^2 E_z}{\partial x^2} + \frac{\partial^2 E_z}{\partial y^2} + \beta_t^2 E_z = 0 \tag{6-7-15}$$

如果令 $\nabla_t^2 = \nabla^2 - \frac{\partial^2}{\partial z^2}$，则式(6-7-15)可以表示为

$$\nabla_t^2 E_z + \beta_t^2 E_z = 0 \tag{6-7-16}$$

需要提醒的是，式(6-7-15)和式(6-7-16)对于 E_x 和 E_y 也满足，因为式(6-7-15)也可以直接由第 4 章式(4-2-22)的亥姆霍兹方程通过光纤波导中 $\frac{\partial}{\partial z} = -\mathrm{i}\beta$ 的关系得到。将式(6-7-11)和式(6-7-12)代入式(6-7-7)，可得

$$\nabla_t^2 H_z + \beta_t^2 H_z = 0 \tag{6-7-17}$$

可以看出，E_z 和 H_z 是不耦合的。此外，由式(6-7-11)到式(6-7-14)可知，一旦得到 E_z 和 H_z，就可以解出电磁场的其他分量 E_x、E_y、H_x、H_y。 接下来我们得到的解中，如果 $E_z = 0$，解是 TE 模；如果 $H_z = 0$，解是 TM 模。

由于光纤是圆柱形介质波导，有柱对称性，所以用柱坐标描述电磁场更加合适。柱坐标和直角坐标的基本关系为

$$x = r \cos \phi \tag{6-7-18}$$

$$y = r \sin \phi \tag{6-7-19}$$

$$r = \sqrt{x^2 + y^2} \tag{6-7-20}$$

$$\phi = \tan^{-1}\left(\frac{y}{x}\right) \tag{6-7-21}$$

$$E_r = E_x \cos \phi + E_y \sin \phi \tag{6-7-22}$$

$$E_\phi = -E_x \sin \phi + E_y \cos \phi \tag{6-7-23}$$

式(6-7-22)和式(6-7-23)中的电场替换为磁场后同样适用。通过柱坐标的变换，式(6-7-11)到式(6-7-14)变为

$$E_r = \frac{-\mathrm{i}}{\beta_t^2}\left(\beta \frac{\partial E_z}{\partial r} + \omega \mu \frac{1}{r} \cdot \frac{\partial H_z}{\partial \phi}\right) \tag{6-7-24}$$

$$E_\phi = \frac{-\mathrm{i}}{\beta_t^2}\left(\beta \frac{1}{r} \cdot \frac{\partial E_z}{\partial \phi} - \omega \mu \frac{\partial H_z}{\partial r}\right) \tag{6-7-25}$$

$$H_r = \frac{-\mathrm{i}}{\beta_t^2}\left(\beta\,\frac{\partial H_z}{\partial r} - \omega\varepsilon\,\frac{1}{r}\cdot\frac{\partial E_z}{\partial \phi}\right) \tag{6-7-26}$$

$$H_\phi = \frac{-\mathrm{i}}{\beta_t^2}\left(\beta\,\frac{1}{r}\cdot\frac{\partial H_z}{\partial \phi} + \omega\varepsilon\,\frac{\partial E_z}{\partial r}\right) \tag{6-7-27}$$

以及

$$\frac{\partial^2 E_z}{\partial r^2} + \frac{1}{r}\cdot\frac{\partial E_z}{\partial r} + \frac{1}{r^2}\cdot\frac{\partial^2 E_z}{\partial \phi^2} + \beta_t^2 E_z = 0 \tag{6-7-28}$$

$$\frac{\partial^2 H_z}{\partial r^2} + \frac{1}{r}\cdot\frac{\partial H_z}{\partial r} + \frac{1}{r^2}\cdot\frac{\partial^2 H_z}{\partial \phi^2} + \beta_t^2 H_z = 0 \tag{6-7-29}$$

和直角坐标一样,一旦得到 E_z 和 H_z,就可以解出电磁场的其他分量 E_r,E_ϕ,H_r, H_ϕ。 光纤波导内传播的解 E_z 是由离散的模式所叠加,可假设

$$E_z = \sum_i E_{zi}(r,\phi)\exp[\mathrm{i}(\omega t - \beta_i z)] \tag{6-7-30}$$

其中的每一个模态都必须满足式(6-7-28)。由于柱对称性,以及横向是有界的,可将模态进行变量分离并将其中的 $R_i(r)\Phi_i(\phi)$ 代入式(6-7-28)($\exp(-\mathrm{i}\beta_i z)$ 自然满足),可得

$$\frac{r^2}{R}\cdot\frac{\mathrm{d}^2 R}{\mathrm{d}r^2} + \frac{r}{R}\cdot\frac{\mathrm{d}R}{\mathrm{d}r} + r^2(n^2 k_0^2 - \beta^2) = -\frac{1}{\Phi}\cdot\frac{\mathrm{d}^2\Phi}{\mathrm{d}\phi^2} = +\nu^2 \tag{6-7-31}$$

其中,由于两个分别只与 r 和 ϕ 有关的方程要满足相等条件,其必等于一个常数,假定常数为 $+\nu^2$。 式(6-7-31)对应下面两个方程

$$\frac{\mathrm{d}^2\Phi}{\mathrm{d}\phi^2} + \nu^2\Phi = 0 \tag{6-7-32}$$

$$r^2\,\frac{\mathrm{d}^2 R}{\mathrm{d}r^2} + r\,\frac{\mathrm{d}R}{\mathrm{d}r} + [r^2(n^2 k_0^2 - \beta^2) - \nu^2]R = 0 \tag{6-7-33}$$

这里,将 β_t^2 再次写为 $n^2 k_0^2 - \beta^2$,目的是后面可以针对光纤的纤芯和包层进行讨论。从式(6-7-32)可知,沿光纤的圆周方向,有

$$\Phi(\phi) = \begin{Bmatrix} \cos(\nu\phi) \\ \sin(\nu\phi) \end{Bmatrix} \tag{6-7-34}$$

由于圆周方向的"周期性",当斜向传播的波矢在圆周方向转到同一个角度时,应该有 $\Phi(\phi + 2\pi) = \Phi(\phi)$,这就要求 ν 必须为整数。举例来说,如果 ν 不为整数,比如 $\nu = 2.1$,则

$$\cos[2.1(\phi + 2\pi)] = \cos(2.1\phi + 4.2\pi)) \neq \cos(2.1\phi) \tag{6-7-35}$$

然而,由式(6-7-34)可知,在圆周方向波矢每转动一圈,就贡献 $2\pi\nu$ 的相位。所以,这也要求图 6-15 所示的 β_ϕ 满足 $\beta_\phi \cdot 2\pi r = 2\nu\pi$,即

$$\beta_\phi = \frac{\nu}{r} \tag{6-7-36}$$

因此,ν 又称为(方位)角模数。

对于径向方向,式(6-7-33)为 Bessel(贝塞尔)方程的形式。我们先复习 Bessel 方程的解,即 Bessel 函数。有下面的 Bessel 方程

$$x^2\,\frac{\mathrm{d}^2 y}{\mathrm{d}x^2} + x\,\frac{\mathrm{d}y}{\mathrm{d}x} + (x^2 - \nu^2)y = 0 \tag{6-7-37}$$

对于整数 ν,其通解为

$$y = AJ_\nu(x) + BY_\nu(x) \tag{6-7-38}$$

其中 A、B 为任意实数，$J_\nu(x)$ 为 ν 阶第一类 Bessel 函数，$Y_\nu(x)$ 为 ν 阶第二类 Bessel 函数，也称为 Neumann 函数，$J_\nu(x)$ 和 $Y_\nu(x)$ 独立，$J_\nu(x)$ 和 $Y_\nu(x)$ 曲线如图 6-16(a) 和图 6-16(b) 所示。

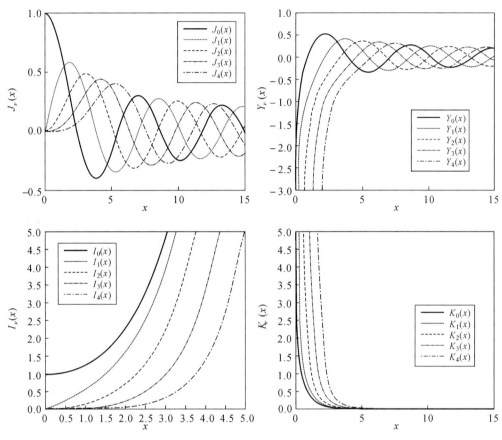

图 6-16　Bessel 函数曲线

如果式 (6-7-37) 中的 x 是虚数，即

$$x^2 \frac{\mathrm{d}^2 y}{\mathrm{d}x^2} + x \frac{\mathrm{d}y}{\mathrm{d}x} + [(\mathrm{i}x)^2 - \nu^2] y = 0 \tag{6-7-39}$$

则式 (6-7-37) 称为 ν 阶修正的 Bessel 方程，其通解为

$$y = AI_\nu(x) + BK_\nu(x) \tag{6-7-40}$$

其中：A、B 为任意实数；$I_\nu(x)$ 为 ν 阶第一类修正的 Bessel 函数；$K_\nu(x)$ 为 ν 阶第二类修正的 Bessel 函数，$I_\nu(x)$ 和 $K_\nu(x)$ 独立。$I_\nu(x)$ 和 $K_\nu(x)$ 曲线如图 6-16(c) 和图 6-16(d) 所示。

现在，可以针对纤芯（折射率为 n_1）和包层（折射率为 n_2）的折射率，将式 (6-7-33) 分为两种情况

$$r^2 \frac{\mathrm{d}^2 R}{\mathrm{d}r^2} + r \frac{\mathrm{d}R}{\mathrm{d}r} + [r^2(n_1^2 k_0^2 - \beta^2) - \nu^2] R = 0, \quad 0 < r < a \tag{6-7-41}$$

$$r^2 \frac{\mathrm{d}^2 R}{\mathrm{d}r^2} + r \frac{\mathrm{d}R}{\mathrm{d}r} + [r^2(n_2^2 k_0^2 - \beta^2) - \nu^2]R = 0, \quad r > a \tag{6-7-42}$$

其中 a 为纤芯的半径,是光纤波导的横向特征尺寸。读者可以很容易地判断,4 个独立的 Bessel 函数哪一个才"可以"是光纤内的导波解。首先,对于纤芯,观察 Bessel 函数曲线,只有 $J_\nu(x)$ 的振荡曲线是可能的解,因为其他函数曲线不是衰减到零就是非有界函数。其次,对于包层,只有 $K_\nu(x)$ 是可能的解,这是因为 $K_\nu(x)$ 随着距离(光纤半径)的增大逐渐单调衰减,可以满足当包层的半径变成无限大的时候电磁场分量必须衰减到零的无穷边界条件。为了在纤芯得到 $J_\nu(x)$ 的解,可以知道式(6-7-41)必须是 ν 阶 Bessel 方程,因此,有下面的关系

$$\beta < n_1 k_0 \tag{6-7-43}$$

为了在包层得到 $K_\nu(x)$ 的解,可以知道式(6-7-42)必须是 ν 阶修正的 Bessel 方程,因此,有下面的关系

$$n_2 k_0 < \beta \tag{6-7-44}$$

所以,对于光纤内的导波,传播常数需要满足 $n_2 k_0 < \beta < n_1 k_0$。换句话说,如果 $\beta < n_2 k_0$,光波就无法在光纤内传播,会在包层内振荡而不是衰减,变成辐射模。另外,从图 6-15 可知,β 最大为 $n_1 k_0$。为此,定义下面的"正值的"参数

$$U = a(n_1^2 k_0^2 - \beta^2)^{\frac{1}{2}} \tag{6-7-45}$$

其中:因为 $\frac{U}{a} = (n_1^2 k_0^2 - \beta^2)^{\frac{1}{2}} = \beta_t$,所以 U 称为纤芯区的归一化横向相位参数。当 β_t 由其低频极限值 $n_2 k_0$ 往高频极限值 $n_1 k_0$ 增加时,U 会减小,代表 U 有界,横向传播常数 β_t 有界。

另外定义

$$W = a(\beta^2 - n_2^2 k_0^2)^{\frac{1}{2}} \tag{6-7-46}$$

其中,因为 $\frac{W}{a} = (\beta^2 - n_2^2 k_0^2)^{\frac{1}{2}}$,又有 $n_2 k_0 < \beta$ 而 $n^2 k_0^2 - \beta^2 = \beta_t^2$,可见其代表消逝场,所以 W 称为包层区的归一化横向衰减参数,其表征包层区的光场的衰减快慢。必须说明的是,当 $\beta = n_2 k_0$ 时,$W = 0$ 是导波的临界点,所以光纤的截止条件为

$$\beta = n_2 k_0 \tag{6-7-47}$$

对应的频率称为截止频率。

由式(6-7-45)和式(6-7-46)可以进一步定义归一化频率参数 V,其满足

$$V^2 = U^2 + W^2 = a^2 k_0^2 (n_1^2 - n_2^2) = a^2 k_0^2 (NA)^2 \tag{6-7-48}$$

归一化频率参数 V 又称为 V 参数,其也可以表示为

$$V = a k_0 n_1 \sqrt{2\Delta} \tag{6-7-49}$$

V 参数是光纤理论中最重要的参数,只要知道光纤的几何、折射率、工作波长,就可以知道 V 参数的值。我们后面会针对 V 参数做进一步的探讨。

现在,我们可以通过 $E_z(H_z)$ 得到所有的场分布。若选择 $\Phi(\phi) = \sin(\nu\phi)$,则在纤芯区($r < a$)有(最终的解要乘上 $e^{-i\beta z}$)

$$E_z = A J_\nu\left(\frac{U}{a}r\right)\sin(\nu\phi) \tag{6-7-50}$$

$$E_r = \left[-A \frac{\mathrm{i}\beta}{\left(\dfrac{U}{a}\right)} J'_\nu\left(\frac{U}{a}r\right) + B \frac{\mathrm{i}\omega\mu}{\left(\dfrac{U}{a}\right)^2} \cdot \frac{\nu}{r} J_\nu\left(\frac{U}{a}r\right) \right] \sin(\nu\phi) \tag{6-7-51}$$

$$E_\phi = \left[-A \frac{\mathrm{i}\beta}{\left(\dfrac{U}{a}\right)^2} \cdot \frac{\nu}{r} J_\nu\left(\frac{U}{a}r\right) + B \frac{\mathrm{i}\omega\mu}{\left(\dfrac{U}{a}\right)} J'_\nu\left(\frac{U}{a}r\right) \right] \cos(\nu\phi) \tag{6-7-52}$$

$$H_z = B J_\nu\left(\frac{U}{a}r\right) \cos(\nu\phi) \tag{6-7-53}$$

$$H_r = \left[A \frac{\mathrm{i}\omega\varepsilon_0 n_1^2}{\left(\dfrac{U}{a}\right)^2} \cdot \frac{\nu}{r} J_\nu\left(\frac{U}{a}r\right) - B \frac{\mathrm{i}\beta}{\left(\dfrac{U}{a}\right)} J'_\nu\left(\frac{U}{a}r\right) \right] \cos(\nu\phi) \tag{6-7-54}$$

$$H_\phi = \left[-A \frac{\mathrm{i}\omega\varepsilon_0 n_1^2}{\left(\dfrac{U}{a}\right)} J'_\nu\left(\frac{U}{a}r\right) + B \frac{\mathrm{i}\beta}{\left(\dfrac{U}{a}\right)^2} \cdot \frac{\nu}{r} J_\nu\left(\frac{U}{a}r\right) \right] \sin(\nu\phi) \tag{6-7-55}$$

在包层区（$r > a$）有（最终的解要乘上 $\mathrm{e}^{-\mathrm{i}\beta z}$）

$$E_z = C K_\nu\left(\frac{W}{a}r\right) \sin(\nu\phi) \tag{6-7-56}$$

$$E_r = \left[C \frac{\mathrm{i}\beta}{\left(\dfrac{W}{a}\right)} K'_\nu\left(\frac{W}{a}r\right) - D \frac{\mathrm{i}\omega\mu}{\left(\dfrac{W}{a}\right)^2} \cdot \frac{\nu}{r} K_\nu\left(\frac{W}{a}r\right) \right] \sin(\nu\phi) \tag{6-7-57}$$

$$E_\phi = \left[C \frac{\mathrm{i}\beta}{\left(\dfrac{W}{a}\right)^2} \cdot \frac{\nu}{r} K_\nu\left(\frac{W}{a}r\right) - D \frac{\mathrm{i}\omega\mu}{\left(\dfrac{W}{a}\right)} K'_\nu\left(\frac{W}{a}r\right) \right] \cos(\nu\phi) \tag{6-7-58}$$

$$H_z = D K_\nu\left(\frac{W}{a}r\right) \cos(\nu\phi) \tag{6-7-59}$$

$$H_r = \left[-C \frac{\mathrm{i}\omega\varepsilon_0 n_2^2}{\left(\dfrac{W}{a}\right)^2} \cdot \frac{\nu}{r} K_\nu\left(\frac{W}{a}r\right) + D \frac{\mathrm{i}\beta}{\left(\dfrac{W}{a}\right)} K'_\nu\left(\frac{W}{a}r\right) \right] \cos(\nu\phi) \tag{6-7-60}$$

$$H_\phi = \left[-C \frac{\mathrm{i}\omega\varepsilon_0 n_2^2}{\left(\dfrac{W}{a}\right)} K'_\nu\left(\frac{W}{a}r\right) - D \frac{\mathrm{i}\beta}{\left(\dfrac{W}{a}\right)^2} \cdot \frac{\nu}{r} K_\nu\left(\frac{W}{a}r\right) \right] \sin(\nu\phi) \tag{6-7-61}$$

除了 E_z 用 $\sin(\nu\phi)$ 表示，H_z 用 $\cos(\nu\phi)$ 表示外，很可能有 E_z 用 $\cos(\nu\phi)$ 表示，H_z 用 $\sin(\nu\phi)$ 表示。不过，对于导波模式的讨论，仅考虑其中一种即可。

在边界 $r = a$ 处，光场必须满足下面的边界条件（非导磁材料）

$$\left[E_z(a), E_\phi(a), \varepsilon_1 E_r(a)\right]_1 = \left[E_z(a), E_\phi(a), \varepsilon_2 E_r(a)\right]_2 \tag{6-7-62}$$

$$\left[H_z(a), H_\phi(a), \mu_0 H_r(a)\right]_1 = \left[H_z(a), H_\phi(a), \mu_0 H_r(a)\right]_2 \tag{6-7-63}$$

将式(6-7-50)到式(6-7-55)和式(6-7-56)到式(6-7-61)代入式(6-7-62)和式(6-7-63)的边界条件，可以发现系数必须满足

$$
\begin{bmatrix}
J_\nu(U) & 0 & -K_\nu(W) & 0 \\
0 & J_\nu(U) & 0 & -K_\nu(W) \\
\dfrac{i\beta}{\left(\dfrac{U}{a}\right)^2}\cdot\dfrac{\nu J_\nu(U)}{a} & -\dfrac{i\omega\mu_0}{\left(\dfrac{U}{a}\right)}J'_\nu(U) & \dfrac{i\beta}{\left(\dfrac{W}{a}\right)^2}\cdot\dfrac{\nu K_\nu(W)}{a} & -\dfrac{i\omega\mu_0}{\left(\dfrac{W}{a}\right)}K'_\nu(W) \\
\dfrac{i\omega\varepsilon_0 n_1^2}{\left(\dfrac{U}{a}\right)}J'_\nu(U) & -\dfrac{i\beta}{\left(\dfrac{U}{a}\right)^2}\cdot\dfrac{\nu J_\nu(U)}{a} & C\dfrac{i\omega\varepsilon_0 n_2^2}{\left(\dfrac{W}{a}\right)}K'_\nu(W) & -\dfrac{i\beta}{\left(\dfrac{W}{a}\right)^2}\cdot\dfrac{\nu K_\nu(W)}{a}
\end{bmatrix}
\begin{bmatrix} A \\ B \\ C \\ D \end{bmatrix}
$$
$$
= 0 \tag{6-7-64}
$$

若要有非零解,系数矩阵的行列式值必须为零,则

$$
\left[\frac{J'_\nu(U)}{UJ_\nu(U)}+\frac{K'_\nu(W)}{WK_\nu(W)}\right]\left[\frac{n_1^2}{n_2^2}\cdot\frac{J'_\nu(U)}{UJ_\nu(U)}+\frac{K'_\nu(W)}{WK_\nu(W)}\right]
$$
$$
=\nu^2\left(\frac{1}{U^2}+\frac{1}{W^2}\right)\left(\frac{n_1^2}{n_2^2}\cdot\frac{1}{U^2}+\frac{1}{W^2}\right) \tag{6-7-65}
$$

上式的结构很复杂。前一节提过,对实际上光纤通信系统中使用的石英(玻璃)阶跃折射率光纤而言,光纤纤芯和包层的折射率差 n_1-n_2 很小,$\Delta\ll1$,即 $n_1\approx n_2$,因此石英光纤一般为弱波导光纤。对于弱波导光纤,理论分析可以进行简化。式(6-7-65)可以简化为如下的特征方程

$$
\left[\frac{J'_\nu(U)}{UJ_\nu(U)}+\frac{K'_\nu(W)}{WK_\nu(W)}\right]=\pm\nu\left(\frac{1}{U^2}+\frac{1}{W^2}\right) \tag{6-7-66}
$$

从式(6-7-65)开始我们可以对光纤波导中的模式做一个分类。导波模式的具体分类如下。

(1)TE 模 $(E_z=0)$

首先,我们研究光纤中是否可能出现完全没有光纤轴向分量的横向电场模式。由式(6-7-50)和式(6-7-56)可知,TE 模对应 $A=C=0$。将 $A=C=0$ 代入式(6-7-64)的第四式,可得

$$
\nu\left[B\frac{i\beta}{\left(\dfrac{U}{a}\right)^2}\cdot\frac{J_\nu(U)}{a}+D\frac{i\beta}{\left(\dfrac{W}{a}\right)^2}\cdot\frac{K_\nu(W)}{a}\right]=0 \tag{6-7-67}
$$

可见 TE 模对应 $\nu=0$,所以是 TE_{0m}。事实上,观察图 6-15 可知,光纤内的导波可能是斜向入射,则电磁场的分布必定很复杂,所以我们可以猜测如果有横向电场和横向磁场模式,应该是子午线的光线传播的情况,而子午线传播代表 $\beta_\phi=\dfrac{\nu}{r}=0$,说明 $\nu=0$ 的确可以得到横向电场模式。由于 $\nu=0$,式(6-7-66)变成

$$
\left[\frac{J'_0(U)}{UJ_0(U)}+\frac{K'_0(W)}{WK_0(W)}\right]=0 \tag{6-7-68}
$$

由 Bessel 函数的递推公式

$$
J'_0(U)=-J_1(U) \tag{6-7-69}
$$

和

$$
K'_0(W)=-K_1(W) \tag{6-7-70}
$$

可得 TE_{0m} 的特征方程

$$\frac{UJ_0(U)}{J_1(U)} = -\frac{WK_0(W)}{K_1(W)} \tag{6-7-71}$$

电磁场的其他分量可得,这里就不一一描述。

（2）TM 模（$H_z = 0$）

对于 TM 模,同样的,有 $\nu = 0$,此外,$B = D = 0$,所以是 TM_{0m}。TM_{0m} 的特征方程为

$$\frac{UJ_0(U)}{J_1(U)} = -\frac{WK_0(W)}{K_1(W)} \tag{6-7-72}$$

可以看出,TE_{0m} 模和 TM_{0m} 模的特征方程是一样的。

接下来我们讨论 $\nu \neq 0$ 的情况,此时已经不是单纯的 TE 模和 TM 模,所以同时会有 E_z 和 H_z,称为混合模。如果 E_z 的分量大,就归类为 EH 模;如果 H_z 的分量大,就归类为 HE 模。

（3）EH 模和 HE 模（$\nu \geqslant 1$）

从式（6-7-66）的特征方程出发,利用 Bessel 方程的递推公式

$$J_\nu(x) = \frac{x}{2\nu}[J_{\nu-1}(x) + J_{\nu+1}(x)] \tag{6-7-73}$$

$$K_\nu(x) = \frac{-x}{2\nu}[K_{\nu-1}(x) - K_{\nu+1}(x)] \tag{6-7-74}$$

可以将式（6-7-66）的特征方程的右边的式子取"+"号 $\left[\nu\left(\dfrac{1}{U^2} + \dfrac{1}{W^2}\right)\right]$ 和取"−"号 $\left[-\nu\left(\dfrac{1}{U^2} + \dfrac{1}{W^2}\right)\right]$ 来讨论,可以得到

$$\begin{cases} \dfrac{UJ_\nu(U)}{J_{\nu+1}(U)} = -\dfrac{WK_\nu(W)}{K_{\nu+1}(W)}, & EH_{\nu m}(\nu \geqslant 1) \\[3mm] \dfrac{UJ_\nu(U)}{J_{\nu-1}(U)} = \dfrac{WK_\nu(W)}{K_{\nu-1}(W)}, & HE_{\nu m}(\nu \geqslant 1) \end{cases} \tag{6-7-75}$$

通过满足边界条件后所得到的特征方程关系,我们可以整理具体的导波模的场函数如下（这里省略推导细节,且仅列出电场关系,此外,最终的解要乘上 $e^{-it\beta z}$）:

（1）TE_{0m}

$$E_\phi = i\beta A \frac{a}{U} J_1\left(\frac{Ur}{a}\right) \quad (r < a) \tag{6-7-76}$$

$$E_\phi = -i\beta A \frac{a}{W} \cdot \frac{J_0(U)}{K_0(W)} K_1\left(\frac{Wr}{a}\right) \quad (r > a) \tag{6-7-77}$$

（2）TM_{0m}

$$E_r = i\beta A \frac{a}{U} J_1\left(\frac{Ur}{a}\right) \quad (r < a) \tag{6-7-78}$$

$$E_r = -i\beta A \frac{a}{W} \cdot \frac{J_0(U)}{K_0(W)} K_1\left(\frac{Wr}{a}\right) \quad (r > a) \tag{6-7-79}$$

（3）$EH_{\nu m}$

$$E_r = i\beta A \frac{a}{U} J_{\nu+1}\left(\frac{Ur}{a}\right) \sin(\nu\phi) \quad (r < a) \tag{6-7-80}$$

$$E_r = -\mathrm{i}\beta A \frac{a}{W} \cdot \frac{J_\nu(U)}{K_\nu(W)} K_{\nu+1}\left(\frac{Wr}{a}\right) \sin(\nu\phi) \quad (r > a) \tag{6-7-81}$$

$$E_\phi = -\mathrm{i}\beta A \frac{a}{U} J_{\nu+1}\left(\frac{Ur}{a}\right) \cos(\nu\phi) \quad (r < a) \tag{6-7-82}$$

$$E_\phi = \mathrm{i}\beta A \frac{a}{W} \cdot \frac{J_\nu(U)}{K_\nu(W)} K_{\nu+1}\left(\frac{Wr}{a}\right) \cos(\nu\phi) \quad (r > a) \tag{6-7-83}$$

(4) $\mathrm{HE}_{\nu m}$

$$E_r = -\mathrm{i}\beta A \frac{a}{U} J_{\nu-1}\left(\frac{Ur}{a}\right) \sin(\nu\phi) \quad (r < a) \tag{6-7-84}$$

$$E_r = -\mathrm{i}\beta A \frac{a}{W} \cdot \frac{J_\nu(U)}{K_\nu(W)} K_{\nu-1}\left(\frac{Wr}{a}\right) \sin(\nu\phi) \quad (r > a) \tag{6-7-85}$$

$$E_\phi = -\mathrm{i}\beta A \frac{a}{U} J_{\nu-1}\left(\frac{Ur}{a}\right) \cos(\nu\phi) \quad (r < a) \tag{6-7-86}$$

$$E_\phi = -\mathrm{i}\beta A \frac{a}{W} \cdot \frac{J_\nu(U)}{K_\nu(W)} K_{\nu-1}\left(\frac{Wr}{a}\right) \cos(\nu\phi) \quad (r > a) \tag{6-7-87}$$

而电场的直角坐标分量可以由下面的关系得到

$$E_x = E_r \cos\phi - E_\phi \sin\phi \tag{6-7-88}$$
$$E_y = E_r \sin\phi + E_\phi \cos\phi \tag{6-7-89}$$

以 HE_{11} 为例,我们可以得到

① $r < a$

$$E_x = 0 \tag{6-7-90}$$

$$E_y = -\mathrm{i}\beta A \frac{a}{U} J_0\left(\frac{Ur}{a}\right) \tag{6-7-91}$$

② $r > a$

$$E_x = 0 \tag{6-7-92}$$

$$E_y = -\mathrm{i}\beta A \frac{a}{W} \cdot \frac{J_1(U)}{K_1(W)} K_0\left(\frac{Wr}{a}\right) \tag{6-7-93}$$

可以看出 HE_{11} 模为线性偏振(代表在 xy 平面上电场的偏振方向不随时间或位置改变)。事实上,近似下的弱波导对于其他的模态也是线性偏振。因为 $n_1 \approx n_2$,有

$$\frac{|E_z|}{|E_y|} \approx \frac{U}{\beta a} = \frac{(n_1^2 k_0^2 - \beta^2)^{\frac{1}{2}}}{\beta} = \left[\left(\frac{n_1 k_0}{\beta}\right)^2 - 1\right]^{\frac{1}{2}} \approx 0 \tag{6-7-94}$$

所以,弱波导近似下光纤纤芯中电场的纵向振幅分量相对于横向振幅分量很小。场强正比于 $\boldsymbol{E} \cdot \boldsymbol{E}^*$。

回到之前的特征方程,如果我们将 HE 的形式改写为和 EH 的形式相同,并把 TE 和 TM 的特征方程整理在一起,可得

$$\begin{cases} \dfrac{UJ_0(U)}{J_1(U)} = -\dfrac{WK_0(W)}{K_1(W)}, & \mathrm{TE}_{0m}, \mathrm{TM}_{0m} \\[3mm] \dfrac{UJ_\nu(U)}{J_{\nu+1}(U)} = -\dfrac{WK_\nu(W)}{K_{\nu+1}(W)}, & \mathrm{EH}_{\nu m}(\nu \geqslant 1) \\[3mm] \dfrac{UJ_{\nu-2}(U)}{J_{\nu-1}(U)} = -\dfrac{WK_{\nu-2}(W)}{K_{\nu-1}(W)}, & \mathrm{HE}_{\nu m}(\nu \geqslant 1) \end{cases} \tag{6-7-95}$$

则上面三个式子可以整理为一个式子,并用一个新参数 l 来替代 ν 做分类,l 参数为

$$l = \begin{cases} 1, & \mathrm{TE}_{0m}, \mathrm{TM}_{0m} \\ \nu + 1, & \mathrm{EH}_{\nu m} \\ \nu - 1, & \mathrm{HE}_{\nu m} \end{cases} \tag{6-7-96}$$

则可得一个满足所有模式的特征方程

$$\frac{U J_{l-1}(U)}{J_l(U)} = -\frac{W K_{l-1}(W)}{K_l(W)} \tag{6-7-97}$$

其中,如果是 HE_{1m} 模(因为对应 $\nu = 1$,所以 $l = 0$),式(6-7-97)会出现 J_{-1} 和 K_{-1},则可以利用 $J_{-x} = -J_x$ 和 $K_{-x} = K_x$ 的关系式来进行 Bessel 函数的变换。有了新参数 l 的定义,所有对应的模态称为 LP_{lm} 模,其中 LP 代表线性偏振(linearly polarized),如此就有共同的特征方程表达式,这同时也代表,同一个 LP_{lm} 模对应的模态是简并的(degenerate),比如对于 HE_{11} 模,对应的 LP_{lm} 模为 LP_{01},代表简并度为 2,这是因为原本式(6-7-50)的 E_z 可以选择 $\sin(\nu\phi)$ 和 $\cos(\nu\phi)$。而对于 LP_{11} 模(对应原本的 TE_{01}、TM_{01} 和 HE_{21}),代表简并度为 4,包括一个 TE_{01}、一个 TM_{01} 和两个 HE_{21}。TE_{01}、TM_{01} 和 HE_{21} 模的电场分布彼此不同,但是光纤截面上的场强分布规律是完全相同的。图 6-17(a)所示为 LP_{01} 模的光强分布,图 6-17(b)所示为 LP_{11} 模的光强分布。可以看出,对于 LP_{lm} 模,沿圆周方向光场出现最大值的对数是 l 对,而沿半径方向光场的最大值的个数是 m 个。同属于 LP_{lm} 模的不同的模有共同的相位常数,这些模的叠加会是保持一个方向的线性偏振,因此 Gloge 在 1971 年将其命名为线性偏振模。由于篇幅以及侧重点的问题,这里不打算对简并的几个低阶模态的电场和场强分布做进一步的呈现和整理,有兴趣的读者请参考相关书籍。

(a) LP_{01} 模的光强分布 　　　(b) LP_{11} 模的光强分布

图 6-17　LP_{01} 模和 LP_{11} 模的光强分布

前面介绍过 V 参数($V = a k_0 n_1 \sqrt{2\Delta}$),只要知道光纤的几何尺寸、折射率、工作波长,就可以知道 V 参数的值。然后,我们可以通过式(6-7-48)和特征方程计算 $U(V)$(例如,可以绘制曲线 $\dfrac{J_1(U)}{J_0(U)}$ 和曲线 $-\dfrac{U K_1(W)}{W K_0(W)}$,找曲线的交点 U),最后可由下式得到传播常数(V 参数为已知)

$$\beta = k_0 n_1 \left[1 - \left(\frac{n_1^2 - n_2^2}{n_1^2} \right) \frac{U^2}{V^2} \right]^{\frac{1}{2}} \tag{6-7-98}$$

另外,也可以结合 W 和 V,进一步定义归一化的传播常数 b 为

$$b = \frac{W^2}{V^2} = \frac{\beta^2 - n_2^2 k_0^2}{k_0^2 (n_1^2 - n_2^2)} = \frac{n_{\text{eff}}^2 - n_2^2}{n_1^2 - n_2^2} \tag{6-7-99}$$

其中 $\beta = n_{\text{eff}} k_0$。可见 n_{eff} 代表以 β 为波矢的光波在无限大介质中对应的等效折射率。由于 $n_2 k_0 < \beta < n_1 k_0$,所以 $0 < b < 1$,而且 $n_2 < n_{\text{eff}} < n_1$。此外,归一化参数之间的关系为

$$W = V\sqrt{b} \tag{6-7-100}$$

$$U = V\sqrt{1-b} \tag{6-7-101}$$

有了归一化的传播常数 b,LP_{lm} 模的特征方程还可以整理如下

$$V(1-b)^{\frac{1}{2}} \frac{J_{l-1}\left[V(1-b)^{\frac{1}{2}}\right]}{J_l\left[V(1-b)^{\frac{1}{2}}\right]} = -Vb^{\frac{1}{2}} \frac{K_{l-1}\left[Vb^{\frac{1}{2}}\right]}{K_l\left[Vb^{\frac{1}{2}}\right]}, \quad l \geqslant 1 \tag{6-7-102}$$

$$V(1-b)^{\frac{1}{2}} \frac{J_1\left[V(1-b)^{\frac{1}{2}}\right]}{J_0\left[V(1-b)^{\frac{1}{2}}\right]} = Vb^{\frac{1}{2}} \frac{K_1\left[Vb^{\frac{1}{2}}\right]}{K_0\left[Vb^{\frac{1}{2}}\right]}, \quad l = 0 \tag{6-7-103}$$

导波模对应 $0 < b < 1$,有了 b 参数的定义之后,接下来的频散曲线就可以用 b 参数当作纵轴(范围为从 0 到 1),V 参数当作横轴,画出光纤不同模态的 b-V 关系曲线。图 6-18 所示为 LP_{01} 和 LP_{11} 模态的 b-V 关系曲线。给定了工作的 V 参数后,就可以得到不同模态对应的 b 参数,然后可以通过式(6-7-100)和式(6-7-101)得到 W 和 U,进一步通过式(6-7-98)得到传播常数 β。

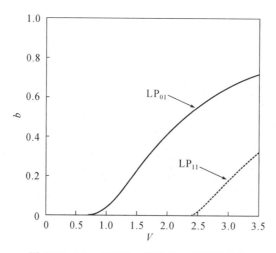

图 6-18　LP_{01} 和 LP_{11} 模态的 b-V 关系曲线

之前提过,对于光纤内的导波,如果 $\beta < n_2 k_0$,光波就无法在光纤内传播,所以 $\beta = n_2 k_0$ 或 $W = a(\beta^2 - n_2^2 k_0^2)^{\frac{1}{2}} = 0$ 所对应的波长称为截止波长。此时 $V = U$。我们下面探讨几个代表性的模态行为。

(1)对于 HE_{11},即 LP_{01},特征方程为

$$\frac{U J_1(U)}{J_0(U)} = \frac{W K_1(W)}{K_0(W)} \tag{6-7-104}$$

所以,当 $W = 0$ 时,得到 $J_1(U) = 0$,有 $U = 0$ 或 $V = 0$,所以,不论光纤的结构和几何尺寸如何,LP_{01} 是必定可以传播的模态。

(2)对于 TE_{01} 或 TM_{01} 或 HE_{21},即 LP_{11},特征方程为

$$\frac{UJ_0(U)}{J_1(U)} = -\frac{WK_0(W)}{K_1(W)} \tag{6-7-105}$$

所以,当 $W = 0$ 时,得到 $J_0(U) = 0$,有 $U = 2.4048$ 或 $V = 2.4048$(参考图 6-16)。当 $V = 2.4048$ 时,对应的波长称为截止波长(cut-off wavelength),只要光纤的工作波长大于截止波长,光纤就会是单模光纤。如果 $V < 2.4048$,纤芯内就无法出现 LP_{11} 模的导波。

(3)对于 EH_{11} 或 HE_{31},即 LP_{21},特征方程为

$$\frac{UJ_1(U)}{J_2(U)} = -\frac{WK_1(W)}{K_2(W)} \tag{6-7-106}$$

所以,当 $W = 0$ 时,得到 $J_1(U) = 0$,有 $U = 3.832$ 或 $V = 3.832$(参考图 6-16)。

实际上,光纤通信或传感看的是波长,工作波长越小,相对的光纤的横向尺寸就越大,V 参数越大,可以导波的模态就越多。不同模态的传播速度是不同的,所以多模光纤会因为频散而造成通信失真,这可以使用单模光纤来改善。工作波长越大,相应的传播模态就越少。LP_{01} 是不论光纤的结构和几何尺寸如何必定可以传播的模态,只传播 LP_{01} 模的最小工作波长(即截止波长,对应 $V = 2.4048$)是光纤手册会提供的基本参数。

光纤波导中完整的波动解包括导波模($n_2k_0 < \beta < n_1k_0$)以及辐射模($\beta < n_2k_0$),其中导波模是离散的,必须符合波导的条件,光波在纤芯中是振荡的,在包层中是衰减的。辐射模是连续的,且光波在包层中也是振荡的。光纤波导的模式具有正交性,而且是完备的,所以任何场分布都可以由各种模式叠加,展开为

$$\psi(r,\phi,z) = \sum_{l,m} A_{lm}\psi_{lm}(r,\phi)\exp(-i\beta_{lm}z)$$
$$+ \int A(\beta)\psi_\beta(r,\phi)\exp(-i\beta z)d\beta \tag{6-7-107}$$

6.8 光纤的宏弯损耗

光纤的损耗主要有三种,分别是吸收损耗、散射损耗和弯曲损耗。其中吸收损耗涉及光能转换,散射损耗是因为光纤材料不均匀或缺陷所引起的光纤传播模式的散射性损耗。弯曲损耗包括微弯损耗和宏弯损耗,其中微弯损耗是指光纤表面受力不均匀时所形成的随机性分布的微弯,此时传输模会和辐射模发生能量交换或能量传递,发生模式耦合。

在图 6-12 的演示实验中我们已经看到了当(水)波导的曲率半径变小时,光会因为不满足全反射条件而发生折射泄漏的现象。在实际应用中光纤容易发生弯曲。当光纤弯曲的曲率半径变小时,图 6-14 中的 θ_1 可能变小而不满足全反射,导致光纤的弯曲辐射损耗,简称宏弯损耗。该损耗是当光纤弯曲时,原来在纤芯中以离散的导模形式传播的功率将部分转化为连续的辐射模功率并逸出纤芯而形成的损耗。本节我们关注光纤的宏弯损耗行为。

为了直观展示宏弯损耗现象,如图 6-19 所示,我们用手持式红光光源将红光输入光纤。可以看到,在光纤处于平直状态时,红光并未泄漏,但是在光纤弯曲处,导波模变成辐射模,红光就会泄漏而造成损耗。从图 6-19 可以看出,因为端面的加工或匹配等问题,光纤端口的地方也会发生光损耗。

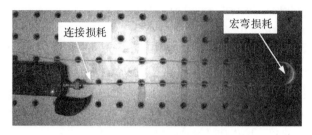

图 6-19　光纤的宏弯损耗

光纤宏弯损耗所引起的功率衰减是以分贝(dB)为单位的。分贝本身是标识声音强度的单位,来自于下面的定义

$$dB = 10\lg\left(\frac{P}{P_{ref}}\right) \tag{6-8-1}$$

由式(6-8-1)可知,每增加 10 dB 就相当于声音强度高了 10 倍,每增加 20 dB 就相当于声音强度高了 100 倍。所以,对于音响的功率放大器而言,如果音量标识是 -10 dB,则调整音量后的输出功率为调整前的十分之一(因为 $10\lg\left(\frac{P}{P_{ref}}\right) = -10$,所以 $P = \frac{1}{10}P_{ref}$)。 可见,分贝的本质是倍数的观念,其以原来的功率为基准,是表示功率变化倍率的物理量。 如果以 1 W 功率为基准,可以得到功率的绝对值单位 dBw,表示为 $dBw = 10\lg\left(\frac{P}{1W}\right)$。 如果以 1 mW 功率为基准,可以得到功率的绝对值单位 dBm,表示为 $dBm = 10\lg\left(\frac{P}{1mW}\right)$。

光纤宏弯损耗所引起的功率衰减定义为

$$A(\lambda) = 10\lg\left(\frac{P_{in}}{P_{out}}\right)(dB) \tag{6-8-2}$$

其中: P_{in} 为光纤的输入功率; P_{out} 为输出功率。因此,若输出功率变为输入功率的一半,可得光衰减 $10\lg 2 = 3$dB。 光纤损耗是用光功率计测量的。对于光源的功率,光功率计所得的绝对功率值单位为 dBm。所以,测量光纤弯曲前通过的光功率 P_{in}(单位为功率的绝对值 dBm)和弯曲后通过的光功率 P_{out}(单位为 dBm),再将两个数值相减就可以得到以分贝(倍数)为单位的功率衰减,因为

$$dBm_{out} - dBm_{in}$$
$$= 10\lg\left(\frac{P_{out} mW}{1mW}\right) - 10\lg\left(\frac{P_{in} mW}{1 mW}\right)$$
$$= 10[\lg(P_{out}) - \lg(1mW) - \lg(P_{in}) + \lg(1mW)]$$
$$= 10\lg\left(\frac{P_{out}}{P_{in}}\right)(dB) \tag{6-8-3}$$

除了绝对功率值单位为 dBm 外,光功率计也可以直接测量 dB 值。

光纤的任何一个位置的衰减后功率和输入功率之间的关系可以表示为

$$P(z) = P(0)\exp(-\gamma z) \tag{6-8-4}$$

其中 γ 称为衰减系数或宏弯损耗因子,其为单位长度的光功率衰减,则对于单位长度 dL 而言,有

$$\frac{P_{\text{in}}}{P_{\text{out}}} = \frac{P(0)}{P(z)} = e^{\gamma dL} \tag{6-8-5}$$

所以

$$10\lg \frac{P_{\text{in}}}{P_{\text{out}}}(\text{dB}) = 10\lg(e^{\gamma dL}) = 10\,\frac{\ln e^{\gamma dL}}{\ln 10} = 4.343\gamma\,dL \tag{6-8-6}$$

所以

$$\text{loss}\left(\frac{\text{dB}}{\text{m}}\right) = 4.343\gamma \tag{6-8-7}$$

单模光纤的衰减系数的公式为

$$\gamma = \left(\frac{\pi}{4aR_c}\right)^{\frac{1}{2}} \left[\frac{U}{VK_1(W)}\right]^2 \frac{1}{W^{\frac{3}{2}}} \exp\left[-\frac{2W^3}{3k_0^2 a^3 n_1^2}R_c\right] \tag{6-8-8}$$

其中：R_c 是光纤的弯曲半径；$k_0 = \dfrac{2\pi}{\lambda}$ 是激光波长为 λ 时对应的真空波数；n_1、n_2 为纤芯和包层的折射率；$V = 2\pi a\dfrac{\sqrt{n_1^2 - n_2^2}}{\lambda}$ 是归一化频率；$U = a\sqrt{n_1^2 k_0^2 - \beta^2}$；$W = a\sqrt{\beta^2 - n_2^2 k_0^2}$，其中 β 是直光纤基模未受扰动的传播常数（这些参数在前面两节已经介绍过）。

为求得 β，我们先根据式(6-7-103)求解得到 b-V 关系，然后通过式(6-7-101)求得 U，最后通过式(6-7-98)求得 β。这里的推导来源是将单模光纤看成光纤纤芯—无穷大包层模型。在实际使用中，光纤有涂覆层，涂覆层的存在会产生回音壁效应。Hagen Renner 对上述模型进行了修正，将模型看成是光纤纤芯—包层—无限涂覆层，得到光纤的衰减系数的公式为

$$\gamma_{\text{Renner}} = \gamma\,\frac{2\sqrt{Z_2 Z_3}}{(Z_3 + Z_2) - (Z_3 - Z_2)\cos(2\theta_0)} \tag{6-8-9}$$

其中

$$Z_q = -\left(\frac{2k^2 n_q^2}{R}\right)^{\frac{2}{3}} X_q(d,0), \quad q = 2,3 \tag{6-8-10}$$

$$X_q(d,0) = \left(\frac{R}{2k^2 n_q^2}\right)^{\frac{3}{2}}\left[\beta^2 - k^2 n_q^2\left(1 + \frac{d}{R}\right)\right] \tag{6-8-11}$$

$$\theta_0 = \frac{2}{3}\left[-X_2(d,0)\right]^{\frac{3}{2}} + \frac{\pi}{4} \tag{6-8-12}$$

其中：n_1、n_2 和 n_3 分别为纤芯、包层和涂覆层的折射率；d 是包层直径。

为了验证理论的可靠性，我们设计了光纤绕圈实验来测量光纤在不同曲率条件下的光损耗情况。为了方便提供不同的曲率条件，我们设计了如图 6-20 所示的结构，每个层与相邻的层之间半径会缩小 1 mm。并且为了让光纤在一个横截面内绕圈，每层之间的夹角设计成锐角的形式，这样就可以保证光纤被固定在两层的交界面处。通过测量，我们得到了实验数据。图 6-21 为单模光纤宏弯损耗理论模型和实验结果的对比。

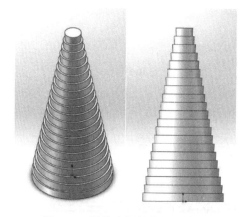

图 6-20　测量光损耗的锥形结构

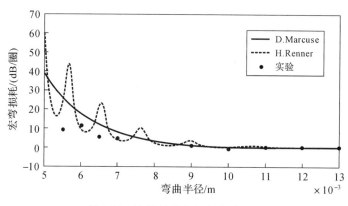

图 6-21　光损耗理论与实验对比图

本章参考文献

茶映鹏,彭星玲,张华,等. 单模光纤宏弯损耗理论与实验研究 [J]. 光通信研究,2016 (5):43-45.

杜修力. 工程波动理论与方法 [M]. 北京:科学出版社,2009.

胡章芳. MATLAB 仿真及其在光学课程中的应用 [M]. 北京:北京航空航天大学出版社,2020.

黄卫平,钱景仁. LP 模耦合波理论及其应用 [J]. 应用科学学报,1987(4):329-336.

江毅. 高级光纤传感技术 [M]. 北京:科学出版社,2009.

李川. 光纤传感器技术 [M]. 北京:科学出版社,2012.

廖振鹏. 工程波动理论导引 [M]. 北京:科学出版社,1996.

林锦海,张伟刚. 光纤耦合器的理论、设计及进展 [J]. 物理学进展,2010,30(1):37-80.

欧攀. 高等光学仿真（MATLAB 版）:光波导,激光 [M]. 2 版.北京:北京航空航天大学出版社. 2014.

彭星玲,张华,李玉龙. 光纤宏弯损耗性能影响因素的仿真研究 [J]. 激光与红外,2014, 44(10):1132-6.

钱景仁. 耦合模理论及其在光纤光学中的应用 [J]. 光学学报，2009，29(5)：1188-92.

羊国光，宋菲君. 高等物理光学[M]. 合肥：中国科学技术大学出版社，2008.

朱哲民，龚秀芬，杜功焕. 声学基础 [M]. 南京：南京大学出版社，2001.

Achenbach J D. Wave Propagation in Elastic Solids[M]. Amsterdam：North Holland Publishing Company，1973.

Amnon Y，Yeh P. Optical Waves in Crystals：Propagation and Control of Laser Radiation [M]. New York：Wiley，1984.

Buck J A. Fundamentals of Optical Fibers [M]. 2nd Edition. Hoboken，NJ：John Wiley & Sons，2004.

Chen M T，Huan Q，Li F. Excitation of moderate-frequency Love wave in a plexiglas plate on aluminum semi-space [J]. The Journal of the Acoustical Society of America，2019，146(6)：EL482-EL488.

Erdogan T. Fiber grating spectra [J]. Journal of Lightwave Technology，1997，15(8)：1277-94.

Fay R D，Fortier O V. Transmission of sound through steel plates immersed in water [J]. The Journal of the Acoustical Society of America，1951，23(3)：339-46.

Ghatak A K. Optics [M]. Boston：McGraw-Hill Higher Education，2010.

Ghatak A K，Thyagarajan K. An Introduction to Fiber Optics [M]. Cambridge：Cambridge University Press，1998.

Giurgiutiu V. Structural Health Monitoring with Piezoelectric Wafer Active Sensors [M]. Amsterdam：Academic Press，2014.

Gloge D. Weakly guiding fibers [J]. Applied Optics，1971，10(10)：2252-8.

Graff K F. Wave Motion in Elastic Solids [M]. New York：Dover Publications，1991.

Hecht J. Understanding Fiber Optics [M]. 5th Edition. Upper Saddle River，NJ：Pearson/Prentice Hall，2006.

Johnston III W K. The birth of fiberoptics from "light guiding" [J]. Journal of Endourology，2004，18(5)：425-6.

Kasap S O. Optoelectronics and Photonics：Principles and Practices[M]. 2nd ed. New York：Pearson，2012.

Kawano K，Kitoh T. Introduction to Optical Waveguide Analysis：Solving Maxwell's Equations and the Schrödinger Equation [M]. New York：John Wiley & Sons，2001.

Koshiba M. Optical Waveguide Analysis [M]. New York：McGraw-Hill，1992.

Ma C C，Lee G S. General three-dimensional analysis of transient elastic waves in a multilayered medium [J]. Journal of Applied Mechanics，2006，73(3)：490-504

Marcuse D. Curvature loss formula for optical fibers [J]. Journal of the Optical Society of America，1976，66(3)：216-20.

Marcuse D. Field deformation and loss caused by curvature of optical fibers [J]. Journal of the Optical Society of America，1976，66(4)：311-20.

Okamoto K. Fundamentals of Optical Waveguides [M]. 2nd Edition. Amsterdam：

Elsevier，2006.

Okoshi T. Optical Fibers [M]. New York：Academic Press，1982.

Renner H. Bending losses of coated single-mode fibers：a simple approach [J]. Journal of Lightwave Technology，1992，10(5)：544-51.

Rogers W P. Elastic property measurement using Rayleigh-Lamb waves [J]. Research in Nondestructive Evaluation，1995，6(4)：185-208.

Rose J L. Ultrasonic Waves in Solid Media [M]. Cambridge：Cambridge University Press，1999.

Saleh B E A，Teich M C. Fundamentals of Photonics [M]. 2nd Edition. Hoboken，NJ：Wiley Interscience，2007.

Slater J C. Quantum Theory of Matter [M]. 2nd Edition. Huntington，NY：R. E. Krieger Pub. Co. ，1977.

Snyder A W，Love J D. Optical Waveguide Theory [M]. London：Chapman and Hall，1983.

Sodha M S，Ghatak A K. Inhomogeneous Optical Waveguides [M]. New York：Plenum Press，1977.

Thyagarajan K，Ghatak A K. The Fiber Optic Essentials [M]. Piscataway，NJ：IEEE Press ；Hoboken，NJ：Wiley-Interscience，2007.

Tolstoy I. Dispersive properties of a fluid layer overlying a semi-infinite elastic solid [J]. Bulletin of the Seismological Society of America，1954，44(3)：493-512.

Tolstoy I，Usdin E. Dispersive properties of stratified elastic and liquid media：A ray theory [J]. Geophysics，1953，18(4)：844-70.

Viktrov I A. Rayleigh and Lamb Waves：Physical Theory and Applications [M]. New York：Plenum Press，1967.

Yang M J，Qiao P Z. Modeling and experimental detection of damage in various materials using the pulse-echo method and piezoelectric sensors/actuators [J]. Smart Materials and Structures，2005，14(6)：1083.

Yariv A，Yeh P. Optical Waves in Crystals：Propagation and Control of Laser Radiation [M]. Hoboken，NJ：John Wiley & Sons，2003.

第7章 周期结构中的波传播

本章探讨周期结构中的波传播,我们主要关注的是人工周期结构(包括声子晶体和弹性超材料)中弹性波的传播。由于设计的结构具有周期性,所以我们首先介绍固体物理中晶体结构的基础知识,了解描述周期结构的特征参数。接着我们将介绍 Bloch 定理,并通过固体物理中基本的单原子链和双原子链模型,了解周期结构中的波传播行为。

了解周期结构相关的基本理论后,我们将介绍局域共振模型和负等效质量密度的概念,我们将进一步在原子链系统中引入非线性,探讨相关的波传播特性。本章同时将介绍惯性放大模型,并与负等效模量模型进行比较。

在本章的最后,我们将进行超材料带隙主动调控的研究,并呈现相关的实验结果,通过理论、仿真和实验加深读者对于弹性超材料带隙现象的认识。

声子晶体和超材料(弹性波、声波、水波、电磁波)是近年来的研究热点。近期,类比量子霍尔效应和拓扑绝缘体等概念,研究人员在周期结构中实现了声波、弹性波的拓扑保护态。本章仅介绍最基本的概念,有兴趣的读者可以通过文献了解相关研究的最新进展。值得注意的是,通过非对称结构实现的 Willis 超材料正逐渐得到大家的关注。Willis 超材料的 Willis 耦合系数可以通过第 2.13 节驻波法的概念计算,有兴趣的读者可以参考西安交通大学刘咏泉教授的相关文章。此外,对于周期时变超材料有兴趣的读者可以参考北京理工大学周萧明教授的工作。近年来,天津大学的王毅泽教授将主动反馈控制引入弹性波超材料的研究中。由于篇幅有限,本书并未将这些工作写入书中。

7.1 晶格基础

首先介绍固体物理中晶格的概念。如果将弹性散射体看作是周期排列的原子,则固体物理中的晶格与能带等概念就可以扩展到宏观尺度的周期结构中。周期性晶格理论借助晶体的点阵几何来描述介质的空间周期性。格点在空间中以一定距离周期性排列就称为晶格。三个方向的单位矢量(a_1, a_2, a_3)称为基矢。如图 7-1 所示,我们可以选定一个格点为坐标原点,则晶格中任意格点的位置就可以描述为

$$\boldsymbol{R}_n = n_1 \boldsymbol{a}_1 + n_2 \boldsymbol{a}_2 + n_3 \boldsymbol{a}_3 \tag{7-1-1}$$

其中:n_1、n_2 和 n_3 为正整数;$\boldsymbol{R}_n$ 称为晶格平移矢量,或称为正格矢。由基矢构造的最小重复单元(图示为二维的平行四边形)称为元胞。将元胞沿着基矢 $\boldsymbol{a}_1$、$\boldsymbol{a}_2$、$\boldsymbol{a}_3$ 平移就可以得到整个晶格。此外,晶格还具有其他空间对称性。晶体经过一定的角度旋转、中心反演等对称操作后,仍然可以与原本的晶体重合。本书将不针对空间对称性进行拓展,有兴趣的读者可

以阅读相关文献。

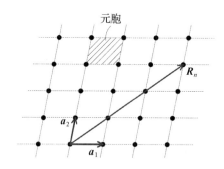

图 7-1　基矢与元胞示意图

如果介质具有空间周期性,那么任意一位置点 $\boldsymbol{x}$ 的物理量 $\varphi(\boldsymbol{x})$ 将满足

$$\varphi(\boldsymbol{x} + \boldsymbol{R}_n) = \varphi(\boldsymbol{x}) \tag{7-1-2}$$

周期函数可以展开为 Fourier 级数

$$\varphi(\boldsymbol{x}) = \sum_h \Phi(\boldsymbol{G}_h) \mathrm{e}^{\mathrm{i}(G_h \cdot x)} \tag{7-1-3}$$

其中 $\boldsymbol{G}_h$ 称为倒格矢。代入式(7-1-2)可知

$$\boldsymbol{G}_h \cdot \boldsymbol{R}_n = 2\pi m \tag{7-1-4}$$

其中 m 为整数。倒格矢 $\boldsymbol{G}_h$ 可以表示为

$$\boldsymbol{G}_h = h_1 \boldsymbol{b}_1 + h_2 \boldsymbol{b}_2 + h_3 \boldsymbol{b}_3 \tag{7-1-5}$$

其中:h_1、h_2 和 h_3 为正整数;$\boldsymbol{b}_1$、$\boldsymbol{b}_2$、$\boldsymbol{b}_3$ 称为倒格矢基矢,其满足

$$\boldsymbol{a}_i \cdot \boldsymbol{b}_j = 2\pi \delta_{ij} \tag{7-1-6}$$

因此倒格矢基矢 $\boldsymbol{b}_1$、$\boldsymbol{b}_2$ 和 $\boldsymbol{b}_3$ 可以用正格矢基矢表示为

$$\begin{cases} \boldsymbol{b}_1 = \dfrac{2\pi(\boldsymbol{a}_2 \times \boldsymbol{a}_3)}{\boldsymbol{a}_1 \cdot (\boldsymbol{a}_2 \times \boldsymbol{a}_3)} \\[3mm] \boldsymbol{b}_2 = \dfrac{2\pi(\boldsymbol{a}_3 \times \boldsymbol{a}_1)}{\boldsymbol{a}_1 \cdot (\boldsymbol{a}_2 \times \boldsymbol{a}_3)} \\[3mm] \boldsymbol{b}_3 = \dfrac{2\pi(\boldsymbol{a}_1 \times \boldsymbol{a}_2)}{\boldsymbol{a}_1 \cdot (\boldsymbol{a}_2 \times \boldsymbol{a}_3)} \end{cases} \tag{7-1-7}$$

　　由倒格矢基矢所构造的矢量空间称为原位置空间的倒易空间。在倒易空间中选取一个倒格点,以该格点为中心,做出该点与相邻格点连线的中垂面(如果是二维周期介质就是中垂线),则由这些面或线所围绕的包含该格点的区域称为简约布里渊区(Brillouin 区(BZ))或是第一布里渊区。

　　对第一布里渊区通过晶体理论(点群)进行对称操作后进一步可以得到最小的不可压缩区,称为不可约布里渊区。第一布里渊区中任意波矢和其对应的特征值总可以与不可约布里渊区中的一个波矢和特征值对应,这就进一步缩小了研究周期结构频散曲线和特征值时波矢的取值范围。图 7-2 所示为简单正方和简单六角二维周期结构的不可约布里渊区。

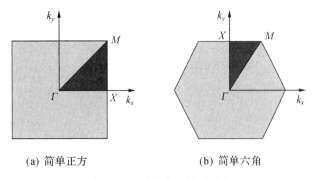

(a) 简单正方　　　　　　　　(b) 简单六角

图 7-2　不可约布里渊区示意

7.2　Bloch 定理

回顾第 1 章,杆波的波动方程为

$$\frac{\partial^2 u}{\partial x^2} = \frac{1}{c^2} \cdot \frac{\partial^2 u}{\partial t^2} \tag{7-2-1}$$

对于简谐杆波 $u(x,t) = \exp[i(kx - \omega t)]$,式(7-2-1)可以简化为如下的特征值问题

$$\hat{L}[u(x)] = -\omega^2 u(x) = \lambda u(x) \tag{7-2-2}$$

其中:波动方程算符 $\hat{L}(\cdot) = \dfrac{E(x)}{\rho(x)} \cdot \dfrac{\partial^2}{\partial x^2}$。杨氏模量 $E(x)$ 和密度 $\rho(x)$ 均为 x 的周期函数。式(7-2-2)可以进一步改写为

$$(\hat{L} - \lambda I) u(x) = 0 \tag{7-2-3}$$

因此,杆波满足以波动方程算符表示的特征值问题。不同种类的波的波动方程算符如表 7-1 所示。

表 7-1　不同种类的波的波动方程算符

波的种类	$\hat{L}(\cdot)$	章节
杆波	$\dfrac{E(x)}{\rho(x)} \cdot \dfrac{\partial^2}{\partial x^2}$	1
声波(液体中)	$\dfrac{K(\boldsymbol{x})}{\rho_0(\boldsymbol{x})} \nabla^2$	2
光波	$\dfrac{1}{\varepsilon(\boldsymbol{x})\mu(\boldsymbol{x})} \nabla^2$	4
弹性波	$\dfrac{\lambda(\boldsymbol{x}) + \mu(\boldsymbol{x})}{\rho(\boldsymbol{x})} \nabla\nabla\cdot + \dfrac{\mu(\boldsymbol{x})}{\rho(\boldsymbol{x})} \nabla^2$	5
弯曲波	$-\dfrac{E(x)I(x)}{\rho(x)S(x)} \cdot \dfrac{\partial^4}{\partial x^4}$	6

由于介质的周期性,可以定义平移算符 $\hat{T}(\boldsymbol{R}_n)(\cdot)$,其功能是将一个函数或一个位置坐标按晶格周期性进行平移,我们考虑三维介质,则

$$\hat{T}(\boldsymbol{R}_n)[\varphi(\boldsymbol{x})] = \varphi(\boldsymbol{x} + \boldsymbol{R}_n) \tag{7-2-4}$$

其中 $\boldsymbol{x}$ 为位置矢量。算符 $\hat{L}(\cdot)$ 和平移算符 $\hat{T}(\boldsymbol{R}_n)(\cdot)$ 是互易的。以周期杆结构中的杆波为例。由于介质的周期性,可知

$$\hat{T}(na_1)\{\hat{L}[u(x)]\} = \hat{L}[u(x + na_1)] = \frac{E(x)}{\rho(x)} \cdot \frac{\partial^2 u(x + na_1)}{\partial x^2}$$
$$= \hat{L}\{\hat{T}(na_1)[u(x)]\} \tag{7-2-5}$$

因此,两个算符的位置可以交换,彼此互易,即 $\hat{T}\hat{L} = \hat{L}\hat{T}$。下面先介绍两个和互易性有关的定理和推论。

定理 7.2.1 如果算符 $\hat{L}$ 和算符 $\hat{T}$ 互易,则 $\hat{L}$ 的零空间(null space)内的矢量 $\boldsymbol{x}$ 经过 $\hat{T}$ 的运算后,还是位于 $\hat{L}$ 的零空间内,反之亦然。简单说明如下。

假如 $\boldsymbol{x}$ 在 $\hat{L}$ 的零空间内,则 $\hat{L}\boldsymbol{x} = \boldsymbol{0}$,

于是

$$\boldsymbol{0} = \hat{L}\boldsymbol{x} = \hat{T}\hat{L}\boldsymbol{x} = \hat{L}\hat{T}\boldsymbol{x} \tag{7-2-6}$$

因此,对于互易算符 $\hat{L}\hat{T} = \hat{T}\hat{L}$,$\hat{T}\boldsymbol{x}$ 还是位于 $\hat{L}$ 的零空间内。

推论 7.2.2 如果力学量算符 $\hat{L}$ 和算符 $\hat{T}$ 互易,则它们具有相同的特征函数系。简单说明如下。

由于 $\hat{L}$ 和 $\hat{T}$ 都是力学量算符,它们各自存在一组完备的特征函数系,记为 $\{\boldsymbol{x}_m\}$ 和 $\{\boldsymbol{y}_n\}$,分别满足

$$\hat{L}\boldsymbol{x}_m = \lambda_m \boldsymbol{x}_m, \quad m = 1, 2, 3, \cdots$$
$$\hat{T}\boldsymbol{y}_n = t_n \boldsymbol{y}_n, \quad n = 1, 2, 3, \cdots \tag{7-2-7}$$

任意取一个 $\hat{L}$ 的特征函数 $\boldsymbol{x}_m$,将其表示为 $\hat{T}$ 的特征函数的线性叠加

$$\boldsymbol{x}_m = \sum_i c_i \boldsymbol{y}_i = \sum_k \tilde{\boldsymbol{y}}_k \tag{7-2-8}$$

其中 $\tilde{\boldsymbol{y}}_k$ 表示 $\hat{T}$ 的具有相同特征值的线性无关特征函数对应的系数和(量子力学中称为简并态)。将式(7-2-8)代入式(7-2-7)有

$$\sum_k (\hat{L} - \lambda_m \boldsymbol{I}) \tilde{\boldsymbol{y}}_k = 0 \tag{7-2-9}$$

对于每一项 $(\hat{L} - \lambda_m \boldsymbol{I}) \tilde{\boldsymbol{y}}_k$,用算符 $\hat{T}$ 作用可得

$$\hat{T}(\hat{L} - \lambda_m \boldsymbol{I}) \tilde{\boldsymbol{y}}_k = (\hat{L} - \lambda_m \boldsymbol{I}) \hat{T} \tilde{\boldsymbol{y}}_k = t_k (\hat{L} - \lambda_m \boldsymbol{I}) \tilde{\boldsymbol{y}}_k \tag{7-2-10}$$

从中可以看出,$(\hat{L} - \lambda_m \boldsymbol{I}) \tilde{\boldsymbol{y}}_k$ 是 $\hat{T}$ 的特征值为 t_k 的特征函数,对于不同的 k,即不同的特征值 t_k,特征函数 $(\hat{L} - \lambda_m \boldsymbol{I}) \tilde{\boldsymbol{y}}_k$ 之间是线性无关的,这与式(7-2-9)相矛盾,因此

$$(\hat{L} - \lambda_m \boldsymbol{I}) \tilde{\boldsymbol{y}}_k = 0, \quad k = 1, 2, 3, \cdots \tag{7-2-11}$$

从而,$\tilde{\boldsymbol{y}}_k$ 也是 $\hat{L}$ 的特征函数。

至此,我们证明了 $\hat{L}$ 的任意特征函数都可以用 $\hat{L}$ 和 $\hat{T}$ 共有的特征函数来表示,反之亦然,从而 $\hat{L}$ 和 $\hat{T}$ 有相同的特征函数系。由前面的推论 7.2.2 可知,波动方程算符 $\hat{L}$ 和平移算符 $\hat{T}$ 具有相同的特征函数系。

由于 $(\hat{L} - \lambda I)u(\boldsymbol{x}) = 0$ 以及算符 $\hat{L}$ 和算符 $\hat{T}$ 互易,$\hat{T}$ 也具有和 $\hat{L}$ 所对应的一样的特征函数 $u(\boldsymbol{x})$,则

$$\hat{T}(\boldsymbol{R}_n)u(\boldsymbol{x})=t(\boldsymbol{R}_n)u(\boldsymbol{x}) \tag{7-2-12}$$

由于 $\boldsymbol{R}_n=n_1\boldsymbol{a}_1+n_2\boldsymbol{a}_2+n_3\boldsymbol{a}_3$，其中 n_i 为整数，且平移算符满足 $\hat{T}(\boldsymbol{a})\hat{T}(\boldsymbol{b})=\hat{T}(\boldsymbol{a}+\boldsymbol{b})$，所以 $t(\boldsymbol{a})t(\boldsymbol{b})=t(\boldsymbol{a}+\boldsymbol{b})$，即

$$\hat{T}(\boldsymbol{R}_n)=\hat{T}(n_1\boldsymbol{a}_1)\hat{T}(n_2\boldsymbol{a}_2)\hat{T}(n_3\boldsymbol{a}_3)=\hat{T}^{n_1}(\boldsymbol{a}_1)\hat{T}^{n_2}(\boldsymbol{a}_2)\hat{T}^{n_3}(\boldsymbol{a}_3) \tag{7-2-13}$$

所以

$$t(\boldsymbol{R}_n)=t(n_1\boldsymbol{a}_1)t(n_2\boldsymbol{a}_2)t(n_3\boldsymbol{a}_3)=t^{n_1}(\boldsymbol{a}_1)t^{n_2}(\boldsymbol{a}_2)t^{n_3}(\boldsymbol{a}_3) \tag{7-2-14}$$

因为

$$\hat{T}(\boldsymbol{R}_n)u(\boldsymbol{x})=u(\boldsymbol{x}+\boldsymbol{R}_n)=u(\boldsymbol{x}) \tag{7-2-15}$$

所以，由式(7-2-12)，希望

$$t(\boldsymbol{R}_n)=t^{n_1}(\boldsymbol{a}_1)t^{n_2}(\boldsymbol{a}_2)t^{n_3}(\boldsymbol{a}_3)=1\cdot 1\cdot 1=1 \tag{7-2-16}$$

如果令

$$t(\boldsymbol{a}_j)=\mathrm{e}^{2\pi\mathrm{i}h_j},\quad j=1,2,3 \tag{7-2-17}$$

则 n_jh_j（即 $n_1h_1+n_2h_2+n_3h_3$）必须为整数，才会满足式(7-2-16)。如果定义之前提过的倒格矢空间的矢量 $\boldsymbol{G}_h=h_1\boldsymbol{b}_1+h_2\boldsymbol{b}_2+h_3\boldsymbol{b}_3$，其中 $\boldsymbol{a}_i\cdot\boldsymbol{b}_j=2\pi\delta_{ij}$，则有 $1=\mathrm{e}^{2\pi\mathrm{i}(n_1h_1+n_2h_2+n_3h_3)}=\mathrm{e}^{\mathrm{i}(\boldsymbol{G}_h\cdot\boldsymbol{R}_n)}$，因此

$$t(\boldsymbol{R}_n)=\mathrm{e}^{\mathrm{i}(\boldsymbol{G}_h\cdot\boldsymbol{R}_n)}=1 \tag{7-2-18}$$

所以式(7-2-12)变成

$$u(\boldsymbol{x}+\boldsymbol{R}_n)=u(\boldsymbol{x})\mathrm{e}^{\mathrm{i}(\boldsymbol{G}_h\cdot\boldsymbol{R}_n)} \tag{7-2-19}$$

显然，平面波 $u(\boldsymbol{x})=\mathrm{e}^{\mathrm{i}(\boldsymbol{q}\cdot\boldsymbol{x})}$ 满足式(7-2-19)的形式，由此可知 $\boldsymbol{G}_h$ 可为波矢 $\boldsymbol{q}$，且

$$u(\boldsymbol{x}+\boldsymbol{R}_n)=u(\boldsymbol{x})\mathrm{e}^{\mathrm{i}(\boldsymbol{q}\cdot\boldsymbol{R}_n)} \tag{7-2-20}$$

因此，倒易空间又称为波矢空间。式(7-2-20)为周期结构中波传播的 Bloch 定理。对于周期结构的研究，为了与弹簧常数的符号 k 区分，有时候会将波矢 $\boldsymbol{k}$ 用 $\boldsymbol{q}$ 表示。式(7-2-20)描述的是在周期结构中晶格平移前后所在位置的波间状态的关系，而满足 Bloch 定理的弹性波函数本身可以表示为

$$u(\boldsymbol{x})=\Big(\sum_h a_{\boldsymbol{q}+\boldsymbol{G}_h}\mathrm{e}^{\mathrm{i}(\boldsymbol{G}_h\cdot\boldsymbol{x})}\Big)\mathrm{e}^{\mathrm{i}(\boldsymbol{q}\cdot\boldsymbol{x})}=w_q(\boldsymbol{x})\mathrm{e}^{\mathrm{i}(\boldsymbol{q}\cdot\boldsymbol{x})},\quad w_q(\boldsymbol{x})=w_q(\boldsymbol{x}+\boldsymbol{R}_n) \tag{7-2-21}$$

这是因为在波矢空间平移一个倒格矢 $\boldsymbol{G}_h$ 后所构造出的平面波 $\mathrm{e}^{\mathrm{i}(\boldsymbol{q}+\boldsymbol{G}_h)\boldsymbol{x}}$ 也会满足式(7-2-20)。

7.3　离散系统(一维单原子链的能带结构)

本节介绍最简单的一维单原子链的能带结构。首先，我们讨论"连续"结构和"离散"结构的关系。我们先对连续的偏微分波动方程进行离散化处理。考虑点 x 附近的泰勒级数展开式

$$u(x+\Delta x)=\sum_{n=0}^{\infty}\frac{u^{(n)}(x)}{n!}\Delta x^n \tag{7-3-1}$$

可以得到 $\dfrac{\partial u}{\partial x}$ 的向前差分近似公式

$$\left(\frac{\partial u}{\partial x}\right)_j = \frac{u_{j+1} - u_j}{\Delta x_j} + O(h) \tag{7-3-2}$$

或向后差分近似公式

$$\left(\frac{\partial u}{\partial x}\right)_j = \frac{u_j - u_{j-1}}{\Delta x_{j-1}} + O(h) \tag{7-3-3}$$

其中 $O(h)$ 是截断误差。

回顾第 1 章中等直均质杆的标准波动方程

$$E\frac{\partial^2 u}{\partial x^2} = \rho\frac{\partial^2 u}{\partial t^2} \tag{7-3-4}$$

为了说明离散和连续的差别,我们在数学上将连续的杆在空间上进行离散化,E 和 ρ 都和空间变量有关,即

$$E\frac{\partial^2 u}{\partial x^2} = \frac{E_j\left(\dfrac{\partial u}{\partial x}\right)_j - E_{j-1}\left(\dfrac{\partial u}{\partial x}\right)_{j-1}}{\Delta x_{j-1}} \tag{7-3-5}$$

则波动方程可以离散化为

$$\begin{aligned}
\rho_j \left.\frac{\mathrm{d}^2 u}{\mathrm{d}t^2}\right|_j &+ \frac{E_{j-1}\left(\dfrac{\partial u}{\partial x}\right)_{j-1} - E_j\left(\dfrac{\partial u}{\partial x}\right)_j}{\Delta x_{j-1}}\\
&= \rho_j \left.\frac{\mathrm{d}^2 u}{\mathrm{d}t^2}\right|_j + \frac{1}{\Delta x_{j-1}}\left(E_{j-1}\frac{u_j - u_{j-1}}{\Delta x_{j-1}} - E_j\frac{u_{j+1} - u_j}{\Delta x_j}\right)\\
&= \rho_j \left.\frac{\mathrm{d}^2 u}{\mathrm{d}t^2}\right|_j + \frac{1}{\Delta x_{j-1}}\left(E_{j-1}\frac{\Delta u_{j-1}}{\Delta x_{j-1}} - E_j\frac{\Delta u_j}{\Delta x_j}\right)\\
&= 0
\end{aligned} \tag{7-3-6}$$

所以

$$\rho_j \Delta x_{j-1}\left.\frac{\mathrm{d}^2 u}{\mathrm{d}t^2}\right|_j + \left(E_{j-1}\frac{\Delta u_{j-1}}{\Delta x_{j-1}} - E_j\frac{\Delta u_j}{\Delta x_j}\right) = 0 \tag{7-3-7}$$

定义 $\rho_j \Delta x_{j-1} = m_j$,可以将具有单位截面面积且长度为 Δx_j 的杆离散化为质量—弹簧系统。参考杆的纵向受力状态 $f = AE\dfrac{\partial u}{\partial x}$(参考式(1-4-2)),可知 $\dfrac{E_j}{\Delta x_j}$ 对应弹簧常数 k_j(即 $E_j = k_j \Delta x_j$),所以式(7-3-7)可以整理为

$$m_j \left.\frac{\mathrm{d}^2 u}{\mathrm{d}t^2}\right|_j = -k_{j-1}(u_j - u_{j-1}) - k_j(u_j - u_{j+1}) \tag{7-3-8}$$

式(7-3-8)对应第 j 个质量微元的力平衡方程,其对应图 7-3 所示的离散化的杆模型。

由于式(7-3-8)不是标准波动方程,因此保持形貌不变的任意的 $u = f(x - ct)$ 不是其解。

首先考虑图 7-4 所示的一维离散模型(又称为单原子链模型),其中相邻原子间的距离为 a,a 称为晶格常数。x_n 为第 n 个原子的平衡位置,$x_n = na$。对应前面离散化的过程可知,对于一个晶格常数的弹簧质量而言,离散参数和连续参数存在对应关系 $\rho a = m$,$E =$

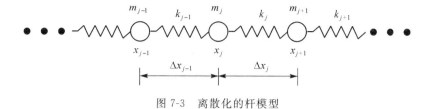

图 7-3　离散化的杆模型

ka。受扰动后，在位置 x_n 的原子的相应位移为 u_n。

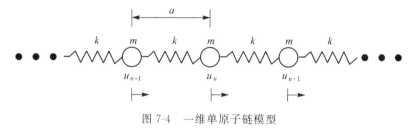

图 7-4　一维单原子链模型

为了以最简单的计算方法说明周期结构的基本物理性质，这里在计算原子的振动时认为第 n 个原子的振动仅仅受到左右相邻的两个原子的力的作用，分别是 $k(u_{n+1}-u_n)$ 和 $k(u_{n-1}-u_n)$。

对第 n 个原子运用牛顿运动定律，可得其运动方程为

$$k(u_{n+1}-u_n)-k(u_n-u_{n-1})=-k(2u_n-u_{n+1}-u_{n-1})=m\ddot{u}_n \tag{7-3-9}$$

式(7-3-9)可以和式(7-3-8)对应。

假设一维单原子链中传播着一个简谐行进波，每个原子都以频率 ω 和振幅 A 振动

$$u_n=A\mathrm{e}^{\mathrm{i}(qx_n-\omega t)} \tag{7-3-10}$$

其中：为了和弹簧常数的符号 k 区分，这里波数（或一维空间的波矢）用符号 q 表示。在式(7-3-10)中，波传播的角频率 ω 仅考虑正值，振幅 A、时间 t 和位置 x_n 都是实数，假如我们可以求出实数的 q，则一维单原子链就可以支持行进波 $A\mathrm{e}^{\mathrm{i}(qx_n-\omega t)}$，即行进波的假设成立。将式(7-3-10)代入式(7-3-9)，可得如下的特征值问题

$$[k(2-\mathrm{e}^{\mathrm{i}qa}-\mathrm{e}^{-\mathrm{i}qa})-m\omega^2]u_n=0 \tag{7-3-11}$$

通过 $\mathrm{e}^{\mathrm{i}qa}+\mathrm{e}^{-\mathrm{i}qa}=2\cos(qa)$ 和 $\cos(qa)=1-2\sin^2\dfrac{qa}{2}$ 的关系，可得如下的频散关系

$$\omega(q)=\sqrt{\frac{4k}{m}}\left|\sin\frac{qa}{2}\right|=2\omega_0\left|\sin\frac{qa}{2}\right| \tag{7-3-12}$$

其中 $\omega_0=\sqrt{\dfrac{k}{m}}$。

频散关系式也可以由 Bloch 定理得出。例如，对于简谐波，式(7-3-9)变成

$$k(u_{n+1}-u_n)-k(u_n-u_{n-1})+m\omega^2 u_n=0 \tag{7-3-13}$$

可以通过 Bloch 定理假设 $u_{n+1}=\mathrm{e}^{\mathrm{i}qa}u_n$ 和 $U_{n-1}=\mathrm{e}^{-\mathrm{i}qa}U_n$，则我们同样可以得到频散关系式。

一维单原子链的频散曲线如图 7-5 所示，其中 $q^*=\dfrac{qa}{\pi}$ 为归一化波数。

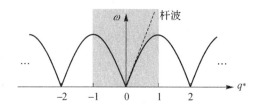

图 7-5　一维单原子链模型的频散曲线 $\left(q^* = \dfrac{qa}{\pi}\right)$

可以看出,不同于杆波,引入弹簧质量的离散周期结构有频散现象。由于质量的影响,频散关系不再是连续杆模型的线性关系,波长越小(即波数越大),频散关系越偏离直线。同时,不同于连续杆系统,对于离散系统,不再是任何频率的波都可以传播。

在长波长极限($q^* \to 0$)

$$\omega = q\left(a\sqrt{\frac{k}{m}}\right) \tag{7-3-14}$$

通过 $\rho a = m$ 和 $E = ka$ 的关系,可知

$$a\sqrt{\frac{k}{m}} = \sqrt{\frac{E}{\rho}} = c \tag{7-3-15}$$

此时离散周期结构近似连续杆系统。在周期结构的情况下,由于原子质量的存在,波速会受影响而降低。随着波长的减小(波数 q^* 的增加),波的散射将更加显著。当 $q^* = 1$,即波长 $\lambda = 2a$ 的时候,群速度 $\left(v_{\mathrm{g}} = \dfrac{\partial \omega}{\partial q}\right)$ 为零,单原子链中存在驻波现象。

周期结构的基本特征是频散关系呈现周期性。从图 7-5 可以看出,$\omega(q^*) = \omega(q^* + 2n)$,其中 n 是任意整数。换句话说,即使是不同的波长,可能对应一样的振动情况,q(对应波长 λ)对应的质量偏移情况和 $q' = q + \dfrac{2n\pi}{a}$(即对应波长 $\lambda' = \dfrac{\lambda a}{a + n\lambda}$)对应的质量偏移情况一样。例如,选取 $n = 1$,图 7-6 显示了 $\lambda = 2a$ 和 $\lambda' = \dfrac{\lambda a}{a + n\lambda} = \dfrac{2a}{3}$ 所对应的振动情况,虽然是不同的波长,但是两者对应的振动情况并没有区别。由于 q 空间的周期性是 $\dfrac{2n\pi}{a}$,因此对于周期结构,必须给定一个波数长度为 $\dfrac{2\pi}{a}$ 的范围(对于 q^*,长度为 2),这样对于波的讨论才有唯一性。

我们在 7.1 节中曾经提过,由倒格矢基矢所构造的矢量空间称为原位置空间的倒易空间,在倒易空间内可以选取一个倒格点后做出该点与相邻格点连线的中垂线或中垂面,则由这些线或面所围绕的包含该格点的区域称为简约或是第一布里渊区。

若为一维周期结构(例如本节的一维周期单原子链模型),$ab = 2\pi$(其中 a 为一维周期结构的正格矢,即晶格常数;b 为一维周期结构的倒格矢,即倒格矢长度),所以 $b = \dfrac{2\pi}{a}$,可见针对一维周期结构,晶格常数取倒数乘以 2π 后为倒格矢长度,第一布里渊区在 $\pm\dfrac{2\pi}{a} \cdot \dfrac{1}{2}$

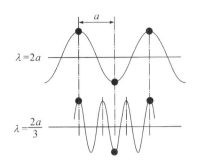

图 7-6　周期结构中不同的波长可能对应相同的质量偏移

$=\pm\dfrac{\pi}{a}$ 之内。图 7-5 所示的灰色区域即为一维周期单原子链模型的第一布里渊区。

由于倒格矢和正格矢具有相同的对称性,第一布里渊区也有相同的对称性。研究周期结构的频散特性时仅需将研究范围限定在第一布里渊区即可,这也是为什么在图 7-5 中我们仅需研究 $-1\leqslant q^{*}\leqslant 1$ 范围内的频散关系即可 $\left(q^{*}=\dfrac{qa}{\pi}\right)$,其他区域的频散曲线会呈现周期性。因此,在图 7-6 中,虽然是不同的波长,由于 $\lambda=2a$ 和 $\lambda'=\dfrac{2a}{3}$ 分别对应 $q=\dfrac{\pi}{a}$ 和 q' $=\dfrac{3\pi}{a}$,而 $q'-q=\dfrac{3\pi}{a}-\dfrac{\pi}{a}=\dfrac{2\pi}{a}$,$q'^{*}-q^{*}=2$,所以两者对应相同的质量振动情况。此外,再次观察图 7-5 可以发现,其在 ω-q 曲线中的“晶格常数”为 $q^{*}=\dfrac{qa}{\pi}=2$,即 $q=\dfrac{2\pi}{a}$,符合一维倒易空间的基矢和正格子基矢之间的关系(见式(7-1-6))。

7.4　一维双原子链的能带结构

我们接着考虑图 7-7 所示的一维双原子链模型,该模型由两种原子组成,质量分别是 m 和 M,而且 $m<M$。a 为晶格常数,是相邻同样质量大小原子间的距离。受扰动后,在位置 x_{n} 的原子 m 的相应位移为 u_{n},在位置 $x_{n}+\dfrac{a}{2}$ 的原子 M 的相应位移为 U_{n}。

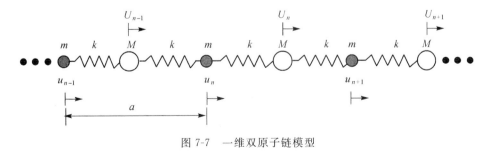

图 7-7　一维双原子链模型

假设一维双原子链有一行进波 $U_{n}=A_{1}\mathrm{e}^{\mathrm{i}\left[q\left(x_{n}+\frac{a}{2}\right)-\omega t\right]}$ 和 $u_{n}=A_{2}\mathrm{e}^{\mathrm{i}(qx_{n}-\omega t)}$。将两种行进

波分别代入相应的运动方程,可得如 $(\tilde{k} - \omega^2 \widetilde{M})\tilde{u} = \tilde{0}$ 形式的特征值问题

$$\begin{bmatrix} 2k - M\omega^2 & -k(1 + \mathrm{e}^{iqa}) \\ -k(1 + \mathrm{e}^{-iqa}) & 2k - m\omega^2 \end{bmatrix} \begin{bmatrix} U_n \\ u_n \end{bmatrix} = \begin{bmatrix} 0 \\ 0 \end{bmatrix} \tag{7-4-1}$$

该式对应两个齐次线性方程。如果要有非零解,系数矩阵的行列式值(对应 ω^2 的方程)应为零,其两个根为

$$\omega(q) = \left[k\frac{m+M}{mM} \pm \frac{k}{mM}\sqrt{m^2 + M^2 + 2mM\cos(qa)} \right]^{\frac{1}{2}} \tag{7-4-2}$$

当 $q = 0$ 时,$\omega(q) = \left[2k\frac{m+M}{mM} \right]^{\frac{1}{2}}$ 或 $\omega(q) = 0$;当 $q = \frac{\pi}{a}$ 时,$\omega(q) = \sqrt{\frac{2k}{M}}$ 或 $\omega(q) = \sqrt{\frac{2k}{m}}$;其对应的频散曲线如图 7-8 所示。

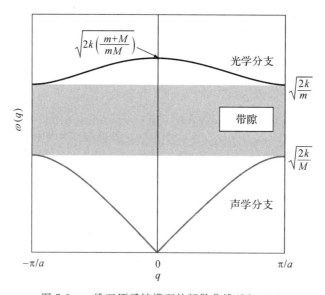

图 7-8　一维双原子链模型的频散曲线($M = 3m$)

当 $q = 0$(即对应无限长的波长)时,考虑第一条低频分支,令 $\omega = 0$,式(7-4-1)变成

$$\begin{bmatrix} 2k & -2k \\ -2k & 2k \end{bmatrix} \begin{bmatrix} U_n \\ u_n \end{bmatrix} = \begin{bmatrix} 0 \\ 0 \end{bmatrix} \tag{7-4-3}$$

因此波长为无限长时,低频分支对应质量的同相运动,$U_n = u_n$,而第二条高频分支对应的质量运动为反相运动,$u_n = -\frac{M}{m}U_n$(小质量振动幅值大)。反之,当 $q = \frac{\pi}{a}$ 时,带隙的低频边界 $\sqrt{\frac{2k}{M}}$ 对应 $u_n = 0$(小质量的原子静止不动,大质量的保持振动);带隙的高频边界 $\sqrt{\frac{2k}{m}}$ 对应 $U_n = 0$(大质量的原子静止不动,小质量的保持振动)。

　　频散曲线的第一条低频分支称为声学分支,其在长波长下近似声波和杆波的频散曲线,对应质量的同相运动。第二条高频分支称为光学分支,对应质量的反相运动。例如在氯化钠晶体中,两个原子分别携带正电荷和负电荷。如果晶格振动能量低,氯离子和钠离子同相

运动;如果晶格振动能量高,氯离子和钠离子反相运动。这种反相振动模式可以由电磁场激发,这是第二条分支命名为光学分支的主要原因。如果波矢对应的频率在这两个分支内,简谐波可以传播,这两条分支也称为通带。两条分支中间的区域没有对应波矢和频率,称为带隙。当激励带隙内频率的波时,简谐波无法传播,会有很强的衰减。双原子链模型本质上为带通滤波器。

和单原子链模型一样,对于双原子链模型,随着波长的减小,质量对波速的影响也更加显著。当波长 $\lambda = 2a$ 时,两条分支的群速度皆为零,双原子链中存在驻波现象,而 $\lambda = 2a$ 的条件和布拉格(Bragg)研究射线在晶格中的衍射行为相似,因此图 7-8 所示的带隙又称为布拉格散射带隙。由于这里的讨论是基于固体物理学的,所以图 7-8 所示的频散曲线又称为能带结构。

上述讨论是针对无限周期结构的,接下来我们简单说明有限周期结构的振动行为可以和无限周期结构的波动行为对应。假设有 8 个质量块由相同的弹簧连接,通过传递矩阵法可以求解该弹簧质量系统的固有频率和振型。由于有 8 个质量块,所以弹簧质量系统有 8 个固有频率。

图 7-9 所示是质量块质量按[1,4,1,4,1,4,1,4]分布时,通过理论计算的无限结构的波矢图和振型的对应关系,理论计算的带隙频率范围大致为 7.07～14.14 Hz。光学分支与声学分支上各对应有 4 个振型。通过对比声学分支上点的振型图,当波矢 q 很小时,相邻质量

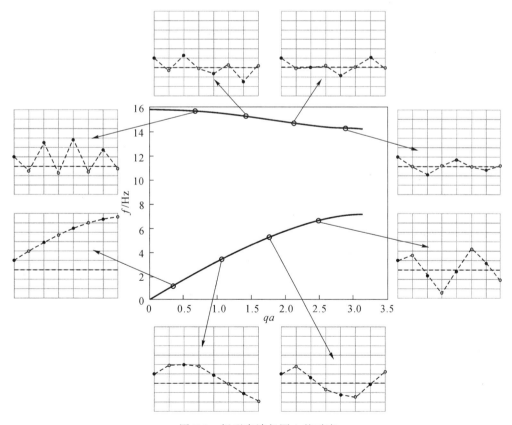

图 7-9　振型在波矢图上的对应

不同的质量块振幅相同,相位也相同,符合长波条件下的低频振动行为;当 q 增加到边界处,小质量的质量块接近静止不动的平衡点,大质量的保持振动,符合频散曲线的理论分析。再看光学分支上的点对应的振型图,首先通过振幅数据对比得出长波长下相邻两个质量块的振幅 u_n 和 U_n 趋近于 $mu_n + MU_n = 0$ 的反相振动关系(其中 $m=1, M=4$)。当 q 接近 $\dfrac{\pi}{a}$ 时,观察带隙的高频边界(光学分支),可以看出大质量的原子趋近于静止不动,小质量的保持振动,也符合无限周期结构的理论预测。

周期结构的一个显著特征是频率带隙。对于离子晶体,如果不是对称模态,晶格内部的偶极矩会因为弹性波的传播而改变。黄昆(Huang Kun)教授指出,离子晶体中横向电磁波和横向弹性波有可能发生耦合共振,进一步产生带隙。对于在周期极化的压电超晶格(例如周期极化铌酸锂(PPLN)晶体)固体中传播的波动而言,电磁波(受麦克斯韦方程组控制)和机械波(受牛顿第二运动定律控制)可以发生强烈的耦合,两者的能量相当,这种同时拥有机械能与电磁能的波称为极子波。极子波可以单独由机械或电磁的方式激发,传播特定比例的机械能与电磁能,接收端可以单独以机械或电磁的方式输出信号。这种特性可以应用于换能器或天线上。限于篇幅,这里我们不做进一步的探讨,有兴趣的读者可以参考相关文献或台湾大学机械工程学系周元昉(Yuan-Fang Chou)教授课题组的相关研究,他们针对极子的能量分配进行了较为深入的探讨。

7.5　局域共振模型

前面的双原子链模型说明了布拉格散射带隙的机理。弹性波在带隙内的传播会有很强的衰减。具有弹性波布拉格散射的周期结构又称为布拉格散射型声子晶体。有限长度的布拉格散射型声子晶体具有减振的功能,然而其第一带隙中心频率对应的波长与结构的特征尺寸相当,因此限制了低频区域的减振应用。2000 年的时候,刘正猷等人提出了局域共振型声子晶体,其单元胞为硅橡胶包覆的铅球,元胞以周期布置的方式置于环氧树脂基底。他们发现可以产生特征尺寸 300 倍的波长的弹性波带隙。如果在一维单原子链的原子内部布置局域振子,结构将会产生和频率相关的负等效质量密度,此时局域共振机理可以构造出弹性(或声学)超材料。

本章我们将以具有内部弹簧振子的单原子链模型介绍弹性超材料。在介绍负等效质量密度的概念前,我们先研究下面的调谐质量阻尼器(tuned mass damper (TMD)),又称为动力振动减振器(DVA)。如图 7-10(a)所示,调谐质量阻尼器由质量块 m_2 和弹簧 k_2 组成(这里省略阻尼,完整的 TMD 可以包含阻尼),m_2 的速度是 $\tilde{V}_2 e^{-i\omega t}$,主质量 m_1 的速度是 $\tilde{V}_1 e^{-i\omega t}$,而激励源的速度是 $\tilde{V}_0 e^{-i\omega t}$。当结构在外激励作用下产生振动时,将带动 TMD 一起振动。

通过牛顿运动定律,我们可以写出运动方程

$$\begin{cases} m_1 \ddot{\tilde{x}}_1 + k_1(\tilde{x}_1 - \tilde{x}_0) + k_2(\tilde{x}_1 - \tilde{x}_2) = 0 \\ m_2 \ddot{\tilde{x}}_2 + k_2(\tilde{x}_2 - \tilde{x}_1) = 0 \end{cases} \tag{7-5-1}$$

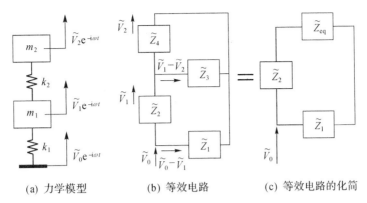

(a) 力学模型　　　　(b) 等效电路　　　　(c) 等效电路的化简

图 7-10　调谐质量阻尼器的力学分析与等效电路

其中，$\widetilde{x}$ 代表质点的位移，由于 $\dot{\widetilde{x}} = -\mathrm{i}\omega\widetilde{V}$ 和 $\widetilde{x} = \dfrac{\widetilde{V}}{-\mathrm{i}\omega}$，可以得到

$$\begin{cases} -m_1\mathrm{i}\omega\widetilde{V}_1 - \dfrac{k_1}{\mathrm{i}\omega}(\widetilde{V}_1 - \widetilde{V}_0) - \dfrac{k_2}{\mathrm{i}\omega}(\widetilde{V}_1 - \widetilde{V}_2) = 0 \\[3mm] -m_2\mathrm{i}\omega\widetilde{V}_2 - \dfrac{k_2}{\mathrm{i}\omega}(\widetilde{V}_2 - \widetilde{V}_1) = 0 \end{cases} \tag{7-5-2}$$

其可以用机械阻抗表示为

$$\begin{cases} \widetilde{Z}_2\widetilde{V}_1 + \widetilde{Z}_1(\widetilde{V}_1 - \widetilde{V}_0) + \widetilde{Z}_3(\widetilde{V}_1 - \widetilde{V}_2) = 0 \\[2mm] \widetilde{Z}_4\widetilde{V}_2 + \widetilde{Z}_3(\widetilde{V}_2 - \widetilde{V}_1) = 0 \end{cases} \tag{7-5-3}$$

其中：若 $\widetilde{Z}_i = -\mathrm{i}\omega m$，则为质量的阻抗；若 $\widetilde{Z}_i = \mathrm{i}\dfrac{k}{\omega}$，则为弹簧的阻抗，$i = 1, 2, 3, \cdots$（参考 1.9 节）。式(7-5-3)对应图 7-10(b)所示的电路图，并可以进一步等效为图 7-10(c)所示的电路图。其中 $\widetilde{Z}_{\mathrm{eq}}$ 为 $\widetilde{Z}_3$ 和 $\widetilde{Z}_4$ 并联的等效阻抗，表示为

$$\widetilde{Z}_{\mathrm{eq}} = \frac{\widetilde{Z}_3\widetilde{Z}_4}{\widetilde{Z}_3 + \widetilde{Z}_4} = -\mathrm{i}\omega\left(\frac{m_2\omega_0^2}{\omega_0^2 - \omega^2}\right) \tag{7-5-4}$$

其中

$$\omega_0 = \sqrt{\frac{k_2}{m_2}} \tag{7-5-5}$$

可见，在简谐荷载下，当激励频率 ω 和所连接的 TMD 的固有频率 $\omega_0 = \sqrt{\dfrac{k_2}{m_2}}$ 一致时，$\widetilde{Z}_{\mathrm{eq}}$ 趋近于无穷大，等效电路视同开路，电流（对应质量的速度）为零，主质量 m_1 可以保持完全静止。换句话说，当激励源频率和调谐质量阻尼器的固有频率一致时，主质量的振动可以得到抑制。

上面是用阻抗的概念来说明主质量的抑制机理。我们也可以用等效质量的概念来进行探讨。如图 7-11 所示，可以将 m_2 视为内嵌在 m_1 中，我们希望主质量 m_1 和调谐质量阻尼器的运动行为可以用一个等效质量 m_{eff} 的运动行为来替代。

假设振子 m_1 受到的外力是 $\widetilde{F}\mathrm{e}^{-\mathrm{i}\omega t}$，两个质量的位移分别是 $\widetilde{u}_1\mathrm{e}^{-\mathrm{i}\omega t}$ 和 $\widetilde{u}_2\mathrm{e}^{-\mathrm{i}\omega t}$，则对等效质量 m_{eff} 而言，运动方程为 $\widetilde{F} = -m_{\mathrm{eff}}\omega^2\widetilde{u}_1$。对于质量 m_1 而言，运动方程为 $\widetilde{F} = k_2(\widetilde{u}_1 - \widetilde{u}_2)$

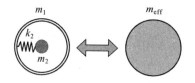

图 7-11　等效质量的概念

$-m_1\omega^2\tilde{u}_1$。 对于质量 m_2 而言,运动方程为 $(k_2-m_2\omega^2)\tilde{u}_2=k_2\tilde{u}_1$。 比较后可以发现

$$m_{eff}=m_1+\frac{m_2\omega_0^2}{\omega_0^2-\omega^2} \tag{7-5-6}$$

其中 $\omega_0=\sqrt{\dfrac{k_2}{m_2}}$。 可以看出,当激励频率由高频向 ω_0 靠近时,等效质量变为负值,加速度和外力方向相反,响应振幅会衰减。

现在考虑如图 7-12 所示的具有内嵌弹簧振子的无限原子链系统。由 Bloch 定理,质量块 1 或 2 的位移可以假设为 $u_\gamma^{(j+n)}=u_\gamma^{(j)}e^{i(nqL)}=B_\gamma e^{i(qx+nqL-\omega t)}$, $\gamma=1,2$,代入运动方程后,可得如 $(\tilde{k}-\omega^2\tilde{M})\tilde{u}=\tilde{0}$ 形式的特征值问题。令系数矩阵的行列式值为零,可得频散关系为

$$m_1m_2\omega^4-\{(m_1+m_2)k_2+2m_2k_1[1-\cos(qL)]\}\omega^2+2k_1k_2[1-\cos(qL)]=0 \tag{7-5-7}$$

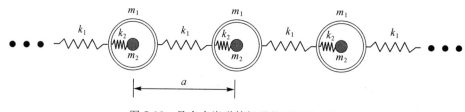

图 7-12　具有内嵌弹簧振子的原子链系统

如果将图 7-12 的内嵌弹簧振子质量用等效质量代替,其可被视为单原子链系统,则内嵌弹簧振子的单原子链的频散关系应该和没有内嵌弹簧振子的系统的频散关系一致,则

$$\omega(q)=\sqrt{\frac{4k}{m_{eff}}}\left|\sin\left(\frac{qa}{2}\right)\right| \tag{7-5-8}$$

其中 $\omega_0=\sqrt{\dfrac{k}{m}}$。 因为 $1-\cos\theta=2\sin^2\dfrac{\theta}{2}$, 式(7-5-8)可以改写为

$$\omega^2=\frac{4k_1}{m_{eff}}\cdot\frac{[1-\cos(qL)]}{2}=\frac{2k_1[1-\cos(qL)]}{m_{eff}} \tag{7-5-9}$$

所以,对于等效质量下的单原子链系统, $1-\cos(qL)=\dfrac{m_{eff}\omega^2}{2k_1}$, 代入式(7-5-7),可得

$$m_{eff}=(m_1+m_2)+\frac{m_2\left(\dfrac{\omega}{\omega_0}\right)^2}{1-\left(\dfrac{\omega}{\omega_0}\right)^2}=m_{st}+\frac{m_2\left(\dfrac{\omega}{\omega_0}\right)^2}{1-\left(\dfrac{\omega}{\omega_0}\right)^2} \tag{7-5-10}$$

图 7-13(a)所示为式(7-5-7)对应的能带结构,这里选取的参数和黄等人的研究结果(H. H. Huang 等,2009)相同,图 7-13(b)所示为等效质量随频率的变化,可以发现,在输

入波的频率大于局域振子的固有频率时,等效质量为负,而对于长波长的简谐波而言,等效质量为 $m_{eff} = m_{st}$。 由于局域振子可以带来不寻常的负等效质量(如果是连续体模型则为负等效质量密度),图 7-12 所示的周期结构又称为弹性超材料或声学超材料。

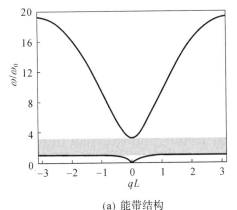 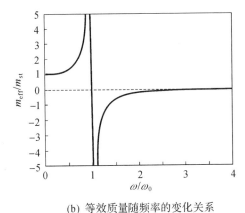

(a) 能带结构　　　　　　　　　　(b) 等效质量随频率的变化关系

图 7-13　具有内嵌弹簧振子的单原子链系统

局域共振的概念可以从弹性波超材料拓展到水波超材料。回顾第 2 章介绍的亥姆霍兹共鸣器,其具有共振频率

$$\omega = c \sqrt{\frac{S}{L'V}} \tag{7-5-11}$$

对应的波数为

$$k = \sqrt{\frac{S}{L'V}} \tag{7-5-12}$$

复旦大学胡新华教授类比了声学中亥姆霍兹共鸣器的概念,利用开缝的铜管形成共振腔,并将其在水槽中以周期性的方式布置,形成如图 7-14 所示的一维共振腔阵列。单个的共振腔对应的共振波数为

$$k \approx \sqrt{\frac{\Delta}{\pi r_2^2 L'}} \tag{7-5-13}$$

其中的几何参数如图 7-14 所示。以上式子中的 L' 为长度修正值,$L' = r_1 - r_2 + 0.6\Delta$,修正的方式和声学中的修正长度概念一致。

当水波通过图 7-14 所示的周期性开缝圆柱阵列(长度为 L)时,水波的重力加速度具有如下的等效值:

$$g_e = \frac{g_0}{1 + \dfrac{f_s k_0^2}{k_r^2 - k_0(k_0 + \mathrm{i}\gamma_k)}} \tag{7-5-14}$$

其中:γ_k 代表损耗;填充比为 $f_s = \dfrac{\pi r_1^2}{a^2}$。 在忽略表面张力的情况下,水波的频散关系为(见式(3-4-7))

$$\omega^2 = gk \tanh(kh) \tag{7-5-15}$$

结合式(7-5-13)、式(7-5-14)、式(7-5-15),可以得到频率和等效重力加速度之间的关系,如图 7-15 中的"o"线所示。

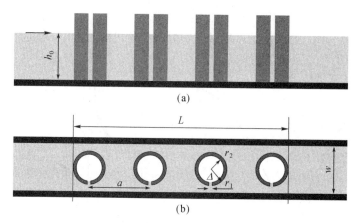

(a)

(b)

图 7-14 具有周期共振腔的水波调控系统

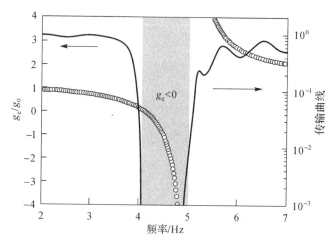

图 7-15 等效重力加速度分布和水波在一维开缝圆柱阵列中传播的传输曲线

根据等效介质理论,当水波从图 7-14 所示的开缝圆柱阵列中传播时,等效重力加速度和等效水深分别为 g_e 和 h_e,阵列左右两侧的水波为静态重力加速度和水深,相应的值分别为 g_0 和 h_0。水波在该圆柱阵列的左侧、内部及右侧传播时的垂直位移分别为

$$\eta = (A_1 e^{ik_0 x} + B_1 e^{-ik_0 x}) e^{-i\omega t} \tag{7-5-16}$$

$$\eta = (A_2 e^{ik_e x} + B_2 e^{-ik_e x}) e^{-i\omega t} \tag{7-5-17}$$

$$\eta = A_4 e^{ik_0 (x-L)} e^{-i\omega t} \tag{7-5-18}$$

由于 η 和 $u \nabla \eta$ 在阵列左右两侧边界处的值是连续的,所以

$$A_1 + B_1 = A_2 + B_2 \tag{7-5-19}$$

$$u_0 k_0 (A_1 - B_1) = u_e k_e (A_2 - B_2) \tag{7-5-20}$$

$$A_3 = A_2 e^{ik_e L} \tag{7-5-21}$$

$$B_3 = B_2 e^{-ik_e L} \tag{7-5-22}$$

$$A_3 + B_3 = A_4 \tag{7-5-23}$$

$$u_e k_e (A_3 - B_3) = u_0 k_0 A_4 \tag{7-5-24}$$

由以上关系,我们可以得到传输比率为

$$T = \left| \frac{A_4}{A_1} \right|^2 = \left| \frac{4}{\left[\left(2 + \dfrac{u_e k_e}{u_0 k_0} + \dfrac{u_0 k_0}{u_e k_e} \right) e^{-ik_e L} + \left(2 - \dfrac{u_e k_e}{u_0 k_0} - \dfrac{u_0 k_0}{u_e k_e} \right) e^{ik_e L} \right]} \right|^2 \quad (7\text{-}5\text{-}25)$$

其中 u_0 为缩减水深(reduce depth);u_e 为等效缩减水深;两者皆满足 $u = \dfrac{\tanh(kh)}{k}$,即满足浅水波近似理论下非频散波的波速与频率关系(即 $\omega = kc = k\sqrt{gu}$,见式(3-2-15))。由胡等人发展的水波在周期结构中传播的等效介质理论可知

$$\frac{u_e}{u} = \frac{1 - f_s}{1 + f_s} \quad (7\text{-}5\text{-}26)$$

$$\frac{k_e}{k} = \sqrt{\frac{g_0 u}{g_e u_e}} \quad (7\text{-}5\text{-}27)$$

我们可以得到

$$T = \left| \frac{4}{\left[2 + \sqrt{\dfrac{g_0(1 - f_s)}{g_e(1 + f_s)}} + \sqrt{\dfrac{g_e(1 + f_s)}{g_0(1 - f_s)}} \right] e^{-ik_e L} + \left[2 - \sqrt{\dfrac{g_0(1 - f_s)}{g_e(1 + f_s)}} - \sqrt{\dfrac{g_e(1 + f_s)}{g_0(1 - f_s)}} \right] e^{ik_e L}} \right|^2$$

$$(7\text{-}5\text{-}28)$$

其中等效重力加速度和重力加速度的比值是频率的函数,因此,式(7-5-28)反映了频率与传输系数之间的关系。图 7-15 中的实线部分则是水波在图 7-14 所示的周期阵列中传播时的传输曲线。从图 7-15 中可以看出,水波超材料在负等效加速度的情况下,也存在着相应的带隙。

7.6　非线性弹性超材料中的波传播

这一节中,我们将讨论具有内嵌非线性弹簧振子的无限原子链系统,研究弱非线性弹性超材料中波的传播特性。如图 7-16 所示,非线性振子由质量 m_2 和非线性弹簧 k_2 组成。假设弹簧为弱非线性,其恢复力可以表示为

$$f_r = k_2 \delta + \varepsilon \Gamma \delta^3 \quad (7\text{-}6\text{-}1)$$

其中:δ 为非线性弹簧的形变;k_2 为线性刚度;Γ 为非线性参数;ε 为引入的某小量,表征弱非线性。

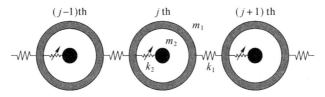

图 7-16　非线性 mass-in-mass 系统图

上述非线性 mass-in-mass 系统的动力学方程为

$$\begin{cases} m_1\ddot{u}_j + k_1(2u_j - u_{j-1} - u_{j+1}) + k_2(u_j - v_j) + \varepsilon\Gamma[(u_j - v_j)^3] = 0 \\ m_2\ddot{v}_j + k_2(v_j - u_j) + \varepsilon\Gamma[(v_j - u_j)^3] = 0 \end{cases} \tag{7-6-2}$$

其中 u_j 和 v_j 分别表示第 j 个单元外部质量块和内部质量块的位移。

利用 L-P 摄动法,我们可以推导非线性 mass-in-mass 系统的频散方程,得到其显式的一阶摄动解,并基于此理论结果讨论非线性对频散特性的影响。定义无量纲时间 $\tau = \omega t$,可将系统的动力学方程(7-6-2)写为如下形式

$$\begin{cases} m_1\omega^2\dfrac{\partial^2 u_j}{\partial \tau^2} + k_1(2u_j - u_{j-1} - u_{j+1}) + k_2(u_j - v_j) + \varepsilon\Gamma[(u_j - v_j)^3] = 0 \\[2mm] m_2\omega^2\dfrac{\partial^2 v_j}{\partial \tau^2} + k_2(v_j - u_j) + \varepsilon\Gamma[(v_j - u_j)^3] = 0 \end{cases}$$

$$\tag{7-6-3}$$

根据摄动法,将频率 ω 以及内、外质量块的位移 u_j、v_j 分别做一阶摄动展开,得

$$\omega = \omega_0 + \varepsilon\omega_1, \quad u_j = u_{0j} + \varepsilon u_{1j}, \quad v_j = v_{0j} + \varepsilon v_{1j} \tag{7-6-4}$$

将式(7-6-4)代入式(7-6-3),再分别按照 ε^0、ε^1 项分离系数,可以得到如下的控制方程

$$\begin{cases} m_1\omega_0^2\dfrac{\mathrm{d}^2 u_{\alpha j}}{\mathrm{d}\tau^2} + k_1(2u_{\alpha j} - u_{\alpha j-1} - u_{\alpha j+1}) + k_2(u_{\alpha j} - v_{\alpha j}) = M_\alpha \\[2mm] m_2\omega_0^2\dfrac{\mathrm{d}^2 v_{\alpha j}}{\mathrm{d}\tau^2} + k_2(v_{\alpha j} - u_{\alpha j}) = N_\alpha \end{cases} \tag{7-6-5}$$

对于下标 $\alpha = 0, 1$,分别有

$$\begin{cases} M_0 = 0 \\ N_0 = 0 \end{cases} \tag{7-6-6}$$

$$\begin{cases} M_1 = -2m_1\omega_0\omega_1\dfrac{\mathrm{d}^2 u_{0j}}{\mathrm{d}\tau^2} - \Gamma(u_{0j} - v_{0j})^3 \\[2mm] N_1 = -2m_2\omega_0\omega_1\dfrac{\mathrm{d}^2 v_{0j}}{\mathrm{d}\tau^2} - \Gamma(v_{0j} - u_{0j})^3 \end{cases} \tag{7-6-7}$$

其中零阶($\alpha = 0$)式子为线性系统的控制方程,而一阶($\alpha = 1$)式子则代表了弱非线性对频散特性的影响。

对于控制方程式(7-6-5),其谐波解为

$$\begin{cases} u_j = \dfrac{A_0}{2}\mathrm{e}^{\mathrm{i}j\kappa}\mathrm{e}^{\mathrm{i}\tau} + c.c \\[2mm] v_j = \dfrac{B_0}{2}\mathrm{e}^{\mathrm{i}j\kappa}\mathrm{e}^{\mathrm{i}\tau} + c.c \end{cases} \tag{7-6-8}$$

其中:$\kappa = qa$ 是无量纲的波数;q 是波数;a 是单元格的长度;$c.c$ 表示相对应的共轭复数,而 A_0 和 B_0 分别是外、内部质量块的振幅。

将谐波解式(7-6-8)代入式(7-6-5),可得

$$\begin{cases} \{(k_2 - m_2\omega_0^2)[-m_1\omega_0^2 + 2k_1(1 - \cos\kappa)] - k_2 m_2\omega_0^2\}A_0 = 0 \\ (k_2 - m_2\omega_0^2)B_0 = k_2 A_0 \end{cases} \tag{7-6-9}$$

上述方程存在非零解的条件为

$$m_1 m_2 \omega_0^4 - \left[(m_1 + m_2) k_2 + 2 m_2 k_1 (1 - \cos \kappa) \right] \omega_0^2 + 2 k_1 k_2 (1 - \cos \kappa) = 0 \tag{7-6-10}$$

其中

$$A_0 = K_{\omega_0} B_0 \tag{7-6-11}$$

且有

$$K_{\omega_0} = 1 - \frac{m_2 \omega_0^2}{k_2} \tag{7-6-12}$$

式(7-6-10)即线性系统的频散方程。

给定某一实波数,式(7-6-12)存在两个正实根 ω_{0ac} 和 ω_{0op},其中 $\omega_{0ac}(k)$ 和 $\omega_{0op}(k)$ 分别代表第一阶和第二阶分支的线性频散关系。

下标 $\alpha = 1$(见式 7-6-5)的控制方程可写为

$$\begin{cases} \left(m_2 \omega_0^2 \dfrac{\mathrm{d}^2}{\mathrm{d}\tau^2} + k_2 \right) \left[m_1 \omega_0^2 \dfrac{\mathrm{d}^2 u_{1j}}{\mathrm{d}\tau^2} + k_1 (2 u_{1j} - u_{1(j-1)} - u_{1(j+1)}) \right] \\ \qquad + k_2 m_2 \omega_0^2 \dfrac{\mathrm{d}^2}{\mathrm{d}\tau^2} u_{1j} = c_1 \mathrm{e}^{\mathrm{i}j\kappa} \mathrm{e}^{\mathrm{i}\tau} + c_2 \mathrm{e}^{3\mathrm{i}j\kappa} \mathrm{e}^{3\mathrm{i}\tau} \\ \left(m_2 \omega_0^2 \dfrac{\mathrm{d}^2}{\mathrm{d}\tau^2} + k_2 \right) v_{1j} = m_2 \omega_0 \omega_1 K_\omega A_0 \mathrm{e}^{\mathrm{i}j\kappa} \mathrm{e}^{\mathrm{i}\tau} + k_2 u_{1j} \end{cases} \tag{7-6-13}$$

式中

$$\begin{cases} c_1 = (k_2 - m_2 \omega_0^2) \left[m_1 \omega_0 \omega_1 B_0 - \dfrac{3}{2} \Gamma (1 + \cos \kappa)^2 B_0^2 \overline{B_0} \right] + k_2 m_2 \omega_0 \omega_1 K_{\omega_0} B_0 \\ c_2 = \dfrac{1}{2} \Gamma (k_2 - 9 m_2 \omega_0^2)(2 \cos^3 \kappa + 3 \cos^2 \kappa - 1) B_0^3 \end{cases}$$
$$\tag{7-6-14}$$

根据 L-P 摄动法,式(7-6-13)中 $\mathrm{e}^{\mathrm{i}j\kappa}$ 项对应的特解随时间无限增长,故其系数必须为零,即 $c_1 = 0$,所以有

$$\omega_1 = \frac{3 \Gamma m_2 \omega_0^2 |B_0|^2 (1 - K_{\omega_0})^3}{8 \left[(k_2 - m_2 \omega_0^2) m_1 \omega_0 K_{\omega_0} + m_2 k_2 \omega_0 \right]} \tag{7-6-15}$$

最后,我们把 ω_0 和 ω_1 项两项相加,可以得到弱非线性 mass-in-mass 系统的频散关系

$$\begin{cases} \omega_{ac} = \omega_{0ac} + \varepsilon \dfrac{3 \Gamma m_2 \omega_{0ac}^2 |B_0|^2 (1 - K_{\omega_{0ac}})^3}{8 \left[(k_2 - m_2 \omega_{0ac}^2) m_1 \omega_{0ac} K_{\omega_{0ac}} + m_2 k_2 \omega_{0ac} \right]} \\ \omega_{op} = \omega_{0op} + \varepsilon \dfrac{3 \Gamma m_2 \omega_{0op}^2 |B_0|^2 (1 - K_{\omega_{0op}})^3}{8 \left[(k_2 - m_2 \omega_{0op}^2) m_1 \omega_{0op} K_{\omega_{0op}} + m_2 k_2 \omega_{0op} \right]} \end{cases} \tag{7-6-16}$$

为简单起见,我们将系统参数选定为 $m_1 = m_2 = 1 \text{ kg}$,$k_1 = k_2 = 1 \text{ N/m}$,$\Gamma = 1 \text{ N/m}^3$;对于非线性参数,我们分别取 $\varepsilon = 0$(线性弹性超材料)和 $\varepsilon = 0.06$(非线性弹性超材料)两种情况并定义无量纲频率 $\Omega = \dfrac{\omega}{\sqrt{\dfrac{k_2}{m_2}}}$。由式(7-6-16)可得非线性 mass-in-mass 系统中的能带结构。图 7-17 为基于 L-P 摄动法计算得到的非线性 mass-in-mass 系统的能带结构。

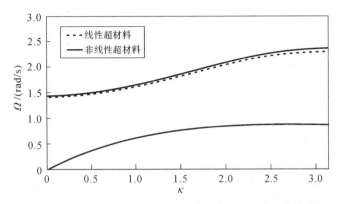

图 7-17 L-P 摄动法预测非线性 mass-in-mass 系统的能带结构

由图 7-17 我们可以清楚地发现,L-P 摄动法得到的弱非线性 mass-in-mass 系统的频散关系有以下特点:

(1)对于声学分支,非线性 mass-in-mass 系统与线性 mass-in-mass 系统的能带结构几乎重叠。这说明在该分支,非线性对频散关系几乎没有影响。

(2)与声学分支相比,非线性对光学分支的频散关系的影响更明显。非线性明显提高了光学分支的频率,并且随着波数的增大非线性的作用增强。

接着,我们研究瞬态波(包络波)在 mass-in-mass 非线性系统中的传播特性,分析其在非线性系统空间上的响应特性。为了研究非线性弹性超材料中瞬态波传播的空间特性,我们考虑具有 500 个单元的 mass-in-mass 有限链系统。特别地,在系统的两端我们加上两个完美匹配层(PML)。完美匹配层是一段线黏性阻尼链,阻尼链上的阻尼系数会依次变大。它可以有效地吸收和消散波,同时还能最大限度地减小波在系统两端界面上的反射。我们将 PML 阻尼函数选定为

$$C(n) = C_{max} \left(\frac{n}{N_{pml}} \right)^3 \tag{7-6-17}$$

其中:$C(n)$ 代表单元的阻尼系数,$C(n)$ 从 PML 段以 1 开始并结束于 N_{pml};C_{max} 表示 PML 段上的最大阻尼系数。输入信号为瞬态波(包络波),使得输入信号携带有准单频波的频谱信息。我们通过加 Hanning 窗口,从而确保输入信号的波数在我们所设定的窗口内。

输入信号的初始位移函数和速度函数如下

$$\begin{cases} u_0(j) = \dfrac{A_0}{2} \left\{ H(j-1) - H\left[j-1-N_{cy}\left(\dfrac{2\pi}{\kappa} \right) \right] \right\} \left[1 - \cos\left(\dfrac{j\kappa}{N_{cy}} \right) \right] \sin(j\kappa) \\ v_0(j) = K_{\omega_0} u_0(j) \end{cases}$$

$$\tag{7-6-18}$$

$$\begin{cases} \dot{u}_0(j) = \dfrac{A_0}{2} \left\{ H(j-1) - H\left[j-1-N_{cy}\left(\dfrac{2\pi}{\kappa} \right) \right] \right\} U(j) \\ \dot{v}_0(j) = K_{\omega_0} \dot{u}_0(j) \end{cases} \tag{7-6-19}$$

其中:$H(x)$ 为 Heaviside 函数;函数 $U(j)$ 的表达式为

$$U(j) = -\frac{\omega}{N_{cy}} \sin\left(\frac{j\kappa}{N_{cy}} \right) \sin(j\kappa) - \omega \left[1 - \cos\left(\frac{j\kappa}{N_{cy}} \right) \right] \cos(j\kappa) \tag{7-6-20}$$

其中 ω 取自 L-P 摄动法对应波数得到的近似解。

对于系统的非线性常微分动力学方程式(7-6-2),输入信号初始的位移条件和速度条件可以表示为

$$\begin{cases} u(x[j],0)=u_0(x[j]), \quad v(x[j],0)=v_0(x[j]) \\ \dot{u}(x[j],0)=\dot{u}_0(x[j]), \quad \dot{v}(x[j],0)=\dot{v}_0(x[j]) \end{cases} \tag{7-6-21}$$

接下来,我们考虑如图 7-16 所示的有限非线性系统中的瞬态波传播。由前文可知,初始条件可以由式(7-6-18)和式(7-6-19)来描述,其中载波周期我们设定为 $N_{cy}=7$。针对声学分支和光学分支的响应,我们都选取了三个不同的初始波数 $\left(\kappa=\dfrac{\pi}{9}、\kappa=\dfrac{\pi}{2} 和 \kappa=\dfrac{7\pi}{9}\right)$。并且,我们把仿真中波在系统传播的时间设定为 $T_{\text{simulate}}=400\ \text{s}$。

我们分别计算三种弱非线性 mass-in-mass 系统($\varepsilon=0$、$\varepsilon=0.03$ 和 $\varepsilon=0.06$)中不同波数$\left(\kappa=\dfrac{\pi}{9}、\kappa=\dfrac{\pi}{2} 和 \kappa=\dfrac{7\pi}{9}\right)$的声学分支的波传播行为。图 7-18 所示为计算结束时声学分支中不同情形下系统响应信号的波包图。由图 7-18(a)到(c),我们可以观察到,对于非常小的波数 $\kappa=\dfrac{\pi}{9}$,波包不受频散作用的影响,即波包信号在系统中传播后没有出现失真。因此对于 mass-in-mass 系统,非线性对小波数的声学分支波包的影响可以忽略。随着输入信号的波数增加到 $\kappa=\dfrac{\pi}{2}$ 和 $\kappa=\dfrac{7\pi}{9}$,可以观察到波形信号的失真,其失真形式主要为波包的拉伸和振幅的减小。对于不同的非线性参数,声学分支下系统的响应信号并没有表现出差异,这说明非线性对于该系统声学分支下的波传播并没有影响。

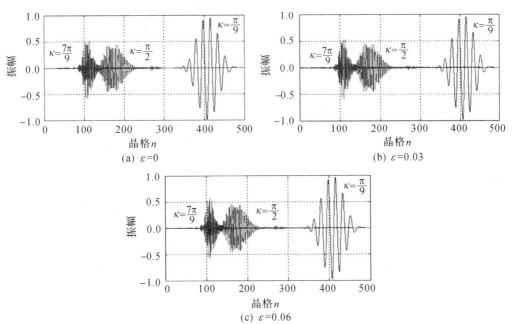

图 7-18　声学分支下不同非线性参数 mass-in-mass 系统中波传播的空间分布图

在光学分支情况下，考虑不同非线性参数（$\varepsilon=0$、$\varepsilon=0.03$ 和 $\varepsilon=0.06$）和不同的波数（分别为 $\kappa=\dfrac{\pi}{9}$、$\kappa=\dfrac{\pi}{2}$ 和 $\kappa=\dfrac{7\pi}{9}$）情形下系统的响应。图 7-19 所示为模拟结束时光学分支波包的系统响应信号。

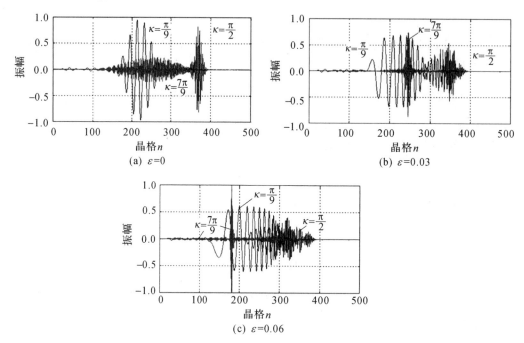

图 7-19 光学分支下不同非线性参数 mass-in-mass 系统中波传播的空间分布图

与声学分支类似，在光学分支下线性 mass-in-mass 系统的瞬态波中（由图 7-19（a）所示），小波数 $\kappa=\dfrac{\pi}{9}$ 的波包没有受到频散作用的影响；在波数为 $\kappa=\dfrac{\pi}{2}$ 和 $\kappa=\dfrac{7\pi}{9}$ 的情况下，由于频散的作用，波包也存在不同程度上的失真。

而在非线性 mass-in-mass 系统中，光学分支下波包则表现出与声学分支中完全不同的行为。在波数为 $\kappa=\dfrac{\pi}{2}$ 和 $\kappa=\dfrac{\pi}{9}$ 的情况下，非线性都加剧了光学分支下波包的失真。而对于波数为 $\kappa=\dfrac{7\pi}{9}$ 的光学分支下，非线性系统中的响应信号还具有两个分布特点：一是振幅大的波信号集中在局部，二是振幅小的波在空间中分布得比较分散。振幅较大的波信号可以在系统中稳定传播，为系统中激发出的孤立波。

此外，当波包通过非线性弹性超材料时，初始波包的最大振幅会在一定程度上被保留，即在模拟结束时波包的最大振幅会几乎接近于初始波包的最大振幅。这种振幅的守恒实际上是由非线性和频散现象之间的相互作用产生的。

7.7　惯性放大模型

惯性放大最早由 Yilmaz 等人提出,指在周期结构中通过几何关系实现惯性项(一般指质量)的放大,从而产生带隙。他们最早研究的是二维的惯性放大晶格结构,后来又拓展到三维结构。惯性放大是不同于布拉格和局域共振的第三种产生带隙的新机制。我们从最简单的一维周期结构入手,分析这三种带隙产生机制的区别与联系。

图 7-20(a)所示即为所研究的惯性放大周期元胞。长为 l 的两根刚性杆两端分别连接质量为 M 和 m 的物体,杆与水平方向的夹角为 θ;质量为 M 的物体被看作基体,用刚度为 k 的弹簧连接。惯性放大周期元胞中质量 m 的竖向位移通过下式计算

$$
y_n = \sqrt{l^2 - \left(\frac{2l\cos\theta + u_{n+1} - u_n}{2}\right)^2} - l\sin\theta
$$

$$
= l\sin\theta\left[\sqrt{1 - \frac{(u_{n+1} - u_n)\cot\theta}{l\sin\theta}} - 1\right] \tag{7-7-1}
$$

因为 $(u_{n+1} - u_n)\cot\theta \ll l\sin\theta$,故

$$
y_n = \frac{(u_n - u_{n+1})\cot\theta}{2} \tag{7-7-2}
$$

水平位移为

$$
x_n = \frac{(u_n + u_{n+1})}{2} \tag{7-7-3}
$$

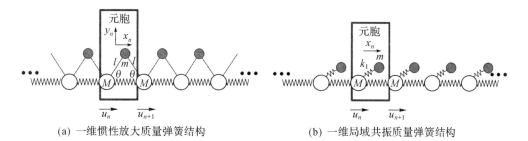

(a) 一维惯性放大质量弹簧结构　　　　　　(b) 一维局域共振质量弹簧结构

(c) 一维双原子链质量弹簧结构

图 7-20　一维质量弹簧结构示意

为了说明惯性放大效应,我们取单独一个元胞进行分析。利用拉格朗日量和拉格朗日方程

$$
T = \frac{1}{2}m\left[\frac{(\dot{u}_n - \dot{u}_{n+1})^2\cot^2\theta}{4} + \frac{(\dot{u}_n + \dot{u}_{n+1})^2}{4}\right] + \frac{1}{2}M\dot{u}_n^2 \tag{7-7-4}
$$

$$
V = \frac{1}{2}k(u_n - u_{n+1})^2 \tag{7-7-5}
$$

其中:T 为质点动能;V 为弹簧势能。动能和势能满足

$$\frac{\mathrm{d}}{\mathrm{d}t}\left(\frac{\partial L}{\partial \dot{u}_n}\right) - \left(\frac{\partial L}{\partial u_n}\right) = 0 \tag{7-7-6}$$

其中 $L = T - V$,可以求得

$$\left[M + \frac{m}{4}(1 + \cot^2\theta)\right]\ddot{u}_n + ku_n = ku_{n+1} + \frac{m}{4}(\cot^2\theta - 1)\ddot{u}_{n+1} \tag{7-7-7}$$

因此

$$\frac{u_{n+1}}{u_n} = \frac{k - w^2\left[M + \frac{m}{4}(1 + \cot^2\theta)\right]}{k - w^2 \frac{m}{4}(\cot^2\theta - 1)} \tag{7-7-8}$$

如果把 u_n 看作输入量,u_{n+1} 看作输出量,则这个元胞的共振频率和反共振频率为

$$w_r = \sqrt{\frac{k}{M + \frac{m}{4}(1 + \cot^2\theta)}} \tag{7-7-9}$$

以及

$$w_{\text{anti-r}} = \sqrt{\frac{k}{\frac{m}{4}(\cot^2\theta - 1)}} \tag{7-7-10}$$

从上式看出,质量 m 均乘上了一个放大因子 $\cot^2\theta$,因此系统的有效质量(惯性)被放大了。

我们回到图 7-20(a),求解一维惯性放大质量弹簧结构的频散关系。设元胞长度为 a,与位移为 u_n 的质量 M 相关的拉格朗日量为

$$T = \frac{1}{2}m\left[\frac{(\dot{u}_{n-1} - \dot{u}_n)^2\cot^2\theta}{4} + \frac{(\dot{u}_{n-1} + \dot{u}_n)^2}{4} + \frac{(\dot{u}_n - \dot{u}_{n+1})^2\cot^2\theta}{4} + \frac{(\dot{u}_n + \dot{u}_{n+1})^2}{4}\right]$$
$$+ \frac{1}{2}M\dot{u}_n^2 \tag{7-7-11}$$

和

$$V = \frac{1}{2}k\left[(u_{n-1} - u_n)^2 + (u_n - u_{n+1})^2\right] \tag{7-7-12}$$

结合 Bloch 定理 $u_n = \mathrm{e}^{-iqa}u_{n+1}$,求出频散关系

$$w_{\text{IA}} = \sqrt{\frac{2k[1 - \cos(qa)]}{M + \frac{m}{2}(1 + \cot^2\theta) - \frac{m}{2}(\cot^2\theta - 1)\cos(qa)}} \tag{7-7-13}$$

或

$$\cos(qa) = \frac{2k - w_{\text{IA}}^2\left[M + m\frac{(1 + \cot^2\theta)}{2}\right]}{2k - w_{\text{IA}}^2 m\frac{(\cot^2\theta - 1)}{2}} \tag{7-7-14}$$

同样,通过上述步骤,可以求出图 7-20(b)所示的一维局域共振质量弹簧结构和图 7-20(c)所示的一维双原子链质量弹簧结构的频散关系。其中,为便于比较,将一维双原子链质量弹簧结构的弹簧刚度设为 $2k$。

$$w_{LR} = \sqrt{\frac{k_1(M+m) + 2km[1-\cos(qa)] \pm \sqrt{\{k_1(M+m) + 2km[1-\cos(qa)]\}^2 - 8Mmkk_1[1-\cos(qa)]}}{2Mm}}$$

$$(7\text{-}7\text{-}15)$$

或

$$\cos(qa) = 1 - \frac{k_1^2}{2k(k_1 - w_{LR}^2 m)} + \frac{k_1 - w_{LR}^2 m}{2k} \qquad (7\text{-}7\text{-}16)$$

以及

$$w_{BG} = \sqrt{\frac{4k(M+m) \pm \sqrt{[4k(M+m)]^2 - 32Mmk^2[1-\cos(qa)]}}{2Mm}} \qquad (7\text{-}7\text{-}17)$$

或

$$\cos(qa) = 1 + \frac{w_{BG}^4 Mm - 4k(M+m)w_{BG}^2}{8k^2} \qquad (7\text{-}7\text{-}18)$$

以上式子中：下标 IA 表示惯性放大；LR 表示局域共振；BG 表示布拉格带隙。

值得一提的是，惯性放大是一种极端情况，角度 θ 必须很小，只有这样，才能通过刚体运动把质量 m 的速度显著放大，从而观察到惯性放大效应。因此，虽然惯性放大模型和负质量的弹簧振子模型相似（见参考文献 H. H. Huang 等，2011；X. Zhou 等，2012），但是，两者是有区别的。

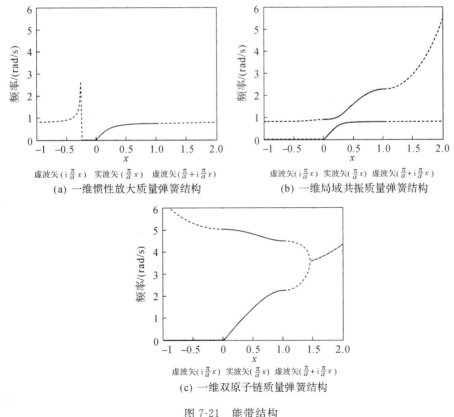

(a) 一维惯性放大质量弹簧结构　　(b) 一维局域共振质量弹簧结构

(c) 一维双原子链质量弹簧结构

图 7-21　能带结构

图 7-21 显示了由频散关系（式(7-7-13)、式(7-7-15)、式(7-7-17)）所画出的三种带隙能

带结构的对比,其中实线表示波矢的实部对应的部分,虚线表示波矢的虚部对应的部分。这里我们特别强调,在前面几节的讨论中我们仅仅关注波矢的实部部分,一旦得到实数的波矢,就代表假设的简谐波(Bloch 波)在现实世界是有解的,是切实存在的。然而频散关系也可能得到复数解。对于复数解,代表简谐波 $u_n = A\mathrm{e}^{\mathrm{i}(qx_n - \omega t)}$ 的形式,波矢的虚部部分会呈现一个衰减项,代表波会因为衰减而无法在一维周期结构中传播。图 7-21 中,能带结构的左半部对应的波矢范围为 $\left[-\dfrac{\pi}{a}, 0\right]\mathrm{i}$,中间部分对应的波矢范围为 $\left[0, \dfrac{\pi}{a}\right]$,右半部对应的波矢量 q 的范围为 $\dfrac{\pi}{a} + \left[0, \dfrac{\pi}{a}\right]\mathrm{i}$,三者分别对应归一化波矢 x。这里的参数取 (M, m, k, θ, k_1) $= \left(0.8, 0.2, 1, \dfrac{\pi}{18}, \dfrac{4k}{\cot^2\theta - 1}\right)$。其中 k_1 值的选取是为了使局域共振的反共振频率与惯性放大的反共振频率相等,便于比较带隙差异。

如图 7-22 所示,我们将图 7-21 所示的三种带隙产生机制的能带结构放在一起进行了对比。因为这里的惯性放大周期元胞只有一个自由度,所以对应的能带结构只有一个分支,而另两个周期元胞分别有两个自由度,故有两个能带分支。由图 7-22 我们可以发现,惯性放大和局域共振在低频段都有尖锐的衰减峰(位于反共振频率处),而惯性放大能产生更宽的带隙区。

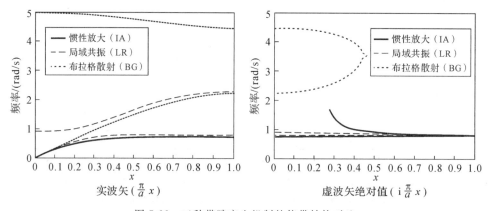

图 7-22　三种带隙产生机制的能带结构对比

为了能更清晰地观察惯性放大机制在拓宽低频带隙区方面的作用,我们对一维多自由度质量弹簧体系进行了研究。

如图 7-23 所示,我们针对这三种带隙产生机制分别设计了对应的一维六自由度质量弹簧结构,其中参数为 $(M, m, m_1, \theta, k, k_1) = \left(5, 1, 1, \dfrac{\pi}{36}, 1, 1\right)$。

针对这三种结构分别画出它们的能带结构,如图 7-24 所示。从图中可以发现,惯性放大机制可以产生比局域共振更宽的带隙,在低频区尤为明显。

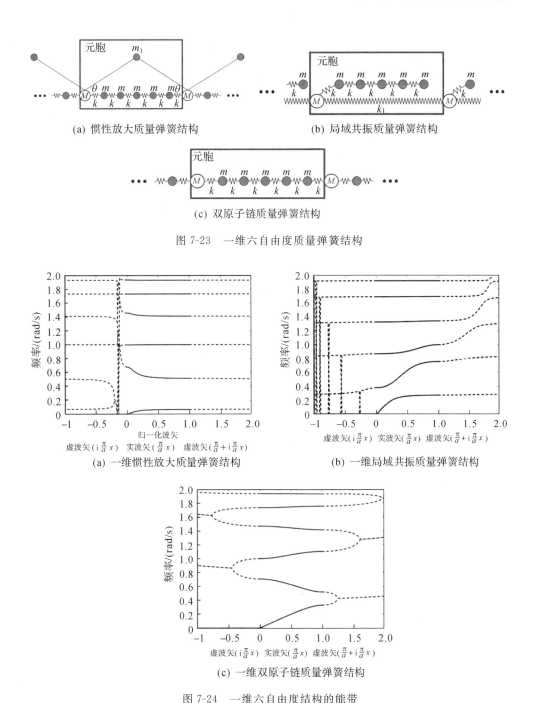

(a) 惯性放大质量弹簧结构　　　(b) 局域共振质量弹簧结构

(c) 双原子链质量弹簧结构

图 7-23　一维六自由度质量弹簧结构

(a) 一维惯性放大质量弹簧结构　　　(b) 一维局域共振质量弹簧结构

(c) 一维双原子链质量弹簧结构

图 7-24　一维六自由度结构的能带

7.8　平面波展开法及其在周期结构中的应用

　　本节我们简单介绍周期结构能带结构的计算方法——平面波展开法,并将其应用于变截面周期梁的频散关系的计算。计算能带结构的方法有很多,包括解析解法和数值解法。

常用的有传递矩阵法(TMM)、平面波展开法(PWE)、小波变换法、多重散射法(MST)、离散时间差分方法(FTFD)以及有限元法(FEM)等。平面波展开法的基本思想是利用结构的周期性,将弹性常数、质量密度等参数在倒易空间中按 Fourier 级数展开,并结合 Bloch 定理,将弹性波波动方程在倒易空间以平面波叠加的形式展开,即将能带结构的计算转化为代数特征值问题的求解。本节主要利用平面波展开法计算变截面的 Euler-Bernoulli 梁型声子晶体的能带结构,分析结构的横截面尺寸对带隙的影响,同时结合有限元计算的有限结构的频率响应结果进一步说明声子晶体的带隙特性,并简要探讨带隙中的共振峰。

考虑由两种材料周期性布置构成的细长声子晶体梁,一个元胞内有 A、B 两种材料(二组元声子晶体),晶格常数为 a。根据 Euler-Bernoulli 梁理论,其弯曲振动方程为

$$\frac{\partial^2}{\partial x^2}\left[E(x)I(x)\frac{\partial^2 y(x,t)}{\partial x^2}\right] + \rho(x)A(x)\frac{\partial^2 y(x,t)}{\partial t^2} = 0 \tag{7-8-1}$$

其中:$y(x,t)$ 为 y 方向的位移;$\rho(x)$ 为质量密度;$A(x)$ 为梁的横截面积;$E(x)$ 为弹性模量;$I(x)$ 为惯性矩。令 $\alpha(x) = E(x)I(x)$,$\beta(x) = \rho(x)A(x)$,则式(7-8-1)可写成

$$\frac{\partial^2}{\partial x^2}\left[\alpha(x)\frac{\partial^2 y(x,t)}{\partial x^2}\right] + \beta(x)\frac{\partial^2 y(x,t)}{\partial t^2} = 0 \tag{7-8-2}$$

由于 $\alpha(x)$ 和 $\beta(x)$ 在 x 方向上具有相同的周期性,因此可以对它们进行 Fourier 级数展开,即

$$\alpha(x) = \sum_G \alpha_G e^{iGx} \tag{7-8-3}$$

$$\beta(x) = \sum_G \beta_G e^{iGx} \tag{7-8-4}$$

其中

$$\alpha_G = \frac{1}{a}\int_0^a \alpha(x) e^{-iGx}\, dx \tag{7-8-5}$$

$$\beta_G = \frac{1}{a}\int_0^a \beta(x) e^{-iGx}\, dx \tag{7-8-6}$$

根据 Bloch 定理,对于该无限周期结构,式(7-8-2)的解可写成

$$y(x,t) = e^{i(kx-\omega t)} y_k(x) \tag{7-8-7}$$

其中

$$y_k(x) = \sum_{G_0} e^{iG_0 x} y_k(G_0) \tag{7-8-8}$$

因此

$$y(x,t) = \sum_{G_0} e^{i(G_0 x + kx - \omega t)} y_k(G_0) \tag{7-8-9}$$

其中:G_0 为定义在倒易空间上的倒格矢;波矢 k 被限制在第一布里渊区。进一步地,将式(7-8-3)、式(7-8-4)和式(7-8-9)代入式(7-8-2),有

$$\omega^2 \sum_G \sum_{G_0} \beta_G y_k(G_0) e^{i(k+G_0+G)x} e^{-i\omega t}$$

$$= \sum_G \sum_{G_0} (k+G_0)^2(k+G_0+G)^2 \alpha_G y_k(G_0) e^{i(k+G_0+G)x} e^{-i\omega t} \tag{7-8-10}$$

令 $G' = G_0 + G$,则式(7-8-10)可写成

$$\omega^2 \sum_{G_0} \beta_{G'-G_0} y_k(G_0) = \sum_{G_0} (k+G_0)^2 (k+G')^2 \alpha_{G'-G_0} y_k(G_0) \tag{7-8-11}$$

为了得到一定精度的解,可以在倒易空间原点周围对称的选取有限多 $(2N+1)$ 个倒格矢的值。这里令 $G_0 = \dfrac{2\pi}{a} n'$, $-N \leqslant n' \leqslant N$, $G' = \dfrac{2\pi}{a} m'$, $-N \leqslant m' \leqslant N$, 并记

$$M_{n'm'} = \beta_{\left(\frac{2\pi}{a} m' - \frac{2\pi}{a} n'\right)} = \beta_{\frac{2\pi}{a}(m'-n')} \tag{7-8-12}$$

$$S_{n'm'} = \left(k + \frac{2\pi}{a} n'\right)^2 \left(k + \frac{2\pi}{a} m'\right)^2 \alpha_{\frac{2\pi}{a}(m'-n')} \tag{7-8-13}$$

$$y_{n'} = y_k\left(\frac{2\pi}{a} n'\right) \tag{7-8-14}$$

则式 (7-8-11) 可写成

$$\sum_{n'=-N}^{N} \omega^2 M_{n'm'} y_{n'} = \sum_{n'=-N}^{N} S_{n'm'} y_{n'} \tag{7-8-15}$$

进一步地,令 $n = n'+1+N$, $m = m'+1+N$, 则式 (7-8-12) 到式 (7-8-15) 可写成

$$M_{n'm'} = \beta_{\frac{2\pi}{a}(m-n)} \tag{7-8-16}$$

$$S_{n'm'} = \left[k + \frac{2\pi}{a}(n-N-1)\right]^2 \left[k + \frac{2\pi}{a}(m-N-1)\right]^2 \alpha_{\frac{2\pi}{a}(m-n)} \tag{7-8-17}$$

$$y_n = y_k\left[\frac{2\pi}{a}(n-N-1)\right] \tag{7-8-18}$$

$$\sum_{n=1}^{2N+1} \omega^2 M_{nm} y_n = \sum_{n=1}^{2N+1} S_{nm} y_n \tag{7-8-19}$$

记 $\boldsymbol{M} = [M_{nm}]$, $\boldsymbol{S} = [S_{nm}]$, $\boldsymbol{y} = [y_n]$, 则式 (7-8-19) 可写成

$$\omega^2 \boldsymbol{M}^{\mathrm{T}} \boldsymbol{y} = \boldsymbol{S}^{\mathrm{T}} \boldsymbol{y} \tag{7-8-20}$$

$$\omega^2 \boldsymbol{y} = (\boldsymbol{M}^{\mathrm{T}})^{-1} \boldsymbol{S}^{\mathrm{T}} \boldsymbol{y} \tag{7-8-21}$$

则求解频散关系 $\omega = \omega(k)$ 的问题会转化为求解一个特征值问题

$$\left|(\boldsymbol{M}^{\mathrm{T}})^{-1} \boldsymbol{S}^{\mathrm{T}} - \boldsymbol{I}\omega^2\right| = 0 \tag{7-8-22}$$

进一步地,若只为了确定带隙,波数 k 只需要取在不可约布里渊区。

我们研究了图 7-25 所示的变截面 Euler-Bernoulli 梁型周期结构的带隙特性。图 7-25 所示的 A、B 两种材料的材料参数如表 7-2 所示。这里,材料 A 的长度 l_A 和材料 B 的长度 l_B 相等,有 $l_A = l_B = 0.05$ m。其中一种截面是矩形,其宽度 b 保持不变,高度 h 随着位置 x 变化,即在一个元胞内有

$$h(x) = \begin{cases} 0.005 - 0.05x, & 0 \leqslant x \leqslant 0.05 \\ 0.05x, & 0.05 \leqslant x \leqslant 0.1 \end{cases} \tag{7-8-23}$$

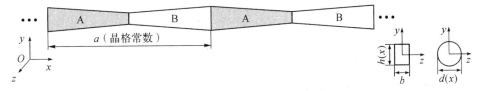

图 7-25　变截面 Euler-Bernoulli 梁型周期结构

另一种截面为圆形,其直径 d 随着位置 x 变化,即在一个元胞内有

$$d(x) = \begin{cases} 0.005 - 0.05x, & 0 \leqslant x \leqslant 0.05 \\ 0.05x, & 0.05 \leqslant x \leqslant 0.1 \end{cases} \tag{7-8-24}$$

表 7-2　二组元 Euler-Bernoulli 梁型周期结构的材料几何参数表

材料	$\rho/(\text{kg} \cdot \text{m}^{-3})$	$E/(\text{GPa})$	$b/(\text{m})$	$l/(\text{m})$
A(铝)	2799	72	0.0025	0.05
B(有机玻璃)	1142	2	0.0025	0.05

则根据式(7-8-5)和式(7-8-6),Fourier 系数 α_G 和 β_G 可以写成

$$\alpha(G=0) = \frac{1}{a}\int_0^a \alpha(x)\mathrm{d}x = \frac{1}{a}\left[\int_0^{l_A} E_A I(x)\mathrm{d}x + \int_{l_A}^a E_B I(x)\mathrm{d}x\right] \tag{7-8-25}$$

$$\alpha(G\neq 0) = \frac{1}{a}\int_0^a \alpha(x)\mathrm{e}^{-\mathrm{i}Gx}\mathrm{d}x = \frac{1}{a}\left[\int_0^{l_A} E_A I(x)\mathrm{e}^{-\mathrm{i}Gx}\mathrm{d}x + \int_{l_A}^a E_B I(x)\mathrm{e}^{-\mathrm{i}Gx}\mathrm{d}x\right] \tag{7-8-26}$$

$$\beta(G=0) = \frac{1}{a}\int_0^a \beta(x)\mathrm{d}x = \frac{1}{a}\left[\int_0^{l_A} \rho_A A(x)\mathrm{d}x + \int_{l_A}^a \rho_B A(x)\mathrm{d}x\right] \tag{7-8-27}$$

$$\beta(G\neq 0) = \frac{1}{a}\int_0^a \beta(x)\mathrm{e}^{-\mathrm{i}Gx}\mathrm{d}x = \frac{1}{a}\left[\int_0^{l_A} \rho_A A(x)\mathrm{e}^{-\mathrm{i}Gx}\mathrm{d}x + \int_{l_A}^a \rho_B A(x)\mathrm{e}^{-\mathrm{i}Gx}\mathrm{d}x\right] \tag{7-8-28}$$

对于矩形截面 $I(x) = \dfrac{b\left[h(x)\right]^3}{12}$,$A(x) = bh(x)$;对于圆形截面 $I(x) = \dfrac{\pi\left[d(x)\right]^4}{64}$,$A(x) = \dfrac{\pi\left[d(x)\right]^2}{4}$。

这里,除了利用平面波展开法计算其能带结构(取 $N=300$,即 601 个平面波)外,同时还在有限元软件中利用梁模型,建立了 10 个元胞组成的有限结构来验证带隙特性。在计算有限结构的频率响应时,我们在梁的一端施加一个横向位移激励 v_0,并在另一端接收横向位移响应 v,则在某一频率下的传输系数可写成 $20\lg\left|\dfrac{v}{v_0}\right|$ 的形式。

图 7-26 展示了两种变截面周期结构的频散关系和频率响应结果。图中左侧对应的是前三条频散曲线,右侧对应有限结构的频率响应,可以发现其衰减的位置与带隙位置相一致。此外在频率响应结果中实线表示在左端激励时右端测得的响应,即沿着材料 ABAB…AB 方向做频率响应分析,而虚线表示在右端激励时左端测得的响应,即沿着材料 BABA…BA 方向做频率响应分析。在计算能带结构时,也分别按 ABAB…AB 方式排列和 BABA…BA 方式排列计算,发现频散曲线没有发生变化,而沿着不同方向做频率响应分析时,两种不同传输方向下的频率响应结果不是完全相同的。由图 7-26(a)和图 7-26(b)均可看出在带隙范围之外,两种传输方向情况下的共振峰所对应的频率是一致的,但在考察带隙频率范围时发现,在带隙内会有共振峰的出现。以圆形变截面为例,当从左到右做频率响应分析时,在两条带隙中均有共振峰出现,且在第一条带隙内的共振峰(在 220 Hz 附近)的值大于 0 dB,而当从右到左做频率响应分析时,在第一条带隙内没有共振峰出现。图 7-27 描述了两种传输方向下激振频率为 220 Hz 时有限结构的模态。从图中可以看到,当在左端以 220

Hz 的频率激振时,随着传输距离(从左到右)的增加,横向运动位移的幅值逐渐增加(如图 7-27(a)所示);而在右端以 220 Hz 的频率激振时,随着传输距离(从右到左)的增加,横向运动位移的幅值逐渐减小(如图 7-27(b)所示)。利用这一特点可实现某一频率下的弹性波的单向传输。而在第二条带隙内,无论是在左端激励还是在右端激励,在带隙内均有共振峰,但是共振峰出现的频率位置不同,且峰值都小于 -25 dB,因此在这两个共振峰处,振动仍然有一定程度的衰减。

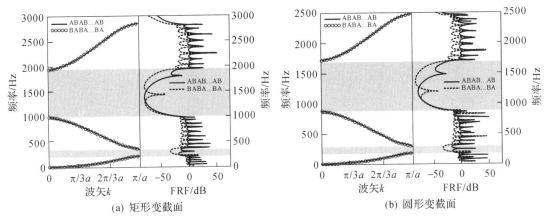

(a) 矩形变截面　　　　(b) 圆形变截面

图 7-26　变截面梁型周期结构能带结构(平面波展开法)与频率响应

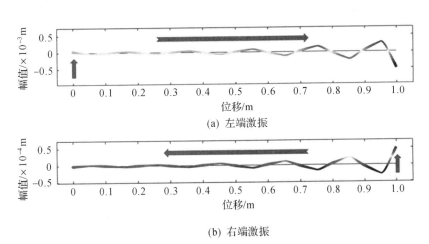

(a) 左端激振

(b) 右端激振

图 7-27　激振频率为 220Hz 时左端激振和右端激振对应的有限结构的位移场

7.9　负折射现象

周期结构可能出现负折射现象。本节我们以光波来解释负折射现象。从光波的讨论可以知道,光波在常规材料(介电常数 $\varepsilon > 0$ 和磁导率 $\mu > 0$)中的传播,必须满足

$$k \times E = \mu \omega H \tag{7-9-1}$$

$$k \times H = -\varepsilon \omega E \tag{7-9-2}$$

所以,如图 7-28(a)所示,电场强度 $\boldsymbol{E}$、磁场强度 $\boldsymbol{H}$ 和传播方向 $\boldsymbol{k}$ 两两相互正交,方向满足右手螺旋定则,因此,一般的材料(即 $\varepsilon > 0$ 和 $\mu > 0$)又称为"右手材料"。对于一般各向同性材料,电磁能量流通的方向(坡印廷矢量 $\boldsymbol{S} = \boldsymbol{E} \times \boldsymbol{H}$ 的方向)和波矢 $\boldsymbol{k}$ 的方向相同(参考 4.3节)。对于双负的非常规材料($\varepsilon < 0$ 和 $\mu < 0$),有

$$\boldsymbol{k} \times \boldsymbol{E} = - |\mu| \omega \boldsymbol{H} \tag{7-9-3}$$

$$\boldsymbol{k} \times \boldsymbol{H} = |\varepsilon| \omega \boldsymbol{E} \tag{7-9-4}$$

其电场强度 $\boldsymbol{E}$、磁场强度 $\boldsymbol{H}$ 和传播方向 $\boldsymbol{k}$ 的关系如图 7-28(b)所示,所以其又称为"左手材料"。因为其也可以得到 $k^2 = \dfrac{\omega^2 \varepsilon \mu}{c^2} > 0$,只要 k 取实数,平面波就能在介质中传播。

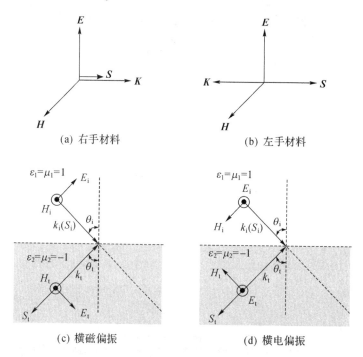

图 7-28 负折射现象

为进一步说明光波在常规和非常规材料界面间发生的负折射现象,我们考虑光波从右手材料(假设 $\varepsilon = \mu = 1$)入射到左手材料(假设 $\varepsilon = \mu = -1$)。由第 4 章电磁场的边界条件可知,在界面上磁感应强度 $\boldsymbol{B}$ 的法向分量连续,而磁感应强度和磁场强度之间的本构关系为 $\boldsymbol{B} = \mu \boldsymbol{H}$。由于右手材料和左手材料的 μ 异号,所以磁场强度的法向分量方向反向。同理,界面上电位移矢量 $\boldsymbol{D}$ 的法向分量连续。因为 $\boldsymbol{D} = \varepsilon \boldsymbol{E}$,所以界面上电场强度 $\boldsymbol{E}$ 的法向分量反向。此外,在界面上电场强度 $\boldsymbol{E}$ 和磁场强度 $\boldsymbol{H}$ 的切向分量连续,结合右手材料和左手材料的螺旋定则,入射光和反射光的关系如图 7-28(c)(横磁偏振)和图 7-28(d)(横电偏振)所示,可以看出,不论是 TM(横磁偏振)还是 TE(横电偏振)偏振,入射光和折射光将出现在界面法线的同一侧。如果将和入射光同侧的折射光的折射角取为负值,且定义左手材料的折射率为负值 $\left(n = -\sqrt{\dfrac{\varepsilon \mu}{\varepsilon_0 \mu_0}} \right)$,则我们可以发现折射定律($n_i \sin \theta_i = n_t \sin \theta_t$)仍然成立。因此,左手材料具有负折射现象。实际上,负的介电常数可以由等离子体在一定的条件下实

现,负的磁导率可以由人工制作的开口环共振器实现。

对于双负的非常规材料,坡印廷矢量 $S=E\times H$ 的方向和波矢 k 的方向恰好反向($S\cdot k$ <0),因此,波传播的相速度 c_p 方向(波矢 k 方向)和群速度 c_g(电磁能量传播方向)方向相反($c_p c_g<0$)。因此,负折射现象的关键是能带结构出现负斜率频散关系的频率区域。

如果是声学系统,回顾第 2 章式(2-6-11),可知

$$\nabla\cdot(\widetilde{p}\widetilde{\boldsymbol{u}})+\frac{\partial}{\partial t}\left(\frac{1}{2}\rho\,|\widetilde{\boldsymbol{u}}\,|^{2}\right)+\frac{\widetilde{p}}{\rho_{0}}\cdot\frac{\partial\widetilde{\rho}}{\partial t}=-\nabla\cdot\left(\frac{1}{2}\rho\,|\widetilde{\boldsymbol{u}}\,|^{2}\widetilde{\boldsymbol{u}}\right) \tag{7-9-5}$$

在忽略高阶小量的情况下,可以整理为

$$\nabla\cdot(\widetilde{p}\widetilde{\boldsymbol{u}})+\frac{\partial}{\partial t}\left(\frac{1}{2}\rho\,|\widetilde{\boldsymbol{u}}\,|^{2}+\widetilde{p}\,\frac{\mathrm{d}\widetilde{\rho}}{\rho_{0}}\right)=0 \tag{7-9-6}$$

式(7-9-6)恰满足第 4 章的坡印廷定理的连续性方程的形式(式(4-3-11))

$$\nabla\cdot\boldsymbol{S}+\frac{\partial}{\partial t}(U+W)=0 \tag{7-9-7}$$

所以,对于声学系统而言,坡印廷矢量 S 为 $S=\widetilde{p}\widetilde{\boldsymbol{u}}$,而电磁波波速的表达式为

$$c=\frac{1}{\sqrt{\varepsilon\mu}} \tag{7-9-8}$$

声波的波速表达式为

$$c=\sqrt{\frac{K}{\rho}} \tag{7-9-9}$$

其中 $K=\dfrac{\partial p}{-\left(\dfrac{\partial V}{V}\right)}$ 是体积模量。可见,声学系统和电磁波系统可以做如下对比:

(1) K^{-1} 对应 ε;

(2) ρ 对应 μ。

这些声学参数对应的波传播现象如图 7-29 所示。和电磁波系统类似,如果声波从常规材料入射到双负的左手材料,也会发生负折射现象。如果只有单负的参数,则声波的相速度为纯虚数,声波会呈现指数衰减,为消逝波。

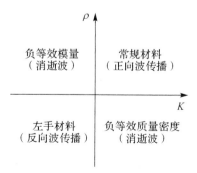

图 7-29 宏观波动特性和材料参数

7.10 布拉格带隙调控

7.10.1 集中质量型布拉格带隙宽度研究

在本章的最后两节,我们通过理论、仿真和实验研究声子晶体和弹性超材料的带隙特性和调控。图 7-30(a)所示为基于铁木辛柯梁理论谱元法(spectral element method,SEM)所得的集中质量型超材料梁的位移传输曲线(集中质量为 16.94 g,晶格常数为 100 mm,主梁为形状记忆合金材料,宽 15 mm,厚 3 mm,杨氏模量为 90 GPa,密度为 6500 kg/m³,泊松比为 0.3,集中质量数目为 7 个)。我们对每一阶布拉格带隙的起始频率及截止频率下的振型进行了提取,如图 7-30(b)所示。

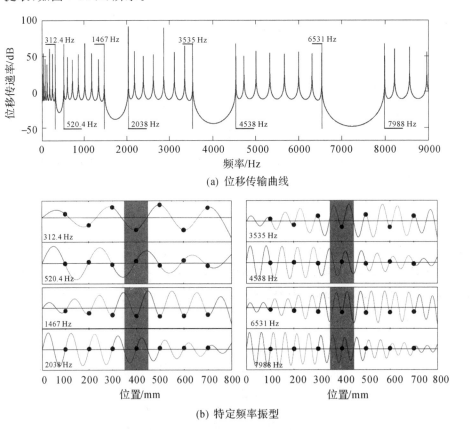

(a) 位移传输曲线

(b) 特定频率振型

图 7-30 布拉格带隙两侧共振峰对应的振型

(图片参考:Lv X F,Xu S F,Huang Z L,et al. A shape memory alloy-based tunable phononic crystal beam attached with concentrated masses[J]. Physics Letters A,2020,384(2):126056.)

同时,在采用钢珠作为集中质量的情况下,我们单独对相同参数情况的梁单元在简支情况(pinned-pinned)以及滑动情况(sliding-sliding)下的各阶模态进行了有限元仿真,如图 7-31 所示。

观察图 7-30(b)中间梁单元的振型情况,并经过与图 7-31 的对比,可以发现:对于各阶布拉格带隙起始频率下的振型情况,奇数阶带隙振型与梁单元两端简支情况下的对应阶振型一致,偶数阶带隙振型与梁单元两端滑动情况下的对应阶振型一致。与此同时,对于各阶布拉格带隙截止频率下的振型,奇数阶振型对应于梁单元两端滑动情况,偶数阶振型对应于梁单元两端简支情况。

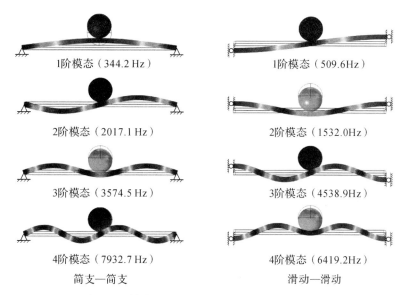

$$1阶模态（344.2\,Hz）\qquad\qquad 1阶模态（509.6\,Hz）$$

$$2阶模态（2017.1\,Hz）\qquad\qquad 2阶模态（1532.0\,Hz）$$

$$3阶模态（3574.5\,Hz）\qquad\qquad 3阶模态（4538.9\,Hz）$$

$$4阶模态（7932.7\,Hz）\qquad\qquad 4阶模态（6419.2\,Hz）$$

简支—简支　　　　　　　　　　　滑动—滑动

图 7-31　简支以及滑动情况下结构的各阶模态图

（图片参考：Lv X F, Xu S F, Huang Z L, et al. A shape memory alloy-based tunable phononic crystal beam attached with concentrated masses[J]. Physics Letters A, 2020, 384(2): 126056.）

对于集中质量型超材料梁,其第 n 阶布拉格带隙的截止频率可以表示为

$$\omega_{\text{finish},n}=2\pi f_{\text{B},n}=\left(\frac{n\pi}{a}\right)^2\sqrt{\frac{EI}{\rho A}} \tag{7-10-1}$$

其中:a 为晶格常数(元胞/梁单元长度);E 为主梁杨氏模量;I 为截面惯性矩;ρ 为主梁密度;A 为主梁截面积。奇数阶布拉格带隙的截止频率与梁单元两端滑动情况下奇数阶特征频率一致,偶数阶布拉格带隙的截止频率与梁单元两端简支情况下偶数阶特征频率一致,该布拉格带隙截止频率也与无集中质量情况下的梁单元各阶特征频率保持一致。

对于集中质量型超材料梁,布拉格带隙的起始频率还没有明确的解析解。虽然集中质量与局域振子耦合情况下的局域共振带隙已有学者进行过研究,但是其公式并不适用于布拉格带隙。我们从图 7-31 看出带隙的起始频率以及截止频率可以对应梁单元在简支或滑动边界条件下的特征频率。因此,研究布拉格带隙的边界频率就可以转化为研究对应梁单元简支/滑动边界的特征频率。

集中质量类型的梁单元可以分解为两个系统,一个是主梁,可以用响应函数 H_b 描述;另一个是集中质量,可以用响应函数 H_m 描述。我们将集中质量与主梁结合所得到的响应函数记为 H。由于对响应函数来说,集中质量与主梁间的相互作用为并联关系,故此三个响应函数的关系满足

$$\frac{1}{H} = \frac{1}{H_b} + \frac{1}{H_m} \tag{7-10-2}$$

如果忽略结构的阻尼,那么梁单元任意位置 x 处的响应函数可以表示为

$$H_b = \sum_{n=1}^{N} \frac{\Phi_n^2(x)}{r_n(\omega_n^2 - \omega^2)} \tag{7-10-3}$$

其中:$\Phi_n(x)$ 是梁单元在第 n 阶模态(特征频率 ω_n)下的振型函数,r_n 是质量归一化常数(mass normalization constant),对于我们所分析的结构,$r_n = \frac{\rho A a}{2}$。

在两端简支的情况下,$\Phi_n(x) = \sin\frac{n\pi x}{a}$;在两端滑动的情况下,$\Phi_n(x) = \cos\frac{n\pi x}{a}$。由于集中质量位于 $x = \frac{a}{2}$ 处,故在简支情况下 Φ^2 奇数阶为1,偶数阶为0;在滑动情况下 Φ^2 奇数阶为0,偶数阶为1。

事实上,对于式(7-10-3),在计算中并不需要将所有项都进行计算,而只要计算在目标频率附近的局部近似值即可。需要注意的是在滑动情况下其第0阶表达式为 $\frac{1}{\rho A a(-\omega^2)}$,这样,$H_b$ 的取值可以表示为

$$\left.\begin{aligned}
H_b\big|_1 &\approx \frac{2}{\rho A a(\omega_1^2 - \omega^2)} \\
H_b\big|_2 &\approx \frac{1}{\rho A a(-\omega^2)} + \frac{2}{\rho A a(\omega_2^2 - \omega^2)} \\
H_b\big|_3 &\approx \frac{2}{\rho A a(\omega_1^2 - \omega^2)} + \frac{2}{\rho A a(\omega_3^2 - \omega^2)} \\
H_b\big|_4 &\approx \frac{1}{\rho A a(-\omega^2)} + \frac{2}{\rho A a(\omega_2^2 - \omega^2)} + \frac{2}{\rho A a(\omega_4^2 - \omega^2)} + \cdots
\end{aligned}\right\} \tag{7-10-4}$$

其中:$\omega_n(n=1,2,3,4\cdots)$ 表示无集中质量情况下的主梁第 n 阶的共振频率(简支和滑动情况相同),且 $\omega_n = \left(\frac{n\pi}{a}\right)^2\sqrt{\frac{EI}{\rho A}}$。可以发现,$\omega_n = 2\pi f_{B,n} = \omega_{\text{finish},n}$。

事实上,当计算第 n 阶 $H_b\big|_n$ 时,存在 $\omega \gg \omega_i(i<n)$,为了方便计算,我们可以令 $\omega_i = 0$。这样,式(7-10-4)可以被简化并统一为

$$H_b\big|_n \approx \frac{n-1}{\rho A a(-\omega^2)} + \frac{2}{\rho A a(\omega_n^2 - \omega^2)} \tag{7-10-5}$$

同时,集中质量在 $x = \frac{a}{2}$ 处的响应函数可以表示为

$$H_m = -\frac{1}{m_0 \omega^2} \tag{7-10-6}$$

联系式(7-10-2)、式(7-10-5)、式(7-10-6),对于共振情况下的梁单元,由于其响应函数 $H \to \infty$,所以可得

$$\rho A a(\omega_n^2 - \omega^2) - m_0 \omega^2[(n-1)\omega_n^2 + (n+1)\omega^2] = 0 \tag{7-10-7}$$

求解上式中的 ω,并用 $\omega_{\text{start},n}$ 表示,就可以得到布拉格带隙的起始频率

$$\omega_{start,n} = \omega_n \sqrt{\frac{1+(n-1)\eta}{1+(n+1)\eta}}\qquad(7\text{-}10\text{-}8)$$

其中：η 表示梁单元中集中质量与主梁质量的比值（$\eta = \dfrac{m_0}{\rho A a}$）。结合式（7-10-1）和式（7-10-8），可以得到第 n 阶布拉格带隙的宽度公式

$$\Delta\omega_n = \mu_n \omega_n = \left(1 - \sqrt{\frac{1+(n-1)\eta}{1+(n+1)\eta}}\right)\omega_n\qquad(7\text{-}10\text{-}9)$$

其中：μ_n 表示周期集中质量系统下的第 n 阶布拉格带隙宽度系数，有

$$\mu_n = 1 - \sqrt{\frac{1+(n-1)\eta}{1+(n+1)\eta}}\qquad(7\text{-}10\text{-}10)$$

可以发现，μ_n 会随着质量比 η 的增大而增大，并且在 η 无穷大时，μ_n 存在终值 $1 - \sqrt{\dfrac{n-1}{n+1}}$。

　　为了验证公式 μ_n 的准确性，我们对比了该解析解与谱元法所得的前 4 阶布拉格宽度系数（所用材料参数相同）以及前 10 阶布拉格带隙宽度系数的终值，如图 7-32 所示，可以看到两者有很好的一致性。

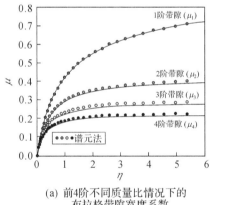
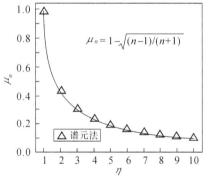

(a) 前4阶不同质量比情况下的　　　　　(b) 前10阶布拉格带隙宽度系数终值
布拉格带隙宽度系数

图 7-32　布拉格带隙宽度系数研究

（图片参考：Lv X F，Xu S F，Huang Z L，et al. A shape memory alloy-based tunable phononic crystal beam attached with concentrated masses[J]. Physics Letters A，2020，384(2)：126056.）

7.10.2　基于形状记忆合金主梁的带隙调控实验

　　由式(7-10-1)以及式(7-10-8)可知，布拉格带隙的起始/截止频率与主梁的杨氏模量相关，由此我们可以利用形状记忆合金杨氏模量可变的特性来实现布拉格带隙的调控，我们设计了如图 7-33 所示的结构——基于形状记忆合金梁的布拉格带隙调控模型。

　　对于单程形状记忆合金，其从马氏体相转变为奥氏体相的过程中（温度范围在 $M_f < T < M_s$），材料中马氏体相的比例 ξ 可以表示为

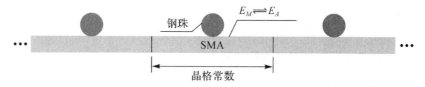

图 7-33 基于形状记忆合金的布拉格带隙调控模型

（图片参考：Lv X F，Xu S F，Huang Z L，et al. A shape memory alloy-based tunable phononic crystal beam attached with concentrated masses[J]. Physics Letters A，2020，384 (2)：126056.）

$$\xi = \frac{1-\xi_0}{2}\left[\cos\left(\pi\,\frac{T-M_f}{M_s-M_f}\right)+1\right] \tag{7-10-11}$$

上式中，ξ_0 表示当前相变开始时马氏体相的比例值。当其从奥氏体相转变为马氏体相的过程中（温度范围在 $A_s < T < A_f$），材料中马氏体相的比例 ξ 可以表示为

$$\xi = \frac{\xi_0}{2}\left[\cos\left(\pi\,\frac{T-A_s}{A_f-A_s}\right)+1\right] \tag{7-10-12}$$

令：E_A 表示形状记忆合金奥氏体相下的杨氏模量值；E_M 表示马氏体相下的杨氏模量值，则任意状态下的形状记忆合金杨氏模量可以表示为

$$E(\xi) = E_A + \xi(E_M - E_A) \tag{7-10-13}$$

文献一般认为形状记忆合金奥氏体相下的杨氏模量是马氏体相下的 3 倍，即 $E_A = 3E_M$。如果我们假定形状记忆合金 $E_M = 30$ GPa，$E_A = 90$ GPa，采用梁单元的晶格常数为 100 mm，宽 15 mm，厚 3 mm，所布置的集中质量（钢珠）为 16.94 g，如图 7-34 所示为谱元法计算得到的 qa 虚部绝对值，颜色越深代表带隙越强。

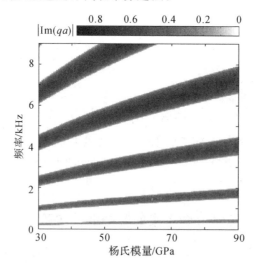

图 7-34 布拉格带隙调控效果图（谱元法）

（图片参考：Lv X F，Xu S F，Huang Z L，et al. A shape memory alloy-based tunable phononic crystal beam attached with concentrated masses[J]. Physics Letters A，2020，384 (2)：126056.）

从图 7-34 可以发现集中质量方式产生的布拉格带隙高频宽度大于低频宽度，高阶带隙

的强度也有很好的保持,当形状记忆合金由马氏体状态转变为奥氏体状态后,其各阶带隙的变化率都是一致的,可以表示为

$$\Delta f_{\text{tunability}} = \sqrt{\frac{E_A}{E_M}} - 1 \tag{7-10-14}$$

将两相的杨氏模量代入式(7-10-14),可以得到 $\Delta f_{\text{tunability}} = 73.2\%$,该值与图 7-34 谱元法所得的百分比一致。

在实验中,我们通过钢珠来实现集中质量型超材料结构。为了在频率范围内尽可能多地观察各阶带隙变化情况,我们在 819 mm×15 mm×3 mm 尺寸的单程形状记忆合金梁上尽可能增大钢珠间隔(晶格常数),从而使各阶带隙频率下降。实验架设如图 7-35 所示,我们布置了 4 个钢珠(直径为 16 mm),晶格常数为 163 mm,采用 PI 加热薄片加热(施加 7V 电压,温度约为 70℃,在形状记忆合金奥氏体相变温度点 A_f 之上),采用压电叠堆激励,且采用 FBG 位移传感器对响应端的信号进行测量。

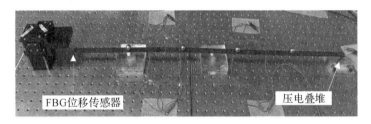

图 7-35　实验架设图

(图片参考:Lv X F, Xu S F, Huang Z L, et al. A shape memory alloy-based tunable phononic crystal beam attached with concentrated masses[J]. Physics Letters A,2020,384 (2):126056.)

通过形状记忆合金实现带隙调控的实验结果如图 7-36 所示,谱元法与实验有较好的对应。不同类型的形状记忆合金杨氏模量变化率差异较大,实验用的形状记忆合金马氏体状态的杨氏模量约为 65 GPa,奥氏体状态的杨氏模量约为 76 GPa,因此根据式(7-10-14),其理论带隙调节幅度只达到了 8.1%。同时由于形状记忆合金存在阻尼,因此带隙宽度在高频区域的表现比谱元法结果宽得多。

通过图 7-36 可以提取各阶布拉格带隙的宽度系数 μ_n,并与解析解进行对比,如图 7-37 (a)所示,可以看到马氏体相和奥氏体相下两者的宽度系数 μ_n 比较接近,同时随着布拉格带隙阶数 n 的增加,μ_n 呈现下降的趋势。

布拉格带隙宽度系数 μ_n 的实验值高于解析值,其中的原因可以通过图 7-37(b)来解释 (该图是马氏体状态下的谱元法位移传输曲线)。可以看到随着元胞周期数的增加,布拉格带隙两侧的共振峰互相靠近,带隙宽度减小。在实验中,由于结构只有 4 个周期,所以实验所得的带隙宽度系数 μ_n 值大于解析值是可以理解的。

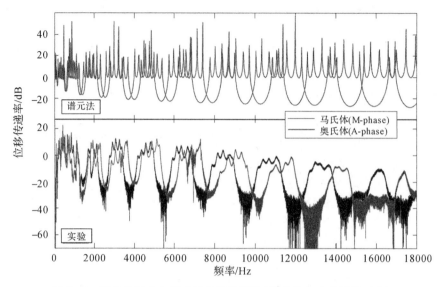

图 7-36　形状记忆合金相变下的带隙调控(谱元法与实验结果对比)

（图片参考：Lv X F，Xu S F，Huang Z L，et al. A shape memory alloy-based tunable phononic crystal beam attached with concentrated masses[J]. Physics Letters A，2020，384（2）：126056.）

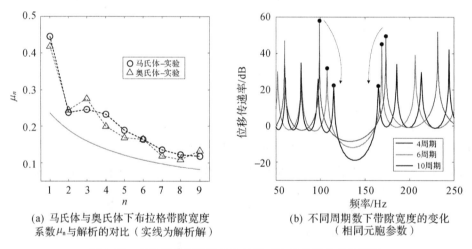

(a) 马氏体与奥氏体下布拉格带隙宽度　　(b) 不同周期数下带隙宽度的变化
　　系数 μ_n 与解析的对比（实线为解析解）　　　　（相同元胞参数）

图 7-37　布拉格带隙宽度系数结果对比及差异的产生原因

（图片参考：Lv X F，Xu S F，Huang Z L，et al. A shape memory alloy-based tunable phononic crystal beam attached with concentrated masses[J]. Physics Letters A，2020，384（2）：126056.）

7.11　局域共振带隙调控

7.11.1　局域共振带隙宽度研究

考虑局域共振带隙的宽度,在计算带隙的起始频率时,假定频率低于主梁单元的第一阶振动,此时其响应函数可以近似为

$$H_b = \frac{2}{\rho A a (\omega_1^2 - \omega^2)} \qquad (7\text{-}11\text{-}1)$$

另一方面,考虑无阻尼的局域振子,其响应函数为

$$H_a = -\frac{k_a - m_a \omega^2}{k_a m_a \omega^2} \qquad (7\text{-}11\text{-}2)$$

其中:k_a 为局域振子刚度系数;m_a 为局域振子质量。联系式(7-10-2),对于共振情况下的梁单元,其 $H \to \infty$,可以得到

$$\frac{\rho A a (\omega_1^2 - \omega^2)}{2} - \frac{k_a m_a \omega^2}{k_a - m_a \omega^2} = 0 \qquad (7\text{-}11\text{-}3)$$

由式(7-11-3)可以看到,主梁单元自身的共振频率 ω_1 会影响局域共振带隙的起始频率。为了便于计算,假定 $\omega_1 \gg \omega$(即假定主梁单元第一阶共振频率远远高于局域共振带隙起始频率),由式(7-11-3)求得局域共振带隙的起始频率为

$$\omega_{start} = \omega_r \sqrt{\frac{\omega_1^2}{\omega_1^2 + 2\eta \omega_r^2}} \qquad (7\text{-}11\text{-}4)$$

其中:η 表示梁单元中振子质量与主梁质量的比值 $\left(\eta = \dfrac{m_a}{\rho A a}\right)$;$\omega_r$ 为局域振子的共振频率 $\left(\omega_r = \sqrt{\dfrac{k_a}{m_a}}\right)$。

更进一步,如果 $\omega_1 \gg \omega_r$(即主梁单元第一阶共振频率远远高于局域振子的共振频率),则局域共振带隙的起始频率又可以直接表示为

$$\omega_{start} = \omega_r \qquad (7\text{-}11\text{-}5)$$

从上面对局域共振带隙起始频率的推导可知,$\omega_{start} < \omega_r < \omega_1$,而 ω_1 对应第一阶布拉格带隙的截止频率,因此当周期结构的布拉格带隙频率与局域共振带隙频率接近时,以上公式将不再适用。

对于局域共振带隙的截止频率,取定滑动情况下主梁第 0 阶表达式

$$H_b = \frac{1}{\rho A a (-\omega^2)} \qquad (7\text{-}11\text{-}6)$$

同样联系式(7-10-2)和式(7-11-2),令 $H \to \infty$,可以得到

$$\omega_{finish} = \omega_r \sqrt{1 + \eta} \qquad (7\text{-}11\text{-}7)$$

结合式(7-11-4)和式(7-11-7),可以得到局域共振带隙的宽度公式为

$$\Delta\omega = \omega_r \left(\sqrt{1+\eta} - \sqrt{\frac{\omega_1^2}{\omega_1^2 + 2\eta\omega_r^2}} \right) \tag{7-11-8}$$

在不考虑布拉格带隙对局域共振带隙的影响时（$\omega_1 \gg \omega_r$），式（7-11-8）又可以进一步简化为

$$\Delta\omega = \omega_r \left(\sqrt{1+\eta} - 1 \right) \tag{7-11-9}$$

可以发现，式（7-11-8）基于 $\omega_1 \gg \omega$ 的假定，而式（7-11-9）基于 $\omega_1 \gg \omega$ 以及 $\omega_1 \gg \omega_r$ 的两个假定，因此从公式的精度来说，式（7-11-8）要优于式（7-11-9）。结合局域共振带隙起始/截止频率的公式可以发现，局域共振带隙的频率与局域振子的共振频率息息相关，因此可以通过调控局域振子共振频率来实现超材料梁局域共振带隙的调控。

7.11.2 基于形状记忆合金局域振子的带隙调控实验

现在考虑一种基于双程形状记忆合金的超材料结构，如图 7-38 所示。6 个周期的双程形状记忆合金作为振子粘附在主梁上，通过控制形状记忆合金振子的弯曲—平直变换实现了弯曲波带隙的调节。不同于单程形状记忆合金，双程形状记忆合金可以通过加热形成弯曲振子（奥氏体相（A 相），杨氏模量较大），通过冷却可以自然恢复至平直状态（中间相（R相），杨氏模量与马氏体相接近）。对于梁式振子，其弯曲曲率的变化可以使其对应的共振频率改变。

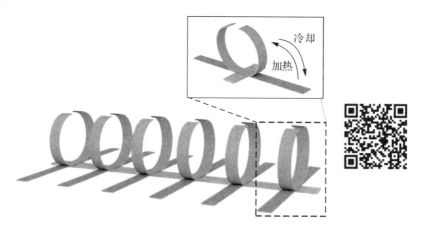

图 7-38 基于双程形状记忆合金振子的超材料梁结构（手机扫描二维码观看实验）

采用有限元对不同曲率下的梁式振子进行仿真分析。为了在仿真中得到更明显变化的带隙，形状记忆合金的仿真设定为 70 mm（长）×1 mm（厚）×10 mm（宽），超材料梁主梁部分为 6061 铝，每个单元的尺寸为 40 mm（长）×15 mm（宽）×2 mm（厚）。

图 7-39(a)显示了超材料梁前三阶局域共振带隙随形状记忆合金振子弯曲角度的变化情况。其中，奥氏体相—平直形状记忆合金振子的一阶共振频率记为 ω_1（115.72 Hz），采用该值对频率进行归一化处理，随着振子弯曲角度的增加，振子第一阶弯曲振动的频率也随之增大，与此同时，第二和第三阶弯曲振动频率的变化趋势则表现相反，两者频率都随弯曲角度的增大而降低。

当梁式振子引入曲率变形后，其所组成的超材料梁第二、三阶带隙宽度被大大拓宽，同

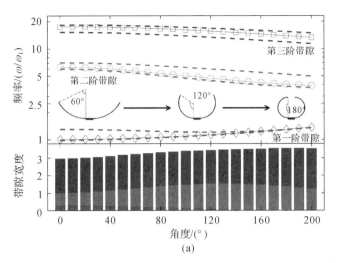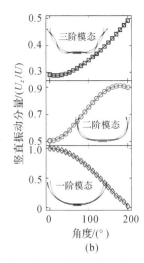

图 7-39　(a)不同弯曲角度下局域共振带隙对比图(振子杨氏模量保持不变,实线表示振子共振频率,虚线表示带隙起始/截止频率)(b)前三阶模态不同弯曲情况下竖直振动分量

(图片参考:Chuang K C,Lv X F,Wang D F. A tunable elastic metamaterial beam with flat-curved shape memory alloy resonators[J]. Applied Physics Letters,2019,114(5):051903.)

时带隙中心频率降低,虽然第一阶带隙变弱,但是高阶带隙却具有了更强的变化特性。对于第二和第三阶带隙,随着中心角度的增加,带隙宽度首先变宽,然后变窄。与梁式振子水平状态(0°时)所形成的局域共振带隙相比,半弯状态(180°时)梁式振子的第二阶带隙中心频率降低了 30.1%(宽度增加 35.9%),第三阶带隙中心频率降低了 18.3%(宽度增加 19.7%)。这样的百分比变化说明了弯曲形状记忆合金振子可以在较低频率下实现更宽的带隙调控范围。

由局域共振带隙宽度式(7-11-9)可知 $\Delta\omega = \omega_r(\sqrt{1+\eta}-1)$,当振子共振频率 ω_r 增大时,带隙宽度也会随之增大,反之亦然。但是从图 7-39(a)却看到了与该理论公式截然相反的现象,振子的第一阶共振频率增大时其对应的带隙宽度反而减小,而第二和第三阶共振频率降低时其对应的带隙宽度却在增大。因此,局域共振带隙的宽度与振子在不同共振频率下的垂直振动分量有关(垂直指的是垂直于超材料主梁弯曲波传播方向)。利用有限元提取了形状记忆合金振子前三阶振动下的垂直振动分量(各阶模态下振子垂直方向位移与总位移之比),结果如图 7-39(b)所示,振子第一阶模态的垂直振动分量曲线一直呈减小的趋势,而第二阶模态表现为先增后减的趋势,第三阶模态则一直保持着增长的趋势,这与图 7-39(a)中带隙宽度的变化情况大致相同,由此可以知道垂直振动分量有助于弯曲带隙的形成。

但图 7-39(b)中曲线的变化趋势与图 7-39(a)也存在着差异。第二阶带隙宽度从增大到减小的转折角度(约 130°)小于垂直振动分量的转折角度(约 180°),且第三阶带隙宽度增大后出现了减小(其垂直振动分量随角度一直保持增大),这是由于随着角度增大,振子共振频率的下降对带隙宽度的影响越来越大,以至于这两阶带隙宽度在大角度情况下出现了负增长。经过以上分析,我们可以认为垂直振动分量对于弯曲波带隙的宽度有直接的关系。

实验中所使用的形状记忆合金振子的尺寸为 140 mm×10 mm×0.4 mm,弯曲后的半径为 35 mm。当双程形状记忆合金振子发生相变之后,其杨氏模量以及形状都会发生显著的变化,因此可以调节主梁的局域共振带隙。为了获得双程形状记忆合金振子的材料常数,首先研究单片形状记忆合金振子作为悬臂梁时的冲击激励瞬态响应,如图 7-40 所示。形状记忆合金振子上平行粘贴光纤光栅(fiber Bragg grating,FBG,将于第 9 章介绍)以感知形状记忆合金振子表面的应变量。为了将水平的形状记忆合金振子加热成具有预定中心角的弯曲形状,采用了加热灯(功率为 275 W)加热。当形状记忆合金振子自然冷却至室温时,形状记忆合金振子从弯曲形态的奥氏体相返回至平直形态的中间相。

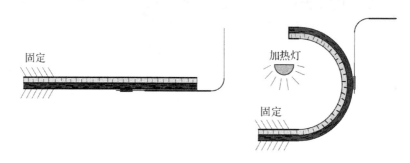

图 7-40　双程形状记忆合金振子瞬态实验

采用撞针撞击不同加热条件下的形状记忆合金振子,测量其瞬态应变响应,测量结果如图 7-41 所示,图中各曲线以第一个上波峰的数值进行了归一化处理。由瞬态应变响应曲线可以看出形状记忆合金振子具有显著的阻尼效应,且中间相状态大于奥氏体相状态。阻尼比可以通过对数衰减法(logarithmic decrement method)来计算获得

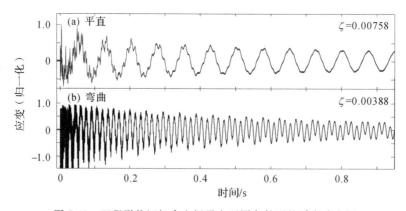

图 7-41　双程形状记忆合金振子在不同条件下的瞬态响应图

(图片参考:Chuang K C, Lv X F, Wang D F. A tunable elastic metamaterial beam with flat-curved shape memory alloy resonators [J]. Applied Physics Letters, 2019, 114 (5):051903.)

$$\varsigma = \frac{1}{2\pi(n-1)} \cdot \ln\left(\frac{X_1}{X_n}\right) \tag{7-11-10}$$

其中 X_n 代表第 n 个振动循环下的振幅量。

对瞬态响应曲线进行快速傅里叶变换后得到图 7-42。通过快速傅里叶变换曲线,可以

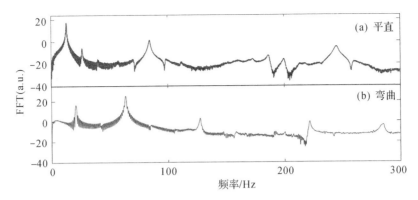

图 7-42　瞬态响应的快速傅里叶变换图

确定形状记忆合金振子的杨氏模量:奥氏体相形状记忆合金的杨氏模量为 80 GPa,中间相形状记忆合金的杨氏模量为 58 GPa。

接下来,使用 3 个 275 W 的加热灯来激活形状记忆合金振子使其弯曲,如图 7-43 所示,超材料的主梁由 6061 铝制成,尺寸为 580 mm×10 mm×3 mm,晶格常数为 70 mm。超材料梁一端由压电叠堆激励,通过 FBG 位移传感器来测量位移传输曲线。由于加热灯会使附近温度同时上升,因此为了减少 FBG 位移传感器所受到的热干扰,只在超材料梁的末端设置了 FBG 位移传感器。

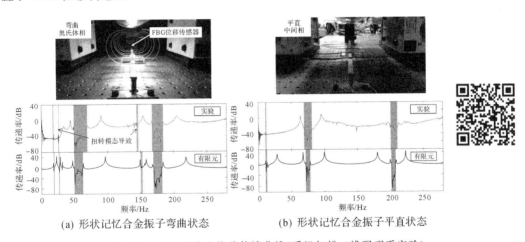

(a) 形状记忆合金振子弯曲状态　　　(b) 形状记忆合金振子平直状态

图 7-43　实验照片和位移传输曲线(手机扫描二维码观看实验)

(图片参考:Chuang K C, Lv X F, Wang D F. A tunable elastic metamaterial beam with flat-curved shape memory alloy resonators[J]. Applied Physics Letters,2019,114(5):051903.)

实验/有限元所得的位移传输曲线如图 7-43 所示,该图采用扫描频率激励,有助于在选定频率范围内得到更清晰的位移传输曲线(相比白噪声激励),这里选择了 0~280 Hz 的范围。当形状记忆合金振子受热成为弯曲形状时,第一阶带隙变得非常狭窄,与此同时,第二和第三阶带隙降低并同时变宽,这与前面所述用 1 mm 厚的振子结构的仿真结果一致。另外,在奥氏体相—弯曲形状记忆合金的情况下,还能观察到由振子横向振动模态和扭转振动模态所引起的弯曲带隙。由此可见形状记忆合金的变形可以对弯曲波带隙进行显著的调节。

为了定量分析实验所用超材料梁的带隙特性,从图 7-43 的能带结构中提取了前三阶带隙情况,如表 7-3 所示。

表 7-3　实验参数下超材料梁两种状态的带隙情况　　　　　　　　　　（单位:Hz）

状态	第一阶带隙		第二阶带隙		第三阶带隙	
	中心频率	宽度	中心频率	宽度	中心频率	宽度
奥氏体相—弯曲	18.3	0.2	56.0	12.0	176.3	11.8
中间相—平直	12.7	2.4	74.8	5.9	204.5	6.5

从表 7-3 可以发现当形状记忆合金由中间相—平直转为奥氏体相—弯曲后,第一阶带隙的宽度减小了 91.7%(中心频率提高 44.1%);第二阶带隙的宽度扩大了 103.4%(中心频率降低 25.1%);第三阶带隙的宽度扩大了 81.5%(中心频率降低 13.8%)。由此可见,虽然形状记忆合金弯曲后第一阶带隙变弱,但是第二、三阶带隙却表现得更加低频,宽度更大,因此可以认为在此种方式下,该形状记忆合金超材料梁的带隙调控性能非常优秀。

7.11.3　基于耦合双梁振子的带隙调控实验

由于形状记忆合金相变的中间过程较难保持稳定,因此所设计的结构只能实现单相的稳定,即只能实现两种带隙状态,这使得带隙的连续调控无法被真正实现。为了实现带隙的连续调控,这里设计了一种基于耦合双梁旋转的振子结构(如图 7-44 所示),其双梁的耦合作用可以消除单根梁的横向弯曲振动以保持振子在垂直方向(z 方向)振动,实现了理想的"刚度连续可调弹簧—质量"振子,只要旋转耦合双梁的角度就可以实现宽频率范围内带隙的连续调控。

图 7-44　耦合双梁振子超材料结构示意

如图 7-45(a)所示,从力学的角度来看,对于单根悬臂梁,竖直载荷会使得矩形梁同时具有竖直方向位移(d_1)和横向方向位移(d_2),其各自对应两种主要弯曲模式。这两个方向的位移值可由以下公式求得

$$\begin{cases} d_1 = \dfrac{4Fl^3}{Ewh}\left(\dfrac{\sin^2\theta}{h^2} + \dfrac{\cos^2\theta}{w^2}\right) \\ d_2 = \dfrac{4Fl^3\sin\theta\cos\theta}{Ewh}\left(\dfrac{1}{h^2} - \dfrac{1}{w^2}\right) \end{cases} \tag{7-11-11}$$

其中 θ 为图 7-45 所示的旋转角度。

假定梁截面 $w:h=2:1$,两个方向的位移量相对于旋转角度 θ 的变化如图 7-45(c)所

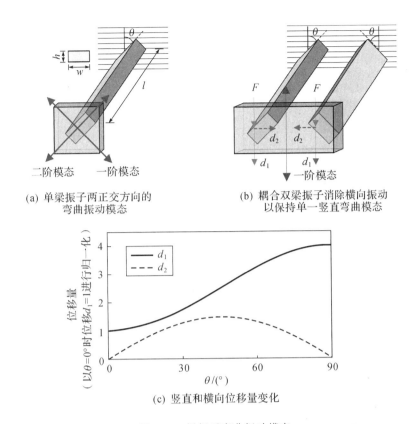

图 7-45　梁振子弯曲振动模态

（图片参考：Lv X F，Chuang K C，Erturk A. Tunable elastic metamaterials using rotatable coupled dual-beam resonators[J]. Journal of Applied Physics，2019，126：035107.）

示（以 $\theta=0°$ 时 d_1 的数值为 1 进行归一化），可以看到横向位移量 d_2 并不可以被忽略。因此，为了产生可以被连续调控的局域共振带隙，需要消除位移量 d_2 的影响，即消除该方向的振动。另一方面，从 d_1 曲线可以看到，竖直位移随着角度增大呈现近似线性的增长，因此在消除了横向位移 d_2 后，竖直方向刚度的连续变化是可以被实现的，在此基础上，振子就可以产生单一竖直方向的振动模态并使得弯曲波带隙可以被连续调控。由此我们设计了如图 7-45(b) 所示的耦合双梁振子，末端通过添加质量块来约束两平行矩形梁以消除横向位移。

　　为了采用谱元法来分析超材料梁的带隙特性，首先需要将耦合双梁振子的参数等效为"弹簧—质量"振子的质量（m_{eq}）和刚度（k_{eq}），如图 7-46 所示。由于消除了双梁共同的横向振动，可旋转耦合双梁振子可以被等效为理想的"刚度可调弹簧—质量"振子模型。

　　由于双梁相对于附着的主梁对称布置，因此可以仅对一侧的双梁振子进行力学等效。具有末端质量块的双梁振子等效质量可表示为

$$m_{eq}=0.2235whl\rho\times2+M \tag{7-11-12}$$

其中：ρ 是双梁的密度；M 是末端连接的质量块质量；w、h、l 是图 7-46 中定义矩形梁的几何尺寸。对于如图 7-47 所示的矩形截面，当旋转一定角度 θ 后，其截面惯性矩 I 值会发生改变，I 值可以通过下式得到

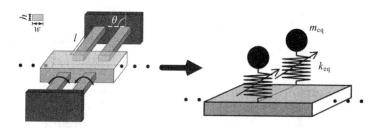

图 7-46　可旋转耦合双梁振子和等效"可调弹簧—质量"振子模型

（图片参考：Lv X F，Chuang K C，Erturk A. Tunable elastic metamaterials using rotatable coupled dual-beam resonators[J]. Journal of Applied Physics，2019，126(3)：035107.）

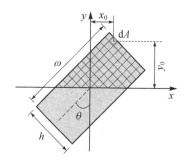

图 7-47　矩形截面惯性矩计算示意

$$I = \int_A y^2 \, dA \tag{7-11-13}$$

假定初始状态为 $\theta = 0°$，一个微元 x 与 y 方向的值为 x_0、y_0，则式(7-11-13)可以表示为

$$I = \int (y_0^2 \cos^2\theta + x_0^2 \sin^2\theta - 2x_0 y_0 \sin\theta\cos\theta) \, dA$$

$$= \int x_0^2 \, dA \cdot \sin^2\theta + \int y_0^2 \, dA \cdot \cos^2\theta - \int x_0 y_0 \, dA \cdot \sin 2\theta \tag{7-11-14}$$

对于对称物体,有

$$\int x_0 y_0 \, dA = 0 \tag{7-11-15}$$

所以式(7-11-14)可以进一步化简表示为

$$I = I_0 \cos^2\theta + I_{90} \sin^2\theta$$

$$= \frac{1}{6} wh \left[h^2 (\sin\theta)^2 + w^2 (\cos\theta)^2 \right] \tag{7-11-16}$$

其中：I_0 和 I_{90} 表示矩形截面在 $\theta = 0°$ 和 $\theta = 90°$ 时的惯性矩。耦合双梁振子的等效刚度可以表示为

$$k_{eq} = \frac{E}{2l^3} wh \left[h^2 (\sin\theta)^2 + w^2 (\cos\theta)^2 \right] \tag{7-11-17}$$

此处同时计算了耦合双梁振子的第一阶弯曲共振频率,并与得到的等效质量 m_{eq} 和等效刚度 k_{eq} 进行比较。从图 7-48 可以看到当双梁朝相反方向旋转时,理论解与有限元计算值之间具有良好的一致性。

对于布置了耦合双梁振子的超材料梁,晶格常数设定为 $a = 100$ mm,耦合双梁单侧的

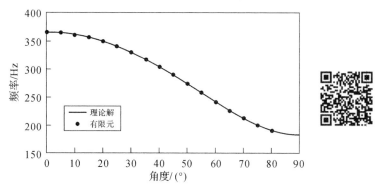

图 7-48 不同旋转角度下第一阶弯曲振动频率对比(手机扫描二维码观看仿真)

(图片参考：Lv X F，Chuang K C，Erturk A. Tunable elastic metamaterials using rotatable coupled dual-beam resonators[J]. Journal of Applied Physics，2019，126：035107.)

尺寸 $w=6$ mm，$h=3$ mm，$l=60$ mm，双梁和主梁的材料均为铝 6061，末端质量为 15.3 g。通过谱元法数值计算所得到的 qa 虚部绝对值结果如图 7-49 所示。当旋转角度增大时，耦合双梁振子的等效刚度减小，所产生的带隙可以被连续调控。当双梁振子从 0°旋转到 90°时，带隙的起始频率从 354.0 Hz 下降到 181.4 Hz(48.8%的变化率)，带隙的宽度略微减小，这种现象也符合以往文献所描述的。

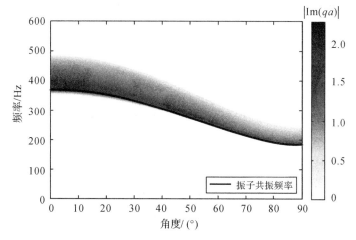

图 7-49 旋转角度对耦合双梁振子带隙位置、宽度和衰减强度的影响

(图片参考：Lv X F，Chuang K C，Erturk A. Tunable elastic metamaterials using rotatable coupled dual-beam resonators[J]. Journal of Applied Physics，2019，126：035107.)

值得注意的是，图 7-49 中那条实线所代表的振子共振频率并不完全和带隙起始频率一致，在带隙起始频率较大时两者有较大的差异。这里可以借由图 7-49 的数据对局域共振带隙起始频率(式(7-11-4))进行验证，质量比 $\eta=0.7707$，主梁的一阶振动频率 ω_1 由式(7-10-1)求得为 1775.78Hz。对比数据如表 7-4 所示。

表 7-4　振子不同共振频率下带隙起始频率与振子共振频率的对比

角度	起始频率(谱元法)/Hz	振子共振频率/Hz(误差/%)	起始频率理论解/Hz(误差%)
0°	354.0	365.84(3.3)	354.43(0.12)
15°	345.5	356.53(3.2)	345.94(0.13)
30°	321.0	329.76(2.7)	321.33(0.10)
45°	283.3	289.22(2.1)	283.48(0.06)
60°	238.5	241.98(1.5)	238.59(0.04)
75°	198.6	200.46(0.9)	198.52(0.04)
90°	181.4	182.92(0.8)	181.44(0.02)

从表 7-4 可知,当振子共振频率偏大时,即 ω_r 接近于 ω_1 时,局域共振带隙的起始频率 ω_{start} 将不能直接简化为振子的共振频率 ω_r,而经过式(7-11-4)修正后所得的起始频率理论解与谱元法所得的起始频率极其接近,这也验证了式(7-11-4)的准确性。

可调刚度耦合双梁振子的加工以及超材料梁的装配如图 7-50 所示。为了便于制造和旋转双梁,在实验的结构中,振子的双梁部分相比前面仿真所用的参数较短(25 mm×6 mm×3 mm),由铜制成的末端质量块的尺寸为 30 mm×40 mm×5 mm。由于实验所用振子的梁长度较短,基于欧拉—伯努利梁理论建立的振子等效模型将无法提供足够精确的位移传输曲线计算。

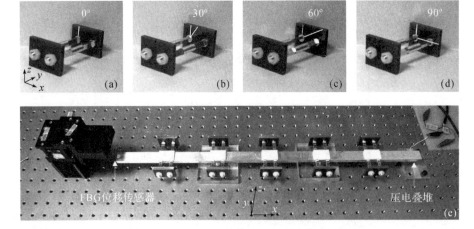

图 7-50　可调刚度耦合双梁振子超材料梁实验结构

（图片参考：Lv X F, Chuang K C, Erturk A. Tunable elastic metamaterials using rotatable coupled dual-beam resonators [J]. Journal of Applied Physics, 2019, 126：035107.）

对于该结构,通过尼龙螺栓、螺母和聚乳酸垫(PLA 材料 3D 打印)实现耦合双梁振子与主梁的连接。在主梁的右侧粘结压电叠堆产生振动激励,左侧采用 FBG 位移传感器来进行振动响应的测量。在本实验中,由于需要测量的频率不高,故采用扫描频率信号进行振动激励。超材料梁的位移传输曲线(实验与有限元仿真解)如图 7-51 所示。从图中可以看到,实

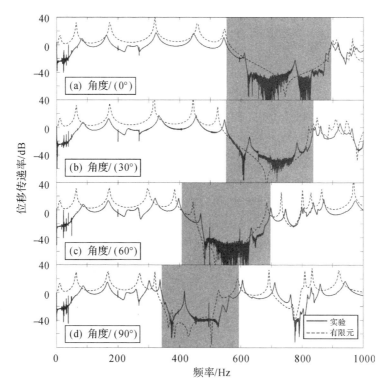

图 7-51　耦合双梁振子超材料梁在不同旋转角度下的位移传输曲线对比

（图片参考：Lv X F，Chuang K C，Erturk A. Tunable elastic metamaterials using rotatable coupled dual-beam resonators［J］. Journal of Applied Physics，2019，126：035107.）

验结果与有限元仿真结果之间具有良好的一致性，随着旋转角度的增加，带隙的中心频率可以大范围地向低频区域移动。因此，利用耦合双梁振子，通过简单的旋转双梁角度的操作，就可以使超材料梁实现大频率范围的局域共振带隙连续调控。

在实验结果中，频率为 250 Hz 处所得位移传输曲线的异常是由于支撑超材料梁的软橡胶所导致的。实验结果中带隙内部出现的共振峰是因为主梁与尼龙螺栓、螺母以及聚乳酸垫之间的不完美装配所引起的。此外，在当前的实验参数下，除了耦合双梁振子弯曲模态产生的带隙外，也还存在着由耦合双梁振子扭转模态产生的带隙（如图 7-51(d) 800 Hz 处所示）。

本章参考文献

曾谨言. 量子力学（卷 1）［M］. 北京：科学出版社，1990.

陈子亭，李赞恒，冯建雄. On extending the concept of double negativity to acoustic waves［J］. 浙江大学学报：a 卷英文版，2006，7(1)：24-28.

刘延柱，陈文良，陈立群. 振动力学［M］. 北京：高等教育出版社，1998.

吕旭峰. 关于一维超材料梁的带隙调控研究［D］. 杭州：浙江大学，2020.

石顺祥，马琳，王学恩. 物理光学与应用光学（第二版）［M］. 西安：西安电子科技大学出版社，2010.

王俊. 复频局域共振型弹性超材料设计及其振动带隙研究[D]. 长春:吉林大学，2018.

温激鸿，郁殿龙，王刚，等. 周期结构细直梁弯曲振动中的振动带隙[J]. 机械工程学报，2005(04)：1-6.

温熙森，温激鸿，郁殿龙，等. 声子晶体[M]. 北京:国防工业出版社，2009.

文涛，胡青春. 基于 MATLAB 语言的多自由度振动系统的固有频率及主振型计算分析[J]. 中国制造业信息化：学术版，2007，36(1)：78-81.

张研，韩林，蒋林华，等. 声子晶体的计算方法与带隙特性[M]. 北京:科学出版社，2015.

Banerjee B. An Introduction to Metamaterials and Waves in Composites [M]. Los Angeles:CRC Press，2011.

Chan C T，Li J，Fung K H. On extending the concept of double negativity to acoustic waves[J]. Journal of Zhejiang University-SCIENCE A，2006，7(1)：24-28.

Chen Y，Liu H，Reilly M，et al. Enhanced acoustic sensing through wave compression and pressure amplification in anisotropic metamaterials[J]. Nature Communications，2014,5(1)：1-9.

Cheng Y，Xu J Y，Liu X J. One-dimensional structured ultrasonic metamaterials with simultaneously negative dynamic density and modulus[J]. Physical Review B，2008，77(4)：045134.1-045134.10.

Chou Y F，Yang M Y. Polaritons in a Piezoelectric Superlattice Plate[C]. ASME International Mechanical Engineering Congress and Exposition，2006：339-346.

Chuang K C，Lv X F，Wang D F. A tunable elastic metamaterial beam with flat-curved shape memory alloy resonators[J]. Applied Physics Letters，2019，114(5)：051903.

Chuang K C，Lv X F，Wang Y H. A bandgap switchable elastic metamaterial using shape memory alloys[J]. Journal of Applied Physics，2019，125(5)：055101.

Deymier P A. Acoustic Metamaterials and Phononic Crystals[M]. Heidelberg：Springer Science & Business Media，2013.

Ding Y Q，Liu Z Y，Qiu C T，et al. Metamaterial with simultaneously negative bulk modulus and mass density[J]. Physical Review Letters，2007，99(9)：093904.

Fang N，Xi D J，Xu J Y，et al. Ultrasonic metamaterials with negative modulus[J]. Nature Materials，2006，5(6)：452-456.

Fitzpatrick R. Oscillations and Waves：an Introduction [M]. Los Angeles：CRC Press，2018.

Friedman B. Principles and Techniques of Applied Mathematics[M]. New York：Courier Dover Publications，1990.

Giurgiutiu V. Structural Health Monitoring：With Piezoelectric Wafer Active Sensors [M]. Amsterdam：Academic Press，2014.

Hu X H，Chan C T，Ho K-M，et al. Negative effective gravity in water waves by periodic resonator arrays[J]. Physical Review Letters，2011，106(17)：174501.

Hu X H，Yang J，Zi J，et al. Experimental observation of negative effective gravity in water waves[J]. Scientific Reports，2013，3(1)：1-4.

Huang C P, Zhu Y Y. Piezoelectric-induced polariton coupling in a superlattice[J]. Physical Review Letters，2005，94(11)：117401.

Huang H H, Sun C T. Theoretical investigation of the behavior of an acoustic metamaterial with extreme Young's modulus[J]. Journal of the Mechanics and Physics of Solids，2011，59(10)：2070-2081.

Huang H H, Sun C T, Huang G L. On the negative effective mass density in acoustic metamaterials[J]. International Journal of Engineering Science，2009，47 (4)：610-617.

Juang J N, Phan M Q. Identification and Control of Mechanical Systems[M]. Cambridge：Cambridge University Press，2001.

Kadic M, Bückmann T, Schittny R, et al. Metamaterials beyond electromagnetism[J]. Reports on Progress in Physics，2013，76(12)：126501.

Khajehtourian R, Hussein M I. Dispersion characteristics of a nonlinear elastic metamaterial[J]. Aip Advances，2014，4(12)：124308.

Kivshar Y S, Flytzanis N. Gap solitons in diatomic lattices[J]. Physical Review A，1992，46(12)：7972.

Laude V. Phononic Crystals[M].Berlin：De Gruyter，2020.

Liu Y, Liang Z, Zhu J, et al. Willis metamaterial on a structured beam[J]. Physical Review X，2019，9(1)：011040.

Lv X F, Chuang K C, Erturk A. Tunable elastic metamaterials using rotatable coupled dual-beam resonators[J]. Journal of Applied Physics，2019，126(3)：035107.

Lv X F, Fang X, Zhang Z Q, et al. Highly localized and efficient energy harvesting in a phononic crystal beam：defect placement and experimental validation[J]. Crystals，2019，9(8)：391.

Lv X F, Xu S F, Huang Z L, et al. A shape memory alloy-based tunable phononic crystal beam attached with concentrated masses [J]. Physics Letters A，2020，384 (2)：126056.

Manimala J M, Sun C T. Numerical investigation of amplitude-dependent dynamic response in acoustic metamaterials with nonlinear oscillators[J]. Journal of the Acoustical Society of America，2016，139(6)：3365.

Manktelow K, Leamy M J, Ruzzene M. Multiple scales analysis of wave-wave interactions in a cubically nonlinear monoatomic chain[J]. Nonlinear Dynamics，2011，63(1)：193-203.

Marqués R, Martin F, Sorolla M. Metamaterials with Negative Parameters：Theory，Design, and Microwave Applications[M]. New York：John Wiley & Sons，2011.

Munjal M L. Noise and Vibration Control[M]. Singapore：World Scientific，2013.

Nadkarni N, Daraio C, Kochmann D M. Dynamics of periodic mechanical structures containing bistable elastic elements：From elastic to solitary wave propagation[J].

Physical Review E Statistical Nonlinear & Soft Matter Physics，2014，90 (2)：023204.

Narisetti R K，Leamy M J，Ruzzene M. A perturbation approach for predicting wave propagation in one-dimensional nonlinear periodic structures[J]. Journal of Vibration and Acoustics，2010，132(3).

Omar M A. Elementary Solid State Physics：Principles and Applications[M]. New York：Pearson Education India，1975.

Phani A S，Hussein M I. Dynamics of Lattice Materials[M]. New York：John Wiley & Sons，2017.

Remoissenet M. Waves Called Solitons：Concepts and Experiments[M]. Heidelberg：Springer Science & Business Media，2013.

Taniker S，Yilmaz C. Phononic gaps induced by inertial amplification in BCC and FCC lattices[J]. Physics Letters A，2013，377(31-33)：1930-1936.

Yilmaz C，Hulbert G M，Kikuchi N. Phononic band gaps induced by inertial amplification in periodic media[J]. Physical Review B，2007，76(5)：054309.

Zhou X M，Liu X N，Hu G K. Elastic metamaterials with local resonances：an overview [J]. Theoretical and Applied Mechanics Letters，2012，2(4)：041001.

Zhu R，Huang G L，Huang H H，et al. Experimental and numerical study of guided wave propagation in a thin metamaterial plate[J]. Physics Letters A，2011，375(30-31)：2863-2867.

第 8 章　瞬态弹性波

波传播需要时间,因此在传播到观测点之前,有限尺寸的结构对其而言如同无限域。但是,弹性波一旦遇到界面,就有可能同时产生两种模式波的反射和折射(三维空间中还包括衍射和散射)。因此,瞬态弹性波或者结构的初期瞬态响应是相对复杂的科学问题。

弹性体的弹性波瞬态响应包含了材料特性、结构健康信息和激励源特性等,因此相关理论有重要的研究价值。本章首先说明结构的稳态振型和瞬态响应的关系,接着介绍经典的 Lamb 波问题,最后通过分层介质中的弹性波以及梁结构的波传播问题,学习瞬态波传播的相关理论基础。分层介质中波传播的研究在热障涂层、半导体的封装、光学镀膜等应用的力学分析上有其应用价值,而掌握工程中应用最广的梁结构的瞬态波传播理论也很有必要。

除了理论基础的介绍外,本章也会呈现相关实验结果,具体实验方法将会在第 9 章中介绍。通过与相关实验方法的对比,读者可以对波传播的理论有更清楚的认识。

8.1　稳态振型和瞬态响应

本节先讨论结构稳态振型和瞬态响应的关系,至于结构的瞬态响应将会在 8.4 节中介绍。首先,我们研究行波解和振动的关系。假设在一个一维无限杆中有下面两个幅值相同的波相向传播

$$u_1 = \exp[\mathrm{i}(\omega t - kx)] \tag{8-1-1}$$
$$u_2 = \exp[\mathrm{i}(\omega t + kx)] \tag{8-1-2}$$

如果没有边界,则不会有来自端面的反射波,因此叠加波为

$$
\begin{aligned}
u(x,t) &= u_1(x,t) + u_2(x,t) \\
&= \exp[\mathrm{i}(\omega t - kx)] + \exp[\mathrm{i}(\omega t + kx)] \\
&= [\exp(\mathrm{i}kx) + \exp(-\mathrm{i}kx)]\exp(\mathrm{i}\omega t) \\
&= 2\cos(kx)\exp(\mathrm{i}\omega t)
\end{aligned}
\tag{8-1-3}
$$

可见,叠加波为驻波,形式为简谐振动,振型为 $\cos(kx)$,振幅为简谐振幅 $\exp(\mathrm{i}\omega t)$ 的形式。其中,空间中某些点在波传播(或振动)过程中振动振幅永远是零,称为节点(nodes 或 nodal points)。如果在二维或三维结构中,则称为节线(nodal lines)。如果结构尺寸是有限的,则简谐波遇到端面会反射,只有当反射波的波长与结构的"特征"尺寸或其倍数相等时,反射波与入射波才能发生相长或相消干涉,形成驻波,该波长所对应的频率称为特征频率或固有频率。

我们继续讨论任意动态载荷加载在有限结构上的情况,探讨瞬态响应和结构振型的关

系。以薄板理论为例,在动载荷作用下薄板的运动方程为

$$D \nabla^4 w + \rho h \frac{\partial^2 w}{\partial t^2} = q(x,y,t) \tag{8-1-4}$$

可设其解为

$$w(x,y,t) = \sum_{m=1}^{\infty} \sum_{n=1}^{\infty} T_{mn}(t) W_{mn}(x,y) \tag{8-1-5}$$

其中:W_{mn} 为板的各阶振型;T_{mn} 为各模态在各时间的权重或贡献系数。连续系统的振型具有正交性

$$\iint_s \rho h W_{mn} W_{kl} \, ds = 0 (m \neq n \text{ 或 } k \neq l) \tag{8-1-6}$$

此外,振型满足振型方程

$$D \nabla^4 W_{mn} = \rho h \omega_{mn}^2 W_{mn} \tag{8-1-7}$$

将式(8-1-5)代入式(8-1-4),并结合振型方程式(8-1-7),可得

$$\sum_{m=1}^{\infty} \sum_{n=1}^{\infty} (\ddot{T}_{mn} + \omega_{mn}^2 T_{mn}) \rho h W_{mn} = q(x,y,t) \tag{8-1-8}$$

将上式乘以 W_{kl} 并沿着板面积分,并利用薄板振型的正交性,可得

$$\ddot{T}_{mn}(t) + \omega_{mn}^2 T_{mn}(t) = \frac{P_{mn}(t)}{M_{mn}} \tag{8-1-9}$$

其中:

$$P_{mn}(t) = \iint_s q(x,y,t) W_{mn}(x,y) \, ds \tag{8-1-10}$$

为第 (m,n) 阶广义力;

$$M_{mn} = \iint_s \rho h W_{mn}^2 \, ds \tag{8-1-11}$$

为第 (m,n) 阶广义质量。由于式(8-1-9)和单自由度振动系统的受迫振动方程相同,因此可按照单自由度振动系统求解。

如果板上某一点受到集中简谐力 $q(x,y,t) = (\sin \omega_{in} t) \delta(x - x_q) \delta(y - y_q)$ 激励,且初始条件为静止,则动力响应稳态解为

$$w(x,y,t) =$$

$$\sum_{m=1}^{\infty} \sum_{n=1}^{\infty} \left[\frac{W_{mn}(x,y) W_{mn}(x_q,y_q)}{\omega_{mn} M_{mn}} \right] \cdot \begin{cases} \left[\dfrac{\omega_{in} \sin(\omega_{mn} t) - \omega_{mn} \sin(\omega_{in} t)}{(\omega_{in}^2 - \omega_{mn}^2)} \right], & \omega_{in} \neq \omega_{mn} \\[3mm] \left[\dfrac{\sin(\omega_{mn} t) - \omega_{mn} t \cos(\omega_{mn} t)}{2 \omega_{mn}} \right], & \omega_{in} = \omega_{mn} \end{cases}$$

$$\tag{8-1-12}$$

由式(8-1-12)可以看出:当激励频率 ω_{in} 远离 ω_{mn} 时,振动的幅值就会变小;当激励频率 ω_{in} 接近 ω_{mn} 时,振动的幅值就会变大;当激励频率 $\omega_{in} = \omega_{mn}$ 时,第 (m,n) 阶的振型就会被激发出来,且理论上响应会随时间逐渐趋于无限大。实际系统在共振的时候响应不会无限大,因为实际系统会有阻尼,而阻尼可用复数的杨氏模量体现,复阻尼模型考虑阻尼力与应变成正比。此外,考虑阻尼力与应变速度成正比的黏滞阻尼模型(Kelvin-Voigt 模型)也是常见的阻尼模型,其会在控制方程中增添速度相关项。

　　图 8-1 所示为通过振幅变动式电子散斑干涉术和扫频方式测量的压电平板某一个振动模态的面内振动响应。图 8-1（a）所示为激励频率远离共振频率时压电平板的响应，图 8-1（b）所示为激励频率接近共振频率时压电平板的响应。图 8-1（a）中由于边界反射波之间不会发生相长干涉或相消干涉，因此仅能看出模糊的振型。图 8-1（b）中因为发生共振，压电平板位移增大，所以可以明显观察到振型和节线。我们将在第 9 章中介绍振幅变动式电子散斑干涉术。

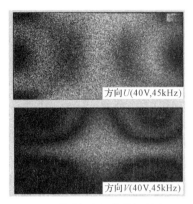
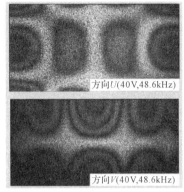

(a) 激励频率远离共振频率　　　　　　　　(b) 激励频率达到共振频率

图 8-1　压电平板的扫频实验

（图像由台北科技大学张敬源教授提供，手机扫描二维码可观看实验）

　　继续假设薄板上面某一点有集中的冲击载荷，载荷作用时间为 t_1，其可以表示为 $q(x,y,t)=f_1(t)\delta(x-x_q)\delta(y-y_q)$，其中

$$\int_0^{t_1} f_1(t)\mathrm{d}t = I \tag{8-1-13}$$

若作用时间极短（$t_1 \to 0$），板的动力响应特解为

$$w(x,y,t)=\sum_{m=1}^{\infty}\sum_{n=1}^{\infty}\frac{IW_{mn}(x_q,y_q)}{\omega_{mn}M_{mn}}W_{mn}(x,y)\sin \omega_{mn}t \tag{8-1-14}$$

可以看出，如果载荷作用在某一阶振型的节线上，则该阶模态不会被激发出来。

　　接下来我们通过钢珠撞击悬臂板的实验来研究结构瞬态响应和模态振型的关系。图 8-2 所示为一个悬臂板，左边固定，另外三边是自由边界。我们分别使用了光纤光栅（FBG）传感器和激光多普勒测振仪（LDV）来测量悬臂板的面外动态位移。由于实验中很难确保 LDV 和 FBG 测量同一点，因此只能尽量使测点靠近以减小由于测点不同带来的传感误差。图中 LDV 测点与 FBG 测点距固定边界 15 mm，FBG 测点距外侧边界 5 mm，而 LDV 测点距外侧边界 10 mm，即与 FBG 测点相距 5 mm。钢珠分别落在图中的 A 点与 B 点。理想上 A 点处的撞击可同时激发出对称（symmetric）与反对称（antisymmetric）模态，而对称轴 B 点处的撞击只激发出对称模态。

　　图 8-3 所示为钢珠撞击悬臂板 A 点后 20 ms 内的瞬态位移响应，可以看出 FBG 与 LDV 的测量结果相当吻合。我们对 100 ms 的长时间测量结果进行快速傅里叶变换（FFT），结果如图 8-4 所示，从中可看出 LDV 与 FBG 的测量结果的频域特性也相当吻合。图中峰值所对应的频率即为悬臂板的共振频率。此处为方便讨论仅考虑频率范围为 0～

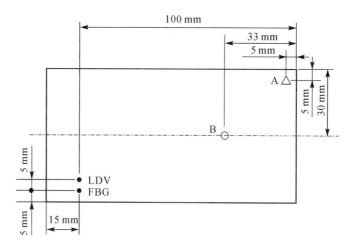

图 8-2　悬臂板测点与钢珠撞击点示意

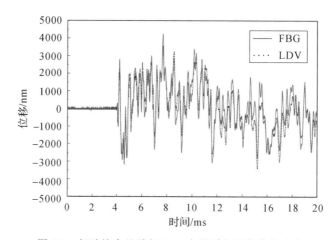

图 8-3　钢珠撞击悬臂板上 A 点后瞬态面外位移响应

（图片参考：Ma C C, Chuang K C. A point-wise fiber Bragg grating sensor to measure the vibration of a cantilever plate subjected to impact loadings[J]. IEEE Sensors Journal, 2010,11(9):2113-2121.）

3000 Hz 的振动,其中包含了 6 个对称模态(S1～S6)与 4 个反对称模态(A1～A4)。

　　我们另外使用激振器(shaker)对悬臂板进行激振,用全局振幅变动电子斑点干涉术(AF-ESPI)测量悬臂板的振型和共振频率。首先将使用不同方法所得的共振频率列于表 8-1 与表 8-2,其中表 8-1 所示为悬臂板前 6 个对称模态共振频率,而表 8-2 所示为悬臂板前 4 个反对称模态共振频率。由此两表可看出,不论是 LDV 还是 FBG 的测量结果,与 LDV 搭配激振器的扫频结果比较,误差绝对值都在 2.5% 以内。由表中也可得知,有限元法仿真的结果与实验结果也相当接近。值得一提的是,为了使 AF-ESPI 测得更清楚的振型,激振器须对板施加更大的推力,但这会导致其边界条件的改变,从而使得共振频率略有误差。

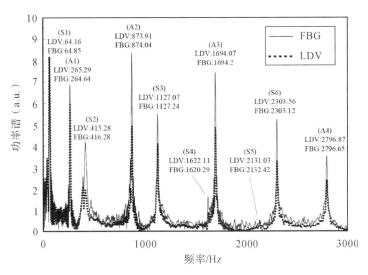

图 8-4　钢珠撞击悬臂板上 A 点后瞬态响应的 FFT 结果

（图片参考：Ma C C，Chuang K C. A point-wise fiber Bragg grating sensor to measure the vibration of a cantilever plate subjected to impact loadings[J]. IEEE Sensors Journal，2010，11(9)：2113-2121. ）

表 8-1　悬臂板的对称共振模态　　　　　　　　　　　　（单位：Hz）

方法	FBG(A)	LDV(A) （误差%）	FBG(B) （误差%）	LDV(B) （误差%）	AF-ESPI （误差%）	FEM （误差%）	Shaker （误差%）
S1	64.85	64.16 (−1.06)	64.85 (0.00)	65.02 (0.26)	66.00 (1.77)	63.78 (−1.65)	64.00 (−1.31)
S2	416.28	415.28 (−0.24)	425.82 (2.29)	423.08 (1.63)	396.00 (−4.87)	396.65 (−4.72)	409.00 (−1.75)
S3	1127.24	1127.07 (−0.02)	1126.77 (−0.04)	1127.07 (−0.02)	1130.00 (0.24)	1111.40 (−1.41)	1132.00 (0.42)
S4	1620.29	1622.11 (0.11)	1617.91 (0.15)	1617.78 (−0.15)	1615.00 (−0.33)	1591.60 (−1.77)	1614.00 (−0.39)
S5	2132.42	2131.03 (−0.07)	2131.46 (−0.05)	2133.63 (0.06)	2146.00 (0.64)	2133.70 (0.06)	2184.00 (2.42)
S6	2303.12	2303.56 (0.02)	2304.55 (0.06)	2305.29 (0.09)	2298.00 (−0.22)	2253.50 (−2.15)	2331.00 (1.21)
S7	3153.80	3154.06 (0.01)	3152.37 (−0.05)	3151.46 (−0.07)	3157.00 (0.10)	3126.90 (−0.85)	3152.00 (−0.06)
S8	3684.52	3684.65 (0.004)	3685.00 (0.01)	3685.52 (0.03)	3661.00 (−0.64)	3664.30 (−0.55)	3786.00 (2.75)
S9	4418.85	4418.98 (0.003)	4414.08 (−0.11)	4413.78 (−0.11)	4414.00 (−0.11)	4380.60 (−0.87)	4439.00 (0.46)
S10	5463.12	5461.95 (−0.02)	5466.46 (0.06)	5466.29 (0.06)	5470.00 (0.13)	5468.70 (0.1)	5598.00 (2.47)
S11	5939.48	5937.92 (−0.03)	5938.05 (−0.02)	5939.66 (0.003)	5970.00 (0.51)	5928.50 (−0.18)	5978.00 (0.65)

（表格参考：Ma C C，Chuang K C. A point-wise fiber Bragg grating sensor to measure the vibration of a cantilever plate subjected to impact loadings[J]. IEEE Sensors Journal，2010，11(9)：2113-2121. ）

表 8-2 悬臂板的反对称共振模态 （单位:Hz）

方法	FBG(A)	LDV(A) (误差%)	FBG(B) (误差%)	LDV(B) (误差%)	AF-ESPI (误差%)	FEM (误差%)	Shaker (误差%)
A1	264.64	265.29 (0.25)	263.21 (−0.54)	265.29 (0.25)	252.00 (−4.78)	259.59 (−1.91)	263.00 (−0.62)
A2	874.04	873.91 (−0.01)	874.04 (0)	873.91 (−0.01)	850.00 (−2.75)	851.12 (−2.62)	864.00 (−1.15)
A3	1694.20	1694.07 (−0.01)	1693.73 (−0.03)	1694.07 (−0.01)	1650.00 (−2.61)	1653.70 (−2.39)	1704.00 (0.58)
A4	2796.55	2796.87 (0.01)	2819.06 (0.8)	2798.6 (0.07)	2834.00 (1.34)	2757.10 (−1.41)	2837.00 (1.44)
A5	4151.82	4151.95 (0.003)	4154.68 (0.07)	4152.82 (0.02)	4134.00 (−0.43)	4121.50 (−0.73)	4240.00 (2.12)
A6	4364.49	4364.36 (−0.003)	4371.17 (0.15)	4369.56 (0.12)	4358.00 (−0.15)	4309.80 (−1.25)	4409.00 (1.02)
A7	—	—	—	—	4844	4768.2	4876
A8	5759.72	5758.46 (−0.02)	5751.13 (−0.15)	—	5772.00 (0.21)	5708.20 (−0.89)	5777.00 (0.30)

（表格参考：Ma C C，Chuang K C. A point-wise fiber Bragg grating sensor to measure the vibration of a cantilever plate subjected to impact loadings[J]. IEEE Sensors Journal，2010，11(9)：2113-2121.）

图 8-5 所示为分别通过 AF-ESPI 测量和有限元法计算所得到的模态振型图。两者的结果也高度一致。值得一提的是,只有当激振器位于 AF-ESPI 振型图的左上角时,才可同时激发出对称与反对称模态,但亦会使得节线图稍有歪斜。由图 8-5 可知,不同模态有不同的振型与不同位置的节线,而节线位置对悬臂板的瞬态信号特征也会有影响。事实上,造成图 8-4 频域信号振幅大小不同的原因已在前面的理论分析中说明。若钢珠撞击点的位置恰好落在其中某模态振型的节线上,则该共振频率下 FFT 频谱的振幅大小相对于其他共振频率就会比较小。为了验证这一现象,我们在图 8-2 中点 B 的正上方处释放一相同钢珠,让其做自由落体运动撞击结构表面。接着做一个相同实验来获得瞬态信号,以讨论钢珠激振下位置不同对时域与频域信号的影响。LDV 与 FBG 测量结果的比较如图 8-6 所示。由于 B 点较 A 点而言更靠近测点,故此处峰值只有 3809.09 nm。从图中亦可看出 LDV 与 FBG 瞬态信号高度一致。

接下来以图 8-5 所示的有限元法计算所得的振型图来说明载荷撞击点位置与瞬态响应的关系。图 8-7 为在 0～3000 Hz 范围内钢珠撞击 A、B 两点的悬臂板瞬态信号的 FFT 图。以下的分析仅考虑 FBG 的测量结果。由图 8-7 结合图 8-5 所示的 AF-ESPI 所得的振型图,我们可以得到以下几个结论。

(1)A 点比 B 点更容易激发出反对称模态。所以 A 点的 A1(第一反对称模态)振幅远大于 B 点的 A1 振幅,且因为 B 点撞击在 A1 的节线,故推测测量结果的 A1 成分应该很小,这与图 8-7 的实验结果相吻合。比较图 8-5 所示的 AF-ESPI 所得的实际全场振型图可知,FBG 的实验结果亦可与 AF-ESPI 的实验结果相呼应。

(2)就 A 点而言,S2 节线比 A1 的节线更靠近 A 点,所以其振幅由 A1 到 S2 是由大变小;反之就 B 点而言,S2 的节线比 A1 的节线更远离 B 点,故其振幅由 A1 到 S2 是由小变

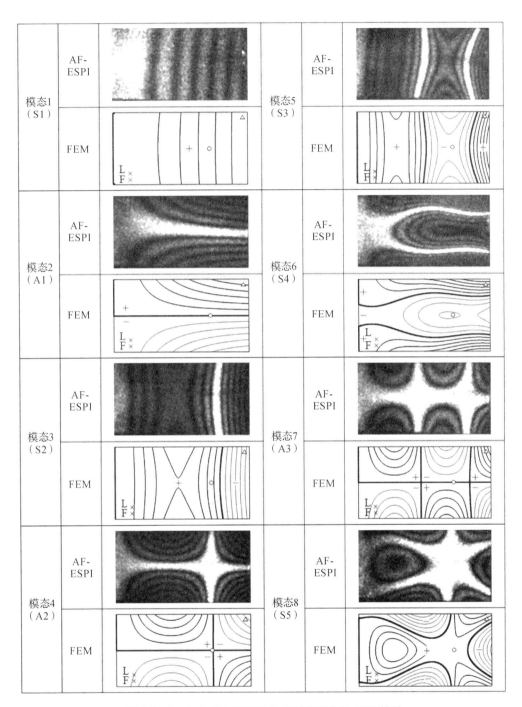

图 8-5(1)　钢珠撞击悬臂板 A 点瞬态响应的 FFT 结果

（图片参考：Ma C C，Chuang K C. A point-wise fiber Bragg grating sensor to measure the vibration of a cantilever plate subjected to impact loadings［J］. IEEE Sensors Journal，2010，11（9）：2113-2121.）

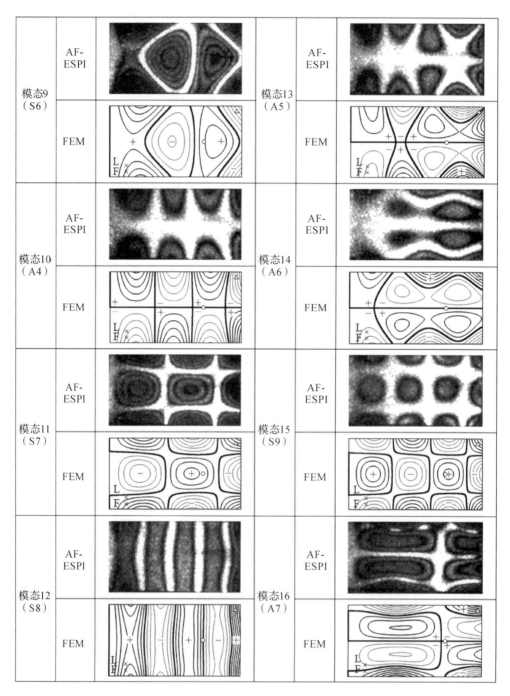

图 8-5(2) 钢珠撞击悬臂板 A 点瞬态响应的 FFT 结果(续)

(图片参考：Ma C C，Chuang K C. A point-wise fiber Bragg grating sensor to measure the vibration of a cantilever plate subjected to impact loadings[J]. IEEE Sensors Journal，2010，11 (9)：2113-2121.)

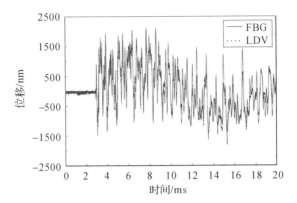

图 8-6　钢珠撞击悬臂板上 B 点后瞬态面外位移响应

（图片参考：Ma C C, Chuang K C. A point-wise fiber Bragg grating sensor to measure the vibration of a cantilever plate subjected to impact loadings[J]. IEEE Sensors Journal, 2010, 11(9): 2113-2121.）

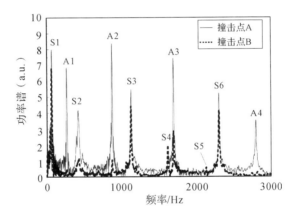

图 8-7　钢珠撞击 A 点与 B 点后 0～3000 Hz 的频谱比较图

（图片参考：Ma C C, Chuang K C. A point-wise fiber Bragg grating sensor to measure the vibration of a cantilever plate subjected to impact loadings[J]. IEEE Sensors Journal, 2010, 11(9): 2113-2121.）

大。亦即当钢珠落在某模态的节线时较不易激发出该模态。

（3）就 B 点而言，钢珠激励是施加在两垂直节线交叉处，所以推测 A2 的振幅量会很小，另外，A 点比 B 点应更易激发出反对称模态。由图 8-7 可看出在 A2 模态中，FBG 的测量结果印证了该特征。

（4）就 A 点而言，S3 的节线比 A2 的节线更靠近 A 点，所以其振幅由 A2 到 S3 是由大变小；反之就 B 点而言，S3 的节线比 A2 的节线更远离 B 点，故其振幅由 A2 到 S3 是由小变大。

（5）就 B 点而言，S3 的节线比 S4 的节线更靠近 B 点，但就测点而言，反而是 S4 更靠近 FBG 的测点，因此 S4 的振幅反而比 S3 的振幅小。此现象与理论符合，因为靠近节线处的位移量相对其他位置会较小。

（6）就 B 点而言，A4 与 A3 皆是激励在节线上，因此 B 点的 A4 与 A3 振幅量极小，且由

A3 至 S6 振幅变大。

（7）就 A 点而言，S6 节线比 A3 的节线更靠近 A 点，所以 A3 至 S6 是往小振幅变化。

（8）就 S5 这一个模态而言，观察图 8-5 所示的 S5 模态的有限元法计算结果与 AF-ESPI 实验结果，可知 FBG 的测点很靠近节线处，故测量振幅会很小，此推论亦与图 8-7 所示的频谱图相吻合。

（9）由于 A3 节线比 S6 的节线更靠近 B 点，所以就 B 点而言，由 A3 至 S6 是往大振幅方向变化。

8.2　Lamb 经典问题——Cagniard-de Hoop 方法

Lamb 在 1904 年首先研究了脉冲激励在各向同性弹性半空间中的经典瞬态波传播问题。本节我们将讨论弹性半空间表面突然受到法向阶跃线源激励的情况。本节的内容是以新竹交通大学尹庆中教授的上课讲义为基础改写而成的，其中稍有增添。

Lamb 处理的问题如图 8-8 所示，沿着 z 方向均匀分布的法向线荷载突然施加到弹性半空间的表面（$y=0$）。其中，z 方向的位移为 $w=0$，且质点位移 $u(x,y,t)$ 和 $v(x,y,t)$ 均和 z 无关，为平面应变的面内（in-plane）波传播问题。

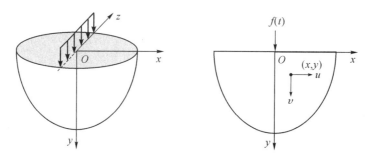

图 8-8　弹性半空间表面受到法向线源的激励

可以将面内位移用势函数表示为①

$$u = \frac{\partial \phi}{\partial x} - \frac{\partial \psi}{\partial y} \tag{8-2-1}$$

$$v = \frac{\partial \phi}{\partial y} + \frac{\partial \psi}{\partial x} \tag{8-2-2}$$

其中：u 和 v 分别为 x 和 y 方向上的质点位移。相关的应力分量为

$$\tau_y = \lambda \left(\frac{\partial^2 \phi}{\partial x^2} + \frac{\partial^2 \phi}{\partial y^2} \right) + 2\mu \left(\frac{\partial^2 \phi}{\partial y^2} + \frac{\partial^2 \psi}{\partial x \partial y} \right) \tag{8-2-3}$$

$$\tau_{xy} = \mu \left(2 \frac{\partial^2 \phi}{\partial x \partial y} - \frac{\partial^2 \psi}{\partial y^2} + \frac{\partial^2 \psi}{\partial x^2} \right) \tag{8-2-4}$$

且势函数 ϕ 和 ψ 分别满足波动方程

---

①　由于矢量势函数不唯一，本节的公式（8-2-1）和（8-2-2）与 5.1 节的公式（5-1-43）和（5-1-44）的正负符号不同。

$$
\begin{cases}
\dfrac{\partial^2 \phi}{\partial x^2} + \dfrac{\partial^2 \phi}{\partial y^2} = s_{\mathrm{L}}^2 \dfrac{\partial^2 \phi}{\partial t^2} \\[3mm]
\dfrac{\partial^2 \psi}{\partial x^2} + \dfrac{\partial^2 \psi}{\partial y^2} = s_{\mathrm{T}}^2 \dfrac{\partial^2 \psi}{\partial t^2}
\end{cases}
\quad -\infty < x < \infty, \quad y > 0
\tag{8-2-5}
$$

边界条件为

$$
\begin{cases}
\tau_y(x,0,t) = -\delta(x) f(t) \\[2mm]
\tau_{xy}(x,0,t) = 0
\end{cases}
\quad -\infty < x < \infty, \quad y = 0
\tag{8-2-6}
$$

初始条件为

$$
\begin{cases}
\phi(0) = \dot{\phi}(0) = 0 \\[2mm]
\psi(0) = \dot{\psi}(0) = 0
\end{cases}
\tag{8-2-7}
$$

解瞬态波传播的基本做法是采用积分变换。我们先简单回顾 Laplace 变换。Laplace 变换是积分变换的一种。积分变换在求解线性偏微分方程时很有用,其可以将原始空间求解困难的偏微分方程边值问题转换为常微分方程问题,进一步可以转换为简单的代数方程使得求解过程大大简化。只不过,原来问题的解必须通过逆变换才能得到,这是积分变换的难点。

假设函数 $f(t)$ 定义于 $t \geqslant 0$,则 $f(t)$ 的单边 Laplace 变换定义为

$$
\mathscr{L}\big[f(t)\big] \equiv \int_0^\infty f(t)\mathrm{e}^{-pt}\mathrm{d}t \equiv \hat{f}(p)
\tag{8-2-8}
$$

在有限的时间范围内,$f(t)$ 至少要分段连续,在无限的时间范围内,$f(t)$ 的发散速度要比 $M\mathrm{e}^{\alpha t}$(指数)的发散速度慢($|f(t)| \leqslant M\mathrm{e}^{\alpha t}$,其中 α 称为增长指数,其值不唯一)。满足上述条件的函数 $f(t)$ 在 $\alpha_0 \leqslant \alpha < p$ 时存在 Laplace 变换,其中 α_0 为 α 的最小值,相应的 Laplace 逆变换为

$$
\mathscr{L}^{-1}\big[\hat{f}(p)\big] \equiv \frac{1}{2\pi\mathrm{i}} \int_{a-\mathrm{i}\infty}^{a+\mathrm{i}\infty} \hat{f}(p)\mathrm{e}^{pt}\mathrm{d}p \equiv f(t)
\tag{8-2-9}
$$

在 $\mathrm{Re}(p) > \alpha$ 内,式(8-2-8)右端积分是一致收敛的,且 $\hat{f}(p)$ 是解析的。对于式(8-2-9),则有 $\alpha < a$。

如果我们将势函数 $\phi(x,y,t)$ 对时间 t 取单边的 Laplace 转换,可得

$$
\begin{cases}
\hat{\Phi}(x,y,p) = \displaystyle\int_0^\infty \phi(x,y,t)\mathrm{e}^{-pt}\mathrm{d}t, \quad \alpha < \mathrm{Re}(p) \\[4mm]
\phi(x,y,t) = \dfrac{1}{2\pi\mathrm{i}} \displaystyle\int_{a-\mathrm{i}\infty}^{a+\mathrm{i}\infty} \hat{\Phi}(x,y,p)\mathrm{e}^{pt}\mathrm{d}p, \quad \alpha < a
\end{cases}
\tag{8-2-10}
$$

$\hat{\Phi}(x,y,p)$ 的所有奇点必须在直线 $p = a$ 的左边。我们可以进一步对空间 x 取双边的 Laplace 变换

$$
\begin{cases}
\hat{\Phi}^*(\eta,y,p) = \displaystyle\int_{-\infty}^\infty \hat{\Phi}(x,y,p)\mathrm{e}^{-p\eta x}\mathrm{d}x \\[4mm]
\hat{\Phi}(x,y,p) = \dfrac{p}{2\pi\mathrm{i}} \displaystyle\int_\Gamma \hat{\Phi}^*(\eta,y,p)\mathrm{e}^{p\eta x}\mathrm{d}\eta
\end{cases}
\tag{8-2-11}
$$

其中 Γ 是平行于 $\mathrm{Im}(\eta)$ 轴的直线,其满足 $|\mathrm{Re}(\eta)| < \eta_0$,$\eta_0$ 是正实数。同理,可以对势函数 ψ 取单边和双边的 Laplace 变换

$$\begin{cases} \hat{\Psi}(x,y,p) = \displaystyle\int_0^\infty \psi(x,y,t)\mathrm{e}^{-pt}\mathrm{d}t, & \alpha < \mathrm{Re}(p) \\ \psi(x,y,t) = \dfrac{1}{2\pi\mathrm{i}} \displaystyle\int_{a-\mathrm{i}\infty}^{a+\mathrm{i}\infty} \hat{\Psi}(x,y,p)\mathrm{e}^{pt}\mathrm{d}p, & \alpha < a \end{cases} \tag{8-2-12}$$

$$\begin{cases} \hat{\Psi}^*(\eta,y,p) = \displaystyle\int_{-\infty}^\infty \hat{\Psi}(x,y,p)\mathrm{e}^{-p\eta x}\mathrm{d}x \\ \hat{\Psi}(x,y,p) = \dfrac{p}{2\pi\mathrm{i}} \displaystyle\int_\Gamma \hat{\Psi}^*(\eta,y,p)\mathrm{e}^{p\eta x}\mathrm{d}\eta \end{cases} \tag{8-2-13}$$

对时间 t 应用单边的 Laplace 变换($t \to p$)以及对空间 x 应用双边的 Laplace 变换($x \to \eta$)后,偏微分波动方程(式(8-2-5))可化为如下常微分方程

$$\begin{cases} \dfrac{\mathrm{d}^2 \hat{\Phi}^*(\eta,y,p)}{\mathrm{d}y^2} - p^2 \gamma_\mathrm{L}^2 \hat{\Phi}^*(\eta,y,p) = 0 \\ \dfrac{\mathrm{d}^2 \hat{\Psi}^*(\eta,y,p)}{\mathrm{d}y^2} - p^2 \gamma_\mathrm{T}^2 \hat{\Psi}^*(\eta,y,p) = 0 \end{cases} \quad y > 0 \tag{8-2-14}$$

其中

$$\begin{cases} \gamma_\mathrm{L} = (s_\mathrm{L}^2 - \eta^2)^{\frac{1}{2}}, & \mathrm{Re}(\gamma_\mathrm{L}) > 0 \\ \gamma_\mathrm{T} = (s_\mathrm{T}^2 - \eta^2)^{\frac{1}{2}}, & \mathrm{Re}(\gamma_\mathrm{T}) > 0 \end{cases} \tag{8-2-15}$$

表面($y=0$)的边界条件变成

$$\begin{cases} \left(\dfrac{\lambda}{\mu} s_\mathrm{L}^2 p^2 + 2\dfrac{\mathrm{d}^2}{\mathrm{d}y^2} \right) \hat{\Phi}^* + 2\eta p \dfrac{\mathrm{d}\hat{\Psi}^*}{\mathrm{d}y} = -\dfrac{\overline{f}(p)}{\mu} \\ 2\eta p \dfrac{\mathrm{d}\hat{\Phi}^*}{\mathrm{d}y} + \left(\eta^2 p^2 - \dfrac{\mathrm{d}^2}{\mathrm{d}y^2} \right) \hat{\Psi}^* = 0 \end{cases} \tag{8-2-16}$$

对于 $y=0$,式(8-2-14)的通解为

$$\begin{cases} \hat{\Phi}^*(\eta,y,p) = \Phi(\eta,p)\mathrm{e}^{-p\gamma_\mathrm{L} y} \\ \hat{\Psi}^*(\eta,y,p) = \Psi(\eta,p)\mathrm{e}^{-p\gamma_\mathrm{T} y} \end{cases} \tag{8-2-17}$$

待定系数 $\Phi(\eta,p)$ 和 $\Psi(\eta,p)$ 满足

$$\begin{bmatrix} \dfrac{\lambda}{\mu} s_\mathrm{L}^2 p^2 + 2p^2 \gamma_\mathrm{L}^2 & -2\eta p^2 \gamma_\mathrm{T} \\ -2\eta p^2 \gamma_\mathrm{L} & (\eta^2 - \gamma_\mathrm{T}^2) p^2 \end{bmatrix} \begin{Bmatrix} \Phi \\ \Psi \end{Bmatrix} = -\dfrac{1}{\mu} \begin{Bmatrix} \overline{f}(p) \\ 0 \end{Bmatrix} \tag{8-2-18}$$

其中,矩阵行列式值为

$$\begin{vmatrix} \dfrac{\lambda}{\mu} s_\mathrm{L}^2 p^2 + 2p^2 \gamma_\mathrm{L}^2 & -2\eta p^2 \gamma_\mathrm{T} \\ -2\eta p^2 \gamma_\mathrm{L} & (\eta^2 - \gamma_\mathrm{T}^2) p^2 \end{vmatrix} = -p^4 R(\eta) \tag{8-2-19}$$

其中

$$R(\eta) = (2\eta^2 - s_\mathrm{T}^2)^2 + 4\eta^2 \sqrt{(s_\mathrm{L}^2 - \eta^2)(s_\mathrm{T}^2 - \eta^2)} \tag{8-2-20}$$

则 $R(\eta) = 0$ 和式(5-7-13)的 Rayleigh 方程形式一致。$R(\eta) = 0$ 的解为 $\eta = \pm \dfrac{1}{c_\mathrm{R}}$。$c_\mathrm{R}$ 是 Rayleigh 表面波的波速。则待定系数 $\Phi(\eta,p)$ 和 $\Psi(\eta,p)$ 为

$$\begin{cases} \Phi(\eta,p) = \dfrac{-(s_T^2 - 2\eta^2)\hat{f}(p)}{\mu p^2 R(\eta)} \\[4mm] \Psi(\eta,p) = \dfrac{-2\eta\gamma_L\hat{f}(p)}{\mu p^2 R(\eta)} \end{cases} \tag{8-2-21}$$

因此

$$\begin{cases} \hat{U}^*(\eta,y,p) = \dfrac{\eta\hat{f}(p)}{\mu p R(\eta)}\big[(2\eta^2 - s_T^2)\mathrm{e}^{-p\gamma_L y} + 2\gamma_L\gamma_T\mathrm{e}^{-p\gamma_T y}\big] \\[4mm] \hat{V}^*(\eta,y,p) = \dfrac{\gamma_L\hat{f}(p)}{\mu p R(\eta)}\big[-(2\eta^2 - s_T^2)\mathrm{e}^{-p\gamma_L y} + 2\eta^2\mathrm{e}^{-p\gamma_T y}\big] \end{cases} \tag{8-2-22}$$

则位移分量可以表示为

$$\begin{cases} \hat{U}(x,y,p) = \hat{U}_P(x,y,p) + \hat{U}_S(x,y,p) \\[2mm] \hat{V}(x,y,p) = \hat{V}_P(x,y,p) + \hat{V}_S(x,y,p) \end{cases} \tag{8-2-23}$$

其中

$$\hat{U}_P(x,y,p) = \frac{p\hat{f}(p)}{2\pi\mathrm{i}\mu}\int_\Gamma \frac{\eta(2\eta^2 - s_T^2)}{R(\eta)}\mathrm{e}^{-p(\gamma_L y - \eta x)}\,\mathrm{d}\eta \tag{8-2-24a}$$

$$\hat{V}_P(x,y,p) = \frac{p\hat{f}(p)}{2\pi\mathrm{i}\mu}\int_\Gamma \frac{-\gamma_L(2\eta^2 - s_T^2)}{R(\eta)}\mathrm{e}^{-p(\gamma_L y - \eta x)}\,\mathrm{d}\eta \tag{8-2-24b}$$

$$\hat{U}_S(x,y,p) = \frac{p\hat{f}(p)}{2\pi\mathrm{i}\mu}\int_\Gamma \frac{2\eta\gamma_L\gamma_T}{R(\eta)}\mathrm{e}^{-p(\gamma_T y - \eta x)}\,\mathrm{d}\eta \tag{8-2-24c}$$

$$\hat{V}_S(x,y,p) = \frac{p\hat{f}(p)}{2\pi\mathrm{i}\mu}\int_\Gamma \frac{2\eta^2\gamma_L}{R(\eta)}\mathrm{e}^{-p(\gamma_T y - \eta x)}\,\mathrm{d}\eta \tag{8-2-24d}$$

通过对式(8-2-24)进行 Laplace 逆变换就可以得到位移解。接下来我们利用 Cagniard-de Hoop 方法来求解 Laplace 逆变换。Cagniard-de Hoop 方法的基本思想是改变 η 平面中的积分路径,使得新路径所得到的 Laplace 逆变换可以被观察到。简而言之,Cagniard-de Hoop 方法是先将积分式中的指数项变换为 Laplace 逆变定义中 e^{-pt} 的形式(如此就改变了积分路径),再通过"观察"的方式得到 Laplace 逆变换的结果。

我们首先求取 $\hat{U}_P(x,y,p)$ 的 Laplace 逆变换。

(1) $\hat{U}_P(x,y,p)$ 的 Laplace 逆变换

令

$$\gamma_L y - \eta x = \tau \tag{8-2-25}$$

其中 τ 为正实数。变换到极坐标,令 $x = r\sin\theta$,$y = r\cos\theta$,$0 \leqslant \theta \leqslant \dfrac{\pi}{2}$,则

$$\gamma_L y - \eta x = -r(\eta\sin\theta - \gamma_L\cos\theta) = \tau \tag{8-2-26}$$

可得

$$\frac{\tau}{r} + \eta\sin\theta = (s_L^2 - \eta^2)^{\frac{1}{2}}\cos\theta \tag{8-2-27}$$

则

$$\left(\frac{\tau}{r} + \eta\sin\theta\right)^2 - (s_L^2 - \eta^2)\cos^2\theta = 0 \tag{8-2-28}$$

可以解得

$$\eta = -\frac{\tau}{r}\sin\theta \pm i\left(\frac{\tau^2}{r^2} - s_L^2\right)^{\frac{1}{2}}\cos\theta \tag{8-2-29}$$

对于 $\tau > \tau_L = rs_L$，有

$$\begin{cases} \operatorname{Re}(\eta) = -\dfrac{\tau}{r}\sin\theta \\[2mm] \operatorname{Im}(\eta) = \pm\left(\dfrac{\tau^2}{r^2} - s_L^2\right)^{\frac{1}{2}}\cos\theta \end{cases} \tag{8-2-30}$$

显然，当 τ 从 τ_L 增加到 ∞，可在 $(\operatorname{Re}(\eta), \operatorname{Im}(\eta))$ 坐标系得到以下双曲线方程

$$\frac{[\operatorname{Re}(\eta)]^2}{\cos^2\theta} - \frac{[\operatorname{Im}(\eta)]^2}{\sin^2\theta} = s_L^2 \tag{8-2-31}$$

其和 $\operatorname{Re}(\eta)$ 轴的交点 A 为 $-s_L\sin\theta$。式(8-2-29)为计算 $\hat{U}_P(x,y,p)$ 积分时合适的 Cagniard 路径。Laplace 逆变换的积分围道如图 8-9 所示，包含了 Cagniard 路径、直线 Γ 和半圆曲线 C_∞^+ 和 C_∞^-，使得式(8-2-24)中被积式为单值函数的支割线(branch cut)。

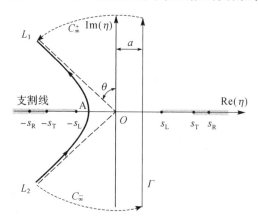

图 8-9　计算 $\overline{U}_P(x,y,p)$ 的积分围道

在图 8-9 中，双曲线的上半分支 L_1 为

$$\eta_+(\tau) = -\frac{\tau}{r}\sin\theta + i\left(\frac{\tau^2}{r^2} - s_L^2\right)^{\frac{1}{2}}\cos\theta \tag{8-2-32}$$

当 η 沿着路径 η_+ 从点 A 到 ∞ 变化时，τ 会从 τ_L 到 ∞ 增加。双曲线的下半分支 L_2 为

$$\eta_-(\tau) = -\frac{\tau}{r}\sin\theta - i\left(\frac{\tau^2}{r^2} - s_L^2\right)^{\frac{1}{2}}\cos\theta \tag{8-2-33}$$

当 η 沿着路径 η_- 从 $-\infty$ 到点 A 变化时，τ 会从 ∞ 到 τ_1 减少。

式(8-2-24)中，被积式在 η 复平面上有奇点，分别是支点 $\pm s_L$、$\pm s_T$ 和极点 $\pm\dfrac{1}{c_R}$，这些奇点都不在图 8-9 中的封闭曲线内。由柯西积分定理(Cauchy integral theorem)可知，对于复平面函数 $f(\eta)$ 的封闭围道积分，如果围道没有穿过支割线，且围道内部没有包含奇点(支点和极点)，则对应图 8-9 的积分围道，有

$$\int_{\Gamma + C_\infty^+ + C_\infty^- - L_1 - L_2} f(\eta)\,\mathrm{d}\eta = 0 \tag{8-2-34}$$

求取积分式沿图 8-9 的半圆曲线积分时,可以用 Jordan 引理。Jordan 引理指出,对于下面的积分(其中 $\hat{f}(\eta)$ 在 C 是解析的,a 是复数)

$$I = \int_C \hat{f}(\eta) \mathrm{e}^{a\eta} \mathrm{d}\eta \tag{8-2-35}$$

当半圆曲线的半径趋近无限大时,$\hat{f}(\eta)$ 在路径 C 上的最大值趋近于 0 且在路径 C 上有 $\mathrm{Re}(a\eta) \leqslant 0$,则此时有 $I \to 0$。所以,对于积分式(8-2-24a),有

$$\int_\Gamma \frac{\eta(2\eta^2 - s_\mathrm{T}^2)}{R(\eta)} \mathrm{e}^{-p(\gamma_\mathrm{L} y - \eta x)} \mathrm{d}\eta = \int_{L_1 + L_2} \frac{\eta(2\eta^2 - s_\mathrm{T}^2)}{R(\eta)} \mathrm{e}^{-p(\gamma_\mathrm{L} y - \eta x)} \mathrm{d}\eta \tag{8-2-36}$$

现在考虑式(8-2-24a)的积分项。对于阶跃函数,其 Laplace 变换为 $\hat{f}(p) = \dfrac{1}{p}$,将积分对象 η 进行变数变换为 τ,则

$$\hat{U}_\mathrm{P}(x, y, p)$$
$$= \frac{1}{2\pi\mathrm{i}\mu}\left[\int_{rs_\mathrm{L}}^\infty \frac{\eta_+(2\eta_+^2 - s_\mathrm{T}^2)}{R(\eta_+)} \cdot \frac{\mathrm{d}\eta_+}{\mathrm{d}\tau} \mathrm{e}^{-p\tau} \mathrm{d}\tau + \int_{-\infty}^{rs_\mathrm{L}} \frac{\eta_-(2\eta_-^2 - s_\mathrm{T}^2)}{R(\eta_-)} \cdot \frac{\mathrm{d}\eta_-}{\mathrm{d}\tau} \mathrm{e}^{-p\tau} \mathrm{d}\tau\right]$$
$$= \frac{1}{\pi\mu}\mathrm{Im}\int_{rs_\mathrm{L}}^\infty \frac{\eta_+(2\eta_+^2 - s_\mathrm{T}^2)}{R(\eta_+)} \cdot \frac{\mathrm{d}\eta_+}{\mathrm{d}\tau} \mathrm{e}^{-p\tau} \mathrm{d}\tau \tag{8-2-37}$$

其中 η_+ 和 η_- 互为共轭复数。由于已知

$$\mathscr{L}^{-1}\left[\int_{t_1}^\infty f(t)\mathrm{e}^{-pt} \mathrm{d}t\right] = f(t)H(t - t_1) \tag{8-2-38}$$

式(8-2-37)的 Laplace 逆变换为

$$u_\mathrm{P}(x, y, t) = \frac{1}{\pi\mu}\mathrm{Im}\left[\frac{\eta_+(2\eta_+^2 - s_\mathrm{T}^2)}{R(\eta_+)} \cdot \frac{\mathrm{d}\eta_+}{\mathrm{d}\tau}\right]_{\tau=t} H(t - rs_\mathrm{L}) \tag{8-2-39}$$

其中

$$\frac{\mathrm{d}\eta_+}{\mathrm{d}\tau}\bigg|_{\tau=t} = -\frac{\sqrt{\eta_+^2(\tau) - s_\mathrm{L}^2}}{\sqrt{t^2 - r^2 s_\mathrm{L}^2}} \tag{8-2-40}$$

从式(8-2-37)到式(8-2-39)的过程中可以看出 Cagniard-de Hoop 方法的特点,最后的 Laplace 逆变换是可以由"观察"得出的。我们接下来求取 $\hat{U}_\mathrm{S}(x, y, p)$ 的 Laplace 逆变换。

(2) $\hat{U}_\mathrm{S}(x, y, p)$ 的 Laplace 逆变换

对于阶跃函数,有

$$\hat{U}_\mathrm{S}(x, y, p) = \frac{1}{2\pi\mathrm{i}\mu}\int_\Gamma \frac{2\eta\gamma_\mathrm{L}\gamma_\mathrm{T}}{R(\eta)} \mathrm{e}^{-p(\gamma_\mathrm{T} y - \eta x)} \mathrm{d}\eta \tag{8-2-41}$$

同样地,我们运用 Cagniard-de Hoop 方法,将积分式里面的指数项变换为 $\mathrm{e}^{-p\tau}$ 的形式。即令

$$\gamma_\mathrm{T} y - \eta x = \tau \tag{8-2-42}$$

其中 τ 为正实数。变换到极坐标,

$$\gamma_\mathrm{T} y - \eta x = -r(\eta\sin\theta - \gamma_\mathrm{T}\cos\theta) = \tau \tag{8-2-43}$$

可以解得

$$\eta = -\frac{\tau}{r}\sin\theta \pm \mathrm{i}\left(\frac{\tau^2}{r^2} - s_\mathrm{T}^2\right)^{\frac{1}{2}}\cos\theta \tag{8-2-44}$$

有

$$\begin{cases} \mathrm{Re}(\eta) = -\dfrac{\tau}{r}\sin\theta \\[2mm] \mathrm{Im}(\eta) = \pm\left(\dfrac{\tau^2}{r^2} - s_\mathrm{T}^2\right)^{\frac{1}{2}}\cos\theta \end{cases} \tag{8-2-45}$$

可在 $(\mathrm{Re}(\eta),\mathrm{Im}(\eta))$ 坐标系统中得到以下的双曲线方程

$$\frac{[\mathrm{Re}(\eta)]^2}{\cos^2\theta} - \frac{[\mathrm{Im}(\eta)]^2}{\sin^2\theta} = s_\mathrm{T}^2 \tag{8-2-46}$$

其和 $\mathrm{Re}(\eta)$ 轴的交点 B 为 $-s_\mathrm{T}\sin\theta$。到目前为止,方程的形式和前面求取 $\hat{U}_\mathrm{P}(x,y,p)$ 的积分式都相似。然而,如果令 $\theta_c = \sin^{-1}\dfrac{s_\mathrm{L}}{s_\mathrm{T}}$,可以发现,若 $\theta < \theta_c$,双曲线的顶点在 $\eta = -s_\mathrm{L}$ 的右边。若 $\theta > \theta_c$,双曲线的顶点落在 $\eta = -s_\mathrm{L}$ 和 $\eta = -s_\mathrm{T}$ 之间。因此,若

(i) $\theta < \theta_c$:和前面求取 $\overline{U}_\mathrm{P}(x,y,p)$ 的积分式过程一样,可得

$$u_\mathrm{S}(x,y,t) = \frac{1}{\pi\mu}\mathrm{Im}\left[\frac{2\eta_{\mathrm{T}+}(\tau)\gamma_\mathrm{L}(\eta_{\mathrm{T}+})\gamma_\mathrm{T}(\eta_{\mathrm{T}+})}{R(\eta_{\mathrm{T}+})}\cdot\frac{\mathrm{d}\eta_{\mathrm{T}+}}{\mathrm{d}\tau}\right]_{\tau=t}H(t-rs_\mathrm{T}) \tag{8-2-47}$$

其中

$$\eta_{\mathrm{T}+}(\tau) = -\frac{\tau}{r}\sin\theta + \mathrm{i}\left(\frac{\tau^2}{r^2} - s_\mathrm{T}^2\right)^{\frac{1}{2}}\cos\theta \tag{8-2-48}$$

这里引入的下标只是为了和式(8-2-29)做区分。

(ii) $\theta_c < \theta < \dfrac{\pi}{2}$:此时围道必须避开支割线,如图 8-10 所示,其中包含了由 $\eta = \pm s_\mathrm{L}$,$\eta = \pm s_\mathrm{T}$ 发出的分支割线。由柯西积分定理和 Jordan 引理可知

$$\int_\Gamma f(\eta)\mathrm{d}\eta = \int_{M_1+M_2+M_++M_-} f(\eta)\mathrm{d}\eta \tag{8-2-49}$$

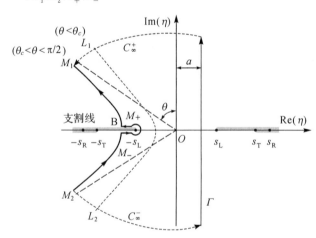

图 8-10　计算 $\overline{U}_\mathrm{S}(x,y,p)$ 的积分围道

考虑式(8-2-41)的积分,对于阶跃函数激励,有

$$\hat{U}_\mathrm{S}(x,y,p) = \frac{1}{2\pi\mathrm{i}\mu}\int_{M_2+M_-+M_++M_1}\frac{2\eta\gamma_\mathrm{L}\gamma_\mathrm{T}}{R(\eta)}\mathrm{e}^{-p(\gamma_\mathrm{T}y-\eta x)}\mathrm{d}\eta \tag{8-2-50}$$

其中,沿着路径 M_2 和 M_1 的 Laplace 逆变换为

$$\mathscr{L}^{-1}\left[\frac{1}{2\pi\mathrm{i}\mu}\int_{M_2+M_1}\frac{2\eta\gamma_{\mathrm{L}}\gamma_{\mathrm{T}}}{R(\eta)}\mathrm{e}^{-p(\gamma_{\mathrm{T}}y-\eta x)}\mathrm{d}\eta\right]$$

$$=\frac{1}{\pi\mu}\mathrm{Im}\left[\frac{2\eta_+(\tau)\gamma_{\mathrm{L}}(\eta_+)\gamma_{\mathrm{T}}(\eta_+)}{R(\eta_+)}\cdot\frac{\mathrm{d}\eta_+}{\mathrm{d}\tau}\right]_{\tau=t}H(t-rs_{\mathrm{T}}) \tag{8-2-51}$$

而对于沿着路径 M_+ 和 M_- 的 Laplace 逆变换求取,必须先求得 τ 和 $\eta(\tau)$ 在 M_+ 和 M_- 上的值。

　　a. 在顶点 B, $\tau_{\mathrm{T}}=rs_{\mathrm{T}}$,且

$$\eta=-\frac{\tau}{r}\sin\theta=-s_{\mathrm{T}}\sin\theta \tag{8-2-52}$$

　　b. 在支点, $\eta=-s_{\mathrm{L}}$, $\tau=\tau_{12}$,由式(8-2-43)可知

$$\frac{\tau_{12}}{r}=s_{\mathrm{L}}\sin\theta+\sqrt{s_{\mathrm{T}}^2-s_{\mathrm{L}}^2}\cos\theta \tag{8-2-53}$$

　　c. 在水平的直线路径 M_+ 和 M_-,当 $\tau_{12}\leqslant\tau\leqslant\tau_{\mathrm{T}}$ 时,有

$$-s_{\mathrm{T}}\sin\theta\leqslant\eta\leqslant-s_{\mathrm{L}} \tag{8-2-54}$$

则

$$\eta(\tau)=-\frac{\tau}{r}\sin\theta+\sqrt{s_{\mathrm{T}}^2-\frac{\tau^2}{r^2}}\cos\theta\pm\mathrm{i}\varepsilon,\quad\tau_{12}<\tau<\tau_{\mathrm{T}} \tag{8-2-55}$$

其中 ε 是圆心在 $\eta=-s_{\mathrm{L}}$ 的围绕支割线的圆的半径 ($\varepsilon\rightarrow0$)。

　　d. 在 M_+, $\gamma_{\mathrm{T}}(\eta)$ 是实数且 $\gamma_{\mathrm{L}}(\eta)$ 是纯虚数 ($\mathrm{Im}\,\gamma_{\mathrm{L}}>0$)。

　　e. 在 M_-, $\gamma_{\mathrm{T}}(\eta)$ 是实数且 $\gamma_{\mathrm{L}}(\eta)$ 是纯虚数 ($\mathrm{Im}\,\gamma_{\mathrm{L}}<0$)。

　　f. 当 $\varepsilon\rightarrow0$ 时,有

$$\frac{1}{2\pi\mathrm{i}\mu}\int_{M_-+M_+}\frac{2\eta\gamma_{\mathrm{L}}\gamma_{\mathrm{T}}}{R(\eta)}\mathrm{e}^{-p(\gamma_{\mathrm{T}}y-\eta x)}\mathrm{d}\eta$$

$$=\frac{1}{2\pi\mathrm{i}\mu}\int_{\tau_{\mathrm{T}}}^{\tau_{12}}\left[\frac{2(-\mathrm{i}\nu_{\mathrm{L}})\gamma_{\mathrm{T}}\eta}{R(\eta,-\mathrm{i}\nu_{\mathrm{L}},\gamma_{\mathrm{T}})}-\frac{2(\mathrm{i}\nu_{\mathrm{L}})\gamma_{\mathrm{T}}\eta}{R(\eta,\mathrm{i}\nu_{\mathrm{L}},\gamma_{\mathrm{T}})}\right]\frac{\mathrm{d}\eta}{\mathrm{d}\tau}\mathrm{e}^{-p\tau}\mathrm{d}\tau \tag{8-2-56}$$

其中

$$\nu_{\mathrm{L}}=\sqrt{\eta^2-s_{\mathrm{L}}^2} \tag{8-2-57}$$

$$\eta=-\frac{\tau}{r}\sin\theta+\sqrt{s_{\mathrm{T}}^2-\frac{\tau^2}{r^2}}\cos\theta \tag{8-2-58}$$

式(8-2-56)可以改写为

$$\frac{1}{\pi\mu}\int_{\tau_{\mathrm{T}}}^{\tau_{12}}\mathrm{Re}\left[\frac{2\nu_{\mathrm{L}}\gamma_{\mathrm{T}}\eta}{R(\eta,\mathrm{i}\nu_{\mathrm{L}},\gamma_{\mathrm{T}})}\cdot\frac{\mathrm{d}\eta}{\mathrm{d}\tau}\right]\mathrm{e}^{-p\tau}\mathrm{d}\tau \tag{8-2-59}$$

最后,可得 Laplace 逆变换为

$$u_{\mathrm{S}}(x,y,t)$$
$$=\frac{1}{\pi\mu}\mathrm{Re}\left[\frac{2\nu_{\mathrm{L}}(\eta)\gamma_{\mathrm{T}}(\eta)\eta(\tau)}{R(\eta,\mathrm{i}\nu_{\mathrm{L}},\gamma_{\mathrm{T}})}\cdot\frac{\mathrm{d}\eta}{\mathrm{d}\tau}\right]_{\tau=t}\left[H(t-\tau_{12})-H(t-rs_{\mathrm{T}})\right]H(\theta-\theta_c)$$

$$\tag{8-2-60}$$

于是,全部的位移解为

$$u(x,y,t) = \frac{1}{\pi\mu}\Big\{\mathrm{Im}\Big[\frac{\eta_+ (2\eta_+^2 - s_T^2)}{R(\eta_+)} \cdot \frac{\mathrm{d}\eta}{\mathrm{d}t}\Big]H(t-rs_L)$$

$$+ \mathrm{Im}\Big[\frac{2\eta_{T+}\,\gamma_L(\eta_{T+})\gamma_T(\eta_{T+})}{R(\eta_{T+})} \cdot \frac{\mathrm{d}\eta_{T+}}{\mathrm{d}t}\Big]H(t-rs_T)$$

$$+ \nu_L\,\mathrm{Re}\Big[\frac{2\eta\gamma_T(\eta)}{R(\eta)} \cdot \frac{\mathrm{d}\eta}{\mathrm{d}t}\Big]\big[H(t-\tau_{12}) - H(t-rs_T)\big]H(\theta-\theta_c)\Big\}$$

$$(8\text{-}2\text{-}61)$$

和

$$v(x,y,t) = \frac{1}{\pi\mu}\Big\{-\mathrm{Im}\Big[\frac{\eta_+ (2\eta_+^2 - s_T^2)}{R(\eta_+)} \cdot \frac{\mathrm{d}\eta}{\mathrm{d}t}\Big]H(t-rs_L)$$

$$+ \mathrm{Im}\Big[\frac{2\eta_{T+}\,\gamma_L(\eta_{T+})}{R(\eta_{T+})} \cdot \frac{\mathrm{d}\eta_{T+}}{\mathrm{d}t}\Big]H(t-rs_T)$$

$$+ \nu_L\,\mathrm{Re}\Big[\frac{2\eta^2}{R(\eta)} \cdot \frac{\mathrm{d}\eta}{\mathrm{d}t}\Big]\big[H(t-\tau_{12}) - H(t-rs_T)\big]H(\theta-\theta_c)\Big\}$$

$$(8\text{-}2\text{-}62)$$

其中

$$\eta = -\frac{t}{r}\sin\theta + \sqrt{s_T^2 - \frac{t^2}{r^2}}\cos\theta \tag{8-2-63}$$

最后,我们针对式(8-2-61)和式(8-2-62)进行一些讨论。

(1)式(8-2-61)和式(8-2-62)的第一项是传播最快的 P 波,由于是线波源,波阵面是圆柱面。

(2)式(8-2-61)和式(8-2-62)的第二项是 SV 波,由于是线波源,波阵面是圆柱面。

(3)从第 5 章的讨论可知,表面掠入射的 P 波会在自由表面处产生以一定角度反射的 SV 波。如果我们通过 Cagniard-de Hoop 方法求取应力分量,则以纵波传播的项和剩余项的叠加会在自由表面 $c_2 t < r < c_1 t$ 的范围内满足自由表面应力为零的条件。式(8-2-61)和式(8-2-62)的第三项是以 SV 波波速传播的波,称为头波(head wave)。其存在即是为了满足自由表面应力为零的条件,到达时间可以由惠更斯原理求得,如图 8-11 所示,表面掠入射的 P 波先到达位置 $(\bar{x},0)$,然后在位置 $(\bar{x},0)$ 成为新的 P 波和 S 波的波源,对于 S 波,其以角度 θ_c 传播,则由图 8-11 可知

$$\bar{r} = \frac{y}{\cos\theta_c} \tag{8-2-64}$$

$$x - \bar{x} = \bar{r}\sin\theta_c \tag{8-2-65}$$

所以

$$\bar{x} = x - y\tan\theta_c \tag{8-2-66}$$

且

$$\bar{r} = \sqrt{y^2 + (x-\bar{x})^2} \tag{8-2-67}$$

所以头波的到达时间为

$$t = \frac{\bar{x}}{c_L} + \frac{\bar{r}}{c_T}$$

$$= s_L\bar{x} + s_T\bar{r}$$

$$= s_L(x - y \tan \theta_c) + s_T \frac{y}{\cos \theta_c} \tag{8-2-68}$$

代入 $x = r\sin\theta$，$y = r\cos\theta$ 和 $\theta_c = \sin^{-1}\left(\dfrac{s_L}{s_T}\right)$，可得

$$t = \tau_{12} = r\sin\theta s_L + r\sqrt{s_T^2 - s_L^2}\cos\theta \tag{8-2-69}$$

如图 8-11 所示，头波的波阵面为锥形。

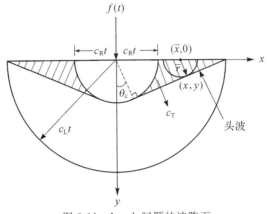

图 8-11　Lamb 问题的波阵面

（4）由式（8-2-61）和式（8-2-62）可以看出，当 $R(\eta_+) = 0$，$R(\eta_{T+}) = 0$，$R(\eta) = 0$ 时，质点会有极大的位移。而在自由表面 $\left(y = 0, \theta = \dfrac{\pi}{2}\right)$ 上，当 $t = \dfrac{r}{c_R}$ 时，Rayleigh 方程会成立。地震波中，最先产生的是 P 波，随后是 S 波，之后就是强振幅的 Rayleigh 表面波。同样，由于仅有 P 波不能满足自由表面的边界条件，所以 Rayleigh 表面波本质上是由压缩波（P 波）和剪切波（S 波）耦合而成的。表面波的衰减比体波小，所以在地震灾害中造成较大破坏的波为 Rayleigh 表面波，其能量主要集中在距离表面约一个波长的深度范围内。在结构损伤检测的应用中，Rayleigh 表面波可以用来检测靠近自由表面的缺陷。在各向同性弹性介质中，Rayleigh 表面波的速度和频率无关，所以为非频散波。但是要注意的是，如果是多层介质，各层介质的弹性模量会随深度变化，Rayleigh 表面波就会是频散波，波速随频率而变。

前面考虑的是半无限空间表面受到法向阶跃线源激励的问题，如果是受到阶跃集中激励 $\sigma_y = -F_0 H(t)\delta(x)\delta(z)$，则可以用柱坐标来描述并通过 Cagniard-de Hoop 方法来求解。自由表面任一点的垂直位移解析解为

$$\upsilon(r, 0, t) = \begin{cases} 0, & r > c_L t \\[2mm] -\dfrac{2F_0}{\pi^2 \mu c_T^2 r} A\left(\dfrac{t}{r}\right), & c_T t < r < c_L t \\[2mm] -\dfrac{2F_0}{\pi \mu c_T^2 r}\left[A\left(\dfrac{t}{r}\right) + B\left(\dfrac{t}{r}\right)\right], & r < c_T t \end{cases} \tag{8-2-70}$$

其中

$$A\left(\frac{t}{r}\right) = \int_{s_L}^{\frac{t}{r}} \frac{q(q^2 - S_L^2)^{\frac{1}{2}}(S_T^2 - 2q^2)^2 \left(\dfrac{t^2}{r^2} - q^2\right)^{-\frac{1}{2}}}{(S_T^2 - 2q^2)^4 + 16q^4(q^2 - S_L^2)(q^2 - S_T^2)} \mathrm{d}q \tag{8-2-71a}$$

$$B\left(\frac{t}{r}\right) = \int_{s_\mathrm{T}}^{\frac{t}{r}} \frac{q(q^2 - S_\mathrm{L}^2)^{\frac{1}{2}} \left(\frac{t^2}{r^2} - q^2\right)^{-\frac{1}{2}}}{(S_\mathrm{T}^2 - 2q^2)^2 - 4q^2(q^2 - S_\mathrm{L}^2)(q^2 - S_\mathrm{T}^2)} \mathrm{d}q \tag{8-2-71b}$$

图 8-12 所示为半无限空间表面受到阶跃集中激励的理论响应和实验结果的对比。

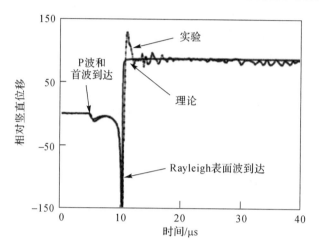

图 8-12　半无限空间表面受到阶跃集中激励的响应

（图片参考：Ma C C，Lee G S. General three-dimensional analysis of transient elastic waves in a multilayered medium[J]. Journal of Applied Mechanics，2006，73(3)：490-504.）

8.3　分层介质中的瞬态波传播——广义射线法

本节我们学习如图 8-13 所示的分层介质中的波传播问题,主要的研究工具是 Laplace 变换和广义射线理论。值得一提的是,瞬态波传播问题也可以通过模态叠加法求解,其物理意义是将瞬态解视为不同模态稳态解的叠加,叠加项越多,瞬态解的收敛性越好。瞬态解为空间函数(特征函数,即模态振型)和时间函数(由空间函数的正交特性求解)的乘积。

考虑图 8-13 所示的一维分层介质,质点位移只有纵向位移场 u,其仅为 x 和 t 的函数。其一维波动方程可以表示为

$$\frac{\partial^2 u}{\partial x^2} = s_\mathrm{L}^2 \frac{\partial^2 u}{\partial t^2} \tag{8-3-1}$$

其中：$s_\mathrm{L} = \dfrac{1}{c_\mathrm{L}} = \sqrt{\dfrac{\rho}{\lambda + 2\mu}}$ 为纵波的慢度。上表层受到均布载荷的作用,下表层为自由边界,边界条件分别为

$$\sigma_x^{(1)}(0, t) = -\sigma_0 \cdot H(t) \tag{8-3-2}$$

$$\sigma_x^{(n)}\left(-\sum_{k=1}^{n} h_k, t\right) = 0 \tag{8-3-3}$$

第 i 层界面间的连续性条件为

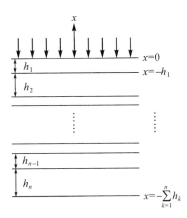

图 8-13　受到均布载荷的一维分层介质

（图片参考：Lin Y H，Ma C C. Transient analysis of elastic wave propagation in multilayered structures[J]. Computers，Materials，and Continua，2011，24(1)：15-42.）

$$u^{(i)}\left(-\sum_{k=1}^{i}h_k,t\right)=u^{(i+1)}\left(-\sum_{k=1}^{i}h_k,t\right),\quad i=1,2,3,\cdots,n-1 \tag{8-3-4}$$

$$\sigma_x^{(i)}\left(-\sum_{k=1}^{i}h_k,t\right)=\sigma_x^{(i+1)}\left(-\sum_{k=1}^{i}h_k,t\right),\quad i=1,2,3,\cdots,n-1 \tag{8-3-5}$$

取单边 Laplace 变换，位移场的通解为

$$\hat{u}(x;p)=u_-(p)\mathrm{e}^{+ps_\mathrm{L}x}+u_+(p)\mathrm{e}^{-ps_\mathrm{L}x} \tag{8-3-6}$$

应力场为

$$\hat{\sigma}_x(x;p)=\rho c_\mathrm{L}pu_-(p)\mathrm{e}^{+ps_\mathrm{L}x}-\rho c_\mathrm{L}pu_+(p)\mathrm{e}^{-ps_\mathrm{L}x} \tag{8-3-7}$$

位移场和应力场可以一并用矩阵形式表示为

$$\begin{bmatrix}\hat{u}(x;p)\\\hat{\sigma}_x(x;p)\end{bmatrix}=\begin{bmatrix}M_{11}(x;p)&M_{12}(x;p)\\M_{21}(x;p)&M_{22}(x;p)\end{bmatrix}\begin{bmatrix}u_-(p)\\u_+(p)\end{bmatrix} \tag{8-3-8}$$

边界条件和界面的连续条件可以用矩阵形式表示为

$$\boldsymbol{Mc}=\hat{\boldsymbol{t}} \tag{8-3-9}$$

其中

$$\boldsymbol{M}=$$

$$\begin{bmatrix}
0 & 0 & M_{21}^{(1)}(0) & M_{22}^{(1)}(0) & 0 & \cdots & \cdots & 0 \\
M_{11}^{(1)}(-h_1) & M_{12}^{(1)}(-h_1) & -M_{11}^{(1)}(-h_1) & -M_{12}^{(1)}(-h_1) & 0 & \cdots & \cdots & 0 \\
M_{21}^{(1)}(-h_1) & M_{22}^{(1)}(-h_1) & -M_{21}^{(2)}(-h_1) & -M_{22}^{(2)}(-h_1) & \vdots & \cdots & \cdots & \vdots \\
\vdots & \vdots & \ddots & \ddots & \ddots & & & \\
\vdots & \vdots & & & & & & \\
0 & \cdots & M_{11}^{(n-1)}(-\sum_{k=1}^{n-1}h_k) & M_{12}^{(n-1)}(-\sum_{k=1}^{n-1}h_k) & -M_{11}^{(n)}(-\sum_{k=1}^{n-1}h_k) & -M_{12}^{(n)}(-\sum_{k=1}^{n-1}h_k) & 0 & 0 \\
0 & \cdots & M_{21}^{(n-1)}(-\sum_{k=1}^{n-1}h_k) & M_{22}^{(n-1)}(-\sum_{k=1}^{n-1}h_k) & -M_{21}^{(n)}(-\sum_{k=1}^{n-1}h_k) & -M_{22}^{(n)}(-\sum_{k=1}^{n-1}h_k) & 0 & 0 \\
0 & \cdots & \cdots & \cdots & \cdots & 0 & -M_{21}^{(n)}(-\sum_{k=1}^{n}h_k) & -M_{22}^{(n)}(-\sum_{k=1}^{n}h_k)
\end{bmatrix}$$

$$\tag{8-3-10}$$

c 是全局的场矢量

$$c = (u_-^{(1)} \quad u_+^{(1)} \quad u_-^{(2)} \quad u_+^{(2)} \quad \cdots \quad u_-^{(n)} \quad u_+^{(n)})^{\mathrm{T}} \tag{8-3-11}$$

$\hat{t}$ 是全局的加载位移—应力矢量

$$\hat{t} = \left(-\frac{\sigma_0}{p} \quad 0 \quad \cdots \quad \cdots \quad 0 \right)^{\mathrm{T}} \tag{8-3-12}$$

系数矩阵 $M(2n \times 2n)$ 可以进一步分解为

$$M = D + L + U = \begin{bmatrix} D_0 & U_0 & & & & & \\ L_1 & D_1 & U_1 & & & \boldsymbol{0} & \\ & L_2 & D_2 & \ddots & & & \\ & & & \ddots & & & \\ & & & & \ddots & D_{n-2} & U_{n-2} & \\ & \boldsymbol{0} & & & L_{n-1} & D_{n-1} & U_{n-1} \\ & & & & & L_n & D_n \end{bmatrix} \tag{8-3-13}$$

其中 D、L 和 U 分别是对角矩阵、下三角矩阵和上三角矩阵。式(8-3-9)可以直接由下式求得

$$c = M^{-1}\hat{t} \tag{8-3-14}$$

在式(8-3-13)中，如果把对角矩阵提出来，式(8-3-13)可以改写为

$$M = D(I - R) \tag{8-3-15}$$

其中

$$R = -D^{-1}(L + U) \tag{8-3-16}$$

R 具有物理意义，其由反射和透射系数组成。对由第 i 层传播到第 $i+1$ 层的波来说，反射系数为

$$R_{i/i+1} = r_{i/i+1}\mathrm{e}^{-2ps_{\mathrm{L}}^{(i)}\sum\limits_{k=1}^{i} h_k} \tag{8-3-17}$$

其中(参考第 1 章式(1-10-12))

$$r_{i/i+1} = \frac{\rho^{(i)}c_{\mathrm{L}}^{(i)} - \rho^{(i+1)}c_{\mathrm{L}}^{(i+1)}}{\rho^{(i)}c_{\mathrm{L}}^{(i)} + \rho^{(i+1)}c_{\mathrm{L}}^{(i+1)}} \tag{8-3-18}$$

透射系数为

$$T_{i/i+1} = t_{i/i+1}\mathrm{e}^{-p[s_{\mathrm{L}}^{(i)} - s_{\mathrm{L}}^{(i+1)}]\sum\limits_{k=1}^{i} h_k} \tag{8-3-19}$$

其中(参考第 1 章式(1-10-13))

$$t_{i/i+1} = \frac{2\rho^{(i+1)}c_{\mathrm{L}}^{(i+1)}}{\rho^{(i)}c_{\mathrm{L}}^{(i)} + \rho^{(i+1)}c_{\mathrm{L}}^{(i+1)}} \tag{8-3-20}$$

则式(8-3-16)中全局相位相关的反射和透射矩阵可以通过局部的反射和透射系数改写为

$$
\boldsymbol{R} =
\begin{bmatrix}
0 & R_{1/0} \\
R_{1/2} & 0 & 0 & T_{1/2} & & & & & & & \boldsymbol{0} \\
T_{2/1} & 0 & 0 & R_{2/1} \\
& & & R_{2/3} & 0 & 0 & T_{2/3} \\
& & & T_{3/2} & 0 & 0 & R_{3/2} \\
& & & & \ddots & \ddots & \ddots & \ddots \\
& & & & \ddots & \ddots & \ddots & \ddots \\
& & & & & & R_{n-1/n} & 0 & 0 & T_{n-1/n} \\
\boldsymbol{0} & & & & & & T_{n/n-1} & 0 & 0 & R_{n/n-1} \\
& & & & & & & 0 & 0 & R_{n/n-1} & 0
\end{bmatrix}
\tag{8-3-21}
$$

其中 $R_{1/0}$ 代表射线从第 1 层到第 0 层的反射，$R_{1/2}$ 代表射线从第 1 层到第 2 层的反射，$T_{2/1}$ 代表射线从第 2 层到第 1 层的透射，以此类推。

由式(8-3-14)和式(8-3-15)可知

$$
c = (\boldsymbol{I} - \boldsymbol{R})^{-1} s \tag{8-3-22}
$$

其中 $s = \boldsymbol{D}^{-1}\hat{\boldsymbol{t}}$ 为波源矢量。根据我们所关心的物理场，我们可以定义相应的响应矢量 $\boldsymbol{b}$，例如

$$
\boldsymbol{b}(x;p) = \left\{ \begin{bmatrix} \hat{u}^{(1)}(x;p) \\ \hat{\sigma}_x^{(1)}(x;p) \end{bmatrix}^{\mathrm{T}} \begin{bmatrix} \hat{u}^{(2)}(x;p) \\ \hat{\sigma}_x^{(2)}(x;p) \end{bmatrix}^{\mathrm{T}} \cdots \begin{bmatrix} \hat{u}^{(n)}(x;p) \\ \hat{\sigma}_x^{(n)}(x;p) \end{bmatrix}^{\mathrm{T}} \right\}^{\mathrm{T}} \tag{8-3-23}
$$

则响应矢量 $\boldsymbol{b}$ 和全局场矢量 $\boldsymbol{c}$ 之间可以通过与相位相关的接收矩阵 $\boldsymbol{R}_{\mathrm{cv}}$ 相联系，如

$$
\boldsymbol{b}(x;p) = \boldsymbol{R}_{\mathrm{cv}}(x;p)(\boldsymbol{I} - \boldsymbol{R})^{-1} s \tag{8-3-24}
$$

接收矩阵 $\boldsymbol{R}_{\mathrm{cv}}$ 为

$$
\boldsymbol{R}_{\mathrm{cv}}(x;p) =
$$
$$
\begin{bmatrix}
M_{11}^{(1)}(x;p) & M_{12}^{(1)}(x;p) & & & & & \boldsymbol{0} \\
M_{21}^{(1)}(x;p) & M_{22}^{(1)}(x;p) \\
& & M_{11}^{(2)}(x;p) & M_{12}^{(2)}(x;p) \\
& & M_{21}^{(2)}(x;p) & M_{22}^{(2)}(x;p) \\
& & & & \ddots \\
\boldsymbol{0} & & & & & M_{11}^{(n)}(x;p) & M_{12}^{(n)}(x;p) \\
& & & & & M_{21}^{(n)}(x;p) & M_{22}^{(n)}(x;p)
\end{bmatrix}
\tag{8-3-25}
$$

只要求解出 Laplace 变换域的响应矢量 $\boldsymbol{b}$，就可以通过 Laplace 逆变换得到一维层状介质的瞬态响应。式(8-3-24)可以通过 Durbin 数值 Laplace 逆变换方法求解

$$
\begin{aligned}
f(t) &= \frac{1}{2\pi\mathrm{i}} \int_{c-\mathrm{i}\infty}^{c+\mathrm{i}\infty} \hat{f}(p)\, \mathrm{e}^{pt}\, \mathrm{d}p \\
&= \frac{2\mathrm{e}^{\alpha t}}{T} \left\{ -\frac{1}{2}\mathrm{Re}\left[\hat{f}(\alpha)\right] + \sum_{k=0}^{N} \mathrm{Re}\left[\hat{f}\left(\alpha + \mathrm{i}\frac{2k\pi}{T}\right)\right]\cos\left(\frac{2k\pi t}{T}\right) \right. \\
&\quad \left. - \mathrm{Im}\left[\hat{f}\left(\alpha + \mathrm{i}\frac{2k\pi}{T}\right)\right]\sin\left(\frac{2k\pi t}{T}\right) \right\}
\end{aligned}
\tag{8-3-26}
$$

其中

$$p = a + \mathrm{i}k\frac{2\pi}{T}, \quad k = 0, 1, 2, \cdots, N \tag{8-3-27}$$

其中:T 是所关心的波传播时间范围;N 是有限的正整数。将式(8-3-24)代入式(8-3-26)即可得到瞬态解。

事实上,式(8-3-24)可以通过广义射线理论求解。波传播需要时间,广义射线理论可以帮助理解瞬态波背后的物理意义。接下来介绍广义射线理论。广义射线理论是将所有从波源到观测点的射线叠加得到瞬态解,其可以避免处理边值问题,且得到的是没有误差的精确解。利用矩阵形式的 Bromwich 展开式

$$(\boldsymbol{I} - \boldsymbol{R})^{-1} = \sum_{i=0}^{\infty} \boldsymbol{R}^i \tag{8-3-28}$$

式(8-3-24)可以改写为

$$\boldsymbol{b}(x) = \boldsymbol{R}_{\mathrm{cv}} \sum_{i=0}^{\infty} \boldsymbol{R}^i \boldsymbol{s} \tag{8-3-29}$$

此式为波传播射线的变换域解。式(8-3-29)可以用分量表示为

$$b_l = \sum_{i=0}^{\infty} \sum_{r=1}^{2n} \sum_{q=1}^{2n} (R_{\mathrm{cv}})_{lr} (R^i)_{rq} s_q \tag{8-3-30}$$

其中,下标 l 为 1 到 $2n$ 的任意整数,代表每一层中的位移和应力场分量。如果是双层结构,变换域下的应力解为

$$\hat{\sigma}_x^{(1)}(x, p) = \sum_{i=0}^{\infty} (-\sigma_0) \cdot (r_{1/2})^{m_1} (r_{1/0})^{m_2} (r_{2/1})^{m_3} (r_{2/3})^{m_4} (t_{1/2})^{m_5} (t_{2/1})^{m_6}$$

$$\cdot \frac{1}{p} \mathrm{e}^{\{-s_{\mathrm{L}}^{(1)} h_1 [m_1 + m_2 + m_5 + \mathrm{rem}(i,2)] - s_{\mathrm{L}}^{(2)} h_2 (m_3 + m_4 + m_6) + (-1)^i s_{\mathrm{L}}^{(1)} x\} \cdot p} \tag{8-3-31}$$

相应的 Laplace 逆变换解为

$$\sigma_x^{(1)}(x, t) = \sum_{i=0}^{\infty} (-\sigma_0) \cdot (r_{1/2})^{m_1} (r_{1/0})^{m_2} (r_{2/1})^{m_3} (r_{2/3})^{m_4} (t_{1/2})^{m_5} (t_{2/1})^{m_6}$$

$$\cdot H\Big\{ t - s_{\mathrm{L}}^{(1)} h_1 [m_1 + m_2 + m_5 + \mathrm{rem}(i, 2)]$$

$$- s_{\mathrm{L}}^{(2)} h_2 (m_3 + m_4 + m_6) + (-1)^i s_{\mathrm{L}}^{(1)} x \Big\} \tag{8-3-32}$$

其中:$m_1 \sim m_6$ 是双层材料中所有在边界发生反射和透射的数目,且 $i = m_1 + m_2 + m_3 + m_4 + m_5 + m_6$;$\mathrm{rem}(i, 2)$ 表示 i 除以 2 后的余数,其值为 0 或 1。

观察式(8-3-29)中的 $\boldsymbol{R}^i$,其代表第 i 次的穿透反射矩阵,和 $\boldsymbol{R}^{i-1}$ 相关。i 次幂也代表一维分层系统中所有界面穿透或反射的次数。举例来说,

$$(\boldsymbol{R}^i)_{11} = (\boldsymbol{R}^{i-1})_{11} \cdot R_{1/0} \tag{8-3-33}$$

$(\boldsymbol{R}^2)_{11}$ 代表矩阵 $\boldsymbol{R}$ 相乘两次后的第 1 行第 2 列元素,其来自 $\boldsymbol{R}^1$ 中第 1 行第 2 列元素和反射元素 $R_{1/0}$ 的相乘,在物理上表示为第 1 层材料中往下传播的波,亦即同层中往上传播的波在遇到自由边界(第 0 层和第 1 层之间的界面)后的反射波,以此类推。广义射线法要求知道波传播的所有可能路径,并在一定时间内计算相应数量的射线。

在计算第 i 次穿透反射矩阵时,需要知道在每一层内有多少次反射和透射。式(8-3-30)中级数解的第 i 次穿透或反射是有限项的叠加,其解包括两个部分,第一部分为

各层穿透反射系数的连乘,描述响应振幅,而第二部分为阶跃函数,说明波传播的抵达时间。

图 8-14(a)所示为双层介质(厚度各为 10 cm,第一层为铜,第二层为铝)在距离表面 5 cm 处的应力波响应。横轴为归一化的时间 $\dfrac{t}{s_L^{(1)} h_1}$。图 8-14(b)所示为一维 10 层介质中第一层介质中点的瞬态响应。从图中可以看出广义射线理论、Durbin 数值逆变换和有限元法彼此呼应。

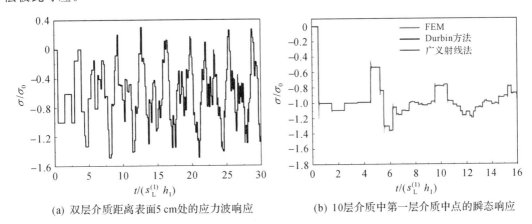

(a) 双层介质距离表面5cm处的应力波响应　　(b) 10层介质中第一层介质中点的瞬态响应

图 8-14　分层介质中的瞬态波响应

(图片参考: Lin Y H, Ma C C. Transient analysis of elastic wave propagation in multilayered structures[J]. Computers, Materials, and Continua, 2011, 24(1): 15-42.)

图 8-14(a)中 $\dfrac{t}{s_L^{(1)} h_1}=0$ 到 $\dfrac{t}{s_L^{(1)} h_1}=6$ 之间的响应分别为图 8-15 中响应 $\boldsymbol{R}^0 \sim \boldsymbol{R}^5$ 在第一层中点处的叠加。其中,$\boldsymbol{R}^i$ 代表一维分层系统中所有界面一共穿透或反射 i 次,因此 $\boldsymbol{R}^0$ 代表波源首次激发且没有遇到界面的波。可能对应的射线路径如图 8-16 所示。值得注意的是,在图 8-16 的射线路径中,有几种路径不同却在同一时间到达观测点的情况,例如图 8-16(f)的第二和第三路径,在数值计算中可以将这几种情况归类为同一组,称为波的退化(degeneration of rays)。对于广义射线法而言,需要考虑的波的(反射、透射)路径越多,计算时间就越长,因此引入波的退化可以大幅减少计算时间。广义射线法将到达接收点的弹性波按照观察时间依次排列,其优点是可以计算到达接收点的所有射线,并且得到的瞬态解是精确解。

现在考虑一弹性层 1 覆盖于半无限弹性介质 2 的瞬态弹性波传播问题。表面突然受垂直集中动载荷的作用,由于是轴对称问题,可以用柱坐标系描述,原点为载荷作用点,位移分量的广义射线解为

$$
\begin{aligned}
u_\alpha(r,y,t)=A_\alpha \sum_{i=1}^{\infty} \Bigg\{ & \int_{t_{A_i}}^{t} H(t-t_A) f^{(n+1)}(t-\tau) \cdot I_{\alpha j}(r,y,\tau)\mathrm{d}\tau \\
& + f^{(n)}(0) I_{\alpha j}(r,y,t) \\
& + f^{(n-1)}(0) \cdot \frac{\partial I_{\alpha j}(r,y,t)}{\partial t} \Bigg\}, \quad \alpha=r,y
\end{aligned}
\tag{8-3-34}
$$

其中 A_a 和 n 是和波源性质有关的常数,对于表面作用垂直集中力的情形,有 $A_a = \dfrac{1}{2\pi\mu}$ 和 $n = 0$。$f^{(n)}(t)$ 是 $f(t)$ 的 n 阶导数。下标 i 代表 i 条广义射线,I_{aj} 是复函数积分式的虚部。式(8-3-34)的位移解是所有到达接受点的波的射线积分总和,所有射线包括界面的反射和透射(一个波的入射有两个波(P、SV)的反射和两个波(P、SV)的透射),解可以精确到下一个波到达之前。对于式(8-3-34)而言,前文关于一维分层介质中波的退化与分组概念同样适用,因此对有相同积分路径的射线可以用波的退化概念简化求解,即积分一次后乘以重复

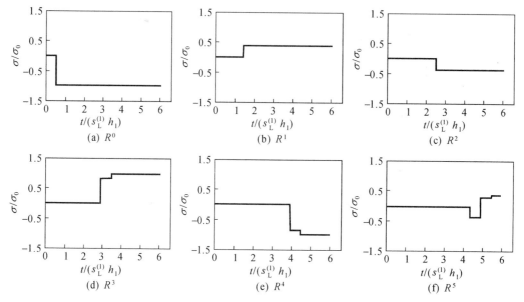

图 8-15　一维分层介质响应的分解

(图片参考:Lin Y H, Ma C C. Transient analysis of elastic wave propagation in multilayered structures[J]. Computers, Materials, and Continua, 2011, 24(1): 15-42.)

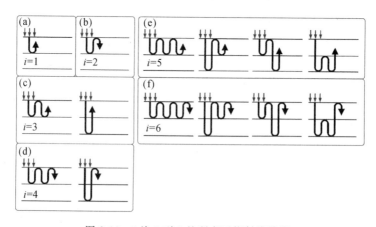

图 8-16　i 从 1 到 6 的所有可能射线路径

(图片参考:Lin Y H, Ma C C. Transient analysis of elastic wave propagation in multilayered structures[J]. Computers, Materials, and Continua, 2011, 24(1): 15-42.)

的次数即可,这样可以避免对每一条射线(反射、透射)逐一积分。例如,针对在覆盖层中反射 2 次的情况,总共有 $2^3 = 8$ 条可能的射线,包括:(A)PPP;(B)PPS,PSP,SPP;(C)PSS,SPS,SSP;(D)SSS。其中,以(B)这一组为例,虽然三条积分函数不一定相同,但积分路径是完全相同的,对于这些射线可以先将积分函数叠加后进行一次积分,如此,可以把原来的 8 次积分缩减为 4 次。再一次可以看出,采用波的退化概念,可以大幅减少反射次数过多所增加的计算工作量。值得一提的是,当波由波速较慢的介质入射到波速较快的介质中时,只要入射角超过临界角,就会产生沿着界面传播的界面锥形波(沿着覆盖层和半无限体的界面传播)。当 $c_{S1} < c_{P1} < c_{S2} < c_{P2}$ 时,P 界面锥形波和 S 界面锥形波均能产生,而当 $c_{S1} < c_{S2} < c_{P1} < c_{P2}$ 时,只可能存在 S 界面锥形波。

前面在一维分层介质瞬态波传播理论中介绍的矩阵解法对于弹性层覆盖于半无限弹性介质的瞬态弹性波传播问题也同样适用。文献"Transient elastic waves propagating in a multi-layered medium subjected to in-plane dynamic loadings II. Numerical calculation and experimental measurement"给出了理论和实验的对比。Ma 和 Lee(2000)考虑双层介质(覆盖层是薄层),上层材料是有机玻璃,下层材料是铝。集中力载荷通过折断铅笔芯施加,铅笔芯载荷的载荷历程如图 8-17 所示,可以看出载荷是阶跃函数。自由表面的响应如图 8-18 所示,可以看出广义射线理论和实验结果在瞬时极为吻合。瞬态响应理论的一个应用是反演介质的材料参数,具体措施为先定义非负的误差函数,再用优化理论来反演,例如

$$\varepsilon(\nu, \rho, E, h) = \sum_{i=1}^{n} \left[\upsilon_c(i\Delta t) - \upsilon_e(i\Delta t) \right]^2 \tag{8-3-35}$$

其中:Δt 是取样周期;n 是样本数;υ_c 和 υ_e 分别代表理论算得和实验测得的位移值。

Ma 和 Lee(2006)在一篇瞬态弹性波理论和实验文章中,通过阶跃函数激励,在理论上研究了表面覆盖有一层低波速介质的无限大介质在低波速介质自由表面的 Rayleigh 表面波。如图 8-19 所示,其计算结果可明显看出 Rayleigh 表面波的非频散特性。他们也通过折

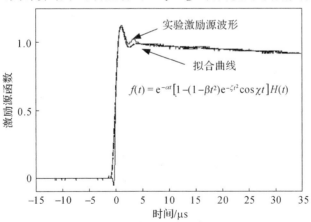

图 8-17　铅笔芯波源的载荷历程校正及拟合曲线

(图片参考:Ma C C, Lee G S. Transient elastic waves propagating in a multi-layered medium subjected to in-plane dynamic loadings II. Numerical calculation and experimental measurement[C]. Proceedings of Mathematical, Physical and Engineering Sciences, 2000, 456:1375-1396.)

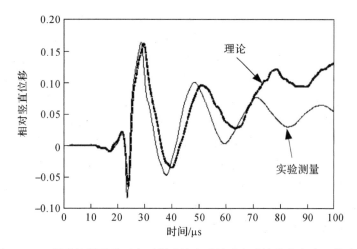

图 8-18　一层弹性层覆盖于半无限弹性介质的瞬态弹性波自由表面的响应

（图片参考：Ma C C, Lee G S. Transient elastic waves propagating in a multi-layered medium subjected to in-plane dynamic loadings II. Numerical calculation and experimental measurement[C]. Proceedings of Mathematical, Physical and Engineering Sciences, A, 2000, 456:1375-1396.）

断铅笔芯的方式来实现阶跃函数的激励,其中弹性波的瞬态响应如图 8-20 所示,仅仅 120μs 就有 111962 个波的传播。不过,由于其中只有 464 个波的传播路径完全不同,因此,他们仅考虑这 464 种不同路径的波,大幅减少了计算负荷。这项实验的理论计算和实验结果高度一致,从结果中也可以看出 Rayleigh 波的到达及稳态的阻尼振动行为。图 8-20 中还标示了部分波传播的顺序。

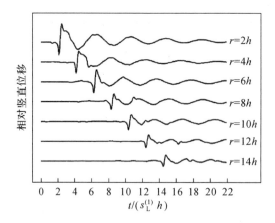

图 8-19　低波速介质弹性层覆盖于半无限弹性介质的低波速介质自由表面的 Rayleigh 表面波的理论解

（图片参考：Ma C C, Lee G S. General three-dimensional analysis of transient elastic waves in a multilayered medium[J]. Journal of Applied Mechanics, 2006, 73(3):490-504.）

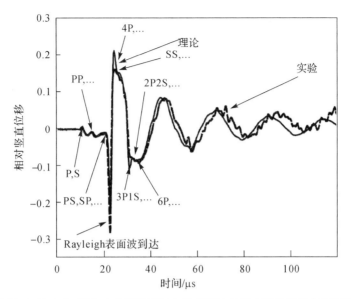

图 8-20　一层弹性层(有机玻璃)覆盖于半无限弹性介质(钢块)的瞬态弹性波传播问题的理论和实验比较(自由表面)

(图片参考：Ma C C，Lee G S. General three-dimensional analysis of transient elastic waves in a multilayered medium[J]. Journal of Applied Mechanics，2006，73(3)：490-504.)

8.4　一维声子晶体梁的瞬态响应——回传射线矩阵法

本章的最后两节将介绍声子晶体梁的初期瞬态响应理论和相关的实验验证方法。本节介绍回传射线矩阵法并将其应用于声子晶体梁的初期瞬态响应计算。回传射线矩阵法(method of reverberation-ray matrix，MRRM)的概念最早是由 Howard 和 Pao 在 1998 年公开提出的，它可用于分析平面框架结构中弹性波的传播，可精确计算梁在短时间内的瞬态响应。本节将分别基于 Timoshenko 梁单元中弯曲波和修正截面的经典转轴单元中扭转波的控制方程推导 MRRM 列式，并从单一梁段的振动控制方程出发，介绍构造周期梁 MRRM 列式中的相位矩阵、散射矩阵和回传射线矩阵的详细过程。采用本节的 MRRM 列式，可获得无限周期梁的能带结构、有限周期梁的传输曲线以及瞬态响应等。

回传射线矩阵法的求解思路是通过单元分析得到相位关系，通过节点耦合关系得到散射关系，两者结合起来得到系统方程。其解函数是指数函数，具有数值稳定性。图 8-21 给出了周期梁中弯曲波传播分析的 MRRM 理论模型，其中图 8-21(a)为分析有限周期梁结构中稳态和瞬态响应的计算模型，图 8-21(b)为分析无限周期声子晶体梁能带结构的计算模型(取第一个元胞示意)。前者是选取总结构系统为分析对象，而后者只需要选取单个元胞作为分析对象。不管是对有限周期系统的总体模型还是对无限周期系统的单个元胞模型，为了方便分析，都需要建立图示的全局坐标(XYZ)以及各个单元梁的局部坐标(xyz)。图 8-21(a)所示的模型可看成由 n 个元胞组成的有限周期梁，而图 8-21(b)所示的元胞由两种不同材料或不同几何尺寸的单元梁构成。组成元胞的单元梁 1 和单元梁 2 的长度分别为

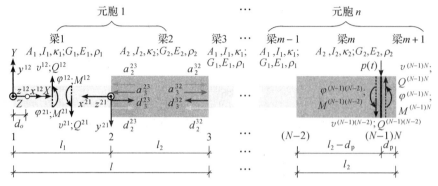

(a) 有限周期梁结构中稳态和瞬态响应的计算模型

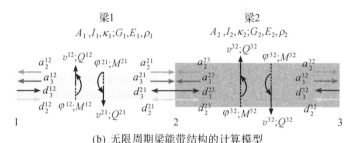

(b) 无限周期梁能带结构的计算模型

图 8-21 周期梁中弯曲波传播的 MRRM 理论模型

(图片参考:Chuang K C, Yuan Z W, Guo Y Q, et al. A self-demodulated fiber Bragg grating for investigating impact-induced transient responses of phononic crystal beams[J]. Journal of Sound and Vibration, 2018, 431: 40-53.)

l_1 和 l_2,周期元胞的总长度为 $l=l_1+l_2$。模型中的 A_i、I_i、G_i、κ_i、E_i、ρ_i 依次为第 $i(i=1$,2)个单元梁的横截面积、截面惯性矩、截面剪切系数、材料的剪切模量、弹性模量和密度。需要指出,当图 8-21(a)模型中的 n 取 1 时,该模型就自然退化成图 8-21(b)所示的单个元胞模型。所以,在此后的讨论中,统一以图 8-21(a)作为分析对象,只是在建立散射关系时根据分析的是有限周期系统模型的响应问题还是无限周期声子晶体的能带结构问题进行分类讨论。

在以上分析模型中,只连接一个单元梁的端点和连接两个相邻单元梁的交点都作为节点,分别称为外节点和内节点。分析模型中共有 n 个节点,从左向右依次用数字 1 到 N 表示(中间任意节点用 J 表示),其中包括 2 个外节点(1 和 N),以及 $n-2$ 个内节点(2 到 $N-1$)。分析模型中的每个单元梁都是传播弯曲波的波导介质,单元梁从左到右依次用数字 1 到 $m+1(m=n)$ 表示(以便模拟实验中外部激励 $p(t)$ 作用于最后一个单元梁段内,将最后一段梁分成两个单元的情形)。对任一单元 j,在 MRRM 中可以用一对对偶局部坐标来描述,其左端节点和右端节点分别为 $(J=j)$ 和 $(K=j+1)$,按照相应的局部坐标系,该单元有时也称为 JK 或 KJ 单元。采用这种局部对偶坐标系来描述结构单元是 MRRM 的特点。例如,梁单元 1 可以用局部坐标 $(x,y,z)^{12}$ 和 $(x,y,z)^{21}$ 描述。

首先考虑分析系统中的单一梁单元,见图 8-21 中的任意梁段。基于 Timoshenko 梁理论(不考虑体力),梁构件的弯曲振动方程在该单元的任意一个对偶局部坐标系中可写为

$$\kappa GA\left(\frac{\partial^2 v}{\partial x^2}-\frac{\partial \varphi}{\partial x}\right)=\rho A\,\frac{\partial^2 v}{\partial t^2};\quad EI\,\frac{\partial^2 \varphi}{\partial x^2}+\kappa GA\left(\frac{\partial v}{\partial x}-\varphi\right)=\rho I\,\frac{\partial^2 \varphi}{\partial t^2} \tag{8-4-1}$$

其中：κ 为截面形状系数（本文中矩形截面形状系数为 1.2）；G 为剪切模量；A 为横截面积；I 为截面惯性矩；E 为杨氏模量；ρ 为材料密度；v 为横向位移；φ 为转角位移。

定义如下形式的时域和频域函数相互转换的 Fourier 变换对

$$\hat{f}(\omega)=\int_{-\infty}^{\infty} f(t)\,\mathrm{e}^{-\mathrm{i}\omega t}\,\mathrm{d}t;\quad f(t)=\frac{1}{2\pi}\int_{-\infty}^{\infty}\hat{f}(\omega)\,\mathrm{e}^{\mathrm{i}\omega t}\,\mathrm{d}\omega \tag{8-4-2}$$

其中脱字符号^表示对应的频域量值。对式(8-4-1)进行 Fourier 正变换，可得到弯曲振动的频域方程

$$\kappa GA\left(\frac{\mathrm{d}^2\hat{v}}{\mathrm{d}x^2}-\frac{\mathrm{d}\hat{\varphi}}{\mathrm{d}x}\right)=-\rho A\omega^2\hat{v};\quad EI\,\frac{\mathrm{d}^2\hat{\varphi}}{\mathrm{d}x^2}+\kappa GA\left(\frac{\mathrm{d}\hat{v}}{\mathrm{d}x}-\hat{\varphi}\right)=-\rho I\omega^2\hat{\varphi} \tag{8-4-3}$$

其中 ω 表示角频率。根据 Timoshenko 梁中内力与变形之间的关系，梁弯曲的横向剪力和弯矩的频域量可以写成

$$\hat{Q}=\kappa GA\left(\frac{\mathrm{d}\hat{v}}{\mathrm{d}x}-\hat{\varphi}\right);\quad \hat{M}=EI\,\frac{\mathrm{d}\hat{\varphi}}{\mathrm{d}x} \tag{8-4-4}$$

从偏微分方程变换到常微分方程后，我们就可以根据常微分方程的基本理论得到式(8-4-3)和(8-4-4)中未知量通解的表达式，写成矩阵形式为

$$\hat{\boldsymbol{\Gamma}}(x)=\boldsymbol{A}_\Gamma(x)\boldsymbol{a}+\boldsymbol{D}_\Gamma(x)\boldsymbol{d},\quad (\hat{\boldsymbol{\Gamma}}=\hat{\boldsymbol{\delta}},\hat{\boldsymbol{f}}) \tag{8-4-5}$$

其中：$\boldsymbol{a}$ 和 $\boldsymbol{d}$ 表示入射波和出射波的幅值向量；$\hat{\boldsymbol{\delta}}$ 和 $\hat{\boldsymbol{f}}$ 为广义位移和广义力向量；$\boldsymbol{A}_\delta$、$\boldsymbol{D}_\delta$、$\boldsymbol{A}_f$ 和 $\boldsymbol{D}_f$ 表示相应的相位矩阵。以上所有量的分量形式可表示如下

$$\boldsymbol{a}=[a_2,a_3]^\mathrm{T};\quad \boldsymbol{d}=[d_2,d_3]^\mathrm{T}$$

$$\hat{\boldsymbol{\delta}}=[\hat{v},\hat{\varphi}]^\mathrm{T};\quad \hat{\boldsymbol{f}}=[\hat{Q},\hat{M}]^\mathrm{T}$$

$$\boldsymbol{A}_\delta=\begin{bmatrix}\mathrm{e}^{\mathrm{i}k_2 x} & \mathrm{e}^{\mathrm{i}k_3 x}\\ \beta_2\mathrm{e}^{\mathrm{i}k_2 x} & \beta_3\mathrm{e}^{\mathrm{i}k_3 x}\end{bmatrix};\quad \boldsymbol{D}_\delta=\begin{bmatrix}\mathrm{e}^{-\mathrm{i}k_2 x} & \mathrm{e}^{-\mathrm{i}k_3 x}\\ -\beta_2\mathrm{e}^{-\mathrm{i}k_2 x} & -\beta_3\mathrm{e}^{-\mathrm{i}k_3 x}\end{bmatrix}$$

$$\boldsymbol{A}_f=\begin{bmatrix}\zeta_2\mathrm{e}^{\mathrm{i}k_2 x} & \zeta_3\mathrm{e}^{\mathrm{i}k_3 x}\\ \mu_2\mathrm{e}^{\mathrm{i}k_2 x} & \mu_3\mathrm{e}^{\mathrm{i}k_3 x}\end{bmatrix};\quad \boldsymbol{D}_f=\begin{bmatrix}-\zeta_2\mathrm{e}^{-\mathrm{i}k_2 x} & -\zeta_3\mathrm{e}^{-\mathrm{i}k_3 x}\\ \mu_2\mathrm{e}^{-\mathrm{i}k_2 x} & \mu_3\mathrm{e}^{-\mathrm{i}k_3 x}\end{bmatrix} \tag{8-4-6}$$

其中：$\mathrm{i}=\sqrt{-1}$ 是虚数单位；$k_{2,3}$ 表示弯曲波波数；$\beta_{2,3}$、$\zeta_{2,3}$ 和 $\mu_{2,3}$ 分别表示弯曲波对转角、剪力和弯矩的影响系数，它们的具体表达式如下

$$k_{2,3}=\frac{\omega\sqrt{\varsigma+1\pm\sqrt{(\varsigma-1)^2+\dfrac{4Ac_l^2}{I\omega^2}}}}{\sqrt{2}\,c_l}$$

$$\varsigma=\frac{E}{\kappa G},\quad c_l=\sqrt{\frac{E}{\rho}}$$

$$\beta_{2,3}=\frac{\dfrac{\omega^2\rho}{\kappa G}-k_{2,3}^2}{\mathrm{i}k_{2,3}}$$

$$\zeta_{2,3}=(\mathrm{i}k_{2,3}-\beta_{2,3})\kappa GA$$

$$\mu_{2,3}=\mathrm{i}k_{2,3}\beta_{2,3}EI \tag{8-4-7}$$

接下来计算相位关系。由于任一单元的任意截面在对偶坐标系中所表达的同一物理量在本质上具有同一物理意义,所以任一单元 j 在对偶局部坐标系 $(x,y,z)^{JK}$ 和 $(x,y,z)^{KJ}$ 中广义的位移(力)之间必定存在兼容条件,该条件可表示为

$$\hat{\pmb{\delta}}^{JK}(x^{JK}) = \pmb{T}_{\delta}\hat{\pmb{\delta}}^{KJ}(l_j - x^{JK}); \quad \hat{\pmb{f}}^{JK}(x^{JK}) = \pmb{T}_f\hat{\pmb{f}}^{KJ}(l_j - x^{JK})$$
$$\pmb{T}_{\delta} = -\pmb{T}_f = <-1,1> \tag{8-4-8}$$

其中 $<>$ 表示对角矩阵。将式(8-4-5)代入式(8-4-8),同时结合对偶坐标系中系数的一致性关系 $\Gamma_i^{JK} = \Gamma_i^{KJ} = \Gamma_{ij}(\Gamma = k,\beta,\zeta,\mu;i=2,3)$,得到单元 j 的相位关系为

$$\pmb{a}_j = \pmb{P}_j\tilde{\pmb{d}}_j = \pmb{P}_j\pmb{U}_j\pmb{d}_j \tag{8-4-9}$$

其中 $\pmb{a}_j,\pmb{d}_j,\tilde{\pmb{d}}_j,\pmb{P}_j,\pmb{U}_j$ 的具体形式如下

$$\pmb{a}_j = [(\pmb{a}^{JK})^{\mathrm{T}},(\pmb{a}^{KJ})^{\mathrm{T}}]^{\mathrm{T}}$$
$$\pmb{d}_j = [(\pmb{d}^{JK})^{\mathrm{T}},(\pmb{d}^{KJ})^{\mathrm{T}}]^{\mathrm{T}}; \quad \tilde{\pmb{d}}_j = [(\pmb{d}^{KJ})^{\mathrm{T}},(\pmb{d}^{JK})^{\mathrm{T}}]^{\mathrm{T}}$$
$$\pmb{P}_j = <\pmb{P}^{JK},\pmb{P}^{KJ}>; \quad \pmb{U}_j = [\pmb{0}_2,\pmb{I}_2;\pmb{I}_2,\pmb{0}_2]$$
$$\pmb{P}^{JK} = \pmb{P}^{KJ} = <-\mathrm{e}^{-\mathrm{i}k_2jl_j},-\mathrm{e}^{-\mathrm{i}k_3jl_j}> \tag{8-4-10}$$

式中 $\pmb{0}_2$ 和 $\pmb{I}_2$ 分别表示二阶的零矩阵和单位矩阵。将所有单元的相位关系按照单元编号的顺序组合起来,得到总体相位关系如下

$$\pmb{a}_G = \pmb{P}_G\tilde{\pmb{d}}_G = \pmb{P}_G\pmb{U}_G\pmb{d}_G \tag{8-4-11}$$

其中:$\pmb{a}_G$ 和 $\pmb{d}_G$ 分别表示分析系统总体的入射波和出射波幅值向量;$\tilde{\pmb{d}}_G$ 含有波幅向量 $\pmb{d}_G$ 的所有分量,只是排列方式不同;$\pmb{P}_G$ 是 $4(m+1) \times 4(m+1)$ 阶总体相位对角矩阵;$\pmb{U}_G$ 是 $4(m+1) \times 4(m+1)$ 阶置换矩阵,它的每行和每列都只有一个非零元素1,主要作用是调整向量 $\pmb{d}_G$ 中的分量使其成为向量 $\tilde{\pmb{d}}_G$,即有 $\tilde{\pmb{d}}_G = \pmb{U}_G\pmb{d}_G$。$\pmb{a}_G,\pmb{d}_G,\tilde{\pmb{d}}_G,\pmb{P}_G$ 和 $\pmb{U}_G$ 的具体分量形式如下

$$\pmb{a}_G = [(\pmb{a}_1)^{\mathrm{T}},(\pmb{a}_2)^{\mathrm{T}},\cdots,(\pmb{a}_{m+1})^{\mathrm{T}}]^{\mathrm{T}}$$
$$\pmb{d}_G = [(\pmb{d}_1)^{\mathrm{T}},(\pmb{d}_2)^{\mathrm{T}},\cdots,(\pmb{d}_{m+1})^{\mathrm{T}}]^{\mathrm{T}}; \quad \tilde{\pmb{d}}_G = [(\tilde{\pmb{d}}_1)^{\mathrm{T}},(\tilde{\pmb{d}}_2)^{\mathrm{T}},\cdots,(\tilde{\pmb{d}}_{m+1})^{\mathrm{T}}]^{\mathrm{T}}$$
$$\pmb{P}_G = <\pmb{P}_1,\pmb{P}_2,\cdots,\pmb{P}_{m+1}>; \quad \pmb{U}_G = <\pmb{U}_1,\pmb{U}_2,\cdots,\pmb{U}_{m+1}> \tag{8-4-12}$$

从式(8-4-11)可以看出,总体的相位关系共给出以向量 $\pmb{a}_G$ 中 $4(m+1)$ 个入射弯曲波波幅和向量 $\pmb{d}_G$ 中 $4(m+1)$ 个出射弯曲波波幅为基本未知量的 $4(m+1)$ 个方程,需要另外补充 $4(m+1)$ 个方程才能唯一确定这 $8(m+1)$ 个未知量。需要补充的 $4(m+1)$ 个方程可以通过分析节点的散射关系最后组合成总体散射关系得到。

接下来计算散射关系。在计算无限周期声子晶体梁的能带结构和有限周期声子晶体梁的稳态传输及瞬态响应时,针对内节点 J $(J=2,3,\cdots,(N-1))$ 散射关系的处理是一致的,只是对于外节点 1 和 N 的散射关系要根据所计算问题类型的不同而参照不同的依据来建立。

对于内节点的散射关系,在对偶局部坐标系下,内节点 J $(J=2,3,\cdots,(N-1))$ 处的广义位移协调条件和广义力平衡条件在频域中可以表示为

$$\pmb{T}_{\delta}\hat{\pmb{\delta}}^{JI}(0) = \hat{\pmb{\delta}}^{JK}(0) = \hat{\pmb{u}}^J; \quad -\pmb{T}_f\hat{\pmb{f}}^{JI}(0) + \hat{\pmb{f}}^{JK}(0) = -\hat{\pmb{p}}^J \tag{8-4-13}$$

其中:$\hat{\pmb{u}}^J = [\hat{u}_Y^J,\hat{\theta}_Z^J]^{\mathrm{T}}$ 和 $\hat{\pmb{p}}^J = [\hat{p}_Y^J,\hat{m}_Z^J]^{\mathrm{T}}$ 分别表示广义位移和广义力;$\pmb{T}_{\delta} = -\pmb{T}_f = <-1,1>$。将式(8-4-5)代入式(8-4-13)中求解出出射波波幅向量,可以得到内节点 J 的局部散射关系,表示如下

$$\boldsymbol{d}^J = \boldsymbol{S}^J \boldsymbol{a}^J + \boldsymbol{s}^J \tag{8-4-14}$$

式中：$\boldsymbol{a}^J$ 和 $\boldsymbol{d}^J$ 分别为内节点 J 的入射波波幅向量和出射波波幅向量；$\boldsymbol{S}^J$ 和 $\boldsymbol{s}^J$ 分别为内节点 J 的局部散射矩阵和节点激励相应的节点源向量。$\boldsymbol{a}^J$、$\boldsymbol{d}^J$、$\boldsymbol{S}^J$ 和 $\boldsymbol{s}^J$ 的具体形式可表示为

$$\boldsymbol{a}^J = \left[(\boldsymbol{a}^{JI})^{\mathrm{T}}, (\boldsymbol{a}^{JK})^{\mathrm{T}} \right]^{\mathrm{T}}; \boldsymbol{d}^J = \left[(\boldsymbol{d}^{JI})^{\mathrm{T}}, (\boldsymbol{d}^{JK})^{\mathrm{T}} \right]^{\mathrm{T}}$$

$$\boldsymbol{S}^J = - \begin{bmatrix} -\boldsymbol{T}_\delta \boldsymbol{D}_\delta^{JI} & \boldsymbol{D}_\delta^{JK} \\ -\boldsymbol{T}_f \boldsymbol{D}_f^{JI} & \boldsymbol{D}_f^{JK} \end{bmatrix}^{-1} \begin{bmatrix} -\boldsymbol{T}_\delta \boldsymbol{A}_\delta^{JI} & \boldsymbol{A}_\delta^{JK} \\ -\boldsymbol{T}_f \boldsymbol{A}_f^{JI} & \boldsymbol{A}_f^{JK} \end{bmatrix}$$

$$\boldsymbol{s}^J = - \begin{bmatrix} -\boldsymbol{T}_\delta \boldsymbol{D}_\delta^{JI} & \boldsymbol{D}_\delta^{JK} \\ -\boldsymbol{T}_f \boldsymbol{D}_f^{JI} & \boldsymbol{D}_f^{JK} \end{bmatrix}^{-1} \begin{Bmatrix} \boldsymbol{0} \\ \hat{\boldsymbol{p}}^J \end{Bmatrix} \tag{8-4-15}$$

以上为内节点散射关系的分析过程。需注意的是，在计算能带结构时，式(8-4-14)中的节点源向量 $\boldsymbol{s}^J$ 为零向量。

以下从计算稳态传输及瞬态响应和能带结构的角度分别建立外节点的散射关系。在对偶局部坐标系下，外节点 1 和 N 处的广义位移协调条件和广义力平衡条件在频域中可以表示为

$$\hat{\boldsymbol{\delta}}^{12}(0) = \boldsymbol{0}; \quad -\boldsymbol{T}_f \hat{\boldsymbol{f}}^{N(N-1)}(0) = \boldsymbol{0} \tag{8-4-16}$$

将式(8-4-5)代入式(8-4-16)中求解出射波波幅向量，可以得到外节点 1 和 N 的局部散射关系，表示如下

$$\boldsymbol{d}^1 = \boldsymbol{S}^1 \boldsymbol{a}^1 + \boldsymbol{s}^1; \quad \boldsymbol{d}^N = \boldsymbol{S}^N \boldsymbol{a}^N + \boldsymbol{s}^N \tag{8-4-17}$$

其中 $\boldsymbol{a}^1$、$\boldsymbol{a}^N$、$\boldsymbol{d}^1$ 和 $\boldsymbol{d}^N$ 的具体形式为

$$\boldsymbol{a}^1 = \boldsymbol{a}^{12}; \quad \boldsymbol{d}^1 = \boldsymbol{d}^{12}$$

$$\boldsymbol{a}^N = \boldsymbol{a}^{N(N-1)}; \quad \boldsymbol{d}^N = \boldsymbol{d}^{N(N-1)} \tag{8-4-18a}$$

而 $\boldsymbol{S}^1$、$\boldsymbol{S}^N$、$\boldsymbol{s}^1$ 和 $\boldsymbol{s}^N$ 的具体表达形式与边界条件有关。对于固定—自由边界条件，它们的具体形式为

$$\boldsymbol{S}^1 = -\left[\boldsymbol{D}_\delta^{12} \right]^{-1} \boldsymbol{A}_\delta^{12}; \quad \boldsymbol{s}^1 = \boldsymbol{0}$$

$$\boldsymbol{S}^N = -\left[\boldsymbol{D}_f^{N(N-1)} \right]^{-1} \boldsymbol{A}_f^{N(N-1)}; \quad \boldsymbol{s}^N = \boldsymbol{0} \tag{8-4-18b}$$

现在讨论分析能带结构外节点的散射关系。当计算无限周期声子晶体梁的能带结构时，需要引入 Floquet-Bloch 周期边界条件，即右侧外节点的广义位移和广义力与左侧外节点的相应量存在如下关系

$$\hat{v}_{\mathrm{R}} = \mathrm{e}^{\mathrm{i}ql} \hat{v}_{\mathrm{L}}; \quad \hat{\varphi}_{\mathrm{R}} = \mathrm{e}^{\mathrm{i}ql} \hat{\varphi}_{\mathrm{L}}; \quad \hat{Q}_{\mathrm{R}} = -\mathrm{e}^{\mathrm{i}ql} \hat{Q}_{\mathrm{L}}; \quad \hat{M}_{\mathrm{R}} = -\mathrm{e}^{\mathrm{i}ql} \hat{M}_{\mathrm{L}} \tag{8-4-19}$$

其中：q 为周期结构中特征波的复波数；l 为元胞长度。ql 的实部 $q_{\mathrm{R}}l$ 和虚部 $q_1 l$ 分别称为相位常数和衰减常数。在式(8-4-19)中引入节点 1 和节点 N 处的广义位移协调条件和广义力平衡条件，可得到外节点 1 和 N 的局部散射关系

$$\begin{Bmatrix} \boldsymbol{d}^1 \\ \boldsymbol{d}^N \end{Bmatrix} = \begin{bmatrix} \boldsymbol{S}^1 & \boldsymbol{S}^{1N} \\ \boldsymbol{S}^{N1} & \boldsymbol{S}^N \end{bmatrix} \begin{Bmatrix} \boldsymbol{a}^1 \\ \boldsymbol{a}^N \end{Bmatrix} \tag{8-4-20}$$

将式(8-4-14)和式(8-4-17)(或(8-4-20))按照节点顺序进一步组集成整个分析模型系统的总体散射关系(有限结构和无限结构的总体散射关系)，有

$$\boldsymbol{d}_G = \boldsymbol{S}_G \boldsymbol{a}_G + \boldsymbol{s}_G \tag{8-4-21}$$

其中：$\boldsymbol{a}_G$ 和 $\boldsymbol{d}_G$ 分别表示系统总体入射波和出射波幅值向量，这里由节点波幅向量组集成总体波幅向量的方式与式(8-4-11)中由单元波幅向量组集总体波幅向量的方式类似，得到的

总体波幅向量也完全相同；S_G 为总体散射矩阵；s_G 为与节点激励对应的节点源向量(当分析无限周期结构的能带结构时 $s_G = 0$)。a_G、d_G、S_G 和 s_G 的具体形式如下

$$a_G = [(a^1)^T, (a^2)^T, \cdots, (a^N)^T]^T; \quad d_G = [(d^1)^T, (d^2)^T, \cdots, (d^N)^T]^T$$

$$S_G = \begin{bmatrix} S^1 & 0 & \cdots & 0 & \cdots & 0 & S^{1N} \\ 0 & S^2 & \cdots & 0 & \cdots & 0 & 0 \\ \vdots & \vdots & \ddots & \vdots & \ddots & \vdots & \vdots \\ 0 & 0 & \cdots & S^J & \cdots & 0 & 0 \\ \vdots & \vdots & \ddots & \vdots & \ddots & \vdots & \vdots \\ 0 & 0 & \cdots & 0 & \cdots & S^{N-1} & 0 \\ S^{N1} & 0 & \cdots & 0 & \cdots & 0 & S^N \end{bmatrix}$$

$$s_G = [(s^1)^T, (s^2)^T, \cdots, (s^N)^T]^T \tag{8-4-22}$$

结构系统的总体散射关系式(8-4-21)给出以向量 a_G 中 $4(m+1)$ 个入射弯曲波波幅和向量 d_G 中 $4(m+1)$ 个出射弯曲波波幅为基本未知量的 $4(m+1)$ 个方程,刚好作为总体相位关系的补充方程。

现在求取系统响应。联立结构总体相位关系和结构总体散射关系,将式(8-4-11)代入式(8-4-21)可得到系统方程

$$(I - R)d_G = s_G \tag{8-4-23}$$

其中 $R = S_G P_G U_G$ 是回传射线矩阵。对有限周期结构,由式(8-4-23)可以求解出弯曲波出射波幅值向量 d_G,将其回代到式(8-4-11)中可得到入射波幅值向量 a_G。进一步利用式(8-4-5)可以得到入射端的横向位移 ν^1 和出射端的横向位移 ν^N。将得到的两端位移代入 $T = 20\lg \left| \dfrac{\nu^N}{\nu^1} \right|$ 可计算得到传输曲线。若要求解声子晶体梁的弯曲波瞬态响应,只需将利用式(8-4-23)计算出来的 a_G 和 d_G 代入式(8-4-5)后得到的稳态响应结果在频域中反演,也即是时域中相应的瞬态响应。任一单元 j 在 x^{JK} 截面处的广义位移或广义力响应为

$$\begin{aligned} \boldsymbol{\Gamma}^{JK}(x^{JK}, t) &= \frac{1}{2\pi} \int_{-\infty}^{+\infty} \hat{\boldsymbol{\Gamma}}^{JK}(x^{JK}) e^{i\omega t} d\omega \\ &= \frac{1}{2\pi} \int_{-\infty}^{+\infty} [A_\Gamma^{JK}(x^{JK}) E P_G U_G + D_\Gamma^{JK}(x^{JK}) E][(I - R)^{-1} s_G e^{i\omega t}] d\omega \quad (\Gamma = \delta, f) \end{aligned}$$

$$\tag{8-4-24}$$

其中：E 是 $2 \times 4(m+1)$ 矩阵,用于从整体波幅向量 $a_G(d_G)$ 中得到局部波幅向量 $a^{JK}(d^{JK})$。虽然式(8-4-24)的推导及形式并不复杂,但在系统的共振频率 ω 处 $(I - R)$ 不可逆,使得式中的积分在计算时会存在不小的困难。为了解决这一问题,我们采取在 MRRM 中引入纽曼级数展开的方式计算式(8-4-24)中的广义积分,即不直接对 $(I - R)^{-1}$ 积分而是将其展开成

$$(I - R)^{-1} = I + R + R^2 + \cdots + R^N + \cdots \tag{8-4-25}$$

其中 R 可以表征波在所有节点上反射和透射一次的情况,R^N 即波在所有节点上第 N 次的反射和透射。

对无限周期结构,式(8-4-23)中的波源向量 $s_G = 0$。要使相应的齐次系统方程有非平凡解,则系统方程(8-4-23)的系数矩阵的行列式需要为零,即

$$|\boldsymbol{I}-\boldsymbol{R}|=0 \qquad\qquad (8\text{-}4\text{-}26)$$

把回传矩阵 $\boldsymbol{R}$ 代入,求解式(8-4-23)的特征值问题,即可得到无限周期声子晶体梁的弯曲波能带结构。

接着,我们介绍声子晶体梁中扭转波传播分析的 MRRM 理论。该理论可用于分析无限周期梁中扭转波的能带结构、有限周期梁中扭转波的稳态传输特性及瞬态响应特性。扭转波与纵波的不同之处在于前者的传播速度与梁截面形式有关。本节在梁的扭转波波动方程中引入截面修正系数以准确分析具有各种截面形状的声子晶体梁中扭转波的传播问题。

由前文关于周期梁中弯曲波传播的 MRRM 理论推导可知,MRRM 理论是从结构中波传播的角度分析声子晶体结构的能带特性和动力响应。分析周期梁中扭转波传播的能带和响应的 MRRM 理论与上一节分析弯曲波的理论思路基本相同,本节在此基础上介绍了如图 8-22 分析模型所示的周期梁中扭转波传播的 MRRM 理论列式。

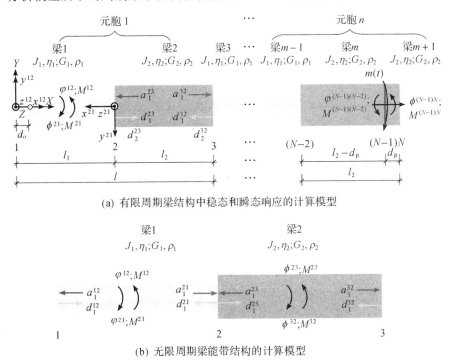

(a) 有限周期梁结构中稳态和瞬态响应的计算模型

(b) 无限周期梁能带结构的计算模型

图 8-22　周期梁中扭转波传播的 MRRM 理论模型

对于所给的分析模型,建立图示全局坐标(XYZ)以及局部坐标(xyz)。图 8-22(a)和图 8-22(b)综合起来可看成由 n 个周期元胞组成的结构系统(图 8-22(b)对应于 $n=1$ 的情形)。分析模型由两种不同材料或不同几何尺寸的单元梁构成。单元梁 1 和单元梁 2 的长度分别为 l_1 和 l_2,周期元胞的长度为 l。模型中 J_i,η_i,G_i,ρ_i 依次为第 i 种单元梁的截面扭转惯性矩、截面修正系数、材料的剪切模量和密度。

在以上分析模型中,只连接一个单元梁的端点和连接两个相邻单元梁的交点都作为节点,分别称为外节点和内节点。分析模型中共有 n 个节点,从左向右依次用数字 1 到 N 表示(中间任意节点用 J 表示),其中包括 2 个外节点(1 和 N),以及 $n-2$ 个内节点(2 到 $N-1$)。分析模型中的每个单元梁都是承载扭转波的波导,单元梁从左到右依次用数字 1

到 $m+1(m=n)$ 表示(以便模拟实验中外部激励 $m(t)$ 作用于最后一个单元梁段内,将最后一段梁分成两个单元的情形)。对任一单元 j,在 MRRM 中可以用一对对偶局部坐标来描述,其左端节点和右端节点分别为 $(J=j)$ 和 $(K=j+1)$,按照相应的局部坐标系,该单元有时也称为 JK 或 KJ 单元。采用这种局部对偶坐标系来描述结构单元是 MRRM 的独特特点。例如,梁单元 1 可以用局部坐标 $(x,y,z)^{12}$ 和 $(x,y,z)^{21}$ 描述。

首先考虑分析模型中的任一梁单元。对于无外载荷且几何和材料参数都均匀的梁微元,沿轴向传播扭转波的时域控制方程在该单元任一局部坐标中可写为

$$\eta GJ \frac{\partial^2 \phi}{\partial x^2} = \rho J \frac{\partial^2 \phi}{\partial t^2} \tag{8-4-27}$$

其中:ϕ 为梁绕轴向的扭转角;J 为截面扭转惯性矩;ρ 为材料密度;G 为剪切弹性模量;η 为截面修正系数(当截面不是圆截面时,$\eta \neq 1$)。 对式(8-4-27)进行 Fourier 正变换,得到梁绕轴向转角频域值 $\hat{\phi}$ 的振动方程为

$$\frac{d^2 \hat{\phi}}{dx^2} + \frac{\omega^2}{c_l^2} \hat{\phi} = 0 \tag{8-4-28}$$

其中:ω 表示角频率;$c_l = \sqrt{\dfrac{\eta G}{\rho}}$ 为梁中扭转波波速。考虑本构关系,梁中扭矩的频域值 $\hat{M}$ 为

$$\hat{M} = \eta GJ \frac{d\hat{\phi}}{dx} \tag{8-4-29}$$

根据常微分方程的基本理论,式(8-4-28)和(8-4-29)中未知量的通解可表示为

$$\hat{\phi}(x) = a_1 e^{ikx} + d_1 e^{-ikx}$$
$$\hat{M}(x) = a_1 \zeta_1 e^{ikx} - d_1 \zeta_1 e^{-ikx} \tag{8-4-30}$$

其中:a_1 和 d_1 分别表示扭转波入射波和出射波的幅值向量;$i = \sqrt{-1}$ 是虚数单位;k 表示扭转波波数;ζ_1 表示扭转波对扭矩的影响系数,它们的具体表达式为

$$k_1 = \frac{\omega}{c_l}; \quad \zeta_1 = ik_1 \eta GJ \tag{8-4-31}$$

现在求取相位关系。由于任一单元任意截面在不同坐标系中表达的同一物理量在本质上具有同一物理意义,考虑任一单元在对偶局部坐标系中的轴向转角和沿轴向分布扭矩的兼容条件,可得到单元 j 的局部相位关系为

$$a_1^{JK} = -e^{-ik_1^{JK} l^{JK}}, \qquad d_1^{KJ} = -P_1^{JK}(\omega) d_1^{KJ}$$
$$a_1^{KJ} = -e^{-ik_1^{KJ} l^{KJ}}, \qquad d_1^{JK} = -P_1^{KJ}(\omega) d_1^{JK} \tag{8-4-32}$$

其中:$l^{JK} = l^{KJ} = l_j$ 和 $k_1^{JK} = k_1^{KJ} = k_{1j}$ 分别是单元 j 的长度和扭转波波数;P_1^{JK} 和 P_1^{KJ} 为单元 j 的扭转波相位系数,其中 $P_{1j}(x) = e^{-ik_{1j}x}$。

将所有单元的相位关系按照单元编号的顺序组集起来,得到总体相位关系如下

$$\boldsymbol{a}_G = \boldsymbol{P}_G(\omega) \tilde{\boldsymbol{d}}_G = \boldsymbol{P}_G(\omega) \boldsymbol{U}_G \boldsymbol{d}_G \tag{8-4-33}$$

其中:$\boldsymbol{P}_G(\omega)$ 是 $2m \times 2m$ 阶总体相位对角矩阵;$\boldsymbol{U}_G$ 是 $2m \times 2m$ 阶置换矩阵,它的每行和每列都只有一个非零元素 1,主要作用是调整向量 $\boldsymbol{d}_G$ 中的分量使其成为向量 $\tilde{\boldsymbol{d}}_G$,即有 $\tilde{\boldsymbol{d}}_G = \boldsymbol{U}_G \boldsymbol{d}_G$。$\boldsymbol{d}_G$、$\tilde{\boldsymbol{d}}_G$、$\boldsymbol{P}_G(\omega)$ 和 $\boldsymbol{U}_G$ 的具体形式如下

$$\boldsymbol{d}_G = \left[d_1^{12}, d_1^{21}, d_1^{23}, \cdots, d_1^{(J-1)J}, d_1^{J(J-1)}, \cdots, d_1^{(N-1)N}, d_1^{N(N-1)} \right]^{\mathrm{T}}$$

$$\tilde{\boldsymbol{d}}_G = \left[d_1^{21}, d_1^{12}, d_1^{32}, \cdots, d_1^{(J-1)J}, d_1^{(J+1)J}, \cdots, d_1^{N(N-1)}, d_1^{(N-1)N} \right]^{\mathrm{T}}$$

$$\boldsymbol{P}_G(\omega) = < P_1^{12}, P_1^{21}, P_1^{23}, \cdots, P_1^{J(J-1)}, P_1^{J(J+1)}, \cdots, P_1^{(N-1)N}, P_1^{N(N-1)} >$$

$$\boldsymbol{U}_G = < \boldsymbol{U}_1, \boldsymbol{U}_2, \cdots, \boldsymbol{U}_j, \cdots, \boldsymbol{U}_m >; \quad \boldsymbol{U}_j = \begin{bmatrix} 0 & 1 \\ 1 & 0 \end{bmatrix} \tag{8-4-34}$$

其中 $<>$ 表示对角阵或分块对角阵。

从式(8-4-33)可以看出,总体相位关系共给出以向量 $\boldsymbol{a}_G$ 中 $2(m+1)$ 个入射扭转波波幅和向量 $\boldsymbol{d}_G$ 中 $2(m+1)$ 个出射扭转波波幅为基本未知量的 $2(m+1)$ 个方程,需要补充另外 $2(m+1)$ 个方程才能唯一确定这 $4(m+1)$ 个未知量。分析节点的散射关系则最后给出的总体散射关系可提供另外的 $2(m+1)$ 个方程。

现在求取散射关系。与弯曲波 MRRM 理论中散射关系的建立类似,先分析内节点的散射关系,再根据计算出的无限周期系统的能带结构和有限周期结构的稳态传输及瞬态响应等去各自分析外节点 1 和 N 的散射关系。

对于内节点的散射关系,在对偶局部坐标系下,内节点 J $(J = 2,3,\cdots,(N-1))$ 的广义扭转角协调条件和广义扭矩平衡条件在频域中可以表示为

$$-\hat{\phi}^{J(J-1)}(0) = \hat{\phi}^{J(J+1)}(0); \quad -\hat{M}^{J(J-1)}(0) + \hat{M}^{J(J+1)}(0) = 0 \tag{8-4-35}$$

将单元轴向扭转角和扭矩的解(8-4-30)代入式(8-4-35)得到内节点的局部散射关系

$$\boldsymbol{A}^J(\omega)\boldsymbol{a}^J + \boldsymbol{D}^J(\omega)\boldsymbol{d}^J = \boldsymbol{p}^J \tag{8-4-36}$$

其中: $\boldsymbol{a}^J$ 和 $\boldsymbol{d}^J$ 分别表示内节点 J 的入射波波幅向量和出射波波幅向量; $\boldsymbol{A}^J$ 和 $\boldsymbol{D}^J$ 分别表示相应的系数矩阵; $\boldsymbol{p}^J$ 为节点激励向量。它们的具体形式为

$$\boldsymbol{a}^J = \left[a_1^{J(J-1)}, a_1^{J(J+1)} \right]^{\mathrm{T}}; \quad \boldsymbol{d}^J = \left[d_1^{J(J-1)}, d_1^{J(J+1)} \right]^{\mathrm{T}}$$

$$\boldsymbol{A}^J = \begin{bmatrix} 1 & 1 \\ -\zeta_1^{J(J-1)} & \zeta_1^{J(J+1)} \end{bmatrix}; \quad \boldsymbol{D}^J = \begin{bmatrix} 1 & 1 \\ \zeta_1^{J(J-1)} & -\zeta_1^{J(J+1)} \end{bmatrix}; \quad \boldsymbol{p}^J = \left[0, m^J \right]^{\mathrm{T}} \tag{8-4-37}$$

其中: $\zeta_1^{J(J-1)} = \zeta_{1(j-1)}$ 和 $\zeta_1^{J(J+1)} = \zeta_{1j}$ 分别是单元 $j-1$ 和单元 j 的扭矩影响系数。接着,我们分析稳态及瞬态响应时外节点的散射关系。在对偶局部坐标系下,外节点 1 和 N 的广义扭转角协调条件和广义扭矩平衡条件在频域中可以表示为

$$\hat{\phi}_{\mathrm{XL}} = \hat{\phi}^{12}(0); \quad \hat{M}_{\mathrm{XL}} = -\hat{M}^{12}(0)$$

$$\hat{\phi}_{\mathrm{XR}} = -\hat{\phi}^{N(N-1)}(0); \quad \hat{M}_{\mathrm{XR}} = \hat{M}^{N(N-1)}(0) \tag{8-4-38}$$

将式(8-4-30)代入式(8-4-38)求解出射波波幅向量可以得到外节点 1 和 N 的局部散射关系,表示如下

$$\boldsymbol{A}^1(\omega)\boldsymbol{a}^1 + \boldsymbol{D}^1(\omega)\boldsymbol{d}^1 = \boldsymbol{p}^1; \quad \boldsymbol{A}^N(\omega)\boldsymbol{a}^N + \boldsymbol{D}^N(\omega)\boldsymbol{d}^N = \boldsymbol{p}^N \tag{8-4-39}$$

其中: $\boldsymbol{a}^1(\boldsymbol{a}^N)$ 和 $\boldsymbol{d}^1(\boldsymbol{d}^N)$ 分别表示外节点 1(N)的扭转波入射波波幅向量和出射波波幅向量; $\boldsymbol{A}^1(\boldsymbol{A}^N)$ 和 $\boldsymbol{D}^1(\boldsymbol{D}^N)$ 分别表示相应的系数矩阵; $\boldsymbol{p}^1(\boldsymbol{p}^N)$ 为外节点 1(N)的激励向量。式(8-4-39)中 $\boldsymbol{a}^1$、$\boldsymbol{a}^N$、$\boldsymbol{d}^1$、$\boldsymbol{d}^N$、$\boldsymbol{A}^1$、$\boldsymbol{A}^N$、$\boldsymbol{D}^1$、$\boldsymbol{D}^N$、$\boldsymbol{p}^1$、$\boldsymbol{p}^N$ 的具体表达形式与两个节点的边界条件有关,可以根据不同的边界条件列出它们的具体形式,再代入式(8-4-39),即可得到外节点 1 和 N 的局部散射关系。

现在讨论分析能带结构时外节点的散射关系。当计算无限周期声子晶体梁的能带曲线

时,引入 Floquet-Bloch 周期边界条件,即

$$\hat{\phi}_R = e^{iql}\hat{\phi}_L; \qquad \hat{M}_R = -e^{iql}\hat{M}_L \tag{8-4-40}$$

其中:q 为周期梁中特征波的复波数;l 为元胞长度。ql 的实部 $q_R l$ 和虚部 $q_I l$ 分别称为相位常数和衰减常数。

将外节点 1 和 N 处的扭转角相容条件和扭矩平衡条件(8-4-38)代入式(8-4-40),可得外节点 1 和 N 的局部散射关系为

$$\begin{bmatrix} A^1(\omega,q) & A^{1N}(\omega,q) \\ A^{N1}(\omega,q) & A^N(\omega,q) \end{bmatrix}\begin{Bmatrix} a^1 \\ a^N \end{Bmatrix} + \begin{bmatrix} D^1(\omega,q) & D^{1N}(\omega,q) \\ D^{N1}(\omega,q) & D^N(\omega,q) \end{bmatrix}\begin{Bmatrix} d^1 \\ d^N \end{Bmatrix} = \begin{Bmatrix} 0 \\ 0 \end{Bmatrix} \tag{8-4-41}$$

式中各子矩阵的具体形式为

$$a^1 = [a_1^{12}]; \quad d^1 = [d_1^{12}]; \quad a^N = [a_1^{N(N-1)}]; \quad d^N = [d_1^{N(N-1)}]$$

$$A^1 = [e^{iql}]; \quad A^{1N} = [1]; \quad A^{N1} = [e^{iql}\zeta_1^{12}]; \quad A^N = [-\zeta_1^{N(N-1)}]$$

$$D^1 = [e^{iql}]; \quad D^{1N} = [1]; \quad D^{N1} = [-e^{iql}\zeta_1^{12}]; \quad D^N = [\zeta_1^{N(N-1)}] \tag{8-4-42}$$

其中:$\zeta_1^{12} = \zeta_{11}$ 和 $\zeta_1^{N(N-1)} = \zeta_{1m}$ 分别是单元 1 和单元 $m+1$ 的扭矩影响系数。

将式(8-4-36)和(8-4-39)(或(8-4-41))按照节点顺序进一步组装成整个结构的总体散射关系(有限结构和无限结构的总体散射关系)为

$$A_G(\omega,q)a_G + D_G(\omega,q)d_G = p_G \tag{8-4-43}$$

其中:a_G 和 d_G 是总体入射波波幅向量和出射波波幅向量,其具体形式为

$$a_G = [(a^1)^T, (a^2)^T, \cdots, (a^J)^T, \cdots, (a^N)^T]^T$$

$$d_G = [(d^1)^T, (d^2)^T, \cdots, (d^J)^T, \cdots, (d^N)^T]^T \tag{8-4-44}$$

式(8-4-43)中的系数矩阵为

$$A_G = \begin{bmatrix} A^1 & 0 & \cdots & 0 & \cdots & 0 & A^{1N} \\ 0 & A^2 & \cdots & 0 & \cdots & 0 & 0 \\ \vdots & \vdots & \ddots & \vdots & \ddots & \vdots & \vdots \\ 0 & 0 & \cdots & A^J & \cdots & 0 & 0 \\ \vdots & \vdots & \ddots & \vdots & \ddots & \vdots & \vdots \\ 0 & 0 & \cdots & 0 & \cdots & A^{N-1} & 0 \\ A^{N1} & 0 & \cdots & 0 & \cdots & 0 & A^N \end{bmatrix}$$

$$D_G = \begin{bmatrix} D^1 & 0 & \cdots & 0 & \cdots & 0 & D^{1N} \\ 0 & D^2 & \cdots & 0 & \cdots & 0 & 0 \\ \vdots & \vdots & \ddots & \vdots & \ddots & \vdots & \vdots \\ 0 & 0 & \cdots & D^J & \cdots & 0 & 0 \\ \vdots & \vdots & \ddots & \vdots & \ddots & \vdots & \vdots \\ 0 & 0 & \cdots & 0 & \cdots & D^{N-1} & 0 \\ D^{N1} & 0 & \cdots & 0 & \cdots & 0 & D^N \end{bmatrix} \tag{8-4-45}$$

式(8-4-43)的结构总体散射关系同样给出以向量 a_G 中 $2(m+1)$ 个入射扭转波波幅和向量 d_G 中 $2(m+1)$ 个出射扭转波波幅为基本未知量的 $2(m+1)$ 个方程,这刚好作为总体相位关系的补充方程。

现在计算系统响应。将结构总体相位关系式(8-4-33)代入结构总体散射关系式

(8-4-43),可给出系统方程

$$[\boldsymbol{A}_G(\omega,q)\boldsymbol{P}_G(\omega)\boldsymbol{U}_G + \boldsymbol{D}_G(\omega,q)]\boldsymbol{d}_G = \boldsymbol{K}_d(\omega,q)\boldsymbol{d}_G = \boldsymbol{p}_G \tag{8-4-46}$$

其中 $\boldsymbol{K}_d = \boldsymbol{A}_G\boldsymbol{P}_G\boldsymbol{U}_G + \boldsymbol{D}_G$ 是回传射线矩阵。

在分析无限周期系统的能带结构时,式(8-4-46)中的总体激励向量 $\boldsymbol{p}_G = 0$。齐次方程系数矩阵的行列式为零才能保证方程有非平凡解,从而给出频散关系

$$|\boldsymbol{K}_d(\omega,q)| = 0 \tag{8-4-47}$$

求解由式(8-4-47)所决定的特征值问题即可得到无限周期声子晶体梁的扭转波能带结构。

8.5 一维声子晶体梁的瞬态响应实验研究

介绍了相关的瞬态分析理论后,本节我们通过测量钢珠撞击悬臂梁所引起的瞬态响应,结合前一节的 MRRM 理论及有限元(FEM)瞬态仿真进行一维声子晶体梁的瞬态响应实验研究,重点呈现具有几何周期变化的悬臂声子晶体梁受冲击载荷时的瞬态弯曲波和扭转波的响应特性。

首先是声子晶体梁瞬态弯曲波特性实验研究。在实验中我们使用钢珠而非冲击力锤来激发冲击载荷,这是因为钢珠更容易激发纯粹的面外激励,从而便于使用 MRRM 理论计算瞬态响应。实验模型设计见图 8-23。在传感器方面,使用由作者课题组研发的自解调光纤光栅(SFBG)位移传感系统,相关传感原理介绍详见本书第 9 章。

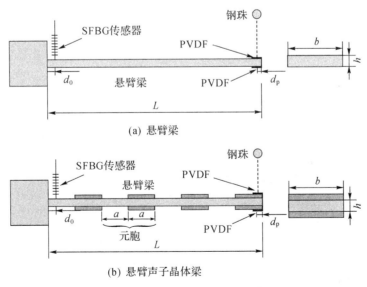

图 8-23 受冲击载荷的悬臂梁模型

表 8-3　图 8-23 所示的悬臂梁及声子晶体梁实验模型的几何参数

参数	值/mm	参数	值/mm
a	70	d_0	5
b	20	d_p	6
h	4	L	560

图 8-23(a)所示为均匀截面悬臂梁模型(梁长为 L,宽为 b,高为 h),图 8-23(b)所示为周期非均匀截面的悬臂声子晶体梁模型(在悬臂梁的基础上周期排列长为 a、宽为 b、高为 $\frac{h}{2}$ 的元胞)。图中针对实验模型的几何构造、SFBG 位移传感器布置位置(距离固定端 d_0)、钢珠撞击下落位置(距离自由端 d_p,位于悬臂梁的中心轴线上)等参数进行了详细说明,相关的几何参数见表 8-3。此外,为了减少材料阻尼的影响,我们选取的模型材料均为 6061 铝(泊松比 μ 为 0.33,密度 ρ 为 2700 kg/m³,杨氏模量 E 为 69 GPa)。

基于 SFBG 位移传感器的悬臂声子晶体梁瞬态实验系统如图 8-24 所示(悬臂梁实验系统是在此基础上拿掉上、下元胞)。实验中 SFBG 位移传感器垂直架设在距离悬臂梁固定端 d_0 处,且测量点与钢珠撞击激励点均在梁的中心轴线上。SFBG 位移传感器的实验系统照片如图 8-24 所示。与冲击力锤不同,钢珠没有内置的力传感器来记录冲击载荷历程。这里我们采用 Chuang 等人提出的方法,使用压电薄膜(PVDF)获得钢珠的冲击载荷历程(具体方法请见第 9 章)。如图 8-24 所示,利用快干胶把两个并置的 PVDF 分别粘贴在悬臂梁靠近自由端的上、下表面,并将其连接到电荷放大器,最后导入示波器记录冲击载荷历程。当钢珠自 PVDF 中心点的正上方自由下落并撞击梁表面时,上表面的 PVDF 将同时检测到冲击载荷信号和梁的振动信号,而下表面的 PVDF 将只检测到相位相反的梁振动信号,通过对两个 PVDF 测到的信号做加法处理来抵消梁的振动信号,从而得到冲击载荷历程。

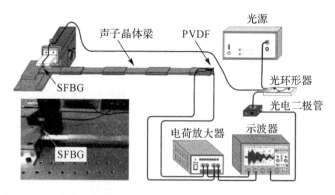

图 8-24　悬臂声子晶体梁瞬态弯曲波实验 SFBG 位移传感系统架设

(图片参考:Chuang K C, Yuan Z W, Guo Y Q, et al. A self-demodulated fiber Bragg grating for investigating impact-induced transient responses of phononic crystal beams[J]. Journal of Sound and Vibration, 2018, 431: 40-53.)

在研究声子晶体瞬态弯曲波的响应特性之前,首先进行悬臂梁受冲击载荷下的瞬态实验。实验中钢珠的直径为 6 mm,下落高度为 15 mm,撞击位置为悬臂梁上表面 PVDF 的中心点,距离自由端 $d_p=6$ mm 处。钢珠下落撞击悬臂梁后,SFBG 检测到的位移信号和梁上、下表面 PVDF 的响应同时记录在示波器上。其中上、下表面 PVDF 的信号响应如图 8-25 所示,对上下表面 PVDF 的响应信号做相加处理之后得到的悬臂梁的冲击载荷历程,见图 8-26(a)。

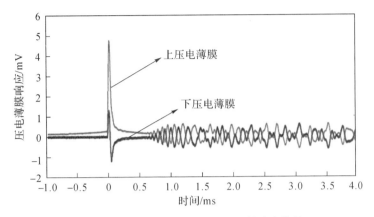

图 8-25　悬臂梁上、下表面 PVDF 的响应信号

(图片参考:Chuang K C,Yuan Z W,Guo Y Q,et al. A self-demodulated fiber Bragg grating for investigating impact-induced transient responses of phononic crystal beams[J]. Journal of Sound and Vibration,2018,431:40-53.)

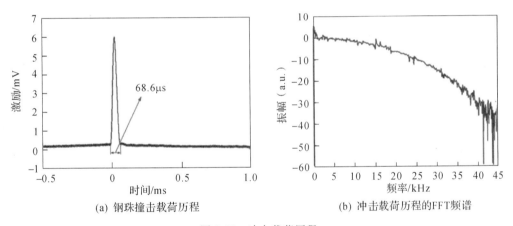

(a) 钢珠撞击载荷历程　　　　(b) 冲击载荷历程的FFT频谱

图 8-26　冲击载荷历程

从图 8-26(a)中可以看出冲击载荷信号类似高斯脉冲信号,钢珠撞击梁时接触持续时间大致为 68.6 μs。图 8-26(b)为对载荷历程做快速傅里叶变换(FFT)后的频谱图,从图中可以看出在 30 kHz 频率范围内信号非常好,这也是瞬态实验中选择使用钢珠激励的原因。

利用图 8-26(a)所示的冲击载荷历程,通过纯梁的 MRRM 理论计算悬臂梁短时瞬态位移响应,见图 8-27 中的理论计算结果。为了更好地对比分析实验结果,同时将冲击载荷历程导入有限元软件中进行瞬态仿真计算,计算结果见图 8-27 中的有限元(FEM)部分。需要注意的是,利用 PVDF 测到的冲击载荷历程没有通过力锤进行标定,在本文中理论及有限元的计算均为定性分析。将图 8-26(a)的结果乘以一个系数得到接近实际值的冲击载荷,同时将 MRRM 理论、FEM 结果与 SFBG 实验结果进行对比,可以发现,在 0~5 ms 内三者的瞬态响应结果吻合得较好,一些细节的位移响应均对应良好,这进一步验证了 MRRM 的初期瞬态响应计算能力。5 ms 以后的 MRRM 理论结果会出现小范围的偏移,这是因为在实际实验中是存在阻尼的,但在 MRRM 理论和有限元的计算中没有考虑其影响。

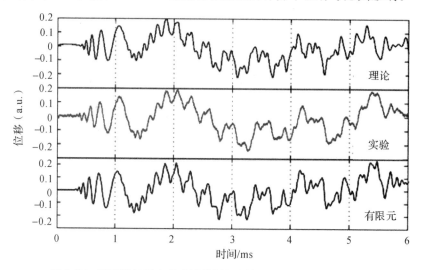

图 8-27　悬臂梁的瞬态弯曲波传播问题的理论、实验和仿真比较

（图片参考：Chuang K C, Yuan Z W, Guo Y Q, et al. A self-demodulated fiber Bragg grating for investigating impact-induced transient responses of phononic crystal beams[J]. Journal of Sound and Vibration, 2018, 431: 40-53.）

接着我们探讨声子晶体梁受冲击载荷的瞬态响应特性。悬臂声子晶体梁的实验模型见图 8-23(b),相关的参数参考表 8-3,并按照图 8-24 所示的实验系统进行声子晶体梁的瞬态实验。与悬臂梁瞬态实验一样,先通过上、下表面的 PVDF 来记录钢珠撞击梁的载荷历程。将冲击载荷历程导入 MRRM 理论模型和有限元软件中进行计算(均不考虑阻尼),其短时的瞬态位移响应结果分别在图 8-28 中展示。从图中可以发现在 0~4 ms 内 MRRM 理论、实验及 FEM 三者的瞬态响应结果基本吻合,说明声子晶体梁弯曲波 MRRM 理论可以完美预测其短时的瞬态响应。

接下来,我们同样利用悬臂声子晶体梁受钢珠撞击载荷下的瞬态响应来进行声子晶体梁瞬态扭转波特性实验研究。在利用 MRRM 理论研究矩形截面声子晶体梁中扭转波传播问题时,需增加截面修正系数 η 对扭转截面惯性矩 J 进行修正,再得到扭转波波动方程(其中波速 $c_t = \sqrt{\dfrac{\eta G}{\rho}}$)。矩形梁中扭转波的波速为 $c = K\sqrt{\dfrac{G}{\rho}}$,其中 K 为截面修正系数,具体表达式如下

$$K^2 = \frac{4}{1+\left(\dfrac{b}{h}\right)^2}\left[1 - \frac{192}{\pi^5}\left(\frac{h}{b}\right)\sum_{n=0}^{\infty}\frac{\tanh\dfrac{(2n-1)\pi}{2}\cdot\dfrac{b}{h}}{(2n+1)^5}\right] \tag{8-5-1}$$

其中:b 为矩形截面的长边长;h 为矩形截面的短边长。因此 MRRM 理论中矩形截面修正系数 $\eta = K^2$,由此可以计算出 η。

图 8-29 中模型所用材料为铝,图示的几何周期型声子晶体梁(其中 A 段截面为 m-m,

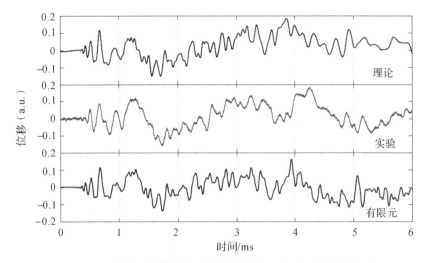

图 8-28　悬臂声子晶体梁的瞬态弯曲波的理论、实验和仿真比较

（图片参考：Chuang K C，Yuan Z W，Guo Y Q，et al. A self-demodulated fiber Bragg grating for investigating impact-induced transient responses of phononic crystal beams［J］. Journal of Sound and Vibration，2018，431：40-53.）

B 段截面为 n-n）是用矩形截面整梁加工而成的一体梁，图中模型的几何参数见表 8-4。

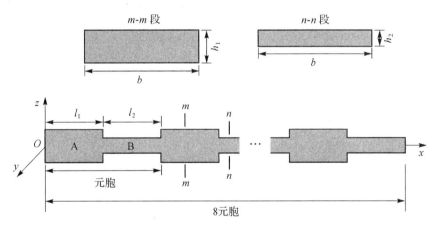

图 8-29　一维几何周期矩形截面声子晶体梁模型

表 8-4　一维几何周期矩形截面声子晶体梁的几何参数

参数	值/mm	参数	值/mm
l_1、l_2	60	h_1	8
b	20	h_2	4

　　接下来我们呈现矩形声子晶体梁受偏心冲击载荷而产生弯扭组合振动的瞬态响应实验结果。本实验同样采用悬臂式声子晶体梁的设计（如图 8-29 所示的矩形截面几何周期一体梁模型）。考虑到悬臂梁的设置问题，这里选用 5 周期的矩形截面声子晶体梁。利用钢珠偏心激励梁，使梁产生弯扭组合振动，然后通过上、下 PVDF 得到钢珠撞击梁的载荷历程，由

SFBG 测量振动位移响应。基于 SFBG 位移传感系统的瞬态实验系统如图 8-30 所示,具体的实验照片如图 8-31 所示。

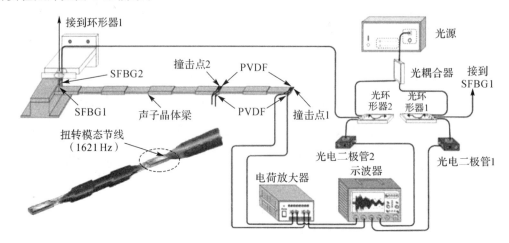

图 8-30 矩形截面声子晶体梁受偏心撞击载荷的实验系统

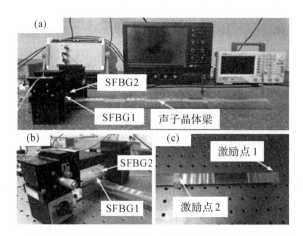

图 8-31 矩形截面声子晶体梁受偏心撞击载荷下的瞬态实验装置照片

(图 8-30、图 8-31 参考:Chuang K C, Yuan Z W, Guo Y Q, et al. Extracting torsional band gaps and transient waves in phononic crystal beams:Method and validation[J]. Journal of Sound and Vibration, 2019, 467:115004.)

图 8-30 中的声子晶体梁由 5 个几何形貌周期变化的元胞组成(图 8-29 中定义为 ABAB 排列),并固定 A 端。两个 SFBG 位移传感器分别设置在梁表面的两边,距离固定端 $d_0 = 5$ mm 处,保证它们在同一条垂直于轴线的直线上,具体的设置如图 8-31(b)所示。在距离梁自由端 $d_1 = 5$ mm 且距离侧边 $d_2 = 2$ mm 处选取偏心激励点 1(见图 8-31(c)),选取 FEM 计算自由振动模态中频率为 1621 Hz 下扭转模态位移振型(见图 8-30 中左下角)的节点位置(第 4 周期 A 元胞末端),并将其作为偏心激励点 2(见图 8-31(c)),激励点 2 距离 A 元胞端面 $d_3 = 5$ mm 且距离侧边 $d_4 = 2$ mm。在选定的两个激励位置的上、下表面处贴好 PVDF 并在上表面的 PVDF 标记好激励点 1 和 2 的位置。实验中所用钢珠的直径为 6.5 mm,下落高度为 20 mm。

　　实验结束后,利用分离法将 SFBG1 和 SFBG2(以及传统 FBG1 和 FBG2)测到的响应端位移信号分离,得到弯曲波和扭转波瞬态响应信号。分离之后的声子晶体梁扭转波的短时瞬态响应实验结果见图 8-32 和图 8-33。

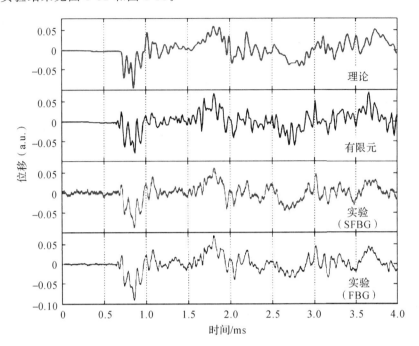

图 8-32　激励点 1:悬臂声子晶体梁的瞬态扭转波传播问题的理论、实验和仿真比较
(图片参考:Chuang K C,Yuan Z W,Guo Y Q,et al. Extracting torsional band gaps and transient waves in phononic crystal beams:Method and validation[J]. Journal of Sound and Vibration,2019,467:115004.)

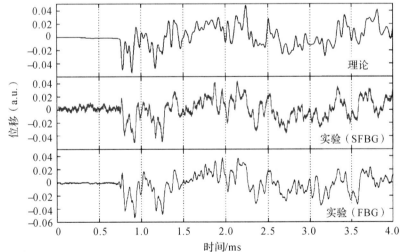

图 8-33　激励点 2:悬臂声子晶体梁的瞬态扭转波传播问题的理论和实验比较
(图片参考:Chuang K C,Yuan Z W,Guo Y Q,et al. Extracting torsional band gaps and transient waves in phononic crystal beams:Method and validation[J]. Journal of Sound and Vibration,2019,467:115004.)

图 8-32 展示的是激励点 1 MRRM 理论计算、FEM、SFBG 实验以及 FBG 实验的扭转波瞬态响应结果。其中理论计算结果是在给定声子晶体梁扭矩激励的条件下计算得到的,扭矩的大小等于载荷历程乘以激励点 1 到中心轴线的距离。根据力平移定理,将偏心激励点 1 的载荷历程平移到中心轴线上时需附加一个力偶,MRRM 计算的结果就是只考虑这个力偶作用时的扭转波瞬态响应。图 8-32 中 MRRM 理论与 FEM 计算、SFBG 实验、FBG 实验的扭转波瞬态结果吻合良好,验证了 MRRM 理论计算声子晶体梁扭转波瞬态响应的有效性。但在 3 ms 以后 MRRM 计算结果与实验结果有一定偏差,除了 MRRM 应用于长时间瞬态响应时精度会有误差以外,矩形截面修正系数的不精确也会影响瞬态响应结果。

最后,我们研究矩形截面声子晶体梁在激励点 2(扭转模态节点)处受冲击载荷下的瞬态响应,并结合激励点 1 的结果对比验证分离法在特殊位置激励下的适用性。将激励点 2 的 SFBG1 和 SFBG2(以及传统 FBG1 和 FBG2)测到的响应端位移信号进行分离,得到声子晶体梁扭转振动的短时瞬态响应,如图 8-33 所示,并与 MRRM 理论计算结果对比,可以看出实验和理论具有一致性。

本章参考文献

曹志远. 板壳振动理论[M]. 北京:中国铁道出版社,1989.

郭永强. 回传射线矩阵法的理论及其应用[D]. 杭州:浙江大学,2008.

廖展谊. 矩形平板于流固耦合问题的振动特性与暂态波传之理论分析、数值计算与实验量测[D]. 台北:台湾大学,2018.

林宜贤. 弹性波于多层域均质与非均质材料之暂态波传理论解析与数值计算[D]. 台北:台湾大学,2011.

王惠明,陈云敏,鲍亦兴. 一弹性层覆盖于半无限弹性介质对表面点冲击载荷的瞬态响应[J]. 固体力学学报,2007,28(1):71-76.

杨挂通,张善元. 弹性动力学[M]. 北京:中国铁道出版社,1988.

袁志文. 自解调光纤光栅于声子晶体梁弯/扭带隙特性研究[D]. 杭州:浙江大学,2019.

Achenbach J D. Wave Propagation in Elastic Solids[M]. Amsterdam:North Holland Publishing Company,1973.

Billingham J, King A C. Wave Motion[M]. Cambridge:Cambridge University Press,2000.

Chuang K C, Ma C C, Chang C K. Determination of dynamic history of impact loadings using polyvinylidene fluoride (PVDF) films[J]. Experimental Mechanics,2014,54 (3):483-488.

deHoop A T. A modification of Cagniard's method for solving the seismic problem[J]. Applied Scientific Research B,1960,8:349-356.

Dodd B. Introduction to Elastic Wave Propagation[M]. Chichester,UK:Wiley,1994.

Giurgiutiu V. Structural Health Monitoring:With Piezoelectric Wafer Active Sensors [M]. Amsterdam:Academic Press,2014.

Graff K F. Wave Motion in Elastic Solids[M]. New York:Dover Publications,1991.

Guo Y Q, Li L F, Chuang K C. Analysis of bending waves in phononic crystal beams with defects[J]. Crystals, 2018, 8(1): 21.

Heelan P A. On the theory of head waves[J]. Geophysics, 1953, 18(4): 871-893.

Howard S M, Pao Y H. Analysis and experiments on stress waves in planar trusses[J]. Journal of Engineering Mechanics, 1998, 124(8): 884-891.

Lamb H. On the Propagation of Tremors over the Surface of an Elastic Solid[C]. Proceedings of the Royal Society of London, 1903, 72: 128-130.

Lee G S, Ma C C. Transient elastic waves propagating in a multi-layered medium subjected to in-plane dynamic loadings I, theory[J]. Proceedings of the Royal Society A: Mathematical, Physical and Engineering Sciences, 2000, 456(1998): 1355-1374.

Lin Y H, Ma C C. Theoretical analysis of transient wave propagation in the band gap of phononic system[J]. Interaction and Multiscale Mechanics, 2013, 6(1): 15-29.

Lin Y H, Ma C C. Transient analysis of elastic wave propagation in multilayered structures[J]. Computers, Materials & Continua, 2011, 24(1): 15-42.

Ma C C, Chuang K C. A point-wise fiber Bragg grating sensor to measure the vibration of a cantilever plate subjected to impact loadings[J]. IEEE Sensors Journal, 2010, 11(9): 2113-2121.

Ma C C, Lee G S. General three-dimensional analysis of transient elastic waves in a multilayered medium[J]. Journal of Applied Mechanics, 2006, 73(3): 490-504.

Ma C C, Lee G S. Theoretical analysis, numerical calculation and experimental measurement of transient elastic waves in strips subjected to dynamic loadings[J]. International Journal of Solids and Structures, 1999, 36(23): 3541-3564.

Ma C C, Lee G S. Transient elastic waves propagating in a multi-layered medium subjected to in-plane dynamic loadings II, numerical calculation and experimental measurement[J]. Proceedings of the Royal Society A: Mathematical, Physical and Engineering Sciences, 2000, 456(1998): 1375-1396.

Ma C C, Liu S W, Chang C M. Inverse calculation of material parameters for a thin-layer system using transient elastic waves[J]. The Journal of the Acoustical Society of America, 2002, 112(3): 811-821.

Ma C C, Liu S W, Lee G S. Dynamic responses of a layered medium subjected to anti-plane loadings[J]. International Journal of Solids and Structures, 2001, 38(50-51): 9295-9312.

Miklowitz J. The Theory of Elastic Waves And Waveguides [M]. Amsterdam: Elsevier, 2012.

Pao Y H, Gajewski R R, Ceranoglu A N. Acoustic emission and transient waves in an elastic plate[J]. The Journal of the Acoustical Society of America, 1979, 65(1): 96-105.

第9章 波动实验技术

本章我们将介绍和弹性波研究相关的实验技术。主要涉及的实验技术包括光纤光栅应变/位移传感技术、振幅变动式电子散斑干涉术以及波源历程测量技术等。这些技术都是在本书和弹性波有关的部分(弹性波、板波导、瞬态弹性波和周期结构中的弹性波)所用过的实验测量技术。

首先,我们将介绍光纤光栅及相关的测量系统。光纤光栅一般作为高灵敏度的应变传感器,在本章我们将说明其也可以用来测量三维位移信号。然后,我们将介绍不需要解调光纤的光纤光栅位移传感技术和系统。接着,我们介绍振幅变动式电子散斑干涉术。虽然振幅变动式电子散斑干涉术基本上是测量结构的稳态振型的全场测量技术,但如果使用瞬态图像采集技术,也可以实现动态波传播的测量。最后,我们介绍通过压电薄膜测量波源历程的方法,该方法所取得的波源历程可以结合第 8 章所介绍的回传射线矩阵法进行瞬态弹性波的理论预测。

9.1 光纤光栅传感系统

本节我们首先介绍光纤光栅(又称布拉格光栅)。光纤光栅大量应用于传感器、通信、激光光源等。光纤光栅是通过在光纤纤芯区产生周期性调制的折射率而形成的,具有反射特定波长的能力。

目前,主要以相位掩模光栅的技术制作光纤光栅。光纤上方紧贴放置以石英制作的相位掩模光栅,然后将准分子激光(波长为 193 nm 的 ArF 或波长为 248 nm 的 KrF)透过相位掩模光栅照射到有光敏性的光纤(掺锗光纤或载氢光纤)上,则一级衍射光的衍射效率最高,可以在光纤上面形成干涉条纹,导致光纤的一部分区域发生周期性的折射率变化,产生的光纤光栅周期 Λ 为相位掩模光栅周期(2Λ)的一半。

在 4.8 节我们介绍了衍射光栅产生光强极大值的条件。如果光栅是在光纤中,波长变为 $\dfrac{\lambda}{n_1}$,如图 9-1 所示,所以光栅公式变为

$$n_1 \Lambda (\sin\theta_2 - \sin\theta_1) = m\lambda, \quad m = 0, \pm 1, \pm 2, \cdots \tag{9-1-1}$$

对于光纤光栅,最大的衍射效率发生在 $\theta_2 = -\theta_1 (m = -1)$,此时

$$2n_1 \sin\theta_1 = \frac{\lambda_B}{\Lambda} \tag{9-1-2}$$

之前提过,可以用 n_{eff} 代表以传播常数 β 为波矢的光波在无限大介质中所对应的等效

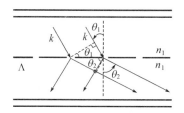

图 9-1　光纤光栅示意

折射率,此时 $\beta = n_{\text{eff}} k_0$。 如图 9-1 所示,有

$$\beta = k \sin \theta_1 = \frac{2\pi}{\frac{\lambda_B}{n_1}} \sin \theta_1 = \frac{2\pi}{\lambda_B} n_1 \sin \theta_1 = k_0 n_1 \sin \theta_1 = k_0 n_{\text{eff}} \tag{9-1-3}$$

所以, $n_1 \sin \theta_1 = n_{\text{eff}}$,由式(9-1-2)可得布拉格反射条件为

$$\lambda_B = 2 n_{\text{eff}} \Lambda \tag{9-1-4}$$

　　光纤光栅的布拉格条件(式(9-1-4))也可以通过第 4 章光波从光密介质正入射到光疏介质,或是从光疏介质正入射到光密介质的相位变化来理解。如图 9-2 所示,由 4.7 节的讨论可知,对于 TM 偏振和 TE 偏振,光疏介质正入射到光密介质时,合成光有 π 的相位变化。光密介质正入射到光疏介质时,合成光没有相位变化。对于光纤光栅,假设光栅区的折射率分别为 $n_{\text{eff}} + \Delta n$ 和 $n_{\text{eff}} - \Delta n$,且 $\Delta n \ll n_{\text{eff}}$,则干涉项为

$$\theta = (k_2 r_2 - k_1 r_1) + (\varphi_2 - \varphi_1)$$
$$= [k(2nd) + (0 - \pi)] \tag{9-1-5}$$

所以相长干涉(光强极大值)对应(取 $m = 0$,对应各层折射率的正反射)

$$2 n_{\text{eff}} d = n_{\text{eff}} \Lambda = \frac{\lambda_B}{2} \tag{9-1-6}$$

所以,也可以得到式(9-1-4)($\lambda_B = 2 n_{\text{eff}} \Lambda$)的光纤光栅的布拉格条件。

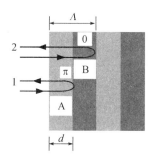

图 9-2　光纤光栅的布拉格条件示意

　　要进一步了解光纤光栅的光谱,必须通过耦合模理论。耦合模理论是研究两个或多个波动模式间互相影响的普遍方法。只要光纤中存在各种人为干涉(例如引入应变场或光栅)或是制造缺陷的不规则性,要分析其对导波信号的影响就可以应用耦合模理论。

　　从第 6 章可知,石英光纤一般为弱波导光纤,即 $n_1 \approx n_2$。 在弱波导近似下光纤纤芯中电场的纵向振幅分量相对于横向振幅分量很小,光纤中的传播模态为线性偏振(LP)模,所以电场的横向分量 E_x 或 E_y 满足标量波动方程,且任何场分布可以由离散的导波模($n_2 k_0$

$< \beta < n_1 k_0$）和连续的辐射模（$\beta < n_2 k_0$）叠加（见式（6-7-107））。耦合模理论指出，当波导的不同本征模发生耦合（通常指两个不同波导之间或同一个波导内，本节指的是同一个光纤光栅中前向模和后向模的耦合），可以把原来的本征模 $\psi_l(x,y)\exp i(\beta z - \omega t)$ 当作参考模态（这里假设 $\psi_l(x,y)\exp i(\beta z - \omega t)$ 是沿着正 z 轴传播的模态，且接下来的讨论忽略对结论没有影响的 $\exp(-i\omega t)$ 因子），耦合后变化的模态叫做扰动模态，则扰动波导中的电、磁场横向分量可以分别展开为参考模的级数和，而本征模彼此正交且具有完备性。按照耦合模理论的思想，由于有光纤光栅的存在，光纤的导波场可以表示为

$$\psi(x,y,z) = \sum_l a_l(z)\psi_l(x,y)\exp(i\beta_l z) \tag{9-1-7}$$

其中 $a_l(z)$ 是第 l 个传输模式的振幅。

在光纤光栅中，扰动波场可以表示为无扰束缚模的和。横向无扰导波模（或称束缚模）$\psi_l(x,y)$ 满足第 6 章式（6-7-16），

$$\nabla_t^2 \psi_l + \beta_l^2 \psi_l = \nabla_t^2 \psi_l + [n_{\text{eff}}^2(x,y)k_0^2 - \beta_l^2]\psi_l = 0 \tag{9-1-8}$$

其中：n_{eff} 为对应传输模的有效折射率。在理想波导情况下，横向导波模之间是正交的，不能进行能量交换，但是由于周期性的折射率扰动，它们会发生耦合，则光纤光栅内总光场 Ψ 可以近似为

$$\Psi(x,y,z) = \sum_l [A_l(z)\exp(i\beta_l z) + B_l(z)\exp(-i\beta_l z)]\psi_l(x,y) \tag{9-1-9}$$

其中 $A_l(z)$ 和 $B_l(z)$ 分别是第 l 个无扰的正向传输模和反向传输模的振幅。将式（9-1-9）的总光场 Ψ 代入单色波满足的亥姆霍兹方程（参考第 4 章式（4-2-22）），可得

$$\nabla^2 \Psi + k_0^2 n^2(x,y,z)\Psi = 0 \tag{9-1-10}$$

其中：$n(x,y,z)$ 为受到光栅区周期扰动后的折射率，扰动区间在 $-\dfrac{L}{2} < z < \dfrac{L}{2}$。由于光纤是弱波导结构，所以假设扰动沿着光纤轴是缓变的，二阶变化项满足 $\left|\dfrac{d^2 a_l(z)}{dz^2}\right| \ll \left|\beta_l \dfrac{da_l(z)}{dz}\right|$，则可以忽略结果中的二阶变化项 $\dfrac{d^2 A_l(z)}{dz^2}$ 和 $\dfrac{d^2 B_l(z)}{dz^2}$，配合式（9-1-8）消去含有 $\nabla_t^2 \psi_l$ 的项，再乘以 ψ_k 让第 l 个模和第 k 个模耦合，在波导截面上积分，并利用理想波导模式的正交归一化关系，可得

$$\begin{cases} \dfrac{dA_l(z)}{dz} \approx i\sum_k A_k(z)K_{kl}\exp[i(\beta_k - \beta_l)z] + i\sum_k B_k(z)K_{kl}\exp[-i(\beta_k + \beta_l)z] \\ \dfrac{dB_l(z)}{dz} \approx -i\sum_k A_k(z)K_{kl}\exp[i(\beta_k + \beta_l)z] - i\sum_k B_k(z)K_{kl}\exp[-i(\beta_k - \beta_l)z] \end{cases}$$

$$\tag{9-1-11}$$

其中，横向模态的耦合系数 K_{kl} 为

$$K_{kl} = \frac{k_0^2}{2\beta_k} \cdot \frac{\iint \psi_k^* [n^2(x,y,z) - n_{\text{eff}}^2(x,y)]\psi_l\, dx\, dy}{\iint \psi_k^* \psi_k\, dx\, dy} \tag{9-1-12}$$

因为 $\Delta n = n - n_{\text{eff}} \ll n$，所以对 $n^2(x,y,z)$ 进行泰勒展开，并略掉高阶项，有

$$n^2(x,y,z) - n_{\text{eff}}^2(x,y) \approx 2n(n - n_{\text{eff}}) \tag{9-1-13}$$

一般而言,会将导波模归一化,则

$$\iint \psi_k^* \psi_k \, \mathrm{d}x \, \mathrm{d}y = \frac{2\omega\mu_0}{\beta_k} \tag{9-1-14}$$

所以,耦合系数也可以表示为

$$K_{kl} = \frac{\omega}{4} \iint \psi_k^* (2n\Delta n) \psi_l \, \mathrm{d}x \, \mathrm{d}y \tag{9-1-15}$$

以下我们将对均匀布拉格光纤光栅的耦合模理论做简单的介绍,至于非均匀光纤光栅(例如线性啁啾光栅)或长周期光纤光栅(周期为几十至几百微米)的理论请读者参考相关文献,例如 Erdogan 的经典文章(Erdogan,1997)。对于理想的光纤光栅,折射率扰动可以表示为

$$\begin{cases} n(z) = n_{\mathrm{eff}} + \Delta \bar{n}_{\mathrm{eff}} [1 + \cos(Kz)], & -\dfrac{L}{2} < z < \dfrac{L}{2} \\ n(z) = n_{\mathrm{eff}}, & z < -\dfrac{L}{2}, \quad z > \dfrac{L}{2} \end{cases} \tag{9-1-16}$$

其中:$K = \dfrac{2\pi}{\Lambda}$,$\Lambda$ 是折射率扰动周期;$\Delta \bar{n}_{\mathrm{eff}}(z)$ 是等效折射率变化的平均值。$\cos(Kz) = \dfrac{1}{2}\left[\exp\left(\mathrm{i}\,\dfrac{2\pi}{\Lambda}z\right) + \exp\left(-\mathrm{i}\,\dfrac{2\pi}{\Lambda}z\right)\right]$。

由于光纤光栅的周期性折射率变化的幅度与未扰动的理想值的偏离一般小于 10^{-2},不同模之间的耦合程度不高,光纤光栅的折射率变化属于弱变化,所以折射率是坐标的连续函数,在进行微分或积分的时候不会发生因为场的突变而导致级数的不均匀收敛。在求解耦合模方程的时候,最少可以只考虑两个主模之间的耦合而忽略不重要的模态。对于周期性结构的光纤光栅而言,省略的模式会引入下式量级的误差

$$\delta = \left| \frac{K_{il}}{\beta_i \pm \beta_l - \dfrac{2\pi}{\Lambda}} \right|^2 \tag{9-1-17}$$

其中:Λ 是光纤光栅的周期常数。因此,忽略 l 模的条件是 $\left| \dfrac{K_{il}}{\beta_i \pm \beta_l - \left(\dfrac{2\pi}{\Lambda}\right)} \right|^2 \ll 1$。可以看出,对于光纤光栅,当 $\beta - (-\beta) = \dfrac{2\pi}{\Lambda}$ 时,主模和反射模满足布拉格条件时会发生强耦合。因为 $2\beta = 2\left(\dfrac{2\pi}{\lambda_{\mathrm{B}}} n_{\mathrm{eff}}\right)$,所以,$\lambda_{\mathrm{B}} = 2n_{\mathrm{eff}}\Lambda$ 是满足强耦合的布拉格条件。

对于具有均匀周期折射率变化的单模布拉格光纤光栅,其耦合主要是由一个振幅为 $A(z)$ 的正向模态耦合至一个反向传输且振幅为 $B(z)$ 的模态,式(9-1-11)可化简为

$$\begin{cases} \dfrac{\mathrm{d}R}{\mathrm{d}z} = \mathrm{i}\,\hat{\sigma} R(z) + \mathrm{i}\kappa S(z) \\ \dfrac{\mathrm{d}S}{\mathrm{d}z} = -\mathrm{i}\,\hat{\sigma} S(z) - \mathrm{i}\kappa R(z) \end{cases} \tag{9-1-18}$$

其中,正向传输和反向传输的模态分别为

$$\begin{cases} R(z) \equiv A(z)\exp\left[\mathrm{i}\left(\beta-\dfrac{\pi}{\Lambda}\right)z\right] \\[3mm] S(z) \equiv B(z)\exp\left[-\mathrm{i}\left(\beta-\dfrac{\pi}{\Lambda}\right)z\right] \end{cases} \tag{9-1-19}$$

且

$$\begin{cases} \hat{\sigma} \equiv \left(\beta-\dfrac{\pi}{\Lambda}\right)+\dfrac{2\pi}{\lambda}\Delta\bar{n}_{\mathrm{eff}} \\[3mm] \kappa = \dfrac{\pi}{\lambda}\Delta\bar{n}_{\mathrm{eff}} \end{cases} \tag{9-1-20}$$

式(9-1-18)的解为

$$\begin{cases} R(z)=c_1\mathrm{i}\kappa\mathrm{e}^{\gamma z}+c_2\mathrm{i}\kappa\mathrm{e}^{-\gamma z} \\[2mm] S(z)=c_1(-\mathrm{i}\hat{\sigma}+\gamma)\mathrm{e}^{\gamma z}+c_2(-\mathrm{i}\hat{\sigma}-\gamma)\mathrm{e}^{-\gamma z} \end{cases} \tag{9-1-21}$$

其中 $\gamma=\sqrt{\kappa^2-\hat{\sigma}^2}$。假设光栅位置在光纤的 $-\dfrac{L}{2}\leqslant z\leqslant\dfrac{L}{2}$，可把式(9-1-21)写成正向、反向传输模态在光栅两端的传递矩阵关系

$$\begin{bmatrix} R\left(-\dfrac{L}{2}\right) \\[3mm] S\left(-\dfrac{L}{2}\right) \end{bmatrix} = \begin{bmatrix} \boldsymbol{F}_{11} & \boldsymbol{F}_{12} \\[2mm] \boldsymbol{F}_{21} & \boldsymbol{F}_{22} \end{bmatrix} \begin{bmatrix} R\left(\dfrac{L}{2}\right) \\[3mm] S\left(\dfrac{L}{2}\right) \end{bmatrix} = \boldsymbol{F}\begin{bmatrix} R\left(\dfrac{L}{2}\right) \\[3mm] S\left(\dfrac{L}{2}\right) \end{bmatrix} \tag{9-1-22}$$

其中,传递矩阵为

$$\boldsymbol{F}=\begin{bmatrix} \cosh(\gamma L)-\mathrm{i}\dfrac{\hat{\sigma}}{\gamma}\sinh(\gamma L) & -\mathrm{i}\dfrac{\kappa}{\gamma}\sinh(\gamma L) \\[4mm] \mathrm{i}\dfrac{\kappa}{\gamma}\sinh(\gamma L) & \cosh(\gamma L)+\mathrm{i}\dfrac{\hat{\sigma}}{\gamma}\sinh(\gamma L) \end{bmatrix} \tag{9-1-23}$$

定义布拉格光纤光栅的反射率为 $r(\lambda)$,当光栅前端有入射波时,边界条件为 $R\left(-\dfrac{L}{2}\right)=1$ 和 $S\left(\dfrac{L}{2}\right)=0$,所以反射率 $r(\lambda)$ 为

$$r(\lambda)=\left|\dfrac{S\left(-\dfrac{L}{2}\right)}{R\left(-\dfrac{L}{2}\right)}\right|^2=\left|\dfrac{\boldsymbol{F}_{21}}{\boldsymbol{F}_{11}}\right|^2=\dfrac{\sinh^2(\gamma L)}{\cosh^2(\gamma L)-\dfrac{\hat{\sigma}^2}{\kappa^2}} \tag{9-1-24}$$

式(9-1-24)可看出当 $\hat{\sigma}=0$ 时有最大反射率,以及其波长

$$r_{\max}=\tanh^2(\kappa L) \tag{9-1-25}$$

$$\lambda_{\max}=\left(1+\dfrac{\Delta\bar{n}_{\mathrm{eff}}}{n_{\mathrm{eff}}}\right)\lambda_{\mathrm{B}} \tag{9-1-26}$$

典型光纤光栅的反射光谱如图 9-3 所示。读者如果希望更进一步了解耦合模理论的具体推导细节,建议参考廖邦全等人或刘汉平等人的文章,那些文章对于推导过程和耦合系数的细节有很详尽的描述。

当 $\beta-\dfrac{\pi}{\Lambda}=0$,满足相位匹配条件,且 $\Delta\bar{n}_{\mathrm{eff}}\rightarrow0$ 时,可以得到前面预测的理想光纤光栅

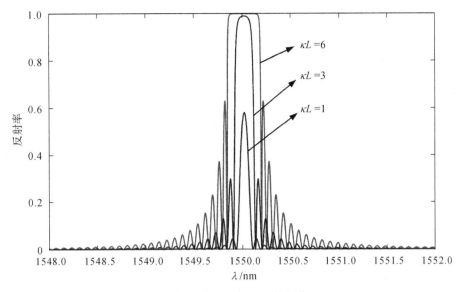

图 9-3 光纤光栅的反射光谱

的布拉格条件：$\lambda_B = 2n_{eff}\Lambda$。可以看出，反射中心波长 λ_B 的变化和光栅周期 Λ 以及纤芯的有效折射率 n_{eff} 有关

$$\Delta\lambda_B = 2\Lambda\Delta n_{eff} + 2n_{eff}\Delta\Lambda \tag{9-1-27}$$

可以进一步展开为

$$\Delta\lambda_B = 2\Lambda\left(\frac{\partial n_{eff}}{\partial L}\Delta L + \frac{\partial n_{eff}}{\partial a}\Delta a\right) + 2n_{eff}\frac{\partial\Lambda}{\partial L}\Delta L \tag{9-1-28}$$

其中：a 为纤芯的半径；ΔL 是光纤的纵向伸缩；Δa 是由纵向拉伸引起的光纤半径变化；$\frac{\partial n_{eff}}{\partial L}$ 表示光弹效应；$\frac{\partial n_{eff}}{\partial a}$ 表示波导效应。

　　外界的待测物理量引起的光纤光栅周期或有效折射率的改变都会导致反射中心波长的漂移。换句话说，只要可以测量光纤光栅反射中心波长的变化，就可以得知外界的待测量的变化。接下来，我们先介绍光纤光栅反射波长变化量和应变与温度变化的关系，然后再介绍相应的光纤光栅传感光路。

　　我们在第 4 章曾经介绍过光在各向异性晶体内的传播。对于各向异性介质，当 3 个主轴方向的折射率不同时，以 3 个主轴方向为基准轴，可以在上面画出一个折射率椭球，用来描述晶体中折射率的空间分布。我们可以定义相对介电张量 B_{ij} 为

$$B_{ij} = \frac{1}{n_{ij}^2} = \frac{\varepsilon_0}{\varepsilon_{ij}} \tag{9-1-29}$$

对应的椭球方程式为

$$B_{11}x_1^2 + B_{22}x_2^2 + B_{33}x_3^2 = 1 \tag{9-1-30}$$

当介质受到应变场作用时，相对介电系数会改变。对于小应变量，两者的关系为

$$\Delta B_{ij} = p_{ijkl}\varepsilon_{kl} \tag{9-1-31}$$

式(9-1-31)描述的是光弹效应，其中 p_{ijkl} 为光弹系数，是四阶张量。由于光弹系数和应变张量都是对称张量，式(9-1-31)可以改写为

$$\Delta B_k = p_{kl} \varepsilon_l \tag{9-1-32}$$

其中：$k, l = 1 \sim 6$。将式（9-1-29）代入式（9-1-32），由于石英光纤为各向同性，所以各方向折射率相同，为光纤反射模的有效折射率 n_{eff}，可得折射率变化和应变之间的关系

$$\Delta n_k = -\frac{1}{2} n_{\text{eff}}^3 \Delta B_k = -\frac{1}{2} n_{\text{eff}}^3 p_{kl} \varepsilon_l \tag{9-1-33}$$

其中：在外界有轴向应力的情况下，相对介电系数的变化量（$\Delta B_k = \Delta \left(\dfrac{1}{n_{\text{eff}}^2} \right) = -\dfrac{2}{n_{\text{eff}}^3} \Delta n_{\text{eff}}$）是应力的函数。对相对介电系数进行泰勒级数展开并略去高阶项，引入材料的光弹系数 p_{kl} 并利用光纤的轴对称（$\varepsilon_{rr} = \varepsilon_{\theta\theta}$），可得

$$\Delta \left(\frac{1}{n_{\text{eff}}^2} \right) = -\frac{2}{n_{\text{eff}}^3} \Delta n_{\text{eff}} = (p_{11} + p_{12}) \varepsilon_{rr} + p_{12} \varepsilon_{zz} \tag{9-1-34}$$

将式（9-1-34）代入式（9-1-28），并略去波导效应 $\dfrac{\partial n_{\text{eff}}}{\partial a}$，可得

$$\Delta \lambda_B = 2\Lambda \left\{ -\frac{n_{\text{eff}}^3}{2} \left[(p_{11} + p_{12}) \varepsilon_{rr} + p_{12} \varepsilon_{zz} \right] \right\} + 2n_{\text{eff}} \frac{\partial \Lambda}{\partial L} \Delta L \tag{9-1-35}$$

或表示为（$\lambda_B = 2 n_{\text{eff}} \Lambda$）

$$\frac{\Delta \lambda_B}{\lambda_B} = \frac{1}{n_{\text{eff}}} \left\{ -\frac{n_{\text{eff}}^3}{2} \left[(p_{11} + p_{12}) \varepsilon_{rr} + p_{12} \varepsilon_{zz} \right] \right\} + \frac{1}{\Lambda} \cdot \frac{\partial \Lambda}{\partial L} \Delta L \tag{9-1-36}$$

对于均匀拉伸下的均匀光纤光栅，有 $\dfrac{\partial \Lambda}{\Lambda} \cdot \dfrac{L}{\partial L} = 1$，考虑胡克定律（$\varepsilon_{rr} = -\nu \varepsilon_{zz}$），均匀轴向应力引起的相对布拉格波长漂移为

$$\begin{aligned}
\frac{\Delta \lambda_B}{\lambda_B} &= \frac{\Delta L}{L} - \frac{n_{\text{eff}}^2}{2} \left[(p_{11} + p_{12}) \varepsilon_{rr} + p_{12} \varepsilon_{zz} \right] \\
&= \left\{ 1 - \frac{n_{\text{eff}}^2}{2} \left[p_{12} - (p_{11} + p_{12}) \nu \right] \right\} \varepsilon_{zz} \\
&= K_\varepsilon \varepsilon_{zz}
\end{aligned} \tag{9-1-37}$$

对于熔融石英，$p_{11} = 0.121$，$p_{12} = 0.27$，$\nu = 0.17$，$n_{\text{eff}} = 1.456$，则应变灵敏度系数 $K_\varepsilon = 0.784$。

外界温度的改变也会引起光纤光栅的反射波长漂移，其包括光纤热膨胀效应、光纤热光效应和光纤内部热应力引起的光弹效应。对于动态弹性波相关测量，相比温度变化的速度，可忽略室温的微小变化。

接着，我们介绍光纤光栅位移传感系统的原理和相关光路。从式（9-1-37）可以看出，光纤光栅一般作为高灵敏度的应变传感器。如果我们将光纤光栅的一段粘结在固定端，另外一端粘结到待测物体的表面，则我们可以将光纤光栅的动态应变转换为待测物体表面的动态位移。

对于静态受拉的光纤光栅的波长漂移量，可以通过光谱仪测量。对于动态位移，可以通过其他的光纤光栅作为滤波器对波长漂移进行解调。为了提高传感系统的信噪比与灵敏度，可以用具有相近布拉格波长的光纤光栅滤波器。可以用其反射光谱进行解调，此时光路中的光纤光栅滤波器为单端口器件；也可以用其透射光谱进行解调，此时光纤光栅滤波器为双端口器件。对于大位移量程的传感，可以搭配周期为几十至几百微米的长周期光纤光栅。

长周期光纤光栅中前向传输的纤芯基模与前向传输的各阶包层模式之间会耦合,无后向反射,属于透射型带阻滤波器。

接下来,我们首先以应变传感以及布拉格光纤光栅滤波器的穿透光谱进行解调为例,介绍相应的光路。光纤光栅滤波器的穿透光谱可用高斯函数表示

$$F(\lambda) = 1 - R_F \exp\left[-4\ln2\left(\frac{\lambda - \lambda_F}{\sigma_F}\right)^2\right] \tag{9-1-38}$$

其中:λ_F 为布拉格光纤光栅滤波器的布拉格波长;R_F 是最大反射率;σ_F 为滤波器的半高全宽(FWHM)。若宽带光源的光强为 $P(\lambda)$,光电二极管测量的光强可用下式表示

$$I = \int_0^\infty P(\lambda) R(\lambda) F(\lambda) d\lambda \simeq P_\lambda \int_0^\infty F(\lambda) R(\lambda) d\lambda \tag{9-1-39}$$

其中 $R(\lambda)$ 为光纤光栅位移或应变传感器的反射光谱,可以表示为

$$R(\lambda) = R_S \exp\left[-4\ln2\left(\frac{\lambda - \lambda_S}{\sigma_S}\right)^2\right] \tag{9-1-40}$$

图 9-4 所示为光纤光栅应变传感系统,高功率宽带光源经过光隔离器与光纤光栅滤波器滤波后得到透射光谱,使得光源具有对光纤光栅应变传感器的反射光谱信号进行解调的能力。为了后续调整光纤光栅的中心波长,光纤光栅滤波器也浮空(光纤光栅区没有粘结,仅两端粘结)地布置在平移台上。滤波后的光进入具有方向性的光环行器。其中,对于光环行器,1 号端口进入的光会导入 2 号端口,然后 2 号端口进入的光会导入 3 号端口,反向传输的光则会被阻隔。光纤光栅应变传感器的反射光谱信号经光环行器以光电二极管转换为电信号后可在示波器显示。由于光环行器的方向性,光纤光栅传感器的反射光谱不会返回而干扰光源的输出。图 9-4 中所示的 dSPACE 1104 控制系统可以结合 MATLAB/Simulink 实现结构的主动振动控制等应用。另外,图 9-4 中的放大器的功能是驱动压电陶瓷片。

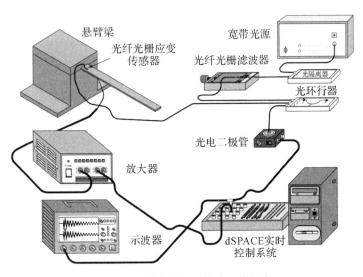

图 9-4 光纤光栅应变传感系统示意

图 9-5 所示为三维光纤光栅位移传感系统中光纤光栅的实际照片。其包含了一个面外光纤光栅位移传感器以及两个面内光纤光栅位移传感器。以面外光纤光栅位移传感器为

例,光栅的一端通过环氧树脂 AB 胶大面积地固定在具有磁性底座的垂直平移台上。磁性底座可以将平移台固定在光学桌上。光栅的另外一端可以斜向剪断以减少端面对反射光的影响,然后再次通过环氧树脂 AB 胶固定在结构的待测点上。具体操作是先在待测点上涂上一个小的半球形貌的环氧树脂,然后再通过平移台将光纤光栅垂直放下使其部分沉浸在胶水内。等待胶水固化后,需先将光纤光栅进行预拉伸再进行测量。因为光纤光栅可以有承受拉力和压力的能力以及位移变化量和应变成正比,这样布置的光纤光栅具有测量面外动态位移的能力。图 9-5 中的左边红点处是非接触激光多普勒测振仪的测点,用来校正光纤光栅位移传感器的位移。通过同样的方式,如果是水平平移台,可以得到面内光纤光栅位移传感器。光纤光栅位移传感器灵敏度极高,但是光纤径细、质轻,很容易断裂,在使用过程中必须谨慎。测量结束后,可以将光纤光栅从测点处剪断。不过,由于待测点上的胶水以及光纤光栅的粘结部分不多,所以笔者过去曾经有通过平移台将光纤光栅安全抽离,并且可以重复使用的经验。

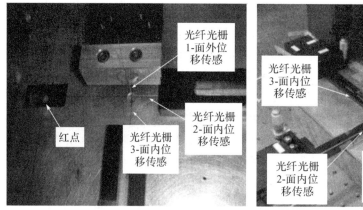

图 9-5　三维光纤光栅位移传感系统

为了说明光纤光栅滤波器的解调行为和光纤光栅滤波器的透射光谱,将式(9-1-38)和式(9-1-40)代入式(9-1-39),积分可得

$$I = \frac{\sqrt{\pi} P_\lambda R_S \sigma_S}{\sqrt{4\ln 2}} - \frac{\sqrt{\pi} P_\lambda R_F R_S}{\sqrt{4\ln 2}} \cdot \frac{\sigma_F \sigma_S}{\sqrt{\sigma_F^2 + \sigma_S^2}} \exp(-\delta\lambda_{nor}^2) \tag{9-1-41}$$

其中 $\delta\lambda_{nor}$ 是归一化的波长失配量,有

$$\delta\lambda_{nor} = \left(\frac{2\sqrt{\ln 2}}{\sqrt{\sigma_F^2 + \sigma_S^2}}\right) \delta\lambda \tag{9-1-42}$$

其中: $\delta\lambda = \lambda_S - \lambda_F = \lambda_B - \lambda_F + \Delta\lambda_S$。可见,光电二极管测量的光强和波长适配有关。如果我们只考虑式(9-1-41)中的透射项($I' = -\frac{\sqrt{\pi} P_\lambda R_F R_S}{\sqrt{4\ln 2}} \cdot \frac{\sigma_F \sigma_S}{\sqrt{\sigma_F^2 + \sigma_S^2}} \exp(-\delta\lambda_{nor}^2)$),归一化光强变化和波长失配($\delta\lambda_{nor}$)的变化量关系如图 9-6 所示。

可以看到,如果将光纤光栅滤波器的中心波长调整得比光纤光栅传感器的中心波长小,则光纤光栅传感器在受拉状态下电信号会增加。进一步地,由式(9-1-41)可知,波长变化和光强变化的转换关系为

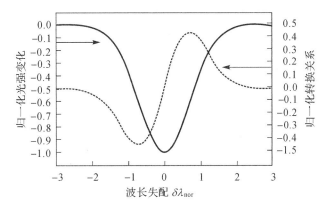

图 9-6　归一化波长失配和归一化光强以及归一化光强转换的关系

（图片参考：Chuang K C，Ma C C. Multidimensional dynamic displacement and strain measurement using an intensity demodulation-based fiber Bragg grating sensing system[J]. Journal of Lightwave Technology，2010，28(13)：1897-1905.）

$$
\begin{aligned}
K &= \frac{\mathrm{d}I}{\mathrm{d}(\delta\lambda_{\mathrm{nor}})} \\
&= 2\frac{\sqrt{\pi}\,P_{\lambda}R_{\mathrm{F}}R_{\mathrm{S}}}{\sqrt{4\ln2}} \cdot \frac{\sigma_{\mathrm{F}}\sigma_{\mathrm{S}}}{\sqrt{\sigma_{\mathrm{F}}^{2}+\sigma_{\mathrm{S}}^{2}}}\delta\lambda_{\mathrm{nor}}\exp(-\delta\lambda_{\mathrm{nor}}^{2})
\end{aligned}
\tag{9-1-43}
$$

归一化的光强转换关系也如图 9-6 所示，取 $\dfrac{\mathrm{d}K_{\mathrm{nor}}}{\mathrm{d}(\delta\lambda_{\mathrm{nor}})}=0$，得到优化的初始光纤光栅传感器的中心波长和初始光纤光栅滤波器的中心波长差，称为优化的初始波长差 $\delta\lambda_{\mathrm{OPT}}$，有

$$
\delta\lambda_{\mathrm{OPT}} = \lambda_{\mathrm{B}} - \lambda_{\mathrm{F}} + \Delta\lambda_{\mathrm{S,OPT}} = \sqrt{\frac{\sigma_{\mathrm{F}}^{2}+\sigma_{\mathrm{S}}^{2}}{8\ln2}}
\tag{9-1-44}
$$

　　如果测量前初始光纤光栅传感器的中心波长和光纤光栅滤波器的中心波长没有调整好，有可能会有信号饱和的问题，从而失去测量的线性度。对于初始波长的调整，可以通过光谱仪的比对来达到。最后，虽然我们这里用光纤光栅滤波器的透射光谱进行解调，我们也可以直接用光纤光栅的反射光谱进行解调。

　　上面介绍的解调光路虽然简单，但如果测量目标是结构的传输曲线（频率响应），需要在结构的输入和输出端布置光纤光栅位移传感器，则相应地需要两个光纤光栅滤波器，由于光纤光栅制备上的差异，不容易控制中心波长。因此，笔者进一步提出了不需要解调光纤光栅的光路的思路，就是将同一个光纤光栅的光栅区的一半用环氧树脂 AB 胶固定，仅仅允许没有粘结胶水的部分自由变形，则固定部分的光栅的反射光谱将不会漂移。此时由于整体光栅的应变不是均匀的，故可以通过传递矩阵法分析这种光纤光栅的反射光谱。我们可以将光栅分为 M 个子段，其中一半是可以改变光栅周期的，另外一半的光栅周期则是固定的。对于长度为 Δz 的第 i 个光栅段，前向传输模和反向传输模的振幅关系为

$$
\begin{bmatrix} R_i \\ S_i \end{bmatrix} = F_i \begin{bmatrix} R_{i-1} \\ S_{i-1} \end{bmatrix}
\tag{9-1-45}
$$

其中

$$F_i = \begin{bmatrix} \cosh(\gamma_B \Delta z) - \mathrm{i}\dfrac{\hat{\sigma}}{\gamma_B}\sinh(\gamma_B \Delta z) & -\mathrm{i}\dfrac{\kappa}{\gamma_B}\sinh(\gamma_B \Delta z) \\ \\ \mathrm{i}\dfrac{\kappa}{\gamma_B}\sinh(\gamma_B \Delta z) & \cosh(\gamma_B \Delta z) + \mathrm{i}\dfrac{\hat{\sigma}}{\gamma_B}\sinh(\gamma_B \Delta z) \end{bmatrix} \tag{9-1-46}$$

对于全部的光纤光栅来说,最左端和最右端的前向传输模和反向传输模的振幅关系为

$$\begin{bmatrix} R\left(\dfrac{L}{2}\right) \\ S\left(\dfrac{L}{2}\right) \end{bmatrix} = F \begin{bmatrix} R\left(-\dfrac{L}{2}\right) \\ S\left(-\dfrac{L}{2}\right) \end{bmatrix} \tag{9-1-47}$$

其中:$F = F_M \cdot F_{M-1} \cdots F_1$ 是光学传递矩阵。解调后的光强可以表示为

$$I = \int_0^\infty P(\lambda)R(\lambda)\mathrm{d}\lambda \cong P_\lambda \int_0^\infty R(\lambda)\mathrm{d}\lambda \tag{9-1-48}$$

此时,即使是一根光纤光栅,在预拉伸后也可以得到拉伸量和光强之间呈现线性的响应。这样的光纤光栅,我们称之为自解调光纤光栅传感器(self-demodulated FBG,SFBG)。自解调光纤光栅传感器的布置和光路已经在第 8 章中介绍(见图 8-24),其传感能力可以再次参考图 8-27 和图 8-28 的测量结果。

通过两根自解调光纤光栅,可以分离出声子晶体梁的扭转传输特性。实验系统如图 9-7 所示,具体的实验照片见图 9-8。其中,输入端的自解调光纤用来测量压电叠堆的激励信号。实验中当作激励源的两个压电叠堆分别放置在矩形声子晶体梁左端截面的两个端点正下方,通过给予压电叠堆相位相反但大小相同的激励来产生扭转激励信号。

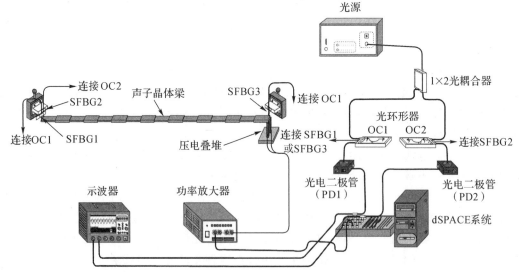

图 9-7 声子晶体梁扭转振动传输实验 SFBG 传感系统示意

进行扭转振动传输实验的激励方式是白噪声激励。激励信号经功率放大器放大后输入两个压电叠堆以产生 z 方向的正反相位移激励。声子晶体梁的扭转 FRF 测量结果如图 9-9 所示,为了作为对比,我们也利用有限元和扭转波 MRRM 理论计算得到无限周期结构的扭转波能带结构和有限声子晶体的扭转 FRF。图 9-10 所示则为同样声子晶体的弯曲波能带结构和传输特性,可以看出自解调光纤光栅的优异传感能力。

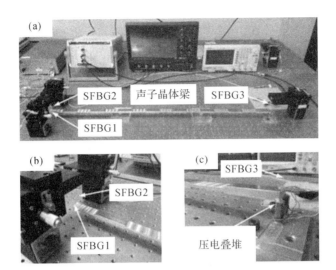

图 9-8　声子晶体梁扭转振动传输实验照片

（图片参考：Chuang K C，Yuan Z W，Guo Y Q，et al. Extracting torsional band gaps and transient waves in phononic crystal beams：Method and validation［J］. Journal of Sound and Vibration，2019，467，115004）

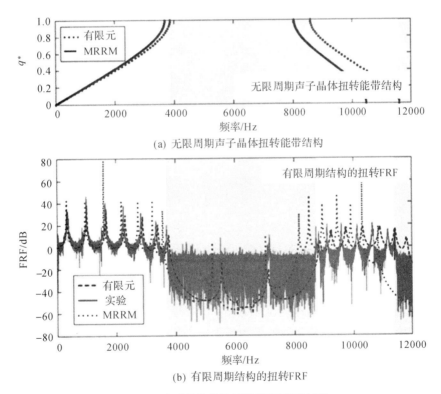

(a) 无限周期声子晶体扭转能带结构

(b) 有限周期结构的扭转FRF

图 9-9　声子晶体梁的扭转 FRF 测量结果

（图片参考：Chuang K C，Yuan Z W，Guo Y Q，et al. Extracting torsional band gaps and transient waves in phononic crystal beams：Method and validation［J］. Journal of Sound and Vibration，2019，467，115004）

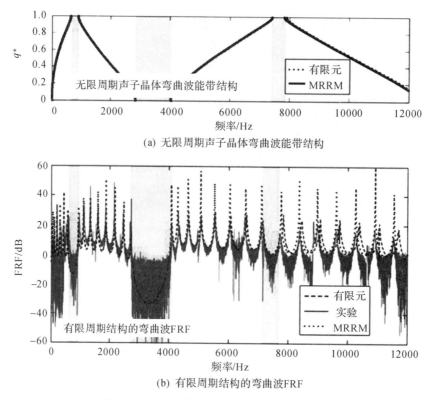

(a) 无限周期声子晶体弯曲波能带结构

(b) 有限周期结构的弯曲波FRF

图 9-10 声子晶体梁的弯曲波 FRF 测量结果

(图片参考:Chuang K C,Yuan Z W,Guo Y Q, et al. Extracting torsional band gaps and transient waves in phononic crystal beams:Method and validation[J]. Journal of Sound and Vibration,2019,467,115004)

9.2 振幅变动式电子散斑干涉术

电子散斑干涉(electronic speckle interferometry,ESPI)是一种基于光的干涉现象来测量待测结构的全场静态或动态变形的非接触测量技术。该技术利用电荷耦合元件(charged-coupled device,CCD)及电子处理技术记录低空间频率全场成像图形。基本原理是当待测结构表面发生变形时,观察面上的任一微小质点上会因为位移的变化造成两道同调的干涉光的光程差,形成明暗相间的干涉条纹。ESPI应用于振动时常用的测量方法为均时法(time-averaging method),特点是在图像传感器的曝光时间内采集物体在振动中在不同时间的影像,数学上由零阶 Bessel 函数所调制。干涉图样中结构振动的节线将呈现最亮的图像。干涉条纹的分布和振动的位移分布相关,为等位移线的分布,可由全场干涉图形直接获得振动位移的分布情形。测量精度为光波长的量级。如果以同调性较佳的氦氖激光(波长为 632.8 nm)为光源,位移的测量精度可达次微米等级。根据结构的面外和面内变形,电子散斑干涉术可以分为面外测量和面内测量两种模式。将面外及面内所得到的实验信息结合,即为待测物的三维变形。本节将对面外和面内两种测量模式进行说明。

9.2.1　面外振动测量

三维全场测量的 ESPI 光路如图 9-11 所示,经由遮光和微调反光镜即可快速切换面外与面内光路,使用面外光路测量时可将面内激光阻断。

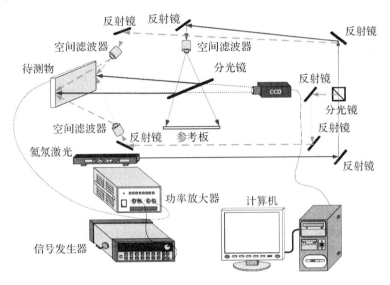

图 9-11　ESPI 面外(实线)与面内(虚线)光路测试系统

如图 9-11 所示,氦氖激光(He-Ne laser)经过可调式分光镜(beamsplitter)后分为两道光束。第一道为面外测量光路(图中的实线),第二道为面内测量光路(图中的虚线)。使用面外光路时,光路经过空间滤波器(spatial filter)后,再经分光镜分别投射至待测物表面和参考板(reference plate)上,其干涉光束在参考板上会漫反射,造成光斑式参考光(speckled reference beam)。光斑式参考光与投射在待测物表面的物光波同轴入射并聚焦于 CCD 相机的感光平面上即可获得干涉图像信息。进入 CCD 相机的光场干涉信息,配合图像采集卡将 CCD 相机的模拟信号转成数字信号,输入计算机后由具有实时图像相减功能的软件加以处理,借助数字图像处理技术,全场干涉条纹的图形最后将直接显示在计算机屏幕上。

ESPI 测量物体共振频率与模态振形的基本原理是在待测物受激振后由图像采集系统先取得一张振动中的图像作为参考图像,并与连续采集的图像进行实时相减处理。此时的干涉图像为位移等高线的形式,其包含全场振动振幅的分布。物体在共振时会有最大的位移量,此时 ESPI 的干涉条纹最为密集。假设物体振动前在成像平面上某点的光强度为(参考式(4-7-6))

$$I_1 = I_O + I_R + 2\sqrt{I_O I_R} \cos \theta \tag{9-2-1}$$

其中:I_O 是物光波的光强度;I_R 是参考光的光强度;θ 为物光波与参考光的相位差。物体开始振动后,散射的物光波相位发生变化。若此时物体振动的振幅为 A,且 ϕ_0 为物光波与观测方向(垂直于物体表面的方向)的夹角,振动的角频率为 ω,则相位差 θ 可表示为

$$\theta = \frac{\lambda}{2\pi}(1 + \cos \phi_0)A\cos \omega t = \Gamma A \cos \omega t \tag{9-2-2}$$

其中

$$\Gamma = \frac{\lambda}{2\pi}(1 + \cos\phi_0) \tag{9-2-3}$$

为 ESPI 面外测量灵敏度参数。当光路架设的角度 ϕ_0 接近 $0°$ 时灵敏度值最大。λ 为激光的光波波长。

由于 CCD 相机在取像时间内会不断累积物体在不同时刻的振动图像,而均时法的概念可视为直接对图像累加再对时间平均,因此当物体处于振动状态时,CCD 相机所记录的光强度 I_2 为取像时间周期的平均值,即

$$I_2 = I_0 + I_R + \frac{2}{\tau}\sqrt{I_0 I_R}\int_0^\tau \cos(\theta + \Gamma A\cos\omega t)\,\mathrm{d}t \tag{9-2-4}$$

对式(9-2-4)进行积分简化可得

$$\int_0^\tau \cos(\theta + \Gamma A\cos\omega t)\,\mathrm{d}t = \mathrm{Re}\left[\int_0^\tau \exp(\mathrm{i}\theta + \mathrm{i}\Gamma A\cos\omega t)\,\mathrm{d}t\right]$$

$$= \mathrm{Re}\left[\mathrm{e}^{\mathrm{i}\theta}\sum_{-\infty}^{\infty}J_n(\Gamma A)\mathrm{e}^{\mathrm{i}n\frac{\pi}{2}}\frac{\mathrm{e}^{-\mathrm{i}n\omega\tau}-1}{-\mathrm{i}n\omega}\right] \tag{9-2-5}$$

其中:τ 为 CCD 相机采集图像的时间,除非 $n=0$,若 $\tau = \frac{2k\pi}{\omega}$ 或 $\tau \gg \frac{2k\pi}{\omega}$,其值为 0,故上式可改写为

$$\int_0^\tau \cos(\theta + \Gamma A\cos\omega t)\,\mathrm{d}t = \tau J_0(\Gamma A)\cos\theta \tag{9-2-6}$$

因此,将光强度 I_2 改写为简化的形式

$$I_2 = I_0 + I_R + 2\sqrt{I_0 I_R}(\cos\theta)J_0(\Gamma A) \tag{9-2-7}$$

其中:$J_0(\Gamma A)$ 为零阶 Bessel 函数。由式(9-2-7)可知,J_0 函数包含振幅 A 的信息,但因为前面两项直流项(物光波光强 I_0 与参考光强 I_R)相对较大,会使后方调制项 J_0 函数所包含的振幅信息不易在测量结果中展现。为了降低直流项的影响,电子斑点干涉术的测量需要采用复杂的微动装置来变更参考光的光程。可使式(9-2-7)中的 $\cos\theta$ 变成 $\cos(\theta+\pi)$ 后再利用图像相减法将两张振动图像进行处理,来消除直流项对包含振幅的 J_0 调制项的干扰。为此,台湾清华大学王伟中教授提出振幅变动电子斑点干涉(amplitude-fluctuation ESPI, AF-ESPI)。他利用将两张带有适当变化的振动图像相减的方式,得到稳态的全场位移干涉图形,降低了对复杂微动装置的要求。

AF-ESPI 的面外光学测量系统如图 9-11 的实线所示。与 ESPI 的不同是其对适当变化的图像进行图像相减处理。假设试片振动时第一张已有振动振幅的图像光强为

$$I_1 = \frac{1}{\tau}\int_0^\tau\left\{I_0 + I_R + 2\sqrt{I_0 I_R}\cos\left[\theta + \frac{2\pi}{\lambda}(1+\cos\phi_0)A\cos\omega t\right]\right\}\mathrm{d}t \tag{9-2-8}$$

令灵敏度参数 $\Gamma = \frac{2\pi}{\lambda}(1+\cos\phi_0)$,参照图像相减法的推导,式(9-2-8)的光强度 I_1 可改为

$$I_1 = I_0 + I_R + 2\sqrt{I_0 I_R}(\cos\theta)J_0(\Gamma A) \tag{9-2-9}$$

采集待测物振动中的第二张图像,与之前采集的 I_1 图像相比,振幅产生 ΔA 的微量变化。将第二张图像的光强度表示为

$$I_2 = \frac{1}{\tau}\int_0^\tau\{I_0 + I_R + 2\sqrt{I_0 I_R}\cos[\theta + \Gamma(A+\Delta A)\cos\omega t]\}\mathrm{d}t \tag{9-2-10}$$

其中

$$\int_{t=0}^{t=\tau} \cos\left[\theta + \Gamma(A + \Delta A)\cos\omega t\right] \mathrm{d}t$$

$$= \mathrm{Re}\left[\mathrm{e}^{\mathrm{i}\theta}\int_{t=0}^{t=\tau}\exp(\mathrm{i}\Gamma A\cos\omega t)\exp(\mathrm{i}\Gamma\Delta A\cos\omega t)\mathrm{d}t\right] \tag{9-2-11}$$

我们对 $\exp(\mathrm{i}\Gamma\Delta A\cos\omega t)$ 进行泰勒级数展开，忽略三次以上的高阶项，可得

$$\int_0^{\tau}\cos\left[\theta + \Gamma(A + \Delta A)\cos\omega t\right]\mathrm{d}t = \tau\left[1 - \frac{1}{4}\Gamma^2(\Delta A)^2\right]J_0(\Gamma A) \tag{9-2-12}$$

所以，式(9-2-10)的第二张图像光强度可以表示为

$$I_2 = I_\mathrm{O} + I_\mathrm{R} + 2\sqrt{I_\mathrm{O}I_\mathrm{R}}(\cos\theta)\left[1 - \frac{1}{4}\Gamma^2(\Delta A)^2\right]J_0(\Gamma A) \tag{9-2-13}$$

将第二张图像(式(9-2-13))与第一张图像(式(9-2-9))相减消去直流项，并经整流后显示在屏幕上，则相减后的图像光强变为

$$I = I_2 - I_1 = 2\sqrt{I_\mathrm{O}I_\mathrm{R}}\left|\frac{1}{4}\Gamma^2(\Delta A)^2 J_0(\Gamma A)\cos\theta\right|$$

$$= \frac{\sqrt{I_\mathrm{O}I_\mathrm{R}}}{2}\left|\Gamma^2(\Delta A)^2 J_0(\Gamma A)\cos\theta\right| \tag{9-2-14}$$

由式(9-2-14)知振动振幅为函数 $\left|J_0(\Gamma A)\right|$ 所调制，并由零阶 Bessel 函数的特性可知，当振动振幅 $A=0$ 时，$\left|J_0(\Gamma A)\right|$ 函数有最大值。因此，实验结果中图像最亮的区域对应物体振动时零位移的节线区域。

9.2.2　面内振动测量

ESPI 对面内振动测量的光学测量系统如图 9-11 的虚线所示。氦氖激光经由分光镜分出两道激光，利用平面镜来调节光路，使两道光接近平行且等角度入射待测物表面，经由空间滤波器扩散激光。CCD 相机置于待测物法线方向，并对焦于待测物表面。

面内振动的理论类似于面外振动。假设面内振动的振幅为 A'，面内振动时的相位变化为

$$\theta' = \frac{2\pi}{\lambda}(2A'\cos\omega t\sin\varphi') = \Gamma'A'\cos\omega t \tag{9-2-15}$$

其中

$$\Gamma' = \frac{2\pi}{\lambda}(2\sin\varphi') \tag{9-2-16}$$

为 ESPI 面内测量灵敏度参数，φ' 为两道对称激光夹角的一半，因此架设的角度越接近 90° 时，即两道对称入射光越接近 180° 夹角时，位移测量灵敏度越大。根据式(9-2-8)，第一张图像的光强度为

$$I_1 = \frac{1}{\tau}\int_0^{\tau}\left[I_\mathrm{O} + I_\mathrm{R} + 2\sqrt{I_\mathrm{O}I_\mathrm{R}}\cos(\theta + \Gamma'A'\cos\omega t)\right]\mathrm{d}t \tag{9-2-17}$$

参考前文面外位移的推导，式(9-2-17)可简化为

$$I_1 = I_\mathrm{O} + I_\mathrm{R} + 2\sqrt{I_\mathrm{O}I_\mathrm{R}}J_0(\Gamma'A')\cos\theta \tag{9-2-18}$$

相较第一张图像，采集第二张图像时振幅有 $\Delta A'$ 的变化，因此光强度可表示为

$$I_2 = \frac{1}{\tau} \int_0^\tau \left\{ I_O + I_R + 2\sqrt{I_O I_R} \cos\left[\theta + \Gamma'(A' + \Delta A')\right] \cos \omega t \right\} \mathrm{d}t \qquad (9\text{-}2\text{-}19)$$

将式(9-2-19)做泰勒级数展开且忽略高次项并进行积分,接着减去式(9-2-18)进行两张图像相减以消去直流项,可得整流后的干涉图像光强度为

$$I = I_2 - I_1 = \frac{\sqrt{I_O I_R}}{2} \left| \Gamma'^2 (\Delta A')^2 J_0(\Gamma' A') \cos \theta \right| \qquad (9\text{-}2\text{-}20)$$

由式(9-2-20)的结果可知,在面内位移测量振动的干涉条纹中,相减后图像的亮纹和暗纹也是由 $\left| J_0(\Gamma' A') \right|$ 所调制。虽然振幅变动式电子散斑干涉术基本上是测量结构稳态振型的全场测量技术,但如果使用瞬态图像采集技术以获取波传播过程的电子散斑图像,也可以实现动态电子散斑干涉。

现在考虑空气扰动对振幅变动式电子散斑干涉术的测量精度以及效果的干扰。假设物体振动前在成像平面上某点的光强度为

$$I(x,y,t) = I_O(x,y,t) + I_R(x,y,t)$$
$$+ 2\sqrt{I_O I_R} \left\{ \cos\left[\theta(x,y) + \psi(x,y,t) + \Gamma A(x,y) \cos \omega t\right] \right\} \qquad (9\text{-}2\text{-}21)$$

其中:$I_O(x,y,t)$ 是物光波的光强度;$I_R(x,y,t)$ 是参考光的光强度;$\psi(x,y,t)$ 为环境对光路系统的干扰,来源包括空气扰动和光噪声等。$\psi(x,y,t)$ 可表示为

$$\psi(x,y,t) = \frac{2\pi}{\lambda} \left[L(x,y,t) - L_O(x,y) \right] \qquad (9\text{-}2\text{-}22)$$

其中:$L(x,y,t)$ 为光路中光传播的距离;$L_O(x,y)$ 为物光波和参考光的平均传播距离。干扰的统计学模型为

$$\bar{\psi}(x,y) = \frac{1}{T} \int_0^T \left\{ \psi(x,y,t) f\left[\psi(x,y,t)\right] \right\} \mathrm{d}t \qquad (9\text{-}2\text{-}23)$$

和

$$\hat{\psi}(x,y) = \frac{1}{T} \sqrt{\int_0^T \left[\psi(x,y,t) - \bar{\psi}(x,y) \right]^2 f\left[\psi(x,y,t)\right] \mathrm{d}t} \qquad (9\text{-}2\text{-}24)$$

其中:$\psi(x,y,t)$ 的概率 $f\left[\psi(x,y,t)\right]$ 服从正态分布;T 是观测时间;$\bar{\psi}(x,y)$ 和 $\hat{\psi}(x,y)$ 分别是干扰的平均值和标准差。对于曝光时间 $i\tau$,环境干扰可以表示为

$$\psi_i(x,y) = \frac{1}{\tau} \int_{i\tau}^{(i+1)\tau} \left\{ \psi(x,y,t) f\left[\psi(x,y,t)\right] \right\} \mathrm{d}t \qquad (9\text{-}2\text{-}25)$$

其中下标 i 代表一系列测量中的某一帧特定图像。因此,干扰的统计学性质可表示为

$$\bar{\psi}_s(x,y) = \frac{1}{n} \sum_{i=1}^n \psi_i(x,y) \qquad (9\text{-}2\text{-}26)$$

和

$$\hat{\psi}_s(x,y) = \sqrt{\frac{1}{n-1} \sum_{i=1}^n \left[\psi_i(x,y) - \bar{\psi}_s(x,y) \right]^2 f\left[\psi_i(x,y)\right]} \qquad (9\text{-}2\text{-}27)$$

其中:n 是一系列观测的图像总数目;$\bar{\psi}_s(x,y)$ 和 $\hat{\psi}_s(x,y)$ 分别是离散的平均值和标准差。

由于 CCD 相机在取像时间内会不断累积物体在不同时刻的振动图像,而均时法的概念可视为直接对图像累加再对时间平均,因此当物体处于振动状态时,CCD 相机所记录的光

强度 I_i 为取像时间周期的平均值,即

$$I_i(x,y) = \frac{1}{\tau} \int_{i\tau}^{(i+1)\tau} I(x,y,t)\,\mathrm{d}t$$

$$= I_O(x,y) + I_R(x,y) + 2\sqrt{I_O I_R}\{\cos[\psi_i(x,y) + \theta(x,y)]J_0(\Gamma A)\}$$

$$(9\text{-}2\text{-}28)$$

假设 $\psi_i(x,y)$ 不大,可进行泰勒级数展开为

$$I_i(x,y) \cong I_O(x,y) + I_R(x,y)$$

$$+ 2\sqrt{I_O I_R}\{[\cos\theta(x,y) - \psi_i(x,y)\sin\theta(x,y)]J_0(\Gamma A)\}$$

$$(9\text{-}2\text{-}29)$$

式(9-2-29)可以进一步修正为适合实验结果的归一化表达式(移除 $\sqrt{I_O I_R}$ 的影响),即

$$I_i^* = \frac{I_i}{2\sqrt{I_O I_R}} = I_{bg} + (\cos\theta - \psi_i\sin\theta)J_0(\Gamma A) \tag{9-2-30}$$

其中: I_{bg} 为获得的一系列图像的背景噪声; ψ_i 是环境干扰的影响。将两张振动中试片的任意图像相减,可得

$$I_{sub}^* = |I_j^* - I_i^*| = |\psi_j\sin\theta J_0(\Gamma A) - \psi_i\sin\theta J_0(\Gamma A)|$$

$$= |(\psi_j - \psi_i)\sin\theta J_0(\Gamma A)| \tag{9-2-31}$$

式(9-2-31)减少了 $|\cos\theta + \psi_0\sin\theta|$ 和式(9-2-30)中背景噪声 I_{bg} 的影响,加大了环境干扰项 $(\psi_j - \psi_i)$ 在高频的时候对测量结果的影响。这一干扰项不容易用物理办法消除。环境干扰可以通过平均法降低。基于式(9-2-30),一系列图像的平均为

$$I_{mean}^* = \bar{I}^* = \frac{1}{n}\sum_{i=1}^{n} I_i^* = I_{bg} + (\cos\theta + \bar{\psi}_s\sin\theta)J_0(\Gamma A) \tag{9-2-32}$$

其中: $\bar{\psi}_s$ 是一系列图像中环境噪声的平均值,当图像数目多时,其会趋近于常数。和相减法(式(9-2-31))相比,平均法移除了环境的干扰,但是背景噪声 I_{bg} 依然存在。为此,台北科技大学的张敬源教授提出了一套基于时域标准差方法的滤波理论,目的是抑制空气扰动对干涉条纹的影响。每帧图像的像素的标准差提供了稳定的振动振幅的波动,表示为

$$\hat{I}^* = \sqrt{\frac{1}{n-1}\sum_{i=1}^{n}(I_i^* - \bar{I}^*)^2} = |\hat{\psi}_s\sin\theta J_0(\Gamma A)| \tag{9-2-33}$$

当图像数目多时,平均值 $\bar{\psi}_s$ 和标准差 $\hat{\psi}_s$ 会趋近于常数。标准差法保留了平均法(式(9-2-32))和相减法(式(9-2-31))的优点,同时提高了干涉图像的效果。

图 9-12 所示为压电陶瓷板的振动图像。图 9-12(a)所示为根据式(9-2-31)相减法所得的结果,其中环境干扰在低空间频率处产生了噪声,因此降低了图像的稳定度。图 9-12(b)所示为根据式(9-2-32)平均法所得的结果,可以看出背景噪声对于图像的对比度有很大的干扰。图 9-12(c)所示为根据式(9-2-33)标准差法所得的结果,可以看出背景噪声和环境干扰都同时得到有效的移除,得到高品质的图像结果。图 9-12(c)中也标示了干涉条纹中亮纹和暗纹所对应的位移定量幅值,图像最亮的区域对应物体振动时零位移的节线区域。可见电子散斑干涉术既可以测量次微米的变形,也可以获得可靠的振动相位信息。

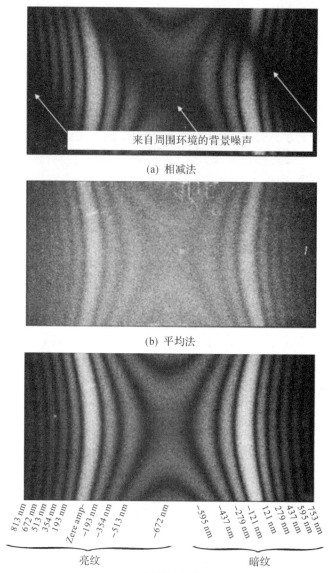

图 9-12　电子散斑干涉图像处理的比较

（图片参考:Ma C C, Chang C Y. Improving image-quality of interference fringes of out-of-plane vibration using temporal speckle pattern interferometry and standard deviation for piezoelectric plates[J]. IEEE Transactions on Ultrasonics, Ferroelectrics, and Frequency Control, 2013, 60(7): 1412—1423.）

9.3　钢珠撞击载荷的波源历程测量

由第 8 章的瞬态理论可知,对于弹性超材料的瞬态波传播行为的实验研究而言,钢珠撞击是合适的激励,其具有重复性高、瞬态响应易于分析等优点。接触时间(contact time)与波源历程(loading history)是碰撞接触问题理论计算及数值模拟分析中两个很重要的参数。本节将介绍测量钢珠撞击接触时间及波源历程的方法。有了波源历程的信息就可以进行瞬态响应理论分析并和实验测量结果作比较。钢珠撞击载荷历程测量方法主要使用的传感器是聚偏二氟乙烯(PVDF)。PVDF 是一种高分子聚合物,有优异的压电特性,其具有轻薄、可挠性高且易粘贴于柔性结构上,可以作为应变传感器。它相较于其他压电材料可承受较大的冲击力,大小也可随着应用的需求自行剪裁。

钢珠撞击结构的行为可以用赫兹公式分析。赫兹公式主要用来描述两弹性体曲面接触时,在接触面所产生的局部应力。其主要假设:(1)接触过程中两弹性体皆处于弹性限度内;(2)接触面积远小于弹性体半径;(3)接触面上分布的压力垂直于接触面;(4)接触表面为光滑表面,不考虑摩擦力的影响;(5)两弹性体无刚体运动。根据赫兹公式,当两材料为均质且各向同性的弹性球体接触时,其中接触力和相对位移的关系式为

$$F = -K\alpha^{\frac{3}{2}} \tag{9-3-1}$$

其中:F 为接触力;K 为与球体材料系数和半径有关的常数;α 为相对位移量。而接触过程中的相对位移量又可以近似为

$$\alpha = \alpha_{\mathrm{m}}\sin\left(\frac{1.068v_0 t}{\alpha_{\mathrm{m}}}\right) \tag{9-3-2}$$

其中:α_{m} 为最大相对位移;v_0 为初始相对速度。如果将其中一个弹性球的半径延伸为一个半无穷域平面,即化简为弹性球体与半无穷域的接触问题,则 K 与 α_{m} 可表示为

$$K = \frac{4}{3}\sqrt{R}\left(\frac{1-\nu_1^2}{E_1} + \frac{1-\nu_2^2}{E_2}\right)^{-1} \tag{9-3-3}$$

和

$$\alpha_{\mathrm{m}} = \left[\frac{15 m_1 V_0^2\left(\dfrac{1-\nu_1^2}{E_1} + \dfrac{1-\nu_2^2}{E_2}\right)}{16\sqrt{R}}\right]^{\frac{2}{5}} \tag{9-3-4}$$

其中:R 为弹性球的半径;m_1 为弹性球的质量;ν_1、ν_2 分别为弹性球和半无穷域的泊松比,E_1、E_2 分别为弹性球体和半无穷域的杨氏模量。假设将接触力和时间的关系表示为

$$F \propto \sin^{\frac{3}{2}}\left(\frac{t\pi}{T_{\mathrm{c}}}\right) \tag{9-3-5}$$

接触时间 T_{c} 可表示为

$$T_{\mathrm{c}} = 8.034 R\left[\frac{\rho_1\left(\dfrac{1-\nu_1^2}{\pi E_1} + \dfrac{1-\nu_2^2}{\pi E_2}\right)}{\sqrt{v_0}}\right]^{\frac{2}{5}} \tag{9-3-6}$$

其中:ρ_1 为球体的密度。若弹性球为自由落体,则 $v=\sqrt{2gh}$,g 为重力加速度,h 为撞击高度,可得

$$T_c = 5.97 \frac{R}{\sqrt[10]{h}} \left[\rho_1 \left(\frac{1-\nu_1^2}{\pi E_1} + \frac{1-\nu_2^2}{\pi E_2} \right) \right]^{\frac{2}{5}} \tag{9-3-7}$$

因此对于钢珠撞击半无穷域的问题,可以利用式(9-3-7)求出接触时间,作为实验结果的参考值。利用式(9-3-5)可得出弹性球体撞击半无穷域的受力情况。

钢珠撞击波源历程包括接触的时间与受力的大小。与获得波源历程相比,测量接触时间相对容易。本节首先利用由普渡大学 Doyle 教授提出的电流法来测量接触时间,再利用 PVDF 传感器来测量波源历程,最后用力锤作校正以及验证 PVDF 对于测量波源历程的能力。

电流法主要是利用撞击物与待测物之间形成电流通路来测量接触时间,其优点在于实验装置简单,缺点在于只能得到接触时间,且因敲击物容易受焊接到钢珠和待测金属结构上的导线而影响测量的重复性。

首先考虑钢珠撞击铝块的接触时间实验。使用直径分别为 3.1 mm、6.3 mm 和 9.4 mm 的钢珠(密度 $\rho=8000$ kg/m³,杨氏模量 $E=200$ GPa,泊松比 $\nu=0.29$)。铝块的长为 200 mm,宽为 190 mm,厚为 75.6 mm,密度 $\rho=2710$ kg/m³。铝块的材料常数可以通过用超声波探伤仪测量其纵波与横波波速后得到。经测量得厚铝块由上至下纵波反射一次的时间为 23.63μs,横波反射一次的时间为 47.79μs,再配合已知厚度,可得纵波波速为 6399 m/s,横波波速为 3170 m/s。进而通过

$$E = \frac{\mu(3\lambda + 2\mu)}{\lambda + \mu} \tag{9-3-8}$$

和

$$\nu = \frac{\lambda}{2(\lambda + \mu)} \tag{9-3-9}$$

的关系式推算出铝块的杨氏模量 $E=72.84$ GPa,泊松比 $\nu=0.34$。

首先将钢珠分别用焊锡接上漆包线,并利用 AB 胶(环氧树脂)对焊接处进行保护以避免在测量过程中漆包线与钢珠分离,再将钢珠上的漆包线连接至 6 V 电池盒的一端,然后在铝块表面上粘接一条导线,最后将电池盒的另外一端和铝块上的导线通过 T 形接头一起输入示波器进行观察。这里考虑两种撞击高度(30 mm、70 mm)。由于铝块质量和尺寸远大于钢珠,可看成一个弹性体撞击一个半无穷域问题。当钢珠接触铝块时电流会成为导通状态;而当钢珠经弹跳离开厚铝块表面时,电流为断路状态。如此即可得到钢珠撞击厚铝块的接触时间。

图 9-13 所示为 3 种直径的钢珠在两种初始高度下撞击铝块的结果。可以看到钢珠在撞击到铝块时,电压会由零立刻上升至一个稳定电压,而这段时间就是钢珠与厚铝块的接触时间。当钢珠与铝块分离后,此电压会慢慢递减至零。由式(9-3-7)可以看出,在相同直径的钢珠撞击下,接触时间会随着高度的增高而减少。接触时间 T_c 与半径 R 的关系为正比,与撞击高度 h 的十分之一次方成反比,所以 R 的变化量对于 T_c 的影响远大于 h 的变化量。电流法和赫兹公式所得到的接触时间的比较如表 9-1 所示。值得注意的是,对于直径为 3.1 mm 的钢珠撞击而言,计算误差较大,主要原因是接触时间较短,漆包线对于碰撞过程

的影响干扰比较大。

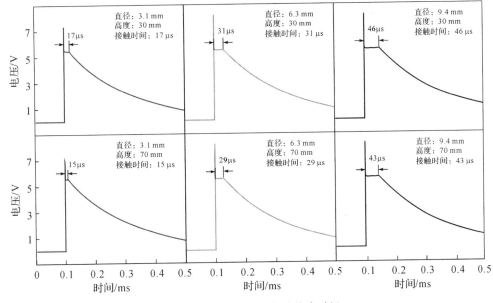

图 9-13 电流法测量钢珠撞击时间

表 9-1 接触时间的比较

(直径,初始高度)/mm	赫兹公式/μs	电流法/μs	误差/%
$(d,h)=(3.1,30)$	14.9	17	14.1
$(d,h)=(3.1,70)$	13.7	15	9.5
$(d,h)=(6.3,30)$	30.3	31	2.3
$(d,h)=(6.3,70)$	27.8	29	4.3
$(d,h)=(9.4,30)$	45.3	46	1.5
$(d,h)=(9.4,70)$	41.6	43	3.4

接下来我们说明校正 PVDF 和测量载荷历程的方法。在测量前可以利用力锤对 PVDF 进行校正。图 9-14 所示为 PVDF 载荷历程测量法校正实验系统。首先我们利用力锤对 PVDF 做校正,将 PVDF 所测量到的波源历程电压最大值和力锤所测量到的电压最大值作图,如图 9-15 所示,可见 PVDF 测量力载荷具有很好的线性度。利用曲线拟合找出其线性回归线为

$$H = 1.7835P - 0.008689 \tag{9-3-10}$$

其中:P 为 PVDF 所测量波源历程的最大电压;H 为力锤输出波源历程的最大电压。由此回归线配合力锤的灵敏度 26.36 mV/N,可以将 PVDF 所测量到的电压定量地换算成力量的大小(N)。值得一提的是,PVDF 的校正回归线会受到外界温度、湿度、表面氧化度等变化的影响。

进行柔性结构(例如第 8 章的悬臂梁或声子晶体梁)的瞬态行为研究时,可以用钢珠作为激励,通过 PVDF 进行撞击载荷测量。由于柔性结构的厚度较薄,振动时面内应变信号

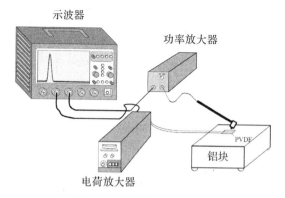

图 9-14 力锤校正实验系统

（图片参考：Chuang K C，Ma C C，Chang C K. Determination of dynamic history of impact loadings using polyvinylidene fluoride（PVDF）films［J］. Experimental Mechanics，2014，54(3)：483-488.）

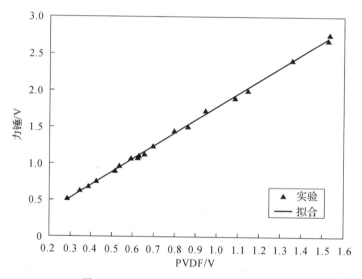

图 9-15 PVDF 和力锤的测量结果校正

将与受外力撞击的信号相互耦合。因此,可以在柔性结构同一位置的上下表面分别粘贴 PVDF,将两个 PVDF 的测量结果归一化后进行加法处理来分离出结构的外力撞击的信号。实验结果如第 8 章图 8-25、图 8-26 所示,这里不再赘述。通过钢珠撞击载荷历程的测量,可以结合理论(例如第 8 章介绍的回传射线矩阵法)进行瞬态响应分析。

本章参考文献

曾国舜. 压电纤维复材与压电陶瓷双芯片的动态特性及应用于能量撷取系统之探讨［D］. 台北:台湾大学, 2012.

胡章芳. MATLAB 仿真及其在光学课程中的应用［M］. 北京:北京航空航天大学出版社, 2020.

黄卫平, 钱景仁. LP 模耦合波理论及其应用［J］. 应用科学学报, 1987(4):329-336.

黄吉宏. 应用振幅变动电子斑点干涉术探讨三维压电材料体及含裂纹板的振动问题[D]. 台北：台湾大学，1998.

黄衍介. 近代实验光学[M]. 台北：东华书局，2011.

黄育熙. 压电陶瓷平板，薄壳，与双芯片三维耦合动态特性之实验量测，数值计算与理论解析[D]. 台北：台湾大学，2009.

江毅. 高级光纤传感技术[M]. 北京：科学出版社，2009.

柯秉良. 布拉格光纤光栅应用于压力传感器设计与制作以及动态应变量测[D]. 台北：台湾大学，2015.

李川，李英娜，万舟. 光纤传感器技术[M]. 北京：科学出版社，2012.

廖帮全，赵启大，冯德军，等. 光纤耦合理论及其在光纤布拉格光栅上的应用[J]. 光学学报，2002，22(11)：1340-1344.

林锦海，张伟刚. 光纤耦合器的理论，设计及进展[J]. 物理学进展，2010(1)：37-80.

林宪阳，马剑清. 压电陶瓷复合层板动态特性之数值分析与实验量测[D]. 台北：台湾大学，2002.

刘汉平，王健刚，赵圣之，等. 光纤布拉格光栅的耦合模理论分析[J]. 山东大学学报：理学版，2006，41(4)：89-92.

欧攀. 高等光学仿真（MATLAB 版）：光波导，激光[M]. 北京：北京航空航天大学出版社，2011.

钱景仁. 耦合模理论及其在光纤光学中的应用[J]. 光学学报，2009(5)：1188-1192.

杨钰. 光纤传感技术在飞机结构健康监测中的应用研究[D]. 南京：南京航空航天大学，2014.

袁志文. 自解调光纤光栅于声子晶体梁弯/扭带隙特性研究[D]. 杭州：浙江大学，2019.

张钧凯. 位移与应变瞬时波传之实验量测、理论分析以及数值计算[D]. 台北：台湾大学，2011.

庄国志，马剑清，廖恒增. 光纤光栅在悬臂梁受撞击负荷下的主动控制研究[C]. 2010 中国仪器仪表学术，产业大会（论文集 2），2010.

Amnon Y，Yeh P. Optical Waves in Crystals：Propagation and Control of Laser Radiation [M]. New York：Wiley，1984.

Buck J A. Fundamentals of Optical Fibers[M]. New York：John Wiley & Sons，2004.

Chang C Y，Ma C C. Mode-shape measurement of piezoelectric plate using temporal speckle pattern interferometry and temporal standard deviation[J]. Optics Letters，2011，36(21)：4281-4283.

Chang C Y，Ma C C. Measurement of resonant mode of piezoelectric thin plate using speckle interferometry and frequency-sweeping function[J]. Review of Scientific Instruments，2012，83(9)：095004.

Chuang K C，Ma C C. Multidimensional dynamic displacement and strain measurement using an intensity demodulation-based fiber Bragg grating sensing system[J]. Journal of Lightwave Technology，2010，28(13)：1897-1905.

Chuang K C，Ma C C，Chang C K. Determination of dynamic history of impact loadings using polyvinylidene fluoride (PVDF) films[J]. Experimental Mechanics, 2014, 54 (3): 483-488.

Doyle J F. Determining the contact force during the transverse impact of plates[J]. Experimental Mechanics, 1987, 27(1): 68-72.

Erdogan T. Fiber grating spectra[J]. Journal of lightwave technology, 1997, 15(8): 1277-1294.

Ghatak A A, Ghatak A, Thyagarajan K, et al. An Introduction to Fiber Optics[M]. Cambridge: Cambridge University Press, 1998.

Gloge D. Weakly guiding fibers[J]. Applied optics, 1971, 10(10): 2252-2258.

Jin W, Zhou Y, Chan P, et al. A fibre-optic grating sensor for the study of flow-induced vibrations[J]. Sensors and Actuators A: Physical, 2000, 79(1): 36-45.

Kasap S O. Optoelectronics and Photonics: Principles and Practices[M]. Hoboken: Prentice Hall, 2001.

Kawano K, Kitoh T. Introduction to Optical Waveguide Analysis: Solving Maxwell's Equation and the Schrödinger Equation[M]. New York: John Wiley & Sons, 2004.

Koshiba M. Optical Waveguide Analysis[M]. New York: McGraw-Hill, 1992.

Lee G S, Ma C C. Transient elastic waves propagating in a multi-layered medium subjected to in-plane dynamic loadings I, Theory[J]. Proceedings of the Royal Society A: Mathematical, Physical and Engineering Sciences, 2000, 456(1998): 1355-1374.

Ma C C, Chang C Y. Improving image-quality of interference fringes of out-of-plane vibration using temporal speckle pattern interferometry and standard deviation for piezoelectric plates [J]. IEEE transactions on ultrasonics, ferroelectrics, and frequency control, 2013, 60(7): 1412-1423.

Ma C C, Lee G S. General three-dimensional analysis of transient elastic waves in a multilayered medium[J]. Journal of Applied Mechanics, 2006.

Ma C C, Lee G S. Transient elastic waves propagating in a multi-layered medium subjected to in-plane dynamic loadings II, numerical calculation and experimental measurement[J]. Proceedings of the Royal Society A: Mathematical, Physical and Engineering Sciences, 2000, 456(1998): 1375-1396.

Madhav K V. All-fiber Sensing Techniques For Structural Health Monitoring and Other Applications[D]. Bengaluru: Indian Institute of Science, 2010.

Okamoto K. Fundamentals of Optical Waveguides[M]. Amsterdam: Academic Press, 2006.

Okoshi T. Optical Fibers[M]. Amsterdam: Elsevier, 2012.

Saleh B E, Teich M C. Fundamentals of Photonics[M]. New York: John Wiley & Sons, 2019.

Slater J C. Quantum Theory of Matter[M]. New York: McGraw-Hill Book Co., 1951.

Sodha M, Ghatak A. Inhomogeneous Optical Waveguides [M]. New York: Plenum

Press，1977.

Wang W C，Hwang C H，Lin S Y. Vibration measurement by the time-averaged electronic speckle pattern interferometry methods[J]. Applied optics，1996，35(22)：4502-4509.

Wykes C. Use of electronic speckle pattern interferometry (ESPI) in the measurement of static and dynamic surface displacements [J]. Optical Engineering，1982，21(3)：213400.

Xu M G，Geiger H，Dakin J P. Modeling and performance analysis of a fiber Bragg grating interrogation system using an acousto-optic tunable filter[J]. Journal of lightwave technology，1996，14(3)：391-396.

Yariv A，Yeh P. Optical Waves in Crystals[M]. New York：Wiley，1984.